U0306775

图书在版编目（CIP）数据

蔬菜病虫草害原色图解/封洪强等主编. —北京：中国农业科学技术出版社，2016.7
ISBN 978-7-5116-2267-9

Ⅰ.①蔬… Ⅱ.①封… Ⅲ. ①蔬菜—病虫害防治—图解 Ⅳ.①S436.3-64

中国版本图书馆CIP数据核字(2015)第220702号

策划编辑 王进宝
责任编辑 姚 欢
责任校对 马广洋

出 版 者 中国农业科学技术出版社
北京市中关村南大街12号 邮编100081
电 话 (010)82109702(读者服务部)(010)82106636(编辑室)
传 真 (010)82106631
网 址 http://www.castp.cn
经 销 者 各地新华书店
印 刷 者 河南省瑞光印务股份有限公司
开 本 889×1 194mm 1/16
印 张 24.25
字 数 680千字
版 次 2016年7月第1版 2016年7月第1次印刷
定 价 225.00元

蔬菜病虫草害原色图解

封洪强　等　主编

中国农业科学技术出版社

图书在版编目（CIP）数据

蔬菜病虫草害原色图解/封洪强等主编.－北京：中国农业科学技术出版社，2016.7
ISBN 978-7-5116-2267-9

Ⅰ.①蔬… Ⅱ.①封… Ⅲ. ①蔬菜－病虫害防治－图解 Ⅳ.①S436.3-64

中国版本图书馆CIP数据核字(2015)第220702号

策划编辑 王进宝
责任编辑 姚 欢
责任校对 马广洋

出 版 者 中国农业科学技术出版社
北京市中关村南大街12号 邮编100081
电 话 (010)82109702(读者服务部)(010)82106636(编辑室)
传 真 (010)82106631
网 址 http://www.castp.cn
经 销 者 各地新华书店
印 刷 者 河南省瑞光印务股份有限公司
开 本 889×1 194mm 1/16
印 张 24.25
字 数 680千字
版 次 2016年7月第1版 2016年7月第1次印刷
定 价 225.00元

《蔬菜病虫草害原色图解》编委会

主　　编　封洪强　李卫华　刘玉霞　李国平　文　艺　张玉聚　薛伟伟　祁　勇　曾大庆

副 主 编　张振臣　李洪连　刘红彦　武予清　孙作文　乔　奇　刘　玮　赵　辉　李松子　张德胜　刘新涛　吴仁海　苏旺苍　张永超　刘长喜　徐洪乐　李华光　李保荣　李　美　倪云霞　王　飞　高素霞　董广同　鲁晓阳　邵秀丽　张曙光　段　云　苗　进　唐　琳　李丽霞　薛　飞　王留超　刘翠芳　梁新安　史素英　杨　柳　曾显光　侯雪红　王　芳　张慎璞　周国有　周丽君　常艳丽　李有成　韩旭东　袁文先　刘　毅　焦竹青　李光伟　陈　征　闫晓丹　韦　辉　万三喜

编写人员　（按姓氏笔画排列）

万三喜　王　飞　王　芳　王会艳　王恒亮　王留超　文　艺　韦　辉　史素英　闫晓丹　孙　辉　孙作文　乔　奇　刘红彦　刘玉霞　刘长喜　刘　玮　刘　胜　刘　毅　刘新涛　刘翠芳　李卫华　李卫东　李华光　李光伟　李松子　李洪连　李　美　李国平　李丽霞　李保荣　李有成　祁　勇　陈　征　杨　柳　苏旺苍　张玉聚　张振臣　张永超　张慎璞　张德胜　张曙光　侯雪红　肖　迪　吴仁海　武予清　苗　进　邵秀丽　周丽君　周新强　周国有　封洪强　赵　辉　赵廷昌　段　云　徐竹莲　徐洪乐　倪云霞　夏明聪　袁文先　高素霞　董广同　鲁晓阳　唐　琳　常艳丽　韩旭东　曾大庆　曾　琳　曾显光　梁新安　焦竹青　路芳芳　薛　飞　薛伟伟

前 言

病虫草害严重地影响着农业的丰产与丰收。我国地域复杂、病虫草害种类繁多，随着气候、环境、种植结构、耕作制度、栽培方式的变化，病虫草害发生的种类增加，发生面积和为害程度呈上升趋势。

近年来，我国各级政府对农业方面的投入力度不断加大，在病虫草害研究和农药应用技术研究方面取得了丰硕的成果；然而，在农业生产中病虫草害的为害却日益猖獗，得不到有效的控制，农药滥用问题突出、农田环境污染严重。为了有效地推广普及病虫草害知识和农药应用技术，我们组织国内权威专家，结合多年的科研和工作实践，查阅了大量国内外文献，针对农业生产中的实际需要编著了《农业病虫草害原色图解系列图书》。

《农业病虫草害原色图解系列图书》全套共4册，分别为《农作物病虫草害原色图解》《果树病虫草害原色图解》《蔬菜病虫草害原色图解》《植保技术服务原色图解》。该套图书全部内容经过权威专家和生产一线的技术人员研究比较，书中所描述的病虫草害均是发生比较严重、生产上需要重点考虑的防治对象；同时对这些病虫草害的发生规律、防治技术进行了全面的介绍，并分生育时期介绍了综合防治方法；书中配有病虫草害田间发生与为害症状原色图片，图片清晰、典型，易于田间识别对照。

《蔬菜病虫草害原色图解》收集了26种蔬菜300多种重要病虫草害，对每种蔬菜上重要病虫草害发生的各个阶段症状特征进行了描述，对部分常见但不是特别重要的病虫害列出了识别症状与防治方法；对生产上重要的病虫草害，详细介绍了其不同发生阶段的施药防治方法，提出了各种生育阶段病虫草害的最佳防治药剂种类和剂量。本书图文并茂、通俗易懂、准确实用。

本书在编纂过程中，得到了中国农业科学院、中国农业大学、南京农业大学、西北农林科技大学、西南大学、华中农业大学、山东农业大学、河南农业大学以及河南、山东、河北、黑龙江、江苏、湖北等省市农科院和植保站专家的帮助。很多专家提供了多年科研成果和照片，在此谨致衷心感谢。

农药是一种特殊商品，其技术性和区域性较强；同时，我国地域辽阔，各地农业病虫草害发生环境差异较大，防治方法要因地制宜，书中内容仅供参考。建议读者在阅读本书的基础上，结合当地实际情况和病虫草害防治经验进行试验示范后再推广应用。凡是机械性照搬本书，错误施用农药而造成的药害和药效问题，恕不负责。由于作者水平有限，书中不当之处，诚请各位专家和读者批评指正。

作 者

于中国农业科学院

2016年5月20日

目 录

第五章　黄瓜病虫害原色图解

第六章　西瓜病虫害原色图解

第七章　西葫芦病害原色图解

第八章　甜瓜病害原色图解

目　录

第九章　苦瓜病害原色图解

第十章　丝瓜病害原色图解

第十一章　冬瓜病害原色图解

第十二章　南瓜病害原色图解

第十三章　瓠瓜病害原色图解

第十四章　番茄病虫害原色图解

第十九章 芹菜病害原色图解

第二十章 菜豆、豇豆病虫害原色图解

第二十一章 大葱病虫害原色图解

第二十二章 大蒜病虫害原色图解

第一章　大白菜病虫害原色图解

一、大白菜病害

为害大白菜的病害很多，据记载有50多种，其中霜霉病、软腐病、病毒病称为大白菜的三大病害，分布最广、为害最大，在我国各地普遍发生。另外，细菌性黑腐病、黑斑病、炭疽病、根肿病、白斑病等，在各地均有不同程度的发生。

1．大白菜霜霉病

分布为害　我国各白菜产区均有发生，在黄河以北和长江流域地区为害较重。

症　　状　各生育期均有为害，主要为害叶片。子叶发病时，叶背出现白色霉层，小苗真叶正面无明显症状，严重时幼苗枯死。成株期，叶正面出现灰白色、淡黄色或黄绿色周缘不明显的病斑，后扩大为黄褐色病斑，受叶脉限制而呈多角形或不规则形，叶背密生白色霉层。病斑多时相互连接，使病叶局部或整叶枯死（图1－1）。

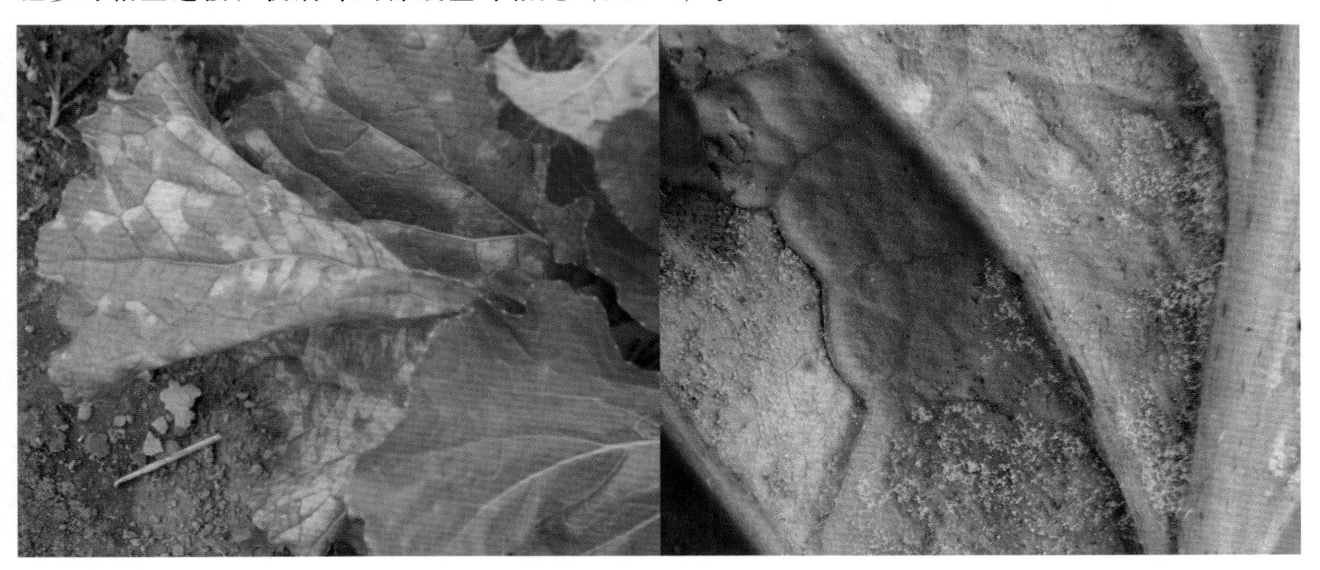

图1－1　大白菜霜霉病为害叶片症状

病　　原　*Peronospora parasitica* 称寄生霜霉，属鞭毛菌亚门真菌。菌丝无色，不具隔膜，吸器圆形至梨形或棍棒状。孢囊梗单生或2～4根束生，无色，无分隔，主干基部稍膨大。孢子囊无色，单胞，长圆形至卵圆形（图1－2）。卵孢子球形，单孢，黄褐色，表面光滑，胞壁厚，表面皱缩或光滑。

发生规律　以卵孢子在病残组织里、土壤中或附着在种子上越冬，或以菌丝体在留种株上越冬。翌春由卵孢子或休眠菌丝产生的孢子囊萌发芽管。经气孔或表皮细胞间侵入春菜寄主，春菜收后，病菌以卵孢子在田间休眠两个月后侵入秋菜。借助风雨传播，使病害扩大和蔓延。气温忽高忽低，日夜温差大，白天光照不足，多雨露天气，霜霉病最易流行。土壤黏重，低洼积水，大水漫灌，连作菜田和生长前期病毒病较重的地块为害重。

防治方法　适期播种，要施足底肥，增施磷、钾肥。早间苗，晚定苗，适度蹲苗。小水勤灌，雨后及时排水。清除病苗，拉秧后也要把病叶、病株清除出田外深埋或烧毁。

图1-2 大白菜霜霉病病菌
1.孢子囊 2.孢子囊梗

种子处理：用58%甲霜灵·锰锌可湿性粉剂、25%甲霜灵可湿性粉剂、64%杀毒矾（恶霜灵·锰锌）可湿性粉剂、50%福美双可湿性粉剂按种子重量的0.4%拌种。

发病前期，可用75%百菌清可湿性粉剂600倍液、78%代森锰锌·波尔多液可湿性粉剂600倍液等药剂预防保护。

9月中旬发病初期是防治的关键时期，可用58%甲霜灵·锰锌可湿性粉剂700倍液、20%氟吗啉可湿性粉剂1 000倍液、60%氟吗啉·代森锰锌可湿性粉剂400～600倍液、69%烯酰吗啉·代森锰锌可湿性粉剂1 000倍液、72.2%霜霉威盐酸盐水剂600倍液、25%甲霜灵可湿性粉剂600倍液、64%恶霜·锰锌可湿性粉剂500倍液、90%乙膦铝可湿性粉剂450～500倍液等药剂喷雾，间隔7～10天喷1次，共喷2～3次。大白菜霜霉病为害后期田间症状（图1-3）。

图1-3 大白菜霜霉病田间为害症状

2．大白菜软腐病

分布为害　软腐病在全国均有分布，以黄河以北地区发病严重，严重时发病率可达50%以上，减产20%以上。

症　　状　多从包心期开始发病，病部软腐，有臭味（图1－4）。发病初时外叶萎蔫，继之叶柄基部腐烂，病叶瘫倒，露出菜球（图1－5）。也有的茎基部腐烂并延及心髓，充满黄色黏稠物。也有少数菜株外叶湿腐，干燥时烂叶干枯呈薄纸状紧裹住菜球（图1－6），或菜球内外叶良好，只是中间菜叶自边缘向内腐烂。为害严重时，全田腐烂（图1－7）。

图1－4　大白菜软腐病为害幼苗症状

图1－5　大白菜软腐病为害茎基部症状

图1－6　大白菜软腐病为害后期干燥时症状

图1－7 大白菜软腐病田间症状

病 原 *Erwinia carotovora* pv. *carotovora*称胡萝卜软腐欧文氏菌胡萝卜软腐致病型，属细菌（图1－8）。在培养基上的菌落灰白色，圆形或不定形；菌体短杆状，周生鞭毛2～8根，无荚膜，不产生芽孢，革兰氏染色阴性。

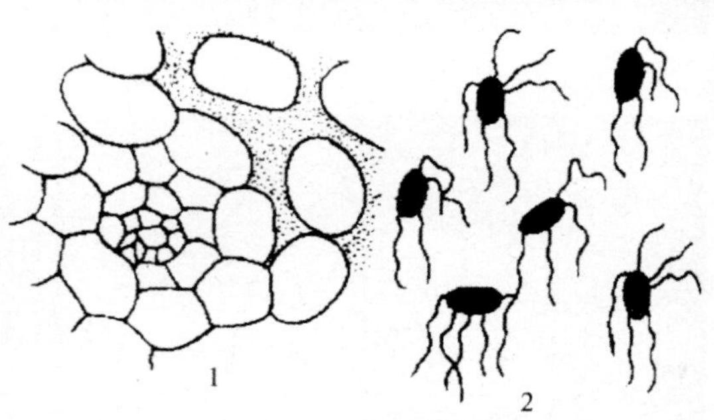

图1－8 大白菜软腐病病菌
1.被害组织 2.病原细菌

发生规律 病原菌在病残体、土壤、未腐熟的农家肥中越冬，成为重要的初侵染菌源。通过雨水、灌溉水、肥料、土壤、昆虫等多种途径传播，由伤口或自然裂口侵入，不断发生再侵染（图1－9）。高温多雨有利于软腐病发生。高垄栽培不易积水，土壤中氧气充足，有利于根系和叶柄基部愈伤组织形成，可减少病菌侵染。

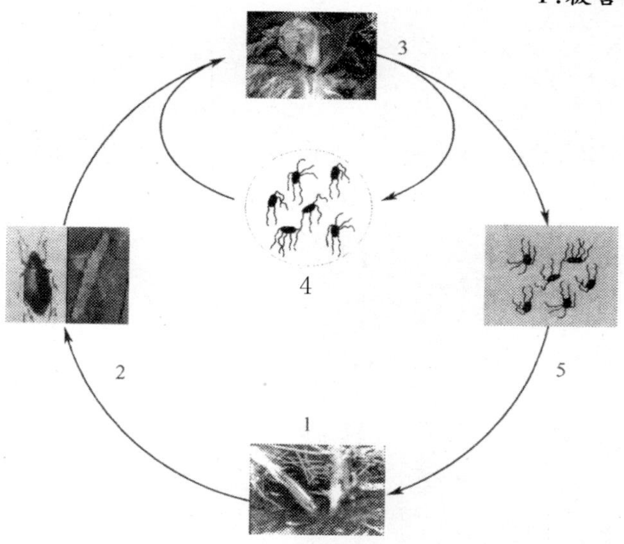

图1－9 大白菜软腐病病害循环
1. 病菌在病残体上越冬 2.病原细菌的传播媒介：昆虫和雨水 3.病株 4.再侵染 5.细菌

防治方法　病田避免连作，换种豆类、麦类、水稻等作物。清除田间病残体，精细翻耕整地，暴晒土壤，促进病残体分解。雨后及时排水，增施基肥，及时追肥。发现病株后及时挖除，病穴撒石灰消毒。

9月中旬发病初期是防治的关键时期，可采用88%水合霉素可溶性粉剂1 500倍液、0.5%氨基寡糖素水剂600～800倍液+2%春雷霉素可湿性粉剂400～500倍液、72%农用链霉素可溶性粉剂3 000～4 000倍液、3%中生菌素可湿性粉剂500～800倍液、20%喹菌酮水剂1 000倍液、50%琥胶肥酸铜可湿性粉剂1 000倍液，药剂宜交替施用，间隔7～10天喷1次，连续喷2～3次。重点喷洒病株基部及地表，使药液流入菜心效果为好。

3．大白菜病毒病

分布为害　病毒病在我国各蔬菜产区普遍发生，为害严重。多在夏秋季发病较重。一般病株率5%～15%，严重时病株率可达20%以上。

症　　状　苗期被害，叶片出现明脉和沿叶脉褪绿，后变为淡绿与浓绿相间的花叶（图1-10），叶片皱缩不平，心叶扭曲，生长缓慢。成株期被害，叶片皱缩、凹凸不平，呈黄绿相间的花叶（图1-11），在叶脉上也有褐色的坏死斑点或条纹（图1-12），严重时，植株停止生长，矮化，不包心，病叶僵硬扭曲皱缩成团。

图1-10　大白菜病毒病为害幼苗花叶症状

图1-11　大白菜病毒病成株期叶片受害症状

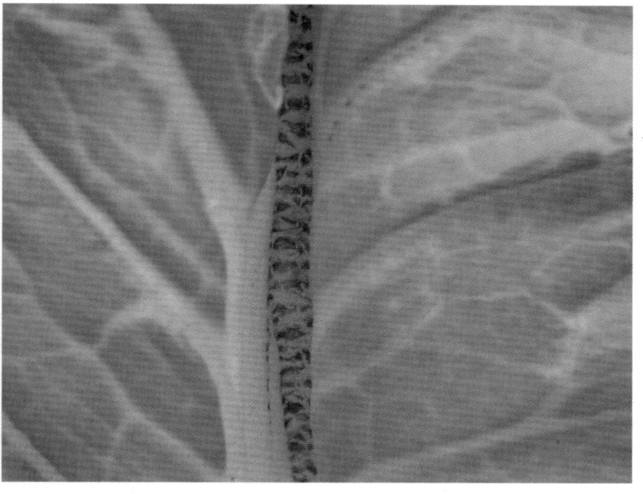

图1-12　大白菜病毒病为害叶脉症状

病　　原　Turnip mosaic virus (TuMV) 称芜菁花叶病毒；Cucumber mosaic virus（CMV）称黄瓜花叶病毒；Tobacco mosaic virus（TMV)称烟草花叶病毒3种。

发生规律　病毒在窖藏的白菜、甘蓝的留种株上越冬，田间的寄主植物活体上越冬，还可在越冬菠菜和多年生杂草的宿根上越冬。第二年春天，主要靠蚜虫把病毒传到春季种植的蔬菜上（图1-13）。一般高温干旱利于发病，苗期6片真叶以前容易受害发病，被害越早，发病越重。播种早的秋菜发病重，管理粗放，缺水、缺肥的田块发病重。

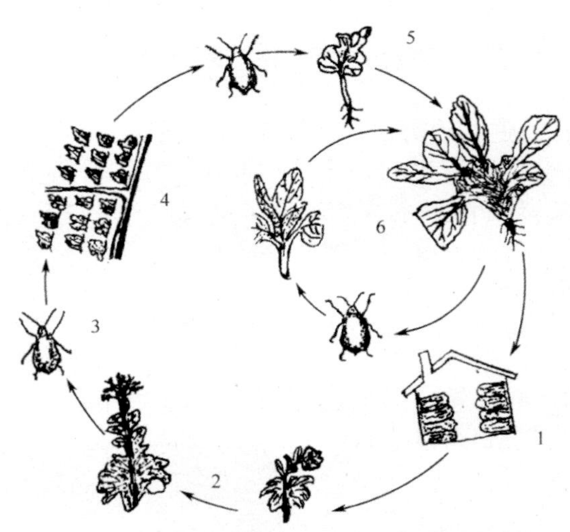

图1－13　大白菜病毒病病害循环

1.贮窖越冬 2.春季发病 3.蚜虫传播 4.菜田发病
5.秋苗发病　6.秋菜上再侵染

防治方法　深耕细作，彻底清除田边地头的杂草，及时拔除病株。施用充分腐熟的粪肥作为底肥，根据当地气候适时播种。苗期采取小水勤灌，一般是“三水齐苗，五水定棵”，可减轻病毒病发生。在天旱时，不要过分蹲苗。

防治该病的关键是控制蚜虫的为害。苗期5～6叶期，可用10%吡虫啉可湿性粉剂1 000～1 500倍液、50%抗蚜威可湿性粉剂1 500倍液、3%啶虫脒乳油1 000～2 000倍液，喷药防治蚜虫。

也可在发病初期，喷施20%盐酸吗啉胍·乙酸铜可湿性粉剂500～700倍液、2%宁南霉素水剂300～400倍液、5%菌毒清水剂500倍液、1.5%植病灵水乳剂1 000倍液，间隔5～7天喷1次，连续喷施2～3次。

4．大白菜黑腐病

分布为害　黑腐病分布很广，发生普遍，保护地、露地都可发病，以夏秋高温多雨季发病较重。

症　　状　各个时期都会发病。幼苗子叶发病，边缘水浸状，根髓部变黑，迅速枯死。成株期从叶片边缘出现病变，逐渐向内扩展，形成“V”字形黑褐色病斑，周围变黄，与健部界线不明显。病斑内网状叶脉变为褐色或黑色（图1－14）。叶柄发病，沿维管束向上发展，可形成褐色干腐，叶片歪向一侧，半边叶片发黄。严重发病植株多数叶片枯死或折倒（图1－15）。

图1－14　大白菜黑腐病为害叶片症状

病　　原 *Xanthomonas campestris* pv. *campestris* 属黄单胞杆菌甘蓝黑腐致病变种细菌。菌体杆状，极生单鞭毛，无芽孢，有荚膜，单生或链生，革兰氏染色阴性。

图1－15　大白菜黑腐病为害叶柄症状

发生规律 病原细菌随种子和田间的病株残体越冬，也可在采种株或冬菜上越冬。带菌种子是最重要的初侵染来源。春季通过雨水、灌溉水、昆虫或农事操作传播带到叶片上，经由叶缘的水孔、叶片的伤口、虫伤口侵入。最适感病的生育期为莲座期到包心期。暴风雨后往往大发生。易于积水的低洼地块和灌水过多的地块发病多。在连作、施用未腐熟农家肥，以及害虫严重发生等情况下，都会加重发病。

防治方法 清洁田园，及时清除病残体，秋后深翻，施用腐熟的农家肥。适时播种，合理密植。及时防虫，减少传菌介体。合理灌水，雨后及时排水，降低田间湿度。减少农事操作造成的伤口。

播种前可用30%琥珀肥酸铜可湿性粉剂600～700倍液、72%农用链霉素可溶性粉剂4 000～5 000倍液、14%络氨铜水剂300倍液、45%代森铵水剂300倍液浸种15～20分钟，捞出后用清水洗净，晾干后播种。

发病初期及时喷药防治，可选用30%琥珀肥酸铜可湿性粉剂600倍液、72%农用链霉素可溶性粉剂4 000倍液、14%络氨铜水剂250倍液、3%中生菌素可湿性粉剂500倍液、20%喹菌酮可湿性粉剂1 000倍液等。间隔7～10天喷1次，共喷2～3次，各种药剂应交替施用。

5．大白菜黑斑病

分布为害 近年为害呈上升趋势，成为白菜生产上的重要病害，分布广泛，发生普遍，以秋季多雨发病严重。

症　　状 多从外叶开始，病斑圆形，褐色或深褐色（图1－16），有明显的同心轮纹，周缘有时有黄色晕圈，在高温高湿的条件下病部穿孔，发病严重的，致半叶或整叶枯死。叶柄上病斑成纵条状，暗褐色，稍凹陷。潮湿时病斑上产生黑色霉状物。

图1－16　大白菜黑斑病为害叶片症状

病　　原　*Alternaria brassicae* 称芸薹链格孢，属半知菌亚门真菌（图1－17）。分生孢子梗褐色，不常分枝。分生孢子单生，孢身具5～12个横隔膜，若干纵隔膜，灰榄褐色，喙具1～6个横隔膜，孢身至喙渐细。

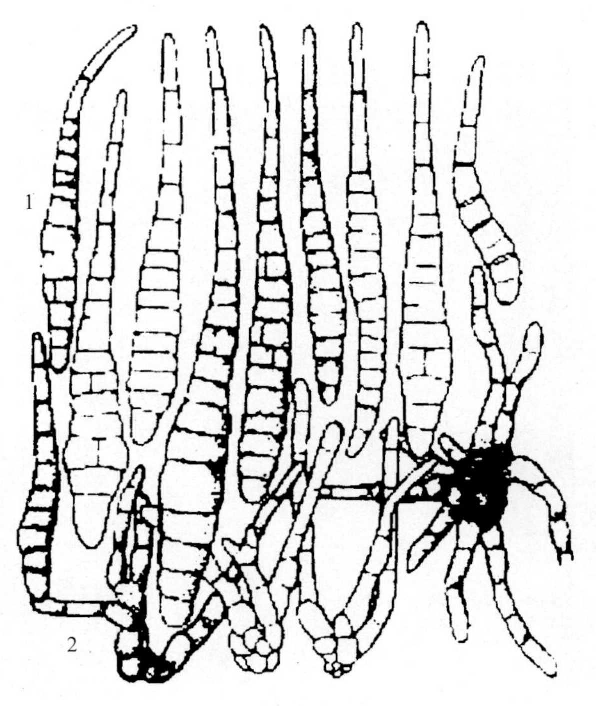

图1－17　大白菜黑斑病病菌
1.分生孢子　2.分生孢子梗

发生规律　以菌丝体或分生孢子在病残体、种子或冬贮菜上越冬。翌年产生出孢子从气孔或直接穿透表皮侵入，借助风雨传播。秋菜初发期在8月下旬至9月上旬。9月下旬至10月上旬连阴雨，病害即有可能流行。播种早，密度大，地势低洼，管理粗放，缺水缺肥，植株长势差，抗病力弱，一般发病重。

防治方法　施用腐熟的优质有机肥，并增施磷、钾肥，病叶、病残体要及时清除出田外深埋或烧毁。

种子处理：用50%异菌脲可湿性粉剂、50%腐霉利可湿性粉剂、50%福美双可湿性粉剂按种子重量的0.2%～0.3%拌种。

发病初期可采用70%丙森锌可湿性粉剂600～800倍液、50%乙烯菌核利可湿性粉剂600～800倍液、80%代森锌可湿性粉剂600～800倍液、45%代森铵水剂200～400倍液、20%唑菌胺酯水分散性粒剂1 000～1 500倍液、50%腐霉利可湿性粉剂1 000～1 500倍液+70%代森锰锌可湿性粉剂600～800倍液、50%异菌脲可湿性粉剂1 000～1 500倍液、50%福美双・异菌脲可湿性粉剂800～1 000倍液，隔5～7天喷1次，连续喷2～3次。

6．大白菜炭疽病

症　　状　叶片染病，病斑中央白色，边缘褐色水渍状近圆形，稍凹陷，后期病斑白色至灰白色半透明纸状，易破裂穿孔（图1－18）。叶柄或叶脉染病，多形成椭圆形或梭形病斑，显著凹陷，黄褐至灰褐色，边缘色深，有的向两端开裂（图1－19）。病害严重时整片叶和整个叶

图1－18　大白菜炭疽病为害叶片症状

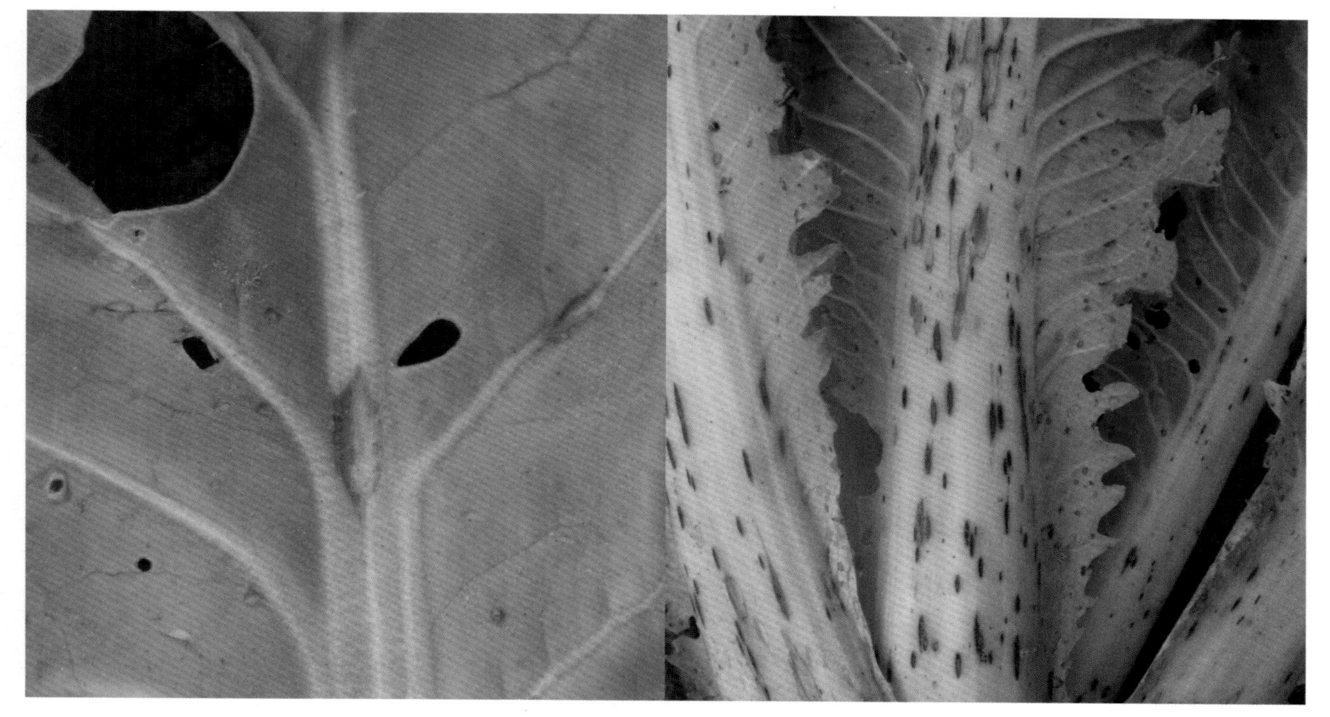

图1-19　大白菜炭疽病为害叶柄症状

病　原　*Colletotrichum higginsianum* 希金斯刺盘孢，属半知菌亚门真菌（图1-20）。菌丝无色透明，有隔膜。分生孢子盘很小，散生，子座暗褐色。刚毛散生于分生孢子盘中，具1～3个隔膜，基部膨大，色深，顶端较尖，色淡，正直或微弯。分生孢子梗无色单胞，倒锥形，顶端较狭。分生孢子无色，单胞，圆柱形至梭形或星月形，两端钝圆，内含颗粒物。

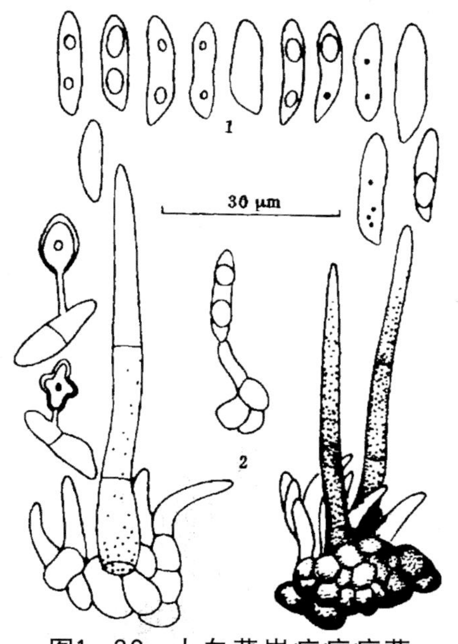

图1-20　大白菜炭疽病病菌
1.分生孢子盘　2.分生孢子及刚毛

发生规律　以菌丝体随病残体在土壤中越冬，种子也能带菌。在田间经雨滴飞溅和风雨传播，从伤口或直接穿透表皮侵入，在北方早熟白菜先发病。7～9月高温多雨，或降雨次数多发病较重。一般早播白菜，种植过密，通风透光差的田块发病重；地势低洼，田间积水，管理粗放，植株生长衰弱的地块发病重。

防治方法　重病地与非十字花科蔬菜进行2年轮作。适时晚播，施足粪肥，增施磷、钾肥，合理灌水，雨后及时排水。注意田园清洁，收后深翻土地。

种子消毒：用种子重量0.3%～0.4%的50%多菌灵可湿性粉剂、25%溴菌腈可湿性粉剂、50%咪鲜胺锰盐可湿性粉剂拌种。

发病初期及时喷洒70%代森锰锌可湿性粉剂800倍液+70%甲基硫菌灵可湿性粉剂1 000倍液、70%代森锰锌可湿性粉剂800倍液+25%咪鲜胺乳油1 000倍液、50%咪鲜胺锰盐可湿性粉剂1500倍液+80%福美双·福美锌可湿性粉剂800倍液、25%溴菌腈可湿性粉剂500倍液、2%武夷霉素水剂200倍液、70%代森锰锌可湿性粉剂800倍液+10%苯醚甲环唑水分散粒剂1 000倍液、40%多·硫悬浮剂400倍液、2%春雷霉素水剂600倍液、47%春雷霉素·氧氯化铜可湿性粉剂600～800倍液，间隔7～10天喷1次，连续喷2～3次。

7. 大白菜根肿病

症　状　苗期受害，严重时幼苗枯死。成株期，植株矮小，生长缓慢，基部叶片变黄萎蔫呈失水状，严重时枯萎死亡（图1－21）。主、侧根和须根形成大小不等的肿瘤，初期肿瘤表面光滑（图1－22），后变粗糙，进而龟裂。

图1－21　大白菜根肿病为害成株地上部症状

图1－22　大白菜根肿病为害根部症状

病　原　*Plasmodiophora brassicae* 称芸薹根肿菌，属鞭毛菌亚门真菌（图1－23）。休眠孢子囊球形、单胞、无色或略带灰色，在寄主细胞内密集呈鱼卵块状。休眠孢子囊萌发产生游动孢子。游动孢子具有双鞭毛，能在水中作短距离游动，静止后呈变形体状。

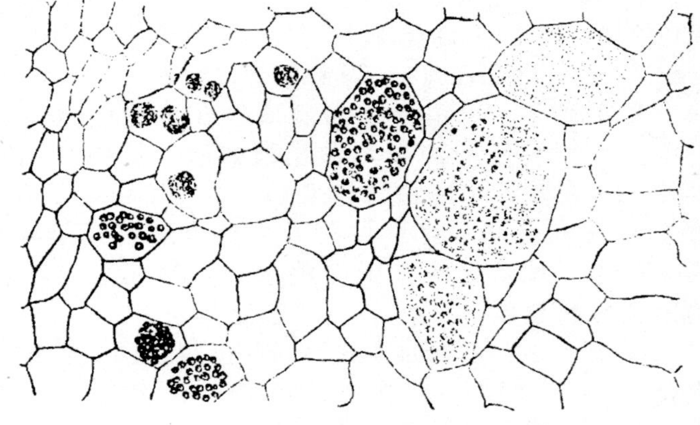

图1－23　大白菜根肿病病菌为害组织状

发生规律　以休眠孢子囊在土壤中，或黏附在种子上越冬，在田间主要靠雨水、灌溉水、昆虫和农具传播，远距离传播则主要靠大白菜病根或带菌泥土的转运。萌发产生游动孢子侵入寄主，经10天左右根部长出肿瘤（图1－24）。土壤偏酸性，连作地、低洼地、“水改旱”菜地病情较重。

防治方法　重病地要和非十字花科蔬菜实行6年以上轮作，并要铲除杂草。收菜后彻底清除病根，集中销毁。在低洼地或排水不良的地块栽培大白菜，要采用高畦或起垄的栽培形式。酸性土壤应适量施用石灰，将土壤酸碱度调节至微碱性。

防治最佳时期为直播白菜播种至2～3叶期，可用15%恶霜灵水剂500倍液、58%甲霜灵·代森锰锌可湿性粉剂400～500倍液、75%五氯硝基苯可湿性粉剂700～1 000倍液、50%氯溴异氰尿酸可溶性粉剂1 500倍液灌根，每穴250～500ml，间隔10天，连灌3次。

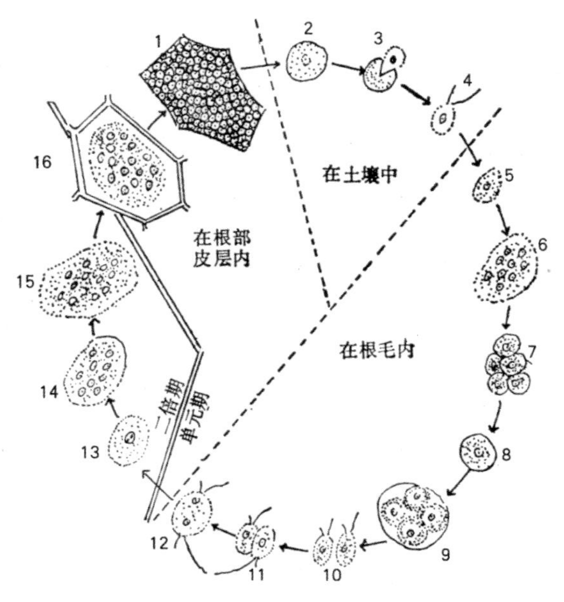

图1－24　大白菜根肿病病害循环

1.寄主细胞内的休眠孢子　2.休眠孢子　3.萌发　4.游动孢子　5.变形菌胞　6.单倍原生质团　7.配子囊（多个）　8.配子（单个）　9.配子分化　10.配子　11.配子配合　12.质配　13.核配　14.双倍原质团　15.无核期　16.减数分裂后的原质团

8. 大白菜白斑病

症　　状　主要为害叶片，发病初期，叶片上产生灰褐色的小斑点，后来扩展成圆形、近圆形或卵圆形的病斑，中央部分由灰褐色变为灰白色，在病斑周围有污绿色晕圈。在潮湿的条件下，病斑背面长有稀疏的淡灰色霉状物（图1－25）。发病后期病斑呈半透明状，组织变薄，容易破裂穿孔。发病严重时，病斑往往连成片，呈不规则形的大斑，最后叶片干枯。

图1－25　大白菜白斑病为害叶片症状

病　原　*Cercosporella albomaculans* 称白斑小尾孢，属半知菌亚门真菌（图1－26）。菌丝无色，有隔膜，分生孢子梗束生，无色，正直或弯曲，顶端圆截形，着生一个分生孢子，分生孢子线形，无色透明，基部稍膨大，圆形，顶端稍尖，直或稍弯，有1～4个横隔。

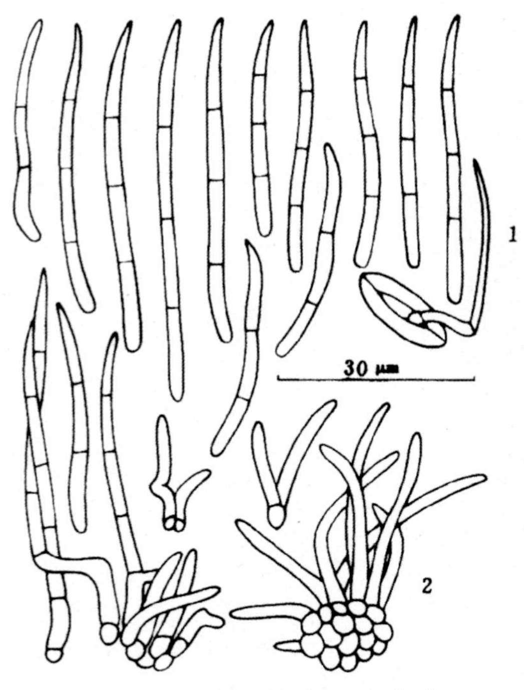

图1－26　大白菜白斑病病菌
1.分生孢子　2.分生孢子梗

发生规律　主要以菌丝或菌丝块附在地表的病叶上生存或以分生孢子黏附在种子越冬，翌年借雨水飞溅传播到白菜叶片上，孢子萌发后从气孔侵入，引致初侵染，借风雨传播进行多次再侵染。在北方菜区，该病盛发于8～10月，长江中下游及湖泊附近菜区，春、秋两季均可发生，尤以多雨的秋季发病重。一般播种早、连作年限长、缺少氮肥或基肥不足，植株长势弱的发病重。

防治方法　发病严重的地块实行与非十字花科蔬菜轮作2年以上。选择地势较高、排水良好的地块种植。要注意平整土地，适期晚播，密度适宜，收获后深翻土地，施足经腐熟后的有机肥，增施磷、钾肥。雨后排水，及时清除病叶，收获后清除田间病残体并深翻土壤。

种子消毒：用50%多菌灵可湿性粉剂500倍液浸种1小时后捞出，用清水洗净后播种。

发病初期，可用75%百菌清可湿性粉剂600倍液+70%甲基硫菌灵可湿性粉剂800倍液、70%代森锰锌可湿性粉剂800倍液+50%多菌灵可湿性粉剂500倍液、70%代森锰锌可湿性粉剂800倍液+50%苯菌灵可湿性粉剂1 000倍液、70%代森锰锌可湿性粉剂800倍液+50%异菌脲可湿性粉剂1 000倍液、70%代森锰锌可湿性粉剂800倍液+10%苯醚甲环唑水分散粒剂2 000倍液、40%多·硫悬浮剂600倍液、50%多菌灵·乙霉威可湿性粉剂1 000倍液、90%三乙膦酸铝可溶性粉剂400倍液等药剂喷雾，间隔7～10天喷1次，连喷2～3次。

9. 大白菜褐斑病

症　状　主要为害叶片。叶片发病，初生水浸状圆形或近圆形小斑点，逐渐扩展后呈浅黄白色，高湿条件下为褐色，近圆形或不规则形病斑，病斑大小不等。有些病斑受叶脉限制，病斑边缘为一个凸起的褐色环带，整个病斑隆起凸出叶表（图1－27）。

图1－27　大白菜褐斑病为害叶片症状

病　　原 *Cercospora brassicicola* 称芸薹生尾孢霉，属半知菌亚门真菌。子实体黑褐色至深褐色，球形至近球形（图1－28）。分生孢子梗褐色，直立，无分枝，0～4个分隔，1～3个孢痕。分生孢子无色，直或弯曲，针形或鞭状，有隔膜3～17个，基部平钝，顶端亚尖。

发生规律 病菌主要以菌丝体在病残体上或随病残体在土壤中越冬，也可随种子越冬和传播。翌年越冬菌侵染白菜叶片引起发病，发病后，病部产生分生孢子借气流传播，进行再侵染。带菌种子可随调运做远距离传播。一般重茬地，邻近早熟白菜田块易发病，偏施氮肥，低洼、黏重、排水不良地块发病重。

防治方法 重病地与非十字花科蔬菜进行2年以上轮作。选择地势平坦、土质肥沃、排水良好的地块种植。收后深翻土壤，加速病残体腐烂分解。高畦或高垄栽培，适期晚播，避开高温多雨季节，控制莲座期的水肥。合理施肥，合理灌水，注意排除田间积水。

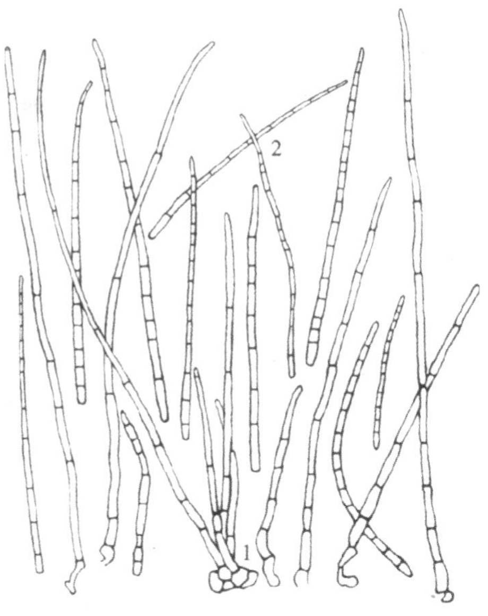

图1－28 大白菜褐斑病菌
1.分生孢子梗 2.分生孢子

种子处理：用种子重量0.4%的50%多菌灵可湿性粉剂，或50%敌菌灵可湿性粉剂拌种。

发病初期，可用70%甲基硫菌灵可湿性粉剂700倍液+80%代森锰锌可湿性粉剂800倍液、80%福美双·福美锌可湿性粉剂800倍液+50%多菌灵·乙霉威可湿性粉剂1 000倍液、50%敌菌灵可湿性粉剂500倍液+40%氟硅唑乳油4 000倍液、50%乙烯菌核利可湿性粉剂1 000倍液、6%氯苯嘧啶醇可湿性粉剂1 500倍液等药剂喷雾，每7天喷1次，连续防治2～3次。

10. 大白菜菌核病

症　　状 各地均有发生，田间及贮藏期均可为害。发病多从菜帮基部发病，扩展至整个叶片直至整株白菜。病部腐烂，表面长出白色棉絮状菌丝体和黑色菌核（图1－29）。

病　　原 *Sclerotinia sclerotiorum* 称核盘菌，属子囊菌亚门真菌。

发生规律 病菌以菌核在土壤中或混在种子间越冬。在春、秋两季多雨潮湿，菌核萌发，产生子囊盘放射出子囊孢子，病菌借气流传播，病、健株接触也能传播，从生活力衰弱部位侵入，发病后，病部又长出新的菌核。菌核可迅速萌发，也可在土壤中长期休眠。土壤高湿有利于菌核萌发。

图1－29 大白菜菌核病为害症状

防治方法 精选种子，清除混杂在种子间的菌核。发病地应与禾本科作物进行2年轮作，最好水旱轮作。收获后深翻土壤，把落于土壤表面的菌核深埋土中。施用粪肥，避免偏施氮肥，增施磷、钾肥。

发病初期，可用50%腐霉利可湿性粉剂1 000倍液、50%乙烯菌核利可湿性粉剂1 000倍液、50%异菌脲可湿性粉剂1 000倍液、40%菌核净可湿性粉剂1 000倍液、20%甲基立枯磷乳油1 000倍液等药剂喷雾，间隔7天1次，连续防治2～3次，重点喷植株基部和地面。

11. 大白菜干烧心病

症　状　为害大白菜叶球。结球初期发病，嫩叶边缘呈水渍状、半透明，脱水后萎蔫呈白色带状。结球后发病，植株外观正常，剥检叶球可见内叶叶缘部分变干黄化，叶肉呈干纸状的带状病斑或不规则病斑，有时病斑扩展，叶组织呈水渍状，叶脉淡黄褐色，病处汁液发黏，无臭味（图1－30）。病健部界限较为清晰，有时出现干腐或湿腐。贮藏期易诱发细菌感染，后干心变腐烂。

病　因　是钙素缺乏引起的生理病害，称为球叶缺钙症。大白菜结球期生长量约占植株总量的70%，对钙素反应最敏感。当环境条件不适宜，造成土壤中可溶性钙的含量下降，植株对钙的吸收和运输受阻，而钙素在菜株内移动性差，外叶积累的钙不能被心叶所利用，致使叶球缺钙而显症。在干旱年份蹲苗过度，使土壤缺水，不施或少施农家肥，过量施氮素化肥，用污水或咸水灌溉；菜田过量施用炉灰、垃圾等肥料，使土壤板结、紧实等，发生均重。

防治方法　选土壤肥沃含盐量低的园田，常年发病的低洼盐碱地在未改造之前不能种大白菜。

合理施肥：增施农家肥料，对长期使用氨态氮的土壤，要深耕施足基肥，改善土壤结构，提高保水保肥能力。控制氮素化肥用量，根据土壤肥力一般掌握在每亩40～60kg为宜；同时要增施磷钾肥，做到三要素配合使用。

科学灌水：播种前应浇透水，苗期提倡小水勤浇，莲座期依天气、墒情和植株长势适度蹲苗，天气干旱也可不蹲苗。蹲苗后应浇足1次透水，包心期保持地面湿润。灌水后及时中耕，防止土壤板结、盐碱上升。避免用污水和咸水浇田。

补施钙素：酸性土壤可适当增施石灰，调节酸碱度成中性，以利于根系对钙的吸收。在大白菜莲座末期，向心叶撒施1次钙粒肥（含8%氯化钙）或颗粒肥（含6.7%钙及协合效应元素），每株3～4g。也可从莲座中期开始对心叶喷施0.7%氯化钙加萘乙酸50mg/kg混合液，每7～10天喷1次，连续喷洒4～5次，均有一定防效。

图1－30　大白菜烧心病为害叶片症状

二、十字花科蔬菜虫害

1.菜青虫

分　布　菜青虫（*Pieris rapae*）分布广泛，以华北、华中、西北和西南地区受害最重，是十字花科蔬菜的重要害虫。

为害特点　1～2龄幼虫在叶背啃食叶肉，留下一层薄而透明的表皮，3龄以上的幼虫食量明显增加，把叶片吃成孔洞或缺刻，严重时吃光叶片，仅剩叶脉和叶柄，影响植株生长发育和包心。如果幼虫被包进球里，虫在叶球里取食，同时还排泄粪便污染菜心，致使蔬菜商品价值降低（图1-31至图1-34）。

图1-31　菜青虫为害白菜症状

图1-32　菜青虫为害甘蓝症状

图1－33　菜青虫为害花椰菜症状

图1－34　菜青虫为害萝卜叶片症状

形态特征　成虫（图1－35）为菜粉蝶，为白色中型的蝴蝶。雌虫前翅前缘和基部大部分为灰黑色，翅的顶角有1个三角形黑斑，中央外侧有2个显著的黑色圆斑。雄虫前翅颜色比较白，翅的顶角处的三角形黑斑颜色浅而且也比较小。卵直立，似瓶状，高约1mm，初产时乳白色，后变为橙黄色，表面具纵脊和横格。幼虫共5龄，青绿色，背线淡黄色，腹面绿白色，体表密布有细小黑色毛瘤（图1－36）。蛹纺锤形，两头尖细，中间膨大有棱角凸起，初蛹多为绿色，以后有灰黄、青绿、灰褐、淡褐、灰绿等色（图1－37）。

图1－35　菜青虫成虫

图1－36　菜青虫幼虫

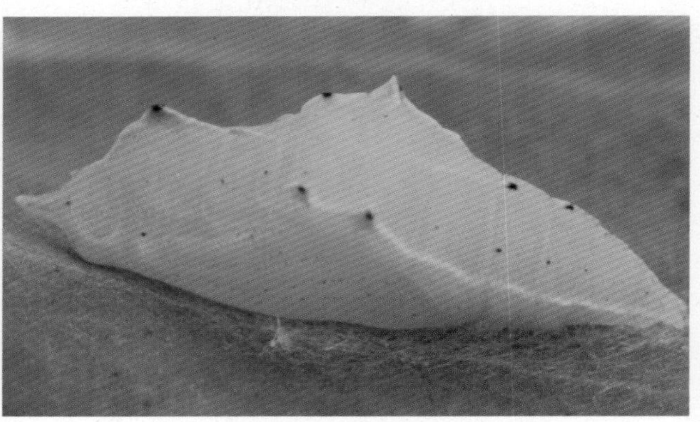

图1－37　菜青虫蛹

发生规律　由北向南每年发生的代数逐渐增加。黑龙江一年发生3～4代，辽宁、北京4～5代，江苏、浙江、湖北每年发生7～8代。均以蛹越冬。翌年4月初开始羽化，在北方，有春末夏初5～6月和秋季9～10月共有2次发生高峰。

防治方法　及时清除残枝老叶，并深翻土壤，避免十字花科蔬菜连茬。加上地膜覆盖，提前早春定植期，提早收获，就可避开第2代幼虫为害。

幼虫发生盛期，可采用0.5%甲氨基阿维菌素苯甲酸盐微乳剂2 000～3 000倍液、3.5%氟腈·溴乳油2 000倍液、20%氰戊菊酯乳油1 000～1 500倍液、5%高效氯氰菊酯乳油1 000～2 000倍液、2.5%氯氟氰菊酯乳油1 000～2 000倍液、15%茚虫威悬浮剂3 000～4 000倍液、20%虫酰肼悬浮剂1 500～3 000倍液、5%氟啶脲乳油1 000～2 000倍液、5%氟铃脲乳油1 000～2 000倍液，隔7～10天喷1次，连续喷2～3次。

2.小菜蛾

分　　布　小菜蛾（*Plutella xylostella*）在我国各地均有分布，以南方各省发生较多。

为害特点　以幼虫剥食或蚕食叶片造成为害，初龄幼虫啃食叶肉，残留表皮，在菜叶上形成一个个透明斑；3～4龄幼虫将叶食成孔洞和缺刻，严重时叶片呈网状（图1－38至图1－40）。

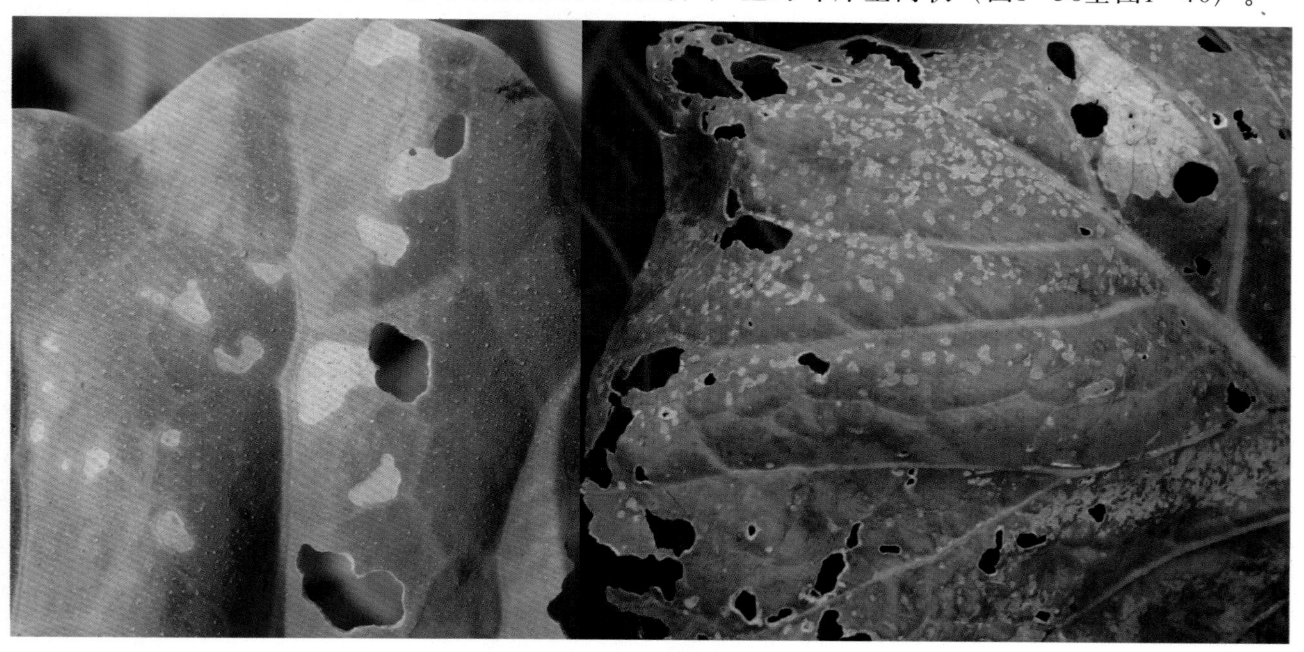

图1－38　小菜蛾为害甘蓝症状

图1－39　小菜蛾为害花椰菜症状

图1－40　小菜蛾为害萝卜叶片症状

形态特征 成虫体小（图1－41），触角前伸，两翅合拢后在体背有3个相连的土黄色斜方块。幼虫绿色，性情活泼（图1－42）。雄虫在腹部第6～7节背面有一对黄色性腺。蛹在灰白色网状茧中，体色变化较大，呈绿、黑、灰黑、黄白色等（图1－43）。卵椭圆形，初产为乳白色，以后变为淡黄绿色（图1－44）。

图1－41 小菜蛾成虫

图1－42 小菜蛾幼虫

图1－43 小菜蛾蛹

图1－44 小菜蛾卵

发生规律 在东北一年发生3～4代，华北5～6代，长江流域9～14代。以蛹或成虫在植株上越冬，翌年4月田间发现越冬代成虫。第1代幼虫于4月下旬出现，至5月中旬幼虫老熟。成虫昼伏夜出，黄昏后开始活动、交配、产卵，以午夜活动最频繁。卵产于叶背面靠近主脉处有凹陷的地方。成虫飞翔时能力不强，但可借风力进行远距离传播。幼虫活泼，受惊吐丝下坠。冬季干燥和春季高温多雨发生重。在北方5～6月及8～9月呈现两个发生高峰，以春季为害重。

防治方法 合理安排茬口，常年发生严重地区，尽量避免小范围内十字花科蔬菜周年连作。收获后及时清除残枝落叶，并带出田外深埋或烧毁，深翻土壤，可消灭大量虫源，减轻为害。

在幼虫发生盛期可采用1%甲氨基阿维菌素苯甲酸盐乳油2 000～3 000倍液、5%氟啶脲乳油1 000～2 000倍液+20%甲氰菊酯乳油2 000～3 000倍液、0.5%甲氨基阿维菌素苯甲酸盐乳油2 000～3 000倍液+4.5%高效顺式氯氰菊酯乳油1 000～2 000倍液、15%茚虫威悬浮剂2 000～3 000倍液、5%丁烯氟虫腈悬浮剂2 000～3 000倍液、5%氟虫脲乳油2 000～3 000倍液、24%甲氧虫酰肼悬浮剂2 000～4 000倍液、5%伏虫隆乳油2 000～3 000倍液、10%虫螨腈悬浮剂1 500～3 000倍液，隔7～10天喷1次，连续喷2～3次。

在小菜蛾对菊酯类农药已产生抗性地区：可选用24%灭多威水剂1 000倍液、4.5%高效顺式氯氰菊酯乳油1 000倍液、5%氟虫脲乳油1 000倍液、5%氟啶脲乳油1 000～2 000倍液、5%伏虫隆乳油1 000倍液、25%灭幼脲胶悬剂1 000倍液喷雾防治。

3.甘蓝夜蛾

分　　布　甘蓝夜蛾（*Mamestra brassicae*）分布广泛，在华北、华东和东北地区为害严重。多为局部发生。

为害特点　初孵幼虫群集在叶背啃食叶片，残留表皮。稍大渐分散，被食叶片呈小孔、缺刻状。大龄幼虫可钻入叶球为害，并排泄大量虫粪，使叶球内因污染而引起腐烂（图1－45至图1－46）。

图1－45　甘蓝夜蛾为害白菜症状

图1－46　甘蓝夜蛾为害甘蓝症状

形态特征　成虫体灰褐色（图1－47）。前翅中部近前线有一个明显的灰黑色环状纹，一个灰白色肾状纹，外缘有7个黑点，前缘近端部有等距离的白点3个，后翅外缘有1个小黑斑。卵半球形，表面具放射状的纵脊和横格。初产时黄白色，孵化前变紫黑色。幼虫头部黄褐色，胸腹部背面黑褐色，腹面淡灰褐色，前胸背板梯形，各节背面具黑色倒“八”字纹（图1－48）。蛹赤褐色至棕褐色，臀棘较长，末端着生2根长刺，刺的末端膨大呈球形。

图1－47　甘蓝夜蛾成虫

发生规律　华北地区每年发生3代，以蛹在

图1-48 甘蓝夜蛾幼虫

土中越冬。翌年5月中下旬羽化成虫，每年以第1代幼虫和第3代幼虫为害较重，为发生为害盛期。第1代幼虫6月上旬至7月上旬出现，第3代幼虫8月下旬至10月上旬出现。

防治方法 进行秋耕、冬耕可杀死部分越冬蛹。

低龄幼虫抗药力差，可于3龄以前选用40%菊·杀乳油1 000倍液、20%甲氰菊酯乳油1 000倍液、2.5%氯氟氰菊酯乳油2 000倍液、20%灭幼脲胶悬剂1 000倍液、40%菊·马乳油1 000~1 500倍液、10%氯氰菊酯乳油1 000~2 000倍液、5%伏虫隆乳油1 000倍液、10%氟氰菊酯乳油800~1 000倍液、20%氟胺氰菊酯乳油1 500倍液、2.5%氟氰菊酯乳油2 000倍液、48%毒死蜱乳油1 000倍液、20%氰戊菊酯乳油2 000倍液等药剂喷雾，间隔10~15天喷1次，连续防治2~3次。

4. 甘蓝蚜

分　　布 甘蓝蚜（*Brevicoryne brassicae*）在北方发生比较普遍。新疆、宁夏和东北沈阳以北地区发生较多。

为害特点 喜在叶面光滑、蜡质较多的十字花科蔬菜上刺吸植物汁液，造成叶片卷缩变形，植株生长不良，影响包心，并因大量排泄蜜露、蜕皮而污染叶面，并能传播病毒病，造成的损失远远大于蚜虫的直接为害（图1-49）。

图1-49 甘蓝蚜为害花椰菜症状

形态特征 有翅胎生雌蚜：头、胸部黑色；腹部黄绿色，有数条不明显的暗绿色横带，两侧各有5个黑点；全体覆有明显的白色蜡粉；无额瘤，腹管远比触角第5节短，中部膨大。无翅胎生雌蚜：体暗绿色，腹背各节有断续暗带，全体有明显白色蜡粉；触角无感觉圈，无额疣，腹管似有翅型。

发生规律　每年发生8～20余代，以卵在植株近地面根茎凹陷处、叶柄基部和叶片上越冬。在4月下旬孵化，5月中旬产生有翅蚜，5月下旬至6月初陆续迁飞到春、夏十字花科蔬菜及春油菜上大量繁殖为害。甘蓝蚜一般以春、秋季为害较重，温暖地区全年可以孤雌胎生繁殖。

防治方法　蔬菜收获后，及时处理残败叶，清除田间、地边杂草。

发生盛期，喷洒50%灭蚜松乳油1 500倍液、20%氰戊菊酯乳油1 000倍液、2.5%溴氰菊酯乳油1 000～2 000倍液、2.5%氯氟氰菊酯乳油1 000～2 000倍液、50%抗蚜威可湿性粉剂1 000～2 000倍液、20%丁硫克百威乳油1 000倍液、40%菊·马乳油800～1 500倍液、5%顺式氯氰菊酯乳油1 000倍液、10%吡虫啉可湿性粉剂1 000～2 000倍液、10%氯氰菊酯乳油800～1 000倍液、3%啶虫脒乳油1 000～2 000倍液、2.5%高效氟氯氰菊酯乳油1 000～3 000倍液、2.5%氟氰菊酯乳油1 000～3 000倍液、0.65%茼蒿素水剂400～500倍液、0.5%藜芦碱醇溶液800～1 000倍液、1%苦参素水剂800～1 000倍液、15%蓖麻油酸烟碱乳油800～1 000倍液、3.2%烟碱·川楝素水剂200～300倍液等药剂，间隔7～10天喷1次，连续喷2～3次。

5. 甜菜夜蛾

分　　布　甜菜夜蛾（*Laphygma exigua*）分布全国大部分地区。近年该虫在河南、河北、山东、安徽等地发生为害呈上升趋势。为害日趋严重，一般减产20%～30%，严重的高达50%。

为害特点　初孵幼虫食叶肉，留下表皮，呈透明小孔，3龄后吃成孔洞或缺刻（图1－50），严重时成网状，致使幼苗死亡，造成缺苗断垄，甚至毁种。

图1－50　甜菜夜蛾为害白菜症状

形态特征　成虫体长8～10mm，翅展19～25mm。体灰褐色，头、胸有黑点（图1－51）。前翅灰褐色，基线仅前段可见双黑纹；内横线双线黑色，波浪形外斜；剑纹为一黑条；环纹粉黄色，黑边；肾纹粉黄色，中央褐色，黑边；中横线黑色，波浪形；外横线双线黑色。后翅白色，翅脉及缘线黑褐色。卵圆球状，白色，外面覆有雌蛾脱落的白色绒毛。老熟幼虫体色变化很大，由绿色、暗绿色、黄褐色、褐色至黑褐色，背线有或无，颜色各异（图1－52）。蛹体黄褐色。

图1－51　甜菜夜蛾成虫

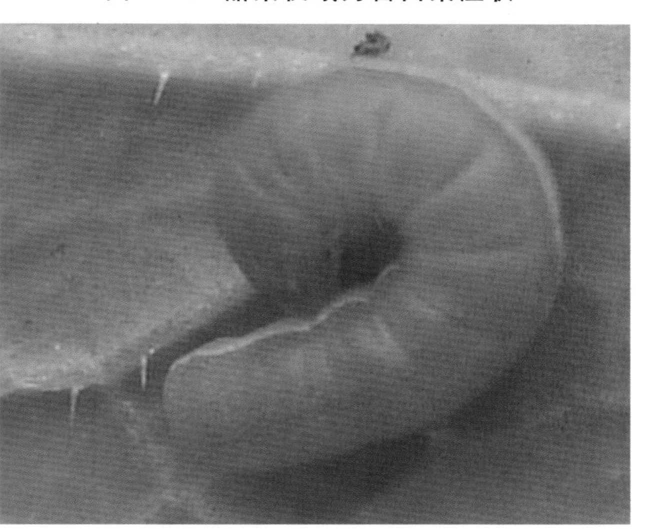

图1－52　甜菜夜蛾幼虫

发生规律 山东、江苏及陕西关中地区，一年发生4～5代，北京5代，湖北5～6代，江西6～7代，江苏、南京、河南、山东，以蛹在土室内越冬，江西南昌、湖南以蛹越冬为主，并有少数未老熟幼虫在杂草或土缝中越冬，亚热带和热带地区全年可生长繁殖，在广州无明显越冬现象，终年繁殖为害。一年之中，在华北地区则以7～8月为害较重。7月下旬至8月中旬为第1代，8月下旬至9月下旬进入第 2 代，8月上旬是第1代幼虫为害盛期。

防治方法 早春地埂、地头、地沟、渠背及撂荒地杂草是甜菜夜蛾的虫源地和苗期及生长期害虫的前期寄主，早期产卵、栖息场所。晚秋或初冬翻耕土壤，消灭越冬蛹。

甜菜夜蛾具较强的抗药性，且低龄时结网在心叶中为害，给防治带来一定的困难。因而在防治时，应掌握在幼虫 2 龄期以前，喷药时要注意喷施到心叶中去。可用90%晶体敌百虫1 000～2 000倍液、50%丙溴磷乳油1 000倍液、25%亚胺硫磷乳油800倍液、48%毒死蜱乳油1 000～2 000倍液、5%氟啶脲乳油1 500倍液、20%虫螨腈悬浮剂1 000倍液、25%唑蚜威乳油1 000～1500倍液、5%丁烯氟虫腈悬浮剂2 000倍液、20%除虫脲悬浮剂1 000倍液、5%氟虫脲乳油1 000～2 000倍液、2.5%多杀霉素悬浮剂1 000～1 500倍液、20%虫酰肼悬浮剂1 000～1 500倍液、10%氯氰菊酯乳油1 500倍液、40%乙酰甲胺磷乳油500～1 000倍液、20%灭幼脲胶悬剂500～1 000倍液、20%氰戊菊酯乳油500～1 000倍液、2.5%高效氟氯氰菊酯乳油2 000倍液等药剂喷雾防治。每7～10天喷1次，连续喷2～3次。

6. 同型巴蜗牛

分　　布 同型巴蜗牛（*Bradybaena similaris*）分布我国黄河流域、长江流域及华南各省。

为害特点 初孵幼螺取食叶肉，留下表皮，稍大个体则用齿舌将叶、茎秆磨成小孔或将其吃断，严重者将苗咬断，造成缺苗（图1－53）。

形态特征 成虫体形与颜色多变，扁球形，成体爬行时体长约33mm，体外有扁圆形螺壳，具5~6个螺层，顶部螺层增长稍慢，略膨胀，螺旋部低矮，体部螺层生长迅速，膨大快（图1－54）。头发达，上有2对可翻转缩回之触角。壳面红褐色至黄褐色，具细致而稠密生长线。卵圆球状，初乳白后变浅黄色，近孵化时呈土黄色，具光泽。幼贝体较小，形似成贝。

图1－53　同型巴蜗牛为害大白菜症状

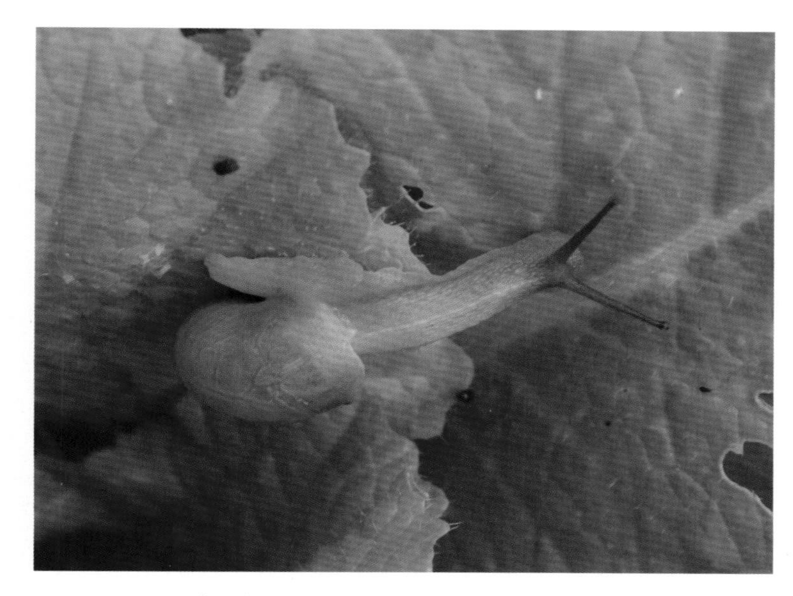

图1-54 同型巴蜗牛成虫

发生规律 一年发生1代，以成贝、幼贝在菜田、绿肥田、灌木丛及作物根部、草堆石块下及房前屋后等潮湿阴暗处越冬，壳口有白膜封闭。翌年3月初逐渐开始取食，4～5月成贝交配产卵，为害多种植物幼苗。夏季干旱或遇不良气候条件，便隐蔽起来，常常分泌黏液形成蜡状膜将口封住，暂时不吃不动。干旱季节过后，又恢复活动继续为害，最后转入越冬状态。每年4～5月和9月的产卵量较大。11月下旬进入越冬状态。

防治方法 采用清洁田园、铲除杂草、及时中耕、排干积水等措施。秋季耕翻，使部分越冬成贝、幼贝暴露于地面冻死或被天敌啄食，卵被晒爆裂。用树叶、杂草、菜叶等在菜田做诱集堆，天亮前集中捕捉。在沟边、地头或作物间撒石灰带，一般用生石灰50～75kg/亩，保苗效果良好。

药剂防治：一般每亩用6%四聚乙醛颗粒剂0.5～0.7kg与10～15kg细干土混合，均匀撒施，或与豆饼粉或玉米粉等混合作成毒饵，于傍晚施于田间垄上诱杀。当清晨蜗牛未潜入土时，用70%贝螺杀1 000倍液、灭蛭灵(硫酸铜)800～1 000倍液、氨水70～100倍液或1%食盐水喷洒防治。

7. 菜叶蜂

分　布 菜叶蜂（*Athalia rosae japonensis*）分布在全国各地。

为害特点 幼虫为害叶片成孔洞或缺刻，为害留种株的花和嫩荚，虫口密度大时，仅几天即可造成严重损失（图1-55）。

形态特征 成虫头部和中、后胸背面两侧为黑色，其余橙蓝色，翅基半部黄褐色，向外渐淡至翅尖透明，前缘有一黑带与翅痣相连（图1-56）。卵近圆形，卵壳光滑，初产时乳白色，后变淡黄色。幼虫头部黑色，胴部蓝黑色，各体节具很多皱纹及许多小凸起（图1-57）。蛹头部黑色，蛹体初为黄白色，后转橙色。

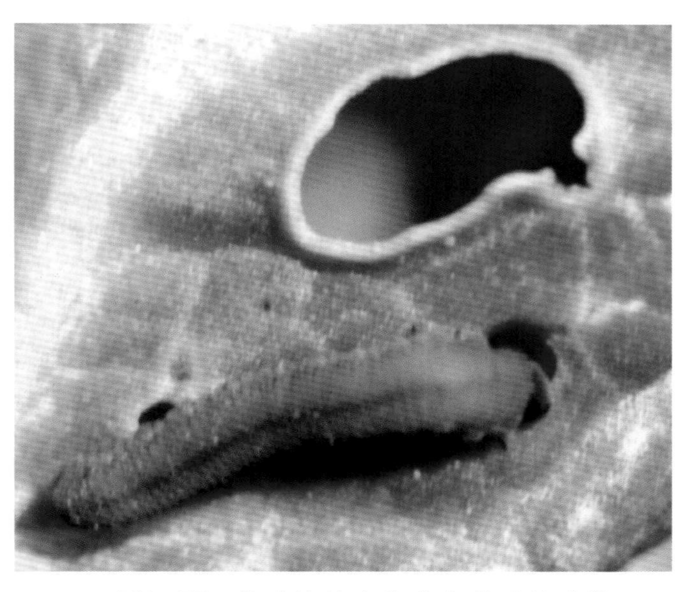

图1-55 菜叶蜂幼虫为害白菜叶片症状

图1－56　菜叶蜂成虫

图1－57　菜叶蜂幼虫

发生规律　在北方一年5代，以蛹在土中茧内越冬。第1代5月上旬～6月中旬，第2代6月上旬～7月中旬，第3代7月上旬至8月下旬，第4代8月中旬至10月中旬。老熟幼虫入土筑土茧化蛹越冬，每年春、秋呈两个发生高峰，以秋季8～9月最为严重。

防治方法　蔬菜收获后及时中耕、除草，使虫茧暴露或破坏，能减少虫源。

在幼虫发生盛期可采用1%甲氨基阿维菌素苯甲酸盐乳油2 000～3 000倍液、20%灭幼脲胶悬剂800～1 500倍液、2.5%溴氰菊酯乳油1 500～2 000倍液、2.5%氯氟氰菊酯乳油2 000～3 000倍液、20%氰戊菊酯乳油1 500～2 500倍液、8 000IU/mg苏云金杆菌粉剂1 000～1 500倍液，隔7～10天喷1次，连续喷2～3次。

8.云斑粉蝶

为害特点　云斑粉蝶(*Leucochloe daplidice*)主要为害白菜、油菜、芥菜、萝卜等。幼虫食叶，造成缺刻或孔洞，严重时整个叶片被吃光，只剩下叶脉和叶柄，粪便还会污染菜心。

形态特征　成虫体灰黑色(图1－58)。老熟幼虫体表有纵向的黄、蓝相间条纹，其上密布黑斑，体表有短毛（图1－59）。

图1－58　云斑粉蝶成虫

发生规律 每年发生3～4代，以蛹在菜园附近篱笆、屋墙、树干等处越冬，翌年3～4月成虫羽化，4～11月是幼虫为害盛期。

防治方法 收获后及时清洁田园，灭蛹和幼虫，以减少虫源。适时播种，避开幼虫发生盛期。

在幼虫为害期防治，可选用25%灭幼脲悬浮剂500倍液、5%增效氯氰菊酯乳油1 000倍液、90%灭多威可湿性粉剂2 000倍液、5%氟啶脲乳油2 000倍液、20%氰戊菊酯乳油2 000倍液、2.5%溴氰菊酯乳油1 500～2 000倍液、40%菊・马乳油2 000～3 000倍液等药剂喷雾防治。

图1－59 云斑粉蝶幼虫

9．斑缘豆粉蝶

分布为害 斑缘豆粉蝶（*Colias erate*）幼虫食害叶片。

形态特征 成虫为中型黄蝶（图1－60），雄虫翅黄色，前翅顶角有一群黑斑，其中杂有黄斑，近前缘中央有黑斑一个；后翅外缘有成列黑斑，中室端有一橙黄色圆斑；前、后翅反面均橙黄色，后翅圆斑银色，周围褐色。雌虫有两种类型，一种类型与雄虫同色，另一种类型底色为白色。卵纺锤型。幼虫体绿色（图1－61），多黑色短毛，毛基呈黑色小隆起，气门线黄白色。蛹前端凸起短，腹面隆起不高。

图1－60 斑缘豆粉蝶成虫

图1－61 斑缘豆粉蝶幼虫

发生规律 一年发生4～6代，以幼虫越冬。以蛹越冬，第二年羽化。有春末夏初(5～6月)和秋季(9～10月)2次发生高峰。

防治方法 及时清除残枝老叶，并深翻土壤。

幼虫为害初期，可用40%乙酰甲胺磷乳油1 000倍液、40%菊・马乳油2 000～3 000倍液、2.5%氟氯氰菊酯乳油4 000～5 000倍液、20%氰戊菊酯乳油2 000～3 000倍液、5%氟啶脲乳油1 000～2 000倍液，如田间发生为害严重时，可间隔10～15天再喷1次。

三、大白菜各生育期病虫害防治技术

（一）大白菜苗期病虫害防治技术

在大白菜苗期（图1-62），立枯病等苗期病害经常发生，同时地下害虫也有一定的为害，需要尽早的施药预防，减轻后期为害。

图1-62　大白菜苗期

播种前，可通过种子处理或土壤处理预防病虫害的发生。可用种子重量0.3%的25%甲霜灵可湿性粉剂拌种，用45%代森铵水剂300倍液、77%氢氧化铜悬浮剂800倍液、20%喹菌酮水剂1 000倍液浸种，浸种时间20分钟，浸种后的种子要用水充分冲洗后晾干播种，防治黑腐病；或用种子重量0.4%的50%多菌灵可湿性粉剂、25%溴菌腈可湿性粉剂，种子重量0.3%的25%咪鲜胺锰盐可湿性粉剂拌种，预防炭疽病。

土壤处理：播前使用硫酸铜3～5kg/亩、72%霜脲・锰锌可湿性粉剂2～3kg/亩消毒苗床土壤。或用70%五氯硝基苯可湿性粉剂2～3kg/亩，加细土50kg拌成药土，播前沟施或穴施，防治根肿病。对于一些地下害虫发生严重的地块，可用90%晶体敌百虫100～150g，对少量水后拌细土15～20kg，制成毒土，均匀撒在播种沟内。

（二）大白菜莲座期病虫害防治技术

在大白菜莲座期（图1-63），白菜霜霉病、黑腐病、病毒病、根肿病、炭疽病等病害经常发生，需要尽早的施药预防，减轻后期为害。因此，莲座期是病虫害防治的关键时期，同时也是培育壮苗、保证生产的一个重要时期。

这一时期病害发生严重的有霜霉病、病毒病、黑腐病、黑斑病、炭疽病、软腐病等。若某单一病害发生时，可参考前述防治方法及时防治。

在黑斑病与霜霉病混发时，可选用70%乙膦·锰锌可湿性粉剂500倍液、58%甲霜灵·锰锌可湿性粉剂500倍液等药剂喷雾。

在软腐病和霜霉病或黑斑病混发时，选用72%农用硫酸链霉素可溶性粉剂2 000倍液+70%代森锰锌可湿性粉剂400~500倍液。

在软腐病和白斑病混发时，可喷洒72%农用硫酸链霉素可溶性粉剂2 000倍液+25%多菌灵可湿性粉剂400~500倍液。

这一时期甜菜夜蛾、甘蓝夜蛾、小菜蛾、蜗牛、菜叶蜂、野蛞蝓等为害严重。对于甜菜夜蛾、甘蓝夜蛾、小菜蛾等害虫，可喷施90%晶体敌百虫1 500~2 000倍液、50%辛硫磷乳油500倍液、25%亚胺硫磷乳油800倍液、5%氟啶脲乳油1 500倍液、5%丁烯氟虫腈悬浮剂2 000倍液、10%氯氰菊酯乳油1 500倍液、40%乙酰甲胺磷乳油1 000倍液、2.5%高效氟氯氰菊酯乳油2 000倍液等药剂，间隔7~10天喷1次，连喷2~3次。要注意将药液喷到叶片正反面，防止漏喷，并注意轮换用药，以提高防效。

防治蜗牛、野蛞蝓等害虫，可用6%四聚乙醛颗粒剂0.5~0.7kg与10~15kg细干土混合，均匀撒施，或用70%贝螺杀1 000倍液、硫酸铜800~1 000倍液、氨水70~100倍液或1%食盐水喷洒防治。

图1-63　大白菜莲座期生长情况

（三）大白菜结球期病虫害防治技术

大白菜进入结球期（图1－64），各种病虫害开始侵入，并迅速扩展，发生严重，要及时喷药防治，控制病虫害的扩展。还可喷施多种调节剂促进生长，提高抗病能力。

图1－64　大白菜结球期

这一时期的病害发生严重的有霜霉病、病毒病、黑腐病、黑斑病、炭疽病、软腐病等。药剂防治可参考上述病害的防治药剂。

四、十字花科蔬菜田杂草防治技术原色图解

十字花科蔬菜主要有白菜、萝卜、菜薹（菜心）、芥菜、甘蓝（大头菜）、花椰菜（菜花）等。这类蔬菜在全国种植最为广泛。

（一）十字花科蔬菜育苗田（畦）或直播田杂草防治

十字花科蔬菜苗床或直播田墒情较好、土质肥沃，有利于杂草的发生，如不及时进行杂草防治，将严重影响幼苗生长。应注意选择除草剂品种和施药方法。

在十字花科蔬菜播后芽前（图1－65），用33%二甲戊灵乳油75～120ml/亩、20%萘丙酰草胺乳油120～150ml/亩、72%异丙甲草胺乳油100～150ml/亩、72%异丙草胺乳油100～150ml/亩，对水40kg均匀喷施，可以有效防治多种一年生禾本科杂草和部分阔叶杂草。十字花科蔬菜种子较小，应在播种后浅混土或覆薄土；药量过大、田间过湿，特别是遇到持续低温、多雨条件下会影响蔬菜发芽出苗；严重时，会出现缺苗断垄现象。

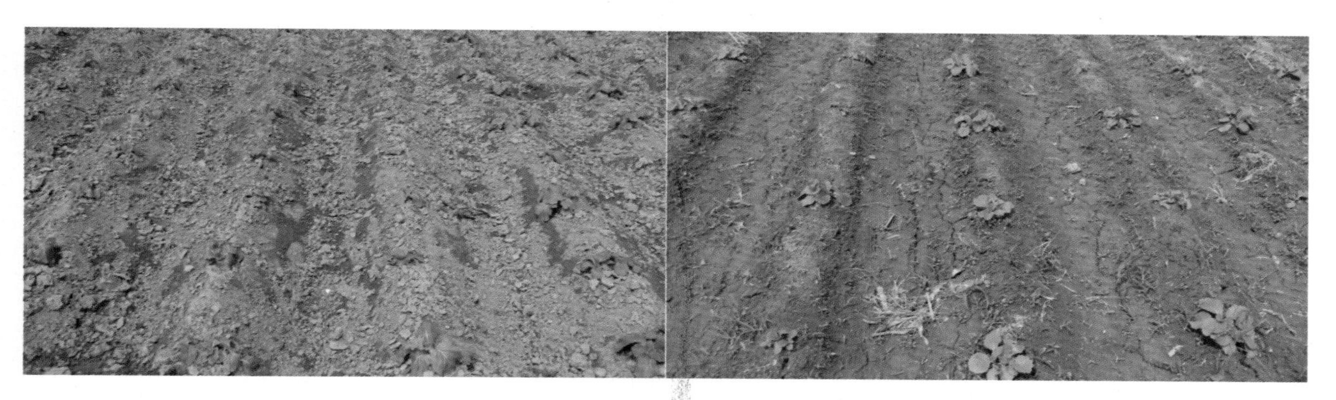

图1－65　白菜直播田

（二）十字花科蔬菜移栽田杂草防治

十字花科蔬菜中的白菜、萝卜也有育苗移栽（图1－66），生产上宜采用封闭性除草剂，一次施药保持整个生长季节没有杂草为害。可于移栽前1～3天喷施土壤封闭性除草剂，移栽时尽量不要翻动土层或尽量少翻动土层。可以用33%二甲戊乐灵乳油150～200ml/亩、20%萘丙酰草胺乳油200～300ml/亩、50%乙草胺乳油150～200ml/亩、72%异丙甲草胺乳油175～250ml/亩、72%异丙草胺乳油175～250ml/亩，对水40kg均匀喷施。

图1－66　白菜移栽田

对于墒情较差的地块或沙土地，可以用48%氟乐灵乳油150～200ml/亩、或48%地乐胺乳油150～200ml/亩，施药后及时混土2～3cm，该药易挥发，混土不及时会降低药效。

对于一些老十字花科蔬菜田，特别是长期施用除草剂的十字花科蔬菜田，铁苋、马齿苋等阔叶杂草较多，可以用33%二甲戊乐灵乳油100～150ml/亩、20%萘丙酰草胺乳油200～250ml/亩、50%乙草胺乳油100～150ml/亩、72%异丙甲草胺乳油150～200ml/亩、72%异丙草胺乳油150～200ml/亩，加上25%恶草酮乳油75～120ml/亩或24%乙氧氟草醚乳油20～40ml/亩，对水40kg均匀喷施，可以有效防治多种一年生禾本科杂草和阔叶杂草。生产中应均匀施药，不宜随意改动配比，否则易发生药害。

（三）十字花科蔬菜田生长期杂草防治

对于前期未能采取化学除草或化学除草失败的十字花科蔬菜田，应在田间杂草基本出苗且杂草处于幼苗期时及时施药防治。

图1-67　白菜田禾本科杂草发生情况

十字花科蔬菜田防治一年生禾本科杂草（图1-67），如稗、狗尾草、牛筋草等，应在禾本科杂草3～5叶期，可以用5%精喹禾灵乳油50～75ml/亩、10.8%高效吡氟氯禾灵乳油20～40ml/亩、10%喔草酯乳油40～80ml/亩、15%精吡氟禾草灵乳油40～60ml/亩、10%精恶唑禾草灵乳油50～75ml/亩、12.5%稀禾啶乳油50～75ml/亩、24%烯草酮乳油20～40ml/亩，对水30kg均匀喷施，可以有效防治多种禾本科杂草。上述药剂没有封闭除草效果，施药不宜过早，特别是在禾本科杂草未出苗时施药没有效果。

图1-68　小白菜田禾本科杂草发生严重的情况

对于前期未能有效除草的田块，在十字花科蔬菜田禾本科杂草较多、较大时（图1-68），应抓住机会及时防治，并适当加大药量和施药水量，喷透喷匀，保证杂草均能接受到药液。可以施用5%精喹禾灵乳油75～125ml/亩、10.8%高效吡氟氯禾灵乳油40～60ml/亩、10%喔草酯乳油60～80ml/亩、15%精吡氟禾草灵乳油75～100ml/亩、10%精恶唑禾草灵乳油75～100ml/亩、12.5%稀禾啶乳油75～125ml/亩、24%烯草酮乳油40～60ml/亩，对水45～60kg均匀喷施，施药时视草情、墒情确定用药量，可以有效防治多种禾本科杂草；但天气干旱、杂草较大时死亡时间相对缓慢。杂草较大、杂草密度较高、墒情较差时适当加大用药量和喷液量；否则，杂草接触不到药液或药量较小，影响除草效果。

第二章　甘蓝病害原色图解

1. 甘蓝霜霉病

症　　状　主要为害叶片，初期在叶面出现淡绿或黄色斑点，扩大后为黄色或黄褐色，受叶脉限制而呈多角形或不规则形。空气潮湿时，在相应的叶背面布满白色至灰白色霜状霉层（图2-1）。严重时也为害叶球（图2-2）。

图2-1　甘蓝霜霉病为害叶片症状

图2-2　甘蓝霜霉病为害叶球症状

病　　原　*Peronospora parasitica* 称寄生霜霉，属鞭毛菌亚门真菌。菌丝无色，不具隔膜，吸器圆形至梨形或棍棒状。孢囊梗单生或2~4根束生，无色，无分隔，主干基部稍膨大。孢子囊无色，单胞，长圆形至卵圆形。卵孢子球形，单孢，黄褐色，表面光滑，胞壁厚，表面皱缩或光滑。

发生规律　以卵孢子在病残组织里、土壤中或附着在种子上越冬，或以菌丝体在留种株上越冬。翌春由卵孢子或休眠菌丝产生的孢子囊萌发芽管，经气孔或表皮细胞间侵入春菜寄主，春菜收后，病菌以卵孢子在田间休眠两个月后侵入秋菜。借助风雨传播，使病害扩大和蔓延。气温忽高忽低，日夜温差大，白天光照不足，多雨露天气，霜霉病最易流行。菜地土壤黏重，低洼积水，大水漫灌，连作菜田和生长前期病毒病较重的地块，霜霉病为害重。

防治方法 适期播种，要施足底肥，增施磷、钾肥。早间苗，晚定苗，适度蹲苗。小水勤灌，雨后及时排水。清除病苗，拉秧后也要把病叶、病株清除出田外深埋或烧毁。

用58%甲霜灵·锰锌可湿性粉剂、25%甲霜灵可湿性粉剂、64%杀毒矾（恶霜灵·代森锰锌）可湿性粉剂、50%福美双可湿性粉剂按种子重量的0.4%拌种。

发病前期，可用75%百菌清可湿性粉剂600～800倍液、70%代森锰锌可湿性粉剂800倍液等药剂预防保护。

9月中旬发病初期是防治的关键时期，可用58%甲霜灵·锰锌可湿性粉剂700倍液、20%氟吗啉可湿性粉剂1 000倍液、60%氟吗啉·代森锰锌可湿性粉剂400～600倍液、69%烯酰吗啉·代森锰锌可湿性粉剂1 000倍液、72.2%霜霉威盐酸盐水剂600倍液、25%甲霜灵可湿性粉剂600倍液、64%恶霜·锰锌可湿性粉剂500倍液、90%乙膦铝可湿性粉剂450～500倍液等药剂喷雾，间隔7～10天喷1次，共喷2～3次。

2. 甘蓝软腐病

症　　状 主要发生在生长后期，多从外叶叶柄或茎基部开始侵染，形成暗褐色水渍状不规则形病斑（图2-3），迅速发展使根茎和叶柄、叶球腐烂变软、倒塌，并散发出恶臭气味（图2-4）。有时病菌从叶柄虫伤处侵染，沿顶部从外叶向心叶腐烂。

图2-3　甘蓝软腐病为害茎基部症状

图2-4　甘蓝软腐病为害叶球症状

病　　原　*Erwinia carotovora* pv. *carotovora* 称胡萝卜软腐欧文氏菌胡萝卜软腐致病型，属细菌。在培养基上的菌落灰白色，圆形或不定形；菌体短杆状，周生鞭毛2～8根，无荚膜，不产生芽孢，革兰氏染色阴性。

发生规律　病原菌随带菌的病残体、土壤、未腐熟的农家肥越冬，成为重要的初侵染菌源。通过雨水、灌溉水、肥料、土壤、昆虫等多种途径传播，由伤口或自然裂口侵入，不断发生再侵染。高温多雨有利于软腐病发生。高垄栽培不易积水，土壤中氧气充足，有利于根系和叶柄基部愈伤组织形成，可减少病菌侵染。

防治方法　病田避免连作，换种豆类、麦类、水稻等作物。清除田间病残体，精细翻耕整地，暴晒土壤，促进病残体分解。雨后及时排水，增施基肥，及时追肥。发现病株后及时挖除，病穴撒石灰消毒。

药剂防治可参考大白菜软腐病。

3．甘蓝病毒病

症　　状　苗期叶脉附近的叶肉黄化，并沿叶脉扩展。有的叶片上出现圆形褪绿黄斑或褪绿小斑点，后变为浓淡相间的绿色斑驳。成株发病，嫩叶表现浓淡不均斑驳，老叶背面有黑褐色坏死环斑。有时叶片皱缩，质硬而脆，新叶明脉（图2－5和图2－6）。

图2－5　甘蓝病毒病为害幼苗症状

图2－6　甘蓝病毒病为害成株叶片皱缩症状

病　　原　Turnip mosaic virus（TuMV）称芜菁花叶病毒；Cucumber mosaic virus（CMV）称黄瓜花叶病毒，Tobacco mosaic virus（TMV）称烟草花叶病毒。

发生规律　病毒在窖藏的白菜、甘蓝的留种株上越冬，或在田间的寄主植物活体上越冬，还可在越冬菠菜和多年生杂草的宿根上越冬。翌年春天，主要靠蚜虫把病毒传到春季种植的十字花科蔬菜上。一般高温干旱利于发病，苗期，6片真叶以前容易受害发病，被害越早，发病越重。播种早的秋菜发病重，与十字花科蔬菜邻作，管理粗放，缺水、缺肥的田块发病重。

防治方法　深耕细作，彻底清除田边地头的杂草，及时拔除病株。施用充分腐熟的粪肥作为底肥，根据当地气候适时播种。苗期采取小水勤灌，可减轻病毒病发生。在天旱时，不要过分蹲苗。

苗期5～6叶期，可用10%吡虫啉可湿性粉剂1 000～1 500倍液、50%抗蚜威可湿性粉剂1 500倍液，喷药防治蚜虫。

其他药剂防治可参考大白菜病毒病。

4．甘蓝黑腐病

症　　状　幼苗子叶呈水浸状，逐渐枯死或蔓延至真叶，使真叶的叶脉上出现小黑点或细黑条。成株期多为害叶片，呈“V”字形病斑，淡褐色，边缘常有黄色晕圈，病部叶脉坏死变黑（图2-7）。向两侧或内部扩展，致周围叶肉变黄或枯死。

图2-7　甘蓝黑腐病为害叶片症状

病　　原　*Xanthomonas campestris* pv. *campestris* 属黄单胞杆菌甘蓝黑腐致病变种细菌。菌体杆状，极生单鞭毛，无芽孢，有荚膜，单生或链生，革兰氏染色阴性。

发生规律　病原细菌随种子和田间的病株残体越冬，也可在采种株或冬菜上越冬。带菌种子是最重要的初侵染来源。春季通过雨水、灌溉水、昆虫或农事操作传播带到叶片上，经由叶缘的水孔、叶片的伤口、虫伤口侵入。最适感病的生育期为莲座期到包心期。暴风雨后往往大发生。易于积水的低洼地块和灌水过多的地块发病多。在连作、施用未腐熟农家肥以及害虫严重发生等情况下，都会加重发病。

防治方法　清洁田园，及时清除病残体，秋后深翻，施用腐熟的农家肥。适时播种，合理密植。及时防虫，减少传菌介体。合理灌水，雨后及时排水，降低田间湿度。减少农事操作造成的伤口。

种子处理：播种前可用30%琥珀肥酸铜可湿性粉剂600～700倍液、72%农用链霉素可溶性粉剂4 000～5 000倍液、14%络氨铜水剂300倍液、45%代森铵水剂300倍液浸种15～20分钟，后用清水洗净，晾干后播种。

其他药剂防治可参考大白菜黑腐病。

5．甘蓝黑斑病

症　　状　主要为害叶片，发病初期在叶面产生水渍状小点，逐渐变成灰褐色近圆形小斑，边缘常具暗褐色环线，以后向外发展形成浅色或浸润状暗绿色晕环，随病害发展，病斑呈同心轮纹，最后发展为略凹陷较大型斑（图2-8）。空气潮湿，病斑两面产生轮纹状的灰黑色霉状物。病害严重时，叶片枯萎死亡。

病　　原　*Alternaria brassicae* 称芸薹链格孢，属半知菌亚门真菌。分生孢子梗棕褐色，不常分枝。分生孢子单生，孢身具5～12个横隔膜，若干纵隔膜，灰榄褐色，喙具1～6个横隔膜，孢身至喙渐细。

发生规律　以菌丝体或分生孢子在病残体或种子上或冬贮菜上越冬。翌年产生出孢子从气孔或直接穿透表皮侵入，借助风雨传播。在春夏季，侵染油菜、菜心、小白菜、甘蓝等蔬菜，后传播到秋菜上为害或形成灾害。秋菜初发期在8月下旬至9月上旬。病害流行与9月下旬至10月上旬连阴雨，病害即有可能流行。播种早，密度大，地势低洼，管理粗放，缺水缺肥，植株长势差，抗病力弱，一般发病重。

图2-8　甘蓝黑斑病为害叶片症状

防治方法　施用腐熟的优质有机肥，并增施磷、钾肥，病叶、病残体要及时清除出田外深埋或烧毁。

种子处理：用50%异菌脲可湿性粉剂、50%腐霉利可湿性粉剂、50%福美双可湿性粉剂按种子重量的0.2%~0.3%拌种。

其他药剂防治可参考大白菜黑斑病。

6．甘蓝褐斑病

症　　状　主要为害叶片。叶片发病，初生水浸状圆形或近圆形小斑点，逐渐扩展后呈浅黄白色，高湿条件下为褐色，近圆形或不规则形病斑，病斑大小不等（图2-9）。有些病斑受叶脉限制，病斑边缘为一凸起的褐色环带，整个病斑好像隆起凸出叶表。

病　　原　*Cercospora brassicicola* 称芸薹生尾孢霉，属半知菌亚门真菌。分生孢子梗褐色，直立，无分隔。分生孢子无色，直或弯曲，针形或鞭状。

发生规律　病菌主要以菌丝块在病残体上或随病残体在土壤中越冬，也可随种子越冬和传播。翌年越冬菌侵染白菜叶片引起发病，发病后病部产生分生孢子借气流传播，进行再侵染。带菌种子可随调运做远距离传播。病菌喜温、湿条件，一般重茬地，偏施氮肥，低洼、黏重、排水不良地块发病重。

图2-9　甘蓝褐斑病为害叶片症状

防治方法 重病地进行2年以上轮作。选择地势平坦、土质肥沃、排水良好的地块种植。收后深翻土壤。高畦或高垄栽培，适期晚播，避开高温多雨季节。合理施肥，注意排除田间积水。

种子处理：可用种子重量0.4%的50%多菌灵可湿性粉剂、50%敌菌灵可湿性粉剂、50%乙烯菌核利可湿性粉剂拌种。

其他药剂防治可参考大白菜褐斑病。

7. 甘蓝细菌性黑斑病

症　　状 主要为害叶片，叶片初生油浸状小斑点，扩展后呈不规则形或圆形，褐色或黑褐色，边缘紫褐色。病重时病斑可联合成不整齐的大斑，引起叶片枯黄、脱落（图2-10）。

图2-10 甘蓝细菌性黑斑病为害叶片症状

病　　原 *Pseudomonas syringae* pv. *moulicola* 称丁香假单胞菌叶斑病致病型，属细菌。

发生规律 病菌在种子上或土壤及病残体上越冬，借风雨、灌溉水传播，由气孔或伤口侵入。病菌喜高温、高湿条件，发病要求叶片有水滴存在，一般暴雨后极易发病，而且病情重。

防治方法 施足粪肥，氮、磷、钾肥合理配合，避免偏施氮肥。均匀灌水，小水浅灌。重病地与非十字花科蔬菜进行2年以上轮作。发现初始病株及时拔除。收后彻底清除田间病残体，集中深埋或烧毁。

种子处理：可用种子量0.4%的50%琥胶肥酸铜可湿性粉剂拌种。

发病初期，可采用72%农用链霉素可溶性粉剂1 000～2 000倍液、88%水合霉素可溶性粉剂 1 000～2 000倍液、50%氯溴异氰尿酸可溶性粉剂800～1 000倍液、47%春雷霉素·氧氯亚铜可湿性粉剂400～600倍液、3%中生菌素可湿性粉剂800～1 500倍液、2%春雷霉素水剂500～800倍液，隔5～7天喷1次，连续喷2～3次。

8. 甘蓝缘枯病

症　　状 主要在生长中后期发生，以包心期发病较重。腐烂部位由暗褐色水渍状变为黑褐色（图2-11），表面干燥呈薄皮状。腐烂部位无霉层。叶球的腐烂主要限于表面叶片（图2-12），腐烂扩散覆盖叶球以后，内部开始软腐，但无软腐病的恶臭。

病　　原 *Pseudomonas marginalis* pv. *marginalis* 属边缘假单胞菌边缘单胞致病型细菌。病菌菌体短杆状，无芽孢，极生1～6根鞭毛。革兰氏染色阴性。

发生规律 病菌随病残体在土壤中越冬，也可随种子带菌成为田间发病的初侵染源。病菌从叶缘水孔等自然孔口侵入，发病后病部产生细菌借风雨、浇水和农事操作等传播蔓延，进行再侵染。温暖潮湿有利于发病，叶面结露和叶缘吐水是病菌活动、侵染和蔓延的重要条件。春秋甘蓝种植期间，温暖多雨，或多雾、昼夜温差大、结露时间长等有利于发病。

图2－11 甘蓝缘枯病为害叶片症状

图2－12 甘蓝缘枯病为害叶球症状

防治方法 收获后及时彻底清除病残落叶，集中堆沤，经高温发酵灭菌后方可作肥料还田。

重病地块与非十字花科蔬菜轮作。发病后适当控制浇水，改进浇水方法，禁止大水漫灌。保护地种植应加强通风排湿，减少叶面结露。

无病土育苗和进行种子处理：干种子用72℃干热处理3天(应注意种子含水量低于4%)。也可用种子重量0.3%的47%春雷霉素·氧氯化铜可湿性粉剂拌种，或用40%福尔马林150倍液浸种1.5小时后，洗净催芽播种。

发病初期将病株拔除并配合药剂防治，可选用47%春雷霉素·氧氯化铜可湿性粉剂600～800倍液、58.3%氢氧化铜干悬浮剂1 000倍液、25%络氨铜水剂500倍液、25%噻枯唑可湿性粉剂600倍液、72%农用链霉素可溶性粉剂4 000倍液、新植霉素5 000倍液喷雾，10～15天喷1次，视病情防治2～3次。

9. 甘蓝黑胫病

症　状 叶及幼茎上产生圆形至椭圆形病斑，初时褐色，后变灰白色，其上散生许多小黑点。重病苗很快死亡。轻病苗移栽后病斑沿茎基部上下蔓延，呈长条状紫黑色病斑，严重时皮层腐朽，露出木质部，后期病部产生许多小黑点。成株期发病，植株叶片萎黄，老叶和成熟叶片上产生不规则形灰褐色病斑，其上散生许多小黑点。发病重时，植株枯死，自土中拔出病株，可见根部须根大部分或全部朽坏（图2－13），茎基和根的皮层重者完全腐朽露出黑色的木质部，轻者则生稍凹陷的灰褐色病斑，其上散生小黑点，为害严重时全株枯死（图2－14）。

病　原 *Phoma lingam* 称黑胫茎点霉，属半知菌亚门真菌。分生孢子器球形至扁球形，无喙，埋生于寄主表皮下，褐色，器壁炭质，有孔口。分生孢子无色透明，椭圆形至圆柱形，内含1～2个油球或多个油球。

发生规律 病菌主要以菌丝体在种子、土壤或粪肥中的病残体上，或十字花科蔬菜种株，或田间野生寄主植物上越冬。翌年产生分生孢子，借雨水、昆虫传播，从植株的气孔、皮孔或伤口侵入。播种带菌种子，病菌可直接侵染幼苗子叶及幼茎。发病后，病部产生新的分生孢子可传播蔓延再侵染为害。病菌喜高温、高湿条件。此病害潜育期仅5～6天即可发病。育苗期灌水多湿度大，病害尤重。此外，管理不良，苗期光照不足，播种密度过大，地面过湿，均易诱发此病害发生。

图2-13 甘蓝黑胫病为害植株及根部症状

图2-14 甘蓝黑胫病为害后期植株枯死症状

防治方法 重病地与非十字花科蔬菜进行3年以上轮作。高畦覆地膜栽培，施用腐熟粪肥，精细定植，尽量减少伤根。避免大水漫灌，注意雨后排水。定植时严格剔除病苗。及时发现并拔除病苗。收获后彻底清除病残体，并深翻土壤。

床土消毒：可每平方米用70%甲基硫菌灵可湿性粉剂5g、50%福美双可湿性粉剂10g，与10～15kg干细土拌成药土，其中2/3药土均匀撒施在备好的苗床表面，另外1/3药土覆盖种子。也可用98%恶霉灵可湿性粉剂3 000倍液喷浇苗床。

种子消毒：可用种子重量0.4%的50%福美双可湿性粉剂拌种。也可用种子重量的0.3%～0.4%的50%异菌脲可湿性粉剂，或用70%甲基硫菌灵可湿性粉剂拌种。

发病初期，可用75%百菌清可湿性粉剂600倍液、60%多·福可湿性粉剂600倍液、40%多·硫悬浮剂500倍液、50%代森铵水剂1 000倍液+70%甲基硫菌灵可湿性粉剂800倍液、80%代森锰锌可湿性粉剂500倍液+50%异菌脲可湿性粉剂1 200倍液、50%敌菌灵可湿性粉剂500倍液+45%噻菌灵悬浮剂1 000倍液、1.5%多抗霉素可湿性粉剂150～200倍液、50%多菌灵可湿性粉剂600～800倍液+50%福美双·福美锌·福美甲胂可湿性粉剂800倍液喷雾，间隔7～10天防治1次，连续防治2～3次。

10. 甘蓝煤污病

症　状　叶片上初生灰黑色至炭黑色煤污菌菌落，严重的覆满整个叶面（图2-15）。

病　原　*Cercosporna fuligena* 称煤污尾孢，属半知菌亚门真菌。

发生规律　病菌借风雨及蚜虫、介壳虫、白粉虱等传播蔓延。后又在病部产出分生孢子，成熟后脱落，进行再侵染。冬春季节，光照弱、湿度大的棚室发病重，多从植株下部叶片开始发病。露地栽培时，高温高湿、遇雨或连阴雨天气，特别是阵雨转晴，或气温高、田间湿度大易导致病害流行。

图2-15　甘蓝煤污病为害叶片症状

防治方法　加强环境调控，注意改变棚室小气候，提高其透光性和保温性。露地栽培时，注意雨后及时排水，防止湿气滞留。及时防治介壳虫、温室白粉虱等害虫。

发病初期，及时喷洒50%甲基硫菌灵·硫磺悬浮剂800倍液、50%苯菌灵可湿性粉剂1 000倍液、50%多霉灵可湿性粉剂（多菌灵·乙霉威）1 500倍液，每隔7天左右喷药1次，视病情防治2～3次。采收前3天停止用药。

11．甘蓝裂球

症　状　最常见的是叶球顶部开裂，有时侧面也开裂。多为一条线开裂，也有纵横交叉开裂。开裂程度不同，轻者仅叶球外面几层叶片开裂，重者开裂可深至短缩茎（图2-16）。

图2-16　甘蓝裂球为害叶球症状

病　因　叶球开裂的主要原因是由细胞吸水过多胀裂所致。若土壤水分不足，结球小而且不紧实。但结球后，叶球组织脆嫩，细胞柔韧性小，一旦土壤水分过多，就易造成叶球开裂。

防治方法　选择地势平坦、排灌方便、土质肥沃的土壤种植甘蓝。选择不易裂球的品种，甘蓝品种间裂球情况不一样，一般尖头型品种裂球较少，而圆头型、平头型品种裂球较多。加强水肥管理，施足基肥，多施有机肥，增强土壤保水、保肥能力，以缓冲土壤中水分过多、过少和剧烈变化对植株的影响。甘蓝需水量较大，整个生长期要多次浇水。浇水要适量，以土壤湿润为标准，避免大水漫灌，浇水后地面不应存有积水。雨后排除田间积水，特别是甘蓝结球后遇到大雨，地面积水，易产生大量裂球。适时收获，过熟的叶球容易开裂。

第三章　花椰菜病害原色图解

1. 花椰菜黑腐病

分布为害　黑腐病是花椰菜的主要病害之一。该病寄主广泛，在各花椰菜产区均有分布。

症　　状　主要为害叶片、叶球或球茎。子叶染病呈水浸状，后迅速枯死。真叶染病，叶片边缘呈"V"字形病斑，边缘常具黄色晕圈，病斑向两侧或内部扩展，致周围叶肉变黄或枯死（图3-1）。病菌进入茎部维管束后，逐渐蔓延到球茎部或叶脉及叶柄处，引起植株萎蔫，至萎蔫不再复原，剖开球茎，可见维管束全部变为黑色或腐烂，但不臭，干燥条件下球茎黑心或呈干腐状（图3-2）。湿度大时，病部腐烂。花椰菜黑腐病为害严重时田间症状（图3-3）。

图3-1　花椰菜黑腐病为害叶片情况

图3-2　花椰菜黑腐病为害茎基部症状

病　　原　*Xanthomonas campestris* pv. *campestris* 称野油菜黄单胞杆菌野油菜黑腐病致病型，属细菌。菌体杆状，极生单鞭毛，无芽孢，有荚膜，单生或链生，革兰氏染色阴性。

发生规律　病原细菌可在种子内或随病残体在土壤中越冬，从水孔或伤口侵入，病菌借雨水、灌溉水、农具传播，使用带菌种子、带菌菜苗可远距离传播。高温、高湿适于发病，连作地、偏施氮肥发病重。

防治方法 重病地与非十字花科蔬菜进行2年以上轮作。加强肥水管理，适期播种，适度蹲苗。及时防治地下害虫。

种子消毒：每100g种子用1.5g漂白粉加少量水，拌匀后密闭容器，静置16小时后洗净播种。或用50%代森铵水剂200倍液浸种15分钟，或链霉素4 000倍液浸种2小时，洗净晾干后便可播种。

发病初期可采用72%农用硫酸链霉素可溶性粉剂1 500～3 000倍液、88%水合霉素可溶性粉剂1 500倍液、3%中生菌素可湿性粉剂800～1 000倍液、50%氯溴异氰尿酸水溶性粉剂1 000倍液、20%噻菌铜悬浮剂500～800倍液，隔5～7天喷1次，连续喷2～3次。

图3-3 花椰菜黑腐病田间为害症状

2．花椰菜霜霉病

症　状 主要为害叶片。多在植株下部叶片发病，出现黄色病斑（图3-4），潮湿条件下病斑边缘不明显，而在干燥条件下明显。病斑因受叶脉限制也呈多角形或不规则形（图3-5）。湿度大时病斑背面可见稀疏的白色霉状物。病重时病斑连片，造成叶片枯黄而死。

图3-4 花椰菜霜霉病为害叶片初期症状

图3-5 花椰菜霜霉病为害叶片中期症状

病　　原　*Peronospora　parasitica* 称为寄生霜霉菌，属鞭毛菌真菌。

发生规律　病菌以卵孢子在病残体或土壤中，或以菌丝体在采种根上越冬。借风雨传播，从气孔或细胞间隙侵入。该病害主要发生在气温较低的早春和晚秋，尤其在10～20℃的低温多雨条件下为害严重。菜田低湿、土质较黏重、肥力较差的发病亦较重；管理粗放、杂草丛生、田间郁蔽不通风的菜田也有利于发病。

防治方法　适期播种，要施足底肥，增施磷、钾肥。早间苗，晚定苗，适度蹲苗。小水勤灌，雨后及时排水。清除病苗，拉秧后也要把病叶、病株清除出田外深埋或烧毁。

发病初期是发病的关键时期（图3－6），可用58%甲霜灵·锰锌可湿性粉剂700倍液、0.5%氨基寡糖素水剂800倍液、20%氟吗啉可湿性粉剂1 000倍液、60%灭克锰锌可湿性粉剂（氟吗啉·代森锰锌）400～600倍液、69%安克锰锌可湿性粉剂（烯酰吗啉·代森锰锌）1 000倍液、72.2%霜霉威盐酸盐水剂600倍液、25%甲霜灵可湿性粉剂600倍液、64%恶霜·锰锌可湿性粉剂500倍液、90%乙膦铝可湿性粉剂450～500倍液等药剂喷雾，间隔7～10天喷1次，共喷2～3次。

图3－6　花椰菜霜霉病发病初期田间症状

3. 花椰菜黑斑病

症　　状　主要为害叶片。初期叶片上产生黑色小斑点，扩展后成为灰褐色圆形病斑，轮纹不明显。湿度大时，病斑上产生较多黑色霉层。发病严重时，叶片上布满病斑，有时病斑汇合成大斑，致使叶片变黄早枯（图3－7至图3－8）。茎、叶柄也会发病，病斑黑褐色、长条状，生有黑色霉。

图3－7　花椰菜黑斑病初期症状

图3－8　花椰菜黑斑病后期症状

病　　原　*Alternaria brassicae* 称芸薹链格孢，属半知菌亚门真菌。分生孢子梗褐色，不常分枝。分生孢子单生，孢身具5～12个横隔膜，若干纵隔膜，灰榄褐色，喙具1～6个横隔膜，孢身至喙渐细。

发生规律　以菌丝体或分生孢子在病残体或种子上或冬贮菜上越冬。翌年产生出孢子从气孔或直接穿透表皮侵入，借助风雨传播。在春夏季，侵染油菜、菜心、小白菜、甘蓝等十字花科蔬菜，后传播到秋菜上为害或形成灾害。秋菜初发期在8月下旬至9月上旬。9月下旬至10月上旬连阴雨，病害即有可能流行。播种早，密度大，地势低洼，管理粗放，缺水缺肥，植株长势差，抗病力弱，一般发病重。

防治方法　施用腐熟的优质有机肥，并增施磷、钾肥，病叶、病残体要及时清除出田外深埋或烧毁。

种子处理：用50%异菌脲可湿性粉剂、50%腐霉利可湿性粉剂、50%福美双可湿性粉剂按种子重量的0.2%～0.3%拌种。

9月中旬至9月底是防治黑斑病的关键时期。在发病前期（图3－9），可用50%异菌脲可湿性粉剂1 000倍液、50%福美双・异菌脲可湿性粉剂800～1 000倍液+75%百菌清可湿性粉剂600倍液、70%代森锰锌可湿性粉剂500倍液+64%杀毒矾（恶霜・锰锌）可湿性粉剂500倍液、50%腐霉利可湿性粉剂1 000～1 500倍液等药剂喷雾，间隔7～10天喷1次，连喷3～4次。

图3－9　花椰菜黑斑病发病初期症状

4. 花椰菜细菌性软腐病

症　　状　在生长中后期，特别是花球形成增长期间，植株老叶发黄萎垂，茎基部出现湿润状淡褐色病斑，中下部包叶在中午似失水状萎蔫，初期早晚尚可恢复，反复数天萎蔫加重就不再能恢复，茎基部的病斑不断扩大逐渐变软腐烂，压之呈黏滑稀泥状（图3－10）；腐烂部位逐渐向上扩展致使部分或整个花球软腐（图3－11）。腐烂组织会发出难闻的恶臭。

图3－10　花椰菜细菌性软腐病为害茎基部症状

病　　原 *Erwinia carotovora* subsp.*carotovora*称胡萝卜欧氏杆菌，属细菌。菌体短杆状，周生数根鞭毛，革兰氏染色阴性。

图3－11　花椰菜细菌性软腐病为害花球症状

发生规律　病菌可在窖藏种株、土壤、病残体上越冬，借雨水、灌溉水、带菌粪肥、昆虫等传播，从自然裂口、虫伤口、病痕及机械伤口等处侵入。病菌发育适温25～30℃，喜高湿环境，不耐强光和干燥。

防治方法　及早翻地、晒田。高垄覆盖地膜栽培。施足充分腐熟的有机肥，适时、适量追肥，注意不要因肥料施用不当烧伤根部或茎基部。均匀灌水，避免大水漫灌，雨后及时排水。注意防治地蛆、黄条跳甲等害虫。

发病初期（图3－12），可采用20%喹菌酮水剂800～1 000倍液、86.2%氧化亚铜可湿性粉剂2 000～2 500倍液、3%中生菌素可湿性粉剂600～800倍液、60%琥·乙膦铝可湿性粉剂500～700倍液、50%琥胶肥酸铜可湿性粉剂500～700倍液、20%叶枯唑可湿性粉剂600～800倍液、88%水合霉素可溶性粉剂1 500～2 000倍液、72%农用链霉素可溶性粉剂2 000～4 000倍液，隔5～7天喷1次，连续喷2～3次。

图3－12　花椰菜细菌性软腐病为害田间症状

5. 花椰菜黑胫病

症　　状　主要为害幼苗的子叶和茎，形成灰白色圆形或椭圆形病斑，上面散生黑色小粒点，严重时导致死苗（图3－13）。发病较轻的幼苗定植后，主、侧根产生紫黑色条形斑，或引起主、侧根腐朽（图3－14至图3－15），致地上部枯萎或死亡。

图3－13　花椰菜黑胫病为害幼苗地上部症状

图3-14　花椰菜黑胫病为害幼苗根茎症状

图3-15　花椰菜黑胫病为害成株根茎症状

病　　原　*Phoma lingam* 称黑胫茎点霉，属半知菌亚门真菌。分生孢子器埋生寄主表皮下，深黑褐色。分生孢子长圆形，无色透明，内含 2 个油球。

发生规律　以菌丝体在种子、土壤中越冬。菌丝体在土中可存活2～3年，分生孢子靠雨水或昆虫传播蔓延。播种带病的种子，出苗时病菌直接侵染子叶而发病。育苗期湿度大，定植后多雨或雨后高温该病易流行。

防治方法　种子消毒：用种子重量0.4%的50%琥胶肥酸铜可湿性粉剂，或用50%福美双可湿性粉剂拌种。

床土消毒：每平方米苗床用40%五氯硝基苯粉剂8g，与40%福美双可湿性粉剂8g等量混合拌入40kg细土，将1/3药土撒在畦面上，播种后再把其余2/3药土覆在种子上，防治效果很好。

发病初期（图3-16），喷洒75%百菌清可湿性粉剂600倍液+60%多·福可湿性粉剂600倍液、40%多·硫悬浮剂500～600倍液，间隔7天1次，防治2～3次。

图3-16　花椰菜黑胫病为害田间症状

6. 花椰菜细菌性黑斑病

症　　状　叶片染病，病斑最初大量出现在叶背面，每个斑点发生在气孔处，初生大量小的具淡褐色至发紫边缘的小斑，坏死斑融合后形成大的不整齐的坏死斑（图3－17）。为害叶脉，致使叶片生长变缓，叶面皱缩，湿度大时形成油渍状斑点，褐色或深褐色，扩大后成为黑褐色，不规则形或多角形；发病严重时，全株叶片的叶肉脱落，只剩叶梗和主叶脉，导致植株死亡。

图3－17　花椰菜细菌性黑斑病为害叶片症状

病　　原　*Pseudomonas syringae* pv. *maculicola* 称丁香假单胞菌叶斑病致病型，属细菌。菌体短杆状，两端圆，具1～5根极生鞭毛。

发生规律　病菌在种子上或土壤及病残体上越冬，借风雨、灌溉水传播，由气孔或伤口侵入。病菌喜高温高湿条件，发病要求叶片有水滴存在，一般暴雨后极易发病，而且病情重。

防治方法　施足粪肥，氮、磷、钾肥合理配合，避免偏施氮肥。均匀灌水，小水浅灌。发现初始病株及时拔除。收获后彻底清除田间病残体，集中深埋或烧毁。

种子消毒：使用无病种子，一般种子要做消毒处理，可用种子重量0.4%的50%琥胶肥酸铜可湿性粉剂拌种。

发病初期，可用72%农用硫酸链霉素可溶性粉剂4 000倍液、14%络氨铜水剂300倍液、53.8%氢氧化铜干悬浮剂1 000倍液、50%氯溴异氰脲酸可溶性粉剂1 200倍液、60%琥铜·乙铝·锌可湿性粉剂500倍液、47%加瑞农（春雷霉素＋氧氯化铜）可湿性粉剂900倍液等药剂防治。

7. 花椰菜立枯病

症　　状　此病多在苗期发生，定植后亦可发病，主要侵染根茎部和叶基部叶片。初在茎基部产生水渍状浅褐色坏死小点，以后扩展成椭圆形至不定形凹陷坏死斑（图3－18），逐渐绕茎一周致幼苗或植株萎蔫枯死（图3－19）。下部叶片染病，多从叶柄基部开始侵染，呈浅褐色坏死腐烂，最后致全株坏死瘫倒。空气潮湿，病部表面产生灰褐色蛛丝状菌丝。

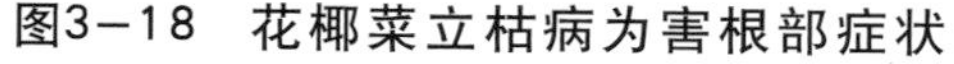

图3－18　花椰菜立枯病为害根部症状

图3－19　花椰菜立枯病为害地上部症状

病　　原　*Rhizoctonia solani* 称立枯丝核菌，属半知菌亚门真菌。病菌菌丝初期无色，后为黄褐色，具有隔膜，多呈直角分枝，基部略缢缩。老菌丝常呈一连串桶状细胞状。菌核不定形至近球形，淡褐至深褐色。担孢子近圆形。

发生规律　病菌主要以菌丝和菌核在土壤或病残体内越冬和存活。在无寄主的条件下最长可存活140天以上。病菌可产生担孢子借气流和灌溉水传播。田间主要以叶片、根茎接触病土染病传播，潮湿时病健接触亦可传播。此外，种子、农具和带菌的肥料都可传播此病。菌核萌发需要98%以上的高湿条件，病菌侵入需要保持一定时间的饱和湿度或自由水。田间发病与寄主抗性有关，不利于植株生长的土壤湿度会加重植株的病情。土壤温度过高过低、土质黏重、潮湿等均有利于病害发生。

防治方法　适期播种，使幼苗避开雨季。施用充分腐熟的有机肥，增施过磷酸钙肥或钾肥。加强水肥管理、避免土壤过湿或过干，减少根伤，提高植株抗病力。

种子处理：可用种子重量0.3%的45%噻菌灵悬浮剂黏附在种子表面后，再拌少量细土后播种。也可将种子湿润后，用干种子重量0.3%的75%萎锈灵可湿性粉剂、40%拌种双可湿性粉剂、70%土菌消可湿性粉剂拌种。

发病初期，可喷施30%苯噻硫氰乳油1 000～2 000倍液、30%苯醚甲·丙环乳油2 000～3 000倍液、20%甲基立枯磷乳油800～1 200倍液，隔5～7天喷1次，连续喷2～3次。

8. 花椰菜病毒病

症　　状　主要为害叶片，出现花叶、斑驳、明脉等症状（图3－20）。侵染叶片首先出现明脉，后发展为斑驳，叶背沿叶脉产生疣状凸起，病株矮化不明显。

病　　原　芜菁花叶病毒（Turnip mosaic virus，TuMV），花椰菜花叶病毒（Cauliflower mosaic virus，CaMV）。

发生规律　由病毒引起的病害，在田间主要靠蚜虫进行非持久性传毒，种子不能传毒。在冷凉条件下表现比较明显。

防治方法　选用抗病毒病品种；适期播植，避开低温及蚜虫猖獗为害时期。

发病初期喷药，常用药剂5%菌毒清水剂400－500倍液、20%盐酸吗啉胍·乙酸铜可湿性粉剂500倍液。每隔10天左右防治1次，连续防治3～4次。采收前5天停止用药。另外，要特别注意防治蚜虫。

图3－20　花椰菜病毒病病叶

第四章　萝卜病虫害原色图解

一、萝卜病害

1.萝卜霜霉病

分布为害　我国各蔬菜产区均有发生，在黄河以北和长江流域地区为害较重。

症　　状　病叶初时产生水浸状、不规则的褪绿斑点，扩大成多角形或不规则形的黄褐色病斑（图4−1）。湿度大时，叶背面病斑上长出白色霉层（图4−2）。发病严重时，病斑连片，叶片变黄、干枯（图4−3）。

图4−1　萝卜霜霉病为害初期叶片症状

图4−2　萝卜霜霉病为害中期叶片症状

图4－3 萝卜霜霉病为害后期叶片症状

病　原 *Peronospora parasitica* 称寄生霜霉，属鞭毛菌亚门真菌。菌丝无色，不具隔膜，吸器圆形至梨形或棍棒状。孢囊梗单生或2～4根束生，无色，无分隔，主干基部稍膨大。孢子囊无色，单胞，长圆形至卵圆形。卵孢子球形，单孢，黄褐色，表面光滑，胞壁厚，表面皱缩或光滑。

发生规律 以卵孢子在病残组织里、土壤中或附着在种子上越冬，或以菌丝体在留种株上越冬。翌春由卵孢子或休眠菌丝产生的孢子囊萌发芽管，经气孔或表皮细胞间侵入春菜寄主，春菜收后，病菌以卵孢子在田间休眠两个月后侵入秋菜。借助风雨传播，使病害扩大和蔓延。气温忽高忽低，日夜温差大，白天光照不足，多雨露天气，霜霉病最易流行。菜地土壤黏重，低洼积水，大水漫灌，连作菜田和生长前期病毒病较重的地块，霜霉病为害重。

防治方法 适期播种，要施足底肥，增施磷、钾肥。早间苗，晚定苗，适度蹲苗。小水勤灌，雨后及时排水。清除病苗，拉秧后也要把病叶、病株清除出田外深埋或烧毁。

种子处理：用58%甲霜灵·锰锌可湿性粉剂、25%甲霜灵可湿性粉剂、64%杀毒矾（恶霜灵·代森锰锌）可湿性粉剂、50%福美双可湿性粉剂按种子重量的0.4%拌种。

9月中旬发病初期（图4－4）是发病的关键时期，可用58%甲霜灵·锰锌可湿性粉剂700倍液、0.5%氨基寡糖素水剂800倍液、20%氟吗啉可湿性粉剂1 000倍液、60%灭克·锰锌（氟吗啉·代森锰锌）可湿性粉剂400～600倍液、69%安克锰锌（烯酰吗啉·代森锰锌）可湿性粉剂1 000倍液、72.2%霜霉威盐酸盐水剂600倍液、75%百菌清可湿性粉剂600倍液+78%科博可湿性粉剂（代森锰锌·波尔多液）600倍液、25%甲霜灵可湿性粉剂600倍液、64%杀毒矾（恶霜·锰锌）可湿性粉剂500倍液、90%乙膦铝可湿性粉剂450～500倍液等药剂喷雾，间隔7～10天喷1次，连续喷2～3次。

图4－4 萝卜霜霉病为害田间症状

2.萝卜软腐病

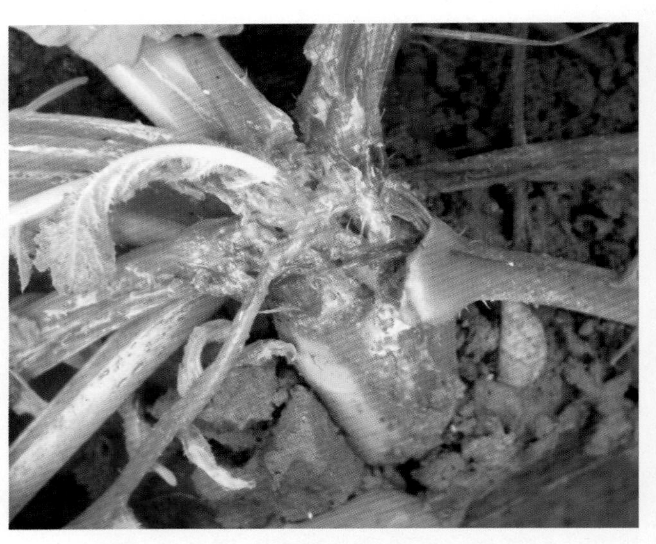
图4-5 萝卜软腐病根茎部发病症状

分布为害 软腐病在全国均有分布，以黄河以北地区发病严重，严重时发病率可达50%以上，减产20%以上。

症　　状 多为害根茎部，根部染病常始于根尖，初呈褐色水浸状软腐，使根部软腐溃烂成一团（图4-5）。叶柄或叶片染病，呈水浸状软腐（图4-6）。干旱时停止扩展，根头簇生新叶。病健部界限分明，常有褐色汁液渗出，致整个萝卜变褐软腐（图4-7）。萝卜软腐病为害后期田间症状（图4-8）。

图4-6 萝卜软腐病病叶

图4-7 萝卜软腐病根部受害症状

病　　原 *Erwinia carotovora* pv. *carotovora*称胡萝卜软腐欧文氏菌胡萝卜软腐致病型，属细菌。在培养基上的菌落灰白色，圆形或不定形；菌体短杆状，周生鞭毛2～8根，无荚膜，不产生芽孢，革兰氏染色阴性。

发生规律 病原菌随带菌的病残体、土壤、未腐熟的农家肥中越冬，成为重要的初侵染菌源。通过雨水、灌溉水、肥料、土壤、昆虫等多种途径传播，由伤口或自然裂口侵入，不断发生再侵染。高温多雨有利于软腐病发生。高垄栽培不易积水，土壤中氧气充足，有利于根系和叶柄基部愈伤组织形成，可减少病菌侵染。

防治方法 病田避免连作，换种豆类、麦类、水稻等作物。清除田间病残体，精细翻耕整地，暴晒土壤，促进病残体分解。雨后及时排水，增施基肥，及时追肥。发现病株后及时挖除，病穴撒石灰消毒。

9月中旬发病初期（图4-9）是防治的关键时期，有效药剂有0.5%氨基寡糖素水剂600～800倍液、2%春雷霉素可湿性粉剂400～500倍液、72%农用链霉素可溶性粉剂3 000～4 000倍液、3%中生菌素可湿性粉剂500～800倍液、77%氢氧化铜悬浮剂1 000倍液、20%喹菌酮水剂1 000倍液、50%琥胶肥酸铜可湿性粉剂1 000倍液，药剂宜交替施用，间隔7～10天喷1次，连续喷2～3次。重点喷洒病株基部及地表，使药液流入菜心效果为好。

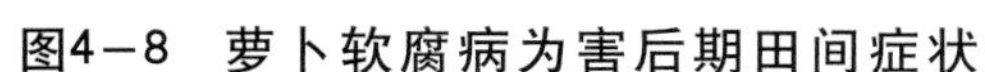

图4－8 萝卜软腐病为害后期田间症状

图4－9 萝卜软腐病为害初期症状

3.萝卜病毒病

分布为害 病毒病在我国各蔬菜产区普遍发生，为害严重。多在夏秋季发病较重。一般病株率5%～15%，严重时病株率可达20%以上。

症　状 萝卜多整株发病，叶片出现叶绿素不均匀(图4－10)，深绿和浅绿相间(图4－11)，有时发生畸形，有的沿叶脉产生耳状凸起。

病　原 Turnip mosaic virus（TuMV）称芜菁花叶病毒；Cucumber mosaic virus（CMV）称黄瓜花叶病毒，Tobacco mosaic virus（TMV）称烟草花叶病毒3种。

发生规律 病毒在窖藏的白菜、甘蓝的留种株上越冬，或在田间的寄主植物活体上越冬，还可在越冬菠菜和多年生的杂草的宿根上越冬。翌年春天，主要靠蚜虫把病毒传到春季种植的十字花科蔬菜上。一般高温干旱时利于发病，苗期和6片真叶以前容易受害发病，被害越早，发病越重。播种早的秋菜发病重，与十字花科蔬菜邻作以及管理粗放，缺水、缺肥的田块发病重。

图4－10 萝卜病毒病花叶症状

图4－11 萝卜病毒病深绿与浅绿相间症状

防治方法 深耕细作，彻底清除田边地头的杂草，及时拔除病株。施用充分腐熟的粪肥作为底肥，根据当地气候适时播种。苗期采取小水勤灌，一般是“三水齐苗，五水定棵”，可减轻病毒病发生。在天旱时，不要过分蹲苗。

萝卜苗期5～6叶期，可用10%吡虫啉可湿性粉剂1 000～1 500倍液、50%抗蚜威可湿性粉剂1 500倍液、3%啶虫脒乳油1 000～2 000倍液，喷药防治蚜虫。

也可在发病初期，喷施20%盐酸吗啉胍·乙酸铜可湿性粉剂500～700倍液、4%嘧肽霉素水剂200～300倍液、2%宁南霉素水剂300～400倍液、5%菌毒清水剂200～300倍液、1.5%植病灵水乳剂800倍液，间隔5～7天喷1次，连续喷2～3次。

4.萝卜细菌性黑腐病

分布为害 黑腐病分布很广，发生普遍，保护地、露地都可发病，以夏秋高温多雨季发病较重。

症　　状 叶片受害，叶缘呈“V”字形病斑，灰色至淡褐色（图4－12），边缘常有黄色晕圈，叶脉坏死变黑。根茎受害，部分外表表皮变为黑色（图4－13），或不变色，内部组织干腐，维管束变黑，髓部组织也呈黑色干腐状（图4－14），甚至空心。

图4－12　萝卜细菌性黑腐病为害叶片情况

图4－13　萝卜细菌性黑腐病使外表皮变黑状

图4－14　萝卜细菌性黑腐病使维管束变黑状

病　　原　*Xanthomonas campestris* pv. *campestris* 称野油菜黄单胞杆菌野油菜黑腐致病变种细菌。菌体杆状，极生单鞭毛，无芽孢，有荚膜，菌体单生或链生，革兰氏染色阴性。

发生规律　病原细菌随种子和田间的病株残体越冬，也可在采种株或冬菜上越冬。带菌种子是最重要的初侵染来源。春季通过雨水、灌溉水、昆虫或农事操作传播带到叶片上，经由叶缘的水孔、叶片的伤口、虫伤口侵入。暴风雨后往往大发生。易于积水的低洼地块和灌水过多的地块发病多。在连作、施用未腐熟农家肥，以及害虫严重发生等情况下，都会加重发病。

防治方法　清洁田园，及时清除病残体，秋后深翻，施用腐熟的农家肥。适时播种，合理密植。及时防虫，减少传菌介体。合理灌水，雨后及时排水，降低田间湿度。减少农事操作造成的伤口。

播种前可用30%琥胶肥酸铜可湿性粉剂600～700倍液、72%农用链霉素可溶性粉剂4 000～5 000倍液、14%络氨铜水剂300倍液、45%代森铵水剂300倍液浸种15～20分钟，后用清水洗净，晾干后播种。

发病初期及时喷药防治，可选用30%琥珀肥酸铜可湿性粉剂600倍液、72%农用链霉素可溶性粉剂4 000倍液、14%络氨铜水剂250倍液、20%喹菌酮可湿性粉剂1 000倍液等。间隔7～10天喷1次，共喷2～3次，各种药剂应交替施用。

5. 萝卜炭疽病

分布为害　炭疽病分布广泛，长江流域发病较重。一般病株率10%～30%，重病地块常达50%以上。

症　　状　主要为害叶片，也可为害茎。叶片病斑水浸状斑点，不规则，后发展为深褐色的较大斑(图4－15)，开裂或穿孔，叶片黄枯。叶柄病斑近圆形至梭形，颜色稍深，凹陷（图4－16）。

图4－15　萝卜炭疽病病叶

图4－16　萝卜炭疽病病茎

病　　原 *Colletotrichum higginsianum* 称希金斯刺盘孢，属半知菌亚门真菌。菌丝无色透明，有隔膜。分生孢子盘很小，散生，子座暗褐色。刚毛散生于分生孢子盘中，具1～3个隔膜，基部膨大，色深，顶端较尖，色淡，正直或微弯。分生孢子梗无色单胞，倒锥形，顶端较狭。分生孢子无色，单胞，圆柱形至梭形，或星月形，两端钝圆，内含颗粒物。

发生规律 以菌丝体随病残体在土壤中越冬，种子也能带菌。在田间经雨滴飞溅和风雨传播，从伤口或直接穿透表皮侵入，在北方早熟萝卜先发病。7～9月高温多雨时，或降雨次数多发病较重。一般早播萝卜，种植过密或地势低洼，通风透光差的田块发病重；地势低洼，田间积水，种植密度过大，管理粗放，植株生长衰弱的地块发病重。

防治方法 重病地与非十字花科蔬菜进行2年轮作。适时晚播，施足粪肥，增施磷、钾肥，合理灌水，雨后及时排水。注意田园清洁，收后深翻土地。

种子消毒，用种子重量0.3%～0.4%的50%多菌灵可湿性粉剂、25%溴菌腈可湿性粉剂、25%咪鲜胺锰络化合物可湿性粉剂拌种。

发病初期及时喷洒25%咪鲜胺乳油1 000倍液、50%咪鲜胺锰盐可湿性粉剂1 500倍液、80%炭疽福美（福美双·福美锌）可湿性粉剂800倍液、25%溴菌腈可湿性粉剂500倍液、2%武夷霉素水剂200倍液、70%甲基硫菌灵可湿性粉剂1 000倍液+75%百菌清可湿性粉剂1 000倍液、10%苯醚甲环唑水分散粒剂1 500倍液、50%多菌灵可湿性粉剂500倍液、40%多·硫悬浮剂400倍液、2%春雷霉素水剂600倍液、47%加瑞农（春雷霉素·氧氯化铜）可湿性粉剂600～800倍液，间隔7～10天防治1次，连续喷2～3次。

6. 萝卜黑斑病

分布为害 近年为害呈上升趋势，成为萝卜生产上的重要病害，分布广泛，发生普遍，以秋季多雨发病严重。

症　　状 叶片上的病斑圆形、深褐色，常有明显的同心轮纹，周缘稍具黄色晕圈。严重时，病斑多个汇合连成片，至干枯脱落。茎和叶柄上病斑成纵条状，暗褐色，稍凹陷（图4－17）。潮湿时病斑上产生黑色霉状物。

病　　原 *Alternaria brassicae* 称芸薹链格孢，属半知菌亚门真菌。分生孢子梗褐色，不常分枝。分生孢子单生，孢身具5～12个横隔膜，若干纵隔膜，灰褐色，喙具1～6个横隔膜，孢身至喙渐细。

发生规律 以菌丝体或分生孢子在病残体或种子上或冬贮菜上越冬。翌年产生出孢子从气孔或直接穿透表皮侵入，借助风雨传播。在春夏季，侵染油菜、菜心、小白菜、甘蓝等十字花科蔬菜，后传播到秋菜上为害。秋菜初发期在8月下旬至9月上旬。9月下旬至10月上旬连阴雨，病害即有可能流行。播种早，密度大，地势低洼，管理粗放，缺水缺肥，植株长势差，抗病力弱，一般发病重。

图4－17　萝卜黑斑病为害叶柄症状

防治方法 施用腐熟的优质有机肥，并增施磷、钾肥，病叶、病残体要及时清除出田外深埋或烧毁。

种子处理：用50%异菌脲可湿性粉剂、50%腐霉利可湿性粉剂、50%福美双可湿性粉剂按种子重量的0.2%～0.3%拌种。

发病初期可采用70%丙森锌可湿性

粉剂600～800倍液、50%乙烯菌核利可湿性粉剂600～800倍液、80%代森锌可湿性粉剂600～800倍液、45%代森铵水剂200～400倍液、20%唑菌胺酯水分散性粒剂1 000～1 500倍液、10%苯醚甲环唑水分散粒剂1 000～1 500倍液+75%百菌清可湿性粉剂600～800倍液、50%腐霉利可湿性粉剂1 000～1 500倍液+70%代森锰锌可湿性粉剂600～800倍液、50%异菌脲可湿性粉剂1 000～1 500倍液、50%福美双·异菌脲可湿性粉剂800～1 000倍液，隔5～7天1次，连续2～3次。

7. 萝卜根肿病

症　　状 主要为害根部，形成肿瘤，肿瘤形状不定，发生在侧根上，主根不变形，但体形较小，初期肿瘤表面光滑，后变粗糙，进而龟裂（图4－18）。

病　　原 *Plasmodiophora brassicae* 称根肿菌芸薹，属鞭毛菌亚门真菌。休眠孢子囊球形、单胞、无色或略带灰色，在寄主细胞内密集呈鱼卵块状。休眠孢子囊萌发产生游动孢子。游动孢子具有双鞭毛，能在水中作短距离游动，静止后呈变形体状。

图4－18 萝卜根肿病为害根部症状

发生规律 以休眠孢子囊在土壤中或黏附在种子上越冬，在田间主要靠雨水、灌溉水、昆虫和农具传播，远距离传播则主要靠大白菜病根或带菌泥土的转运。孢子囊萌发产生游动孢子侵入寄主，经10天左右根部长出肿瘤。土壤偏酸性，连作地、低洼地、“水改旱”菜地病情较重。

防治方法 重病地块和非十字花科蔬菜实行6年以上轮作，并要铲除杂草，尤其是要铲除十字花科杂草。收后彻底清除病根，集中销毁。在低洼地或排水不良的地块栽培萝卜，要采用高畦或高垄的栽培形式。酸性土壤应适量施用石灰，将土壤酸碱度调节至微碱性。

灌根防治。防治最佳时期为直播萝卜播种至2～3叶期，间隔10天，连施药3次。有效药剂有58%甲霜灵·代森锰锌可湿性粉剂400～500倍液、75%百菌清可湿性粉剂600～750倍液+50%多菌灵可湿性粉剂600倍液、72%农用链霉素可溶性粉剂4 000～5 000倍液、50%氯溴异氰尿酸可溶性粉剂1 500倍液，每穴0.25～0.5kg。

8. 萝卜白斑病

症　　状 主要为害叶片，发病初期，叶面散出灰褐色圆形斑点，很

图4－19 萝卜白斑病为害叶片症状

病　　原　*Cercosporella albomaculans* 称白斑小尾孢，属半知菌亚门真菌。菌丝无色，有隔膜，分生孢子梗束生，无色，正直或弯曲，顶端圆截形，着生1个分生孢子，分生孢子线形，无色透明，基部稍膨大，圆形，顶端稍尖，分生孢子直或稍弯，有1～4个横隔。

发生规律　主要以菌丝或菌丝块附在地表的病叶上生存或以分生孢子黏附在种子上越冬，翌年借雨水飞溅传播到叶片上，孢子萌发后从气孔侵入引致初侵染，借风雨传播,进行多次再侵染。在北方菜区，本病盛发于8～10月，长江中下游及湖泊附近菜区，春、秋两季，均可发生，尤以多雨的秋季发病重。一般播种早、连作年限长、缺少氮肥或基肥不足，植株长势弱的发病重。

防治方法　发病严重的地块实行与非十字花科蔬菜轮作 2 年以上。选择地势较高、排水良好的地块种植。要注意平整土地，适期晚播，密度适宜，收获后深翻土地，施足经腐熟后的有机肥，增施磷、钾肥。雨后排水，及时清除病叶，收获后清除田间病残体并深翻土壤。

种子消毒：用50%多菌灵可湿性粉剂500倍液浸种1小时后捞出，用清水洗净后播种。

发病初期，可用75%百菌清可湿性粉剂600倍液+70%甲基硫菌灵可湿性粉剂800倍液、50%苯菌灵可湿性粉剂1 000倍液、50%异菌脲可湿性粉剂1 000倍液、10%苯醚甲环唑水分散粒剂2 000倍液、40%多・硫悬浮剂600倍液、50%多・霉威（多菌灵・乙霉威）可湿性粉剂1 000倍液等药剂喷雾，间隔7～10天喷 1 次，连续喷2～3次。

二、萝卜虫害

1. 萝卜蚜

分　　布　萝卜蚜（*Lipaphis erysimi*）遍布全国菜区，是华南地区的优势种。

为害特点　以成蚜和若蚜常结集在嫩叶上刺吸汁液，造成幼叶畸形卷缩，生长不良（图4－20）。留种株被害后不能正常抽薹、开花和结实，同时也能传播病毒病。

形态特征　有翅雌蚜：头胸部为黑色，复眼赤褐色，额瘤不显著，腹部黄绿色至绿色，腹管前各节两侧有黑斑，有时身体上有稀少的白色蜡粉。无翅雌蚜：全身黄绿色稍有白色蜡粉，胸部各节中央隐约似有1条黑色横斑纹（图4－21）。若蚜：体型、体色似无翅成蚜，仅个体较小，有翅若蚜3龄起可见翅芽。

图4－20　萝卜蚜为害叶片症状

图4－21　萝卜蚜无翅雌蚜

发生规律 年发生代数,华北10～20代，长江流域30代左右，华南可发生40多代，世代重叠。在长江流域及其以南地区或北方加温温室中，终年营孤雌胎生繁殖，无明显越冬现象；在北方地区，以卵在秋白菜上越冬。越冬卵到翌年3～4月孵化为干母，在长江流域每年的春秋两季是发生高峰，秋季发生要比春季重。

防治方法 清除田间及附近杂草。在蚜虫发生盛期，用48%毒死蜱乳油1 500倍液、10%吡虫啉可湿性粉剂1 500倍液、50%抗蚜威可湿性粉剂2 000倍液、20%噻虫嗪可湿性粉剂2 000倍液、30%啶虫脒乳油1 500倍液、4.5%高效氯氰菊酯乳油2 000倍液对水40～50kg均匀喷雾，间隔7～10天喷1次，连喷2～3次。

2．萝卜地种蝇

分布为害 萝卜地种蝇（*Delia floralis*）为北方秋菜的重要害虫。以幼虫为害萝卜根表皮，造成许多弯曲的沟道，还可蛀入内部窜成孔道，引起腐烂，丧失食用价值。

形态特征 雄成虫体暗灰褐色（图4–22）。头部两复眼较接近，胸背面有3条黑色纵纹，腹部背中央有1条黑色纵纹。雌虫全体黄褐色，胸、腹背面均无斑纹。卵乳白色，长椭圆形，稍弯曲，表面有网状纹。幼虫称蛆，幼虫老熟时体乳白色，头部退化，仅有1对黑色口钩。蛹椭圆形，红褐色或黄褐色。

图4–22 萝卜地种蝇成虫

发生规律 每年发生1代，以蛹在土中越冬。翌年成虫出现的早晚因地区而异，一般越偏北成虫出现越早。成虫多在日出或日落前后或阴雨天活动、取食。

防治方法 勤灌溉，必要时可大水漫灌，能阻止种蝇产卵、抑制根蛆活动及淹死部分幼虫。

在播种时将20%甲基异柳磷乳油与细沙按1：500比例混匀，均匀撒在地面，将其犁入土中再播种。

幼虫发生初期，发现受害株后，可用90%晶体敌百虫40～50ml/亩、25%增效喹硫磷乳油40～50ml/亩、50%辛硫磷乳油50～60ml/亩、48%毒死蜱乳油40～50ml/亩对水200kg灌根防治。

第五章 黄瓜病虫害原色图解

一、黄瓜病害

黄瓜病害有20多种，为害普遍而严重的有黄瓜霜霉病、黄瓜枯萎病、黄瓜白粉病、黄瓜蔓枯病、黄瓜炭疽病、黄瓜角斑病、黄瓜病毒病、黄瓜灰霉病、黄瓜根结线虫病等。

1．黄瓜霜霉病

分布为害 黄瓜霜霉病是黄瓜上最普通、最严重的病害之一。我国各地均有发生，对黄瓜生产造成极大损失。一般流行年份受害地块减产20%～30%，重流行时达到50%～60%，甚至毁种（图5－1）。

图5－1 黄瓜霜霉病为害叶片初期、中期和后期情况

症　　状 苗期、成株期均可发病，主要为害叶片。子叶被害初呈褪绿色不规则小斑，扩大后变黄褐色。真叶染病，叶缘或叶背面出现水浸状不规则病斑（图5－2），早晨尤为明显，病斑逐渐扩大，受叶脉限制，呈多角形淡褐色斑块，湿度大时叶背面长出灰黑色霉层。后期病斑破裂或连片，致叶缘卷缩干枯，严重的田块一片枯黄。

图5－2 黄瓜霜霉病为害叶片正、背面症状

病　　原　*Pseudoperonospora cubensis*称古巴假霜霉菌，属鞭毛菌亚门真菌。孢囊梗自气孔伸出，单生或2～4根束生，无色，基部稍膨大，上部呈3～5次锐角分枝，分枝末端着生一个孢子囊，孢子囊卵形或柠檬形，顶端具乳状突起，淡褐色，单胞（图5-3）。

发生规律　病菌在保护地内越冬，翌春传播。也可由南方随季风而传播来。夏季可通过气流、雨水传播。在北方，黄瓜霜霉病是从温室传到大棚，又传到春季露地黄瓜上，再传到秋季露地黄瓜上，最后又传回到温室黄瓜上（图5-4）。病害在田间发生的气温为16℃，适宜流行的气温为20～24℃。高于30℃或低于15℃发病受到抑制。孢子囊萌发要求有水滴，当日平均气温在16℃时，病害开始发生，日平均气温在18～24℃，相对湿度在80%以上时，病害迅速扩展。在多雨、多雾、多露的情况下，病害极易流行。

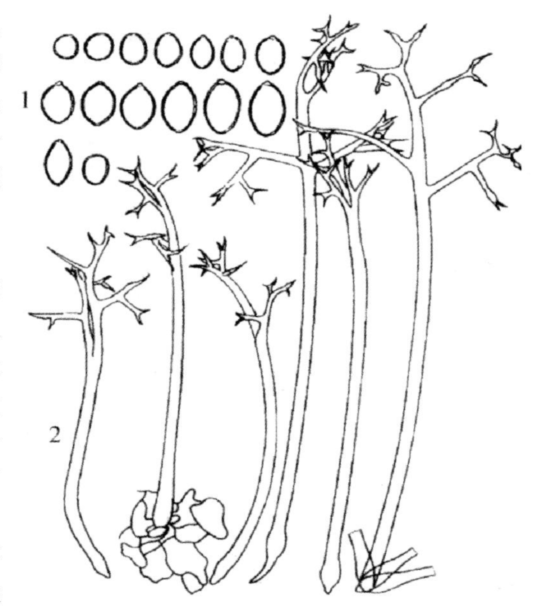

图5-3　黄瓜霜霉病
1.孢子囊　2.孢子梗

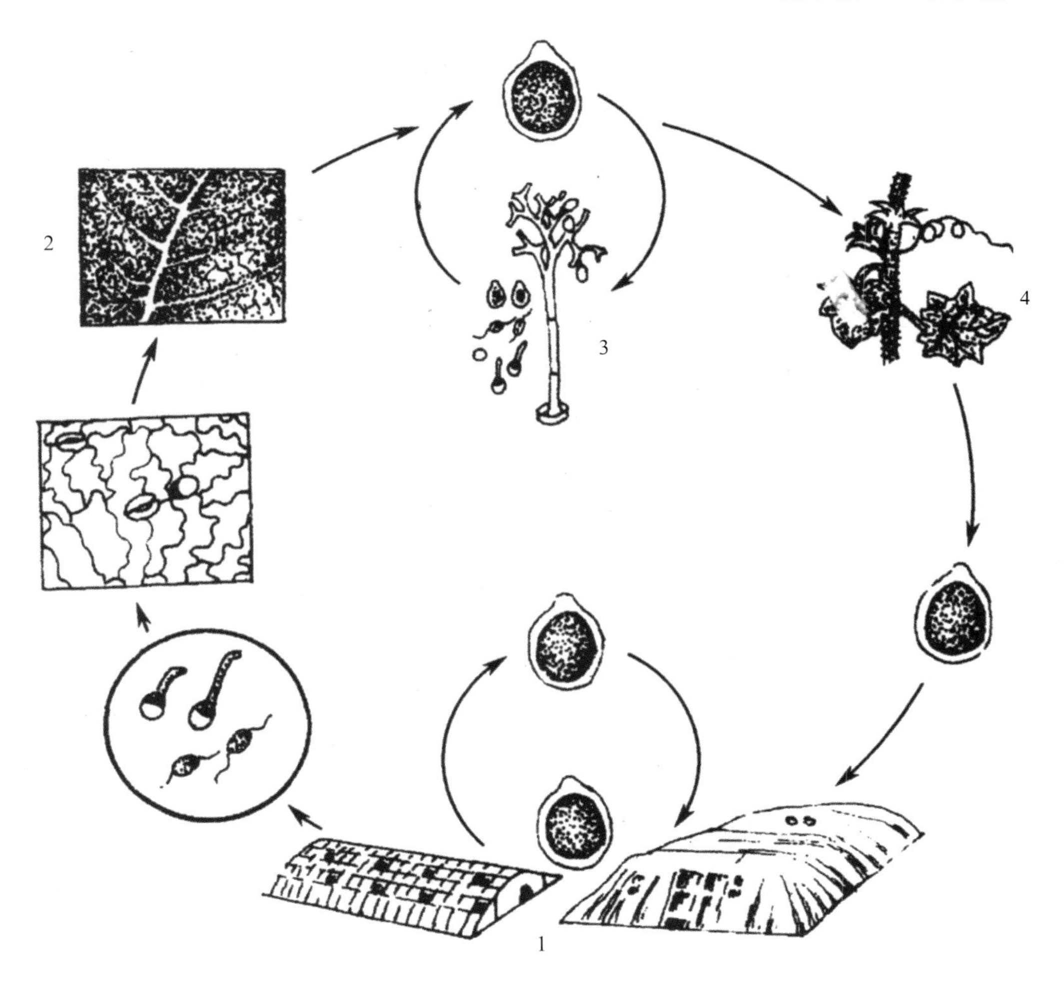

图5-4　黄瓜霜霉病病害循环
1.病菌　2.叶片发病　3.产生孢子囊　4.传播侵染大田黄瓜

防治方法 黄瓜地应选在地势较高，排水良好的地块。底肥施足，合理追施氮、磷、钾肥。雨后适时中耕，以提高地温，降低空气湿度。培育无病壮苗，育苗地和生产地要隔离，定植时严格淘汰病弱苗。温室采取滴灌或覆膜暗灌。

应用烟剂防治：保护地栽培，用45%百菌清烟剂200g/亩、15%霜疫清（百菌清+甲霜灵）烟剂250g/亩，按包装分放5～6处，傍晚闭棚，由棚室里面向外逐次点燃后，次日早晨打开棚、室，进行正常田间作业。6～7天熏1次，熏蒸次数视病情而定。

采用粉尘剂防治：发病前用5%百菌清粉尘剂，发病初期用7%防霉灵（百菌清+甲霜灵）粉尘剂，每亩每次喷1kg，早上或傍晚进行，隔7天喷1次，连喷4～5次。

在黄瓜霜霉病发病前期或未发病时（图5–5），主要是用保护剂防止病害侵染发病，可以选用70%代森锰锌可湿性粉剂600～800倍液、77%氢氧化铜可湿性粉剂1 000倍液，70%丙森锌可湿性粉剂600倍液、75%百菌清可湿性粉剂600～800倍液等，间隔5～7天喷1次。

图5–5 黄瓜伸蔓期生长情况

在黄瓜田间出现霜霉病症状、但病害较轻时（图5–6），应及时进行防治，该期要注意用保护剂和治疗剂合理混用，以保护剂为主，适量加入治疗剂，否则，就难以控制病害的发生与蔓延。可以选用75%百菌清可湿性粉剂600～1 000倍液+25%甲霜灵可湿性粉剂800倍液、70%代森锰锌可湿性粉剂600～1 000倍液+25%甲霜灵可湿性粉剂800倍液、70%丙森锌可湿性粉剂600倍液+25%甲霜灵可湿性粉剂800倍液、65%代森锌可湿性粉剂500倍液+40%乙膦铝可湿性粉剂250倍液、58%甲霜灵·代森锰锌可湿性粉剂800倍液、72%霜脲氰·代森锰锌可湿性粉剂600倍液，每7～10天喷1次，连喷3～6次。

在田间普遍出现黄瓜霜霉病症状，但在病害中期霉层较少时（图5–7至图5–8），应及时进行防治，该期要注意用速效治疗剂，特别是前期未用过高效治疗剂的，并注意与保护剂合理混用，防止病害进一步加重为害与蔓延。可以选用75%百菌清可湿性粉剂500～800倍液+25%烯酰

图5－6　黄瓜霜霉病发病初期症状

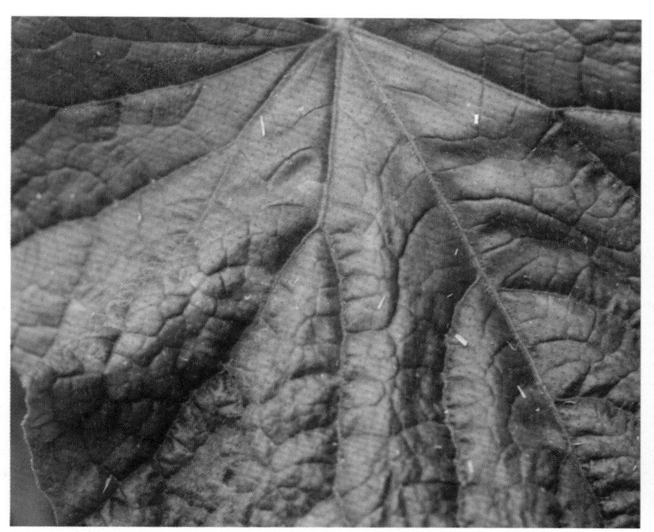

图5－7　黄瓜霜霉病为害叶片中期症状

图5－8　黄瓜霜霉病田间发病症状

吗啉可湿性粉剂600～800倍液、70%代森锰锌可湿性粉剂500～800倍液+20%氟吗啉可湿性粉剂800倍液、70%丙森锌可湿性粉剂600倍液+72.2%霜霉威盐酸盐水剂800倍液、65%代森锌可湿性粉剂500倍液+40%氰霜唑颗粒剂2 500倍液、58%甲霜·锰锌可湿性粉剂500～600倍液、25%吡唑醚菌酯乳油2 000～3 000倍液+75%百菌清可湿性粉剂600倍液，每5～7天喷1次，连续喷2～3次。

在田间黄瓜霜霉病与细菌性角斑病混合发生时，可在以上药剂中加入72%农用链霉素可溶性粉剂或98%土霉素原粉1 500倍液，60%琥·乙膦铝可湿性粉剂500倍液、50%琥胶肥酸铜可湿性粉剂500倍液+40%三乙膦酸铝可湿性粉剂250倍液、3%中生菌素可湿性粉剂800倍液+25%甲霜灵可湿性粉剂800倍液、72%农用链霉素可溶性粉剂3 000倍液+40%三乙膦酸铝可湿性粉剂200倍液等。

霜霉病与白粉病混合发生时（图5－9），可选用40%三乙膦酸铝可湿性粉剂200倍液+12.5%腈菌唑乳油1 500倍液喷施。

霜霉病与炭疽病混发时，可选用40%三乙膦酸铝可湿性粉剂200倍液+70%甲基硫菌灵可湿性粉剂400倍液、2%春雷霉素可湿性粉剂400倍液+72.2%霜霉威水剂800倍液喷施。

图5-9 黄瓜霜霉病与白粉病混合发生症状

2. 黄瓜白粉病

分布为害 黄瓜白粉病全国各地均有发生。北方温室和大棚内最易发生此病（图5-10）。其次是春播露地黄瓜，而秋黄瓜发病轻。

图5-10 黄瓜白粉病田间发病症状

症　　状　苗期至收获期均可染病，叶片发病重，叶柄、茎次之，果实受害少。发病初期，在叶片上产生白色近圆形小粉斑，以叶面居多，后扩展成边缘不明显圆形白色粉状斑，严重时整片叶面都是白粉，后呈灰白色，叶片变黄，质脆，失去光合作用（图5－11至图5－12），一般不落叶。叶柄、嫩茎上的症状与叶片相似。

图5－11　黄瓜白粉病为害叶片正、背面症状

图5－12　黄瓜白粉病病叶与正常叶比较

病　　原　*Sphaerotheca cucurbitae*称瓜类单丝壳白粉菌，属子囊菌亚门真菌。分生孢子梗无色，圆柱形，不分枝，其上着生分生孢子。分生孢子长圆形，无色，单胞，串生。闭囊壳褐色，球形，壳内有1倒梨形子囊，内有8个椭圆形的子囊孢子。附属丝无色至淡褐色（图5－13）。

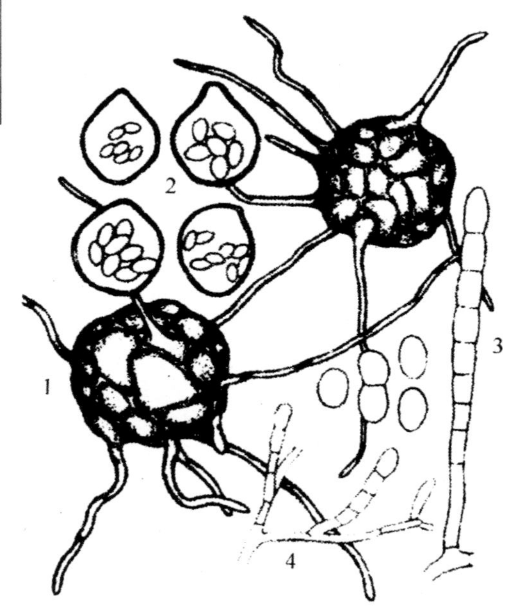

图5－13　黄瓜白粉病病菌
1.闭囊壳　2.子囊和子囊孢子
3.分生孢子　4.分生孢子梗

发生规律 北方以闭囊壳随病残体在地上或保护地瓜类上越冬；南方以菌丝体或分生孢子在寄主上越冬或越夏，成为翌年初侵染源。分生孢子借气流或雨水传播，喜温湿但耐干燥，发病适温20～25℃，相对湿度25%～85%均能发病，但高湿情况下发病较重。高温、高湿又无结露或管理不当，黄瓜生长衰败，则白粉病严重发生。

防治方法 选用抗病品种，如津绿2号、津绿4号、津绿1号、津绿3号及京旭等。应选择通风良好，土质疏松、肥沃，排灌方便的地块种植。要适当配合使用磷钾肥，防止脱肥早衰，增强植株抗病性。阴天不浇水，晴天多放风，降低温室或大棚的相对湿度，防止温度过高，以免出现闷热。

在黄瓜白粉病发病前期或未发病时（图5－14），主要是用保护剂防止病害侵染发病，可以选用70%代森锰锌可湿性粉剂600～800倍液、77%氢氧化铜可湿性粉剂800倍液、70%丙森锌可湿性粉剂600倍液、75%百菌清可湿性粉剂600～800倍液等，间隔10天左右喷1次。

保护地栽培时，也可以用45%百菌清烟雾剂进行熏蒸250～300g/亩，也可用5%春雷霉素·氧氯化铜粉尘剂、10%多·百粉尘剂1kg/亩，隔7天喷1次，连喷3～4次。

图5－14 黄瓜苗期生长状况

在黄瓜田间出现白粉病症状、但病害较轻时（图5－15），应及时进行防治，该期要注意用保护剂和治疗剂合理混用，否则，就难以控制病害的发生为害与蔓延。可以选用75%百菌清可湿性粉剂500～800倍液+40%氟硅唑乳油3 000～4 000倍液、70%代森锰锌可湿性粉剂500～800倍液+12.5%烯唑醇乳油2 500倍液、70%丙森锌可湿性粉剂600倍液+70%甲基硫菌灵可湿性粉剂800倍液，每5～7天喷1次，连续喷2～3次。

图5－15 黄瓜白粉病发病初期症状

在大量叶片出现白粉病症状（图5-16），应注意用速效治疗剂，特别是前期未用过高效治疗剂的，并注意与保护剂合理混用，防止病害进一步加重为害与蔓延。可以选用75%百菌清可湿性粉剂500～800倍液+25%腈菌唑乳油3 000～5 000倍液、70%代森锰锌可湿性粉剂500～800倍液+40%氟硅唑乳油4 000～6 000倍液、70%丙森锌可湿性粉剂600倍液+2%宁南霉素水剂400倍液、65%代森锌可湿性粉剂500倍液+10%苯醚甲环唑水分散性颗粒剂1 000～1 500倍液、20%福腈（福美双+腈菌唑）可湿性粉剂1 000～1 200倍液，每5～7天喷1次，连续喷2～3次。

图5-16 黄瓜白粉病为害田间严重症状

3. 黄瓜蔓枯病

分布为害 蔓枯病是黄瓜栽培中的常见病害，春秋保护地发病率较高，北京地区病田病株率一般为20%左右，重病田达80%以上，主要引起死秧，尤以秋棚受害严重。

症 状 主要为害茎蔓、叶片。叶片上病斑近圆形或不规则形，有的自叶缘向内呈“V”字形，淡褐色，后期病斑易破碎，常龟裂，干枯后呈黄褐色至红褐色，病斑轮纹不明显，上生许多黑色小点。蔓上病斑椭圆形至梭形，油浸状，白色，有时溢出琥珀色的树脂胶状物。病害严重时，茎节变黑，腐烂、易折断（图5-17至图5-18）。

图5-17 黄瓜蔓枯病为害叶片症状

图5－18　黄瓜蔓枯病为害茎蔓症状

病　　原　*Mycosphaerella melonis* 称甜瓜球腔菌，属子囊菌亚门真菌。分生孢子器叶面生，多为聚生，初埋生后突破表皮外露，球形至扁球形，器壁淡褐色，顶部呈乳状凸起，器孔口明显；分生孢子短圆形至圆柱形，无色透明，两端较圆，正直，初为单胞，后生1隔膜。子囊壳细颈瓶状或球形，单生在叶正面，凸出表皮，黑褐色；子囊多棍棒形，无色透明，正直或稍弯；子囊孢子无色透明，短棒状或梭形，一个分隔，上面细胞较宽，顶端较钝，下面的孢子较窄，顶端稍尖，隔膜处缢缩明显（图5－19）。

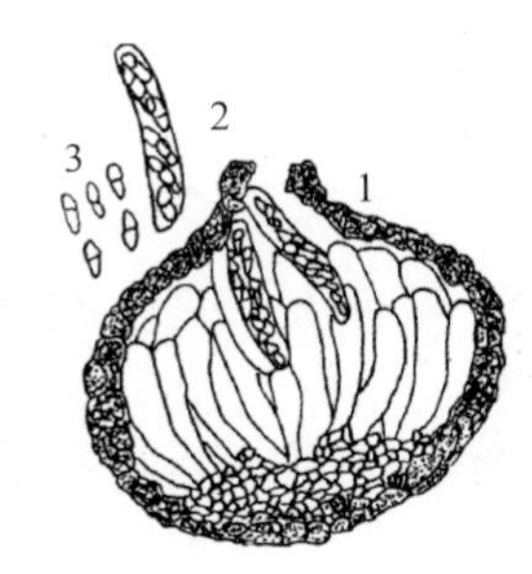

图5－19　黄瓜蔓枯病病菌
1.子囊壳 2.子囊 3.子囊孢子

发生规律　以分生孢子器或子囊壳随病残体在土中，或附在种子、架杆、温室、大棚棚架上越冬。翌年通过风雨及灌溉水传播，从气孔、水孔或伤口侵入。土壤水分高易发病，北方夏、秋季，南方春、夏季流行。连作地、平畦栽培，排水不良，密度过大、肥料不足、植株生长衰弱或徒长，发病重。

防治方法　采用配方施肥技术，施足充分腐熟有机肥。保护地栽培要注意通风，降低湿度，黄瓜生长期间及时摘除病叶，收获后彻底清除病残体烧毁或深埋。

种子处理：种子在播种前先用55℃温水浸种15分钟，并不断搅拌，然后用温水浸泡3～4小时，再催芽播种。或用72%农用硫酸链霉素可溶性粉剂500倍液浸种2小时，或用200mg/kg的新植霉素浸种1小时，或用40%福尔马林100倍液浸种30分钟，用清水冲洗后催芽播种。

烟熏法：发病前可选用45%百菌清烟剂250g/亩。傍晚进行，密闭烟熏一个晚上，隔7天熏1次，连熏4～5次。

粉尘法：可喷6.5%甲霉灵（甲基硫菌灵+乙霉威）粉尘剂1kg/亩，早上或傍晚进行，先关闭大棚或温室，喷头向上，使粉尘均匀飘落在植株上，隔7天喷1次，连续喷3～4次。

涂茎防治：茎上的病斑发现后（图5－20），立即用高浓度药液涂茎的病斑，可用70%甲基硫菌灵可湿性粉剂50倍液、40%氟硅唑乳油100倍液，用毛笔蘸药涂抹病斑。

发病初期，可喷洒75%百菌清可湿性粉剂600倍液+36%甲基硫菌灵悬浮剂400～500倍液+50%乙烯菌核利干悬浮剂800倍液、65%代森锌可湿性粉剂500倍液+50%多菌灵可湿性粉剂500倍液、25%腈菌唑乳油2 500倍液、65%代森锌可湿性粉剂500倍液+40%氟硅唑乳油4 000～5 000倍液、70%丙森锌可湿性粉剂600倍液+70%甲基硫菌灵可湿性粉剂600倍液 +50%异菌脲可湿性粉剂800倍液、25%嘧菌酯悬浮剂1 000～1 500倍液，15天后再喷1次，间隔3～4天后再防治1次，以后视病情变化决定是否用药。

图5－20　黄瓜蔓枯病发病初期症状

4．黄瓜枯萎病

分布为害　枯萎病属世界性病害，国内瓜类主栽区普遍发生。塑料大棚和温室栽培发生严重。短期连作发病率5%～10%，长期连作发病率达50%以上，甚至全部发病，引起大面积死秧，一片枯黄，造成严重减产。

症　　状　苗期发病时幼茎基部变褐缢缩、萎蔫猝倒。成株发病时，初期下部叶片不变黄即萎蔫，早晚尚可恢复，数天后不能再恢复而萎蔫枯死。潮湿时，茎基部半边茎皮纵裂，常有树脂状胶质溢出，上有粉红色霉状物，最后病部变成丝麻状。撕开根茎病部，维管束黄褐色至黑褐色，并向上延伸（图5－21）。

图5－21　黄瓜枯萎病为害植株及根部维管束褐变症状

病　原　*Fusarium oxysporum* f.sp.*cucurmerinum*称尖镰孢菌黄瓜专化型，属半知菌亚门真菌。病菌产生大小两种类型分生孢子，大型分生孢子纺锤形或镰刀形，无色透明，顶细胞圆锥形，有的微呈钩状，基部倒圆锥截形或足细胞，具隔膜1～3个。小型分生孢子多生于气生菌丝中，椭圆形或腊肠形，无色透明，无隔膜。厚垣孢子表面光滑，黄褐色（图5－22）。

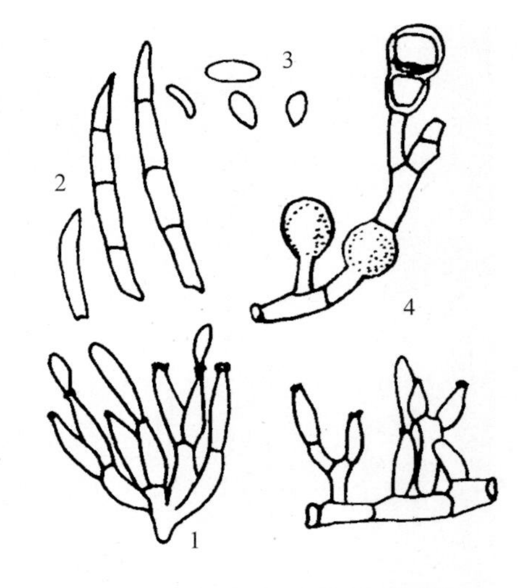

图5－22　黄瓜枯萎病病菌
1.分生孢子梗　2.大型分生孢子
3.小型分生孢子　4.厚垣孢子

发生规律　主要以厚垣孢子和菌丝体随寄主病残体在土壤中或以菌丝体潜伏在种子内越冬。远距离传播主要借助带菌种子和带菌有机肥，田间近距离传播主要借助灌溉水、流水、风雨、小昆虫及农事操作等，从伤口或不定根处侵入致病（图5－23）。发病适宜土温为20～23℃，低于15℃或高于35℃病害受抑制。空气相对湿度90%以上易感病。连作，低洼潮湿，水分管理不当或连绵阴雨后转晴，浇水后遇大雨，土壤水分忽高忽低，施用未充分腐熟的土杂肥，皆易诱发本病。

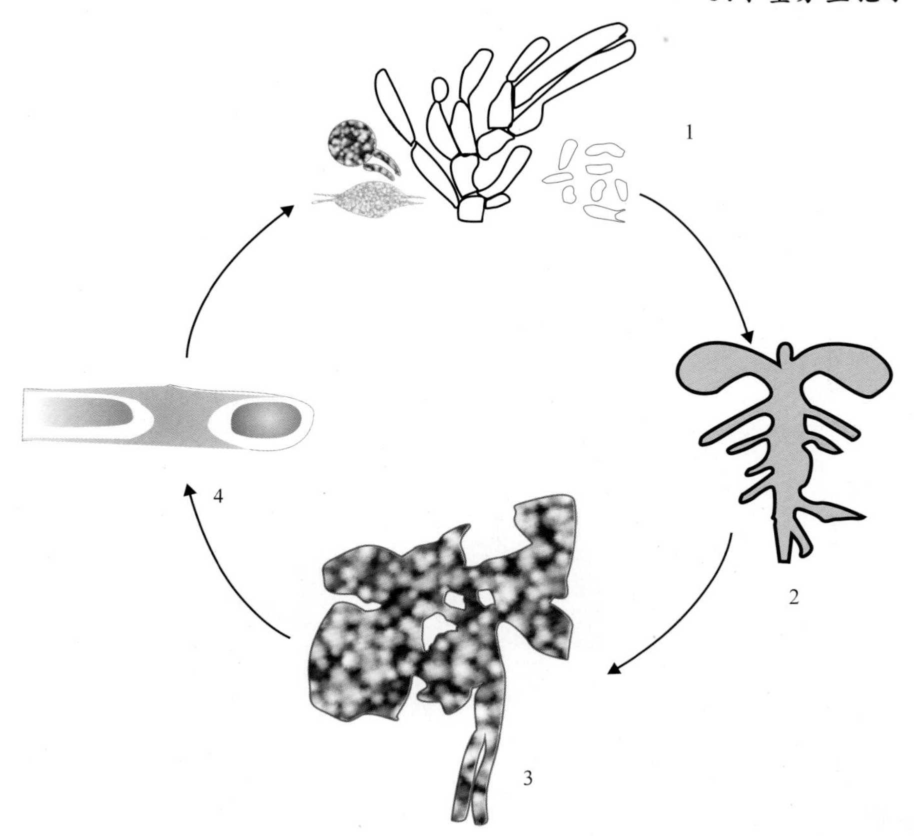

图5－23　黄瓜枯萎病病害循环
1.厚垣孢子、分生孢子　2.根部侵入　3.发病植株　4.受害维管束

防治方法　嫁接防病，选择云南黑籽南瓜或南砧1号作砧木。施用充分腐熟肥料，减少根系伤口。小水勤浇，避免大水漫灌，适当多中耕，提高土壤透气性，使根系苗壮，增强抗病力；结瓜期应分期施肥，黄瓜拉秧时，清除地面病残体。

药剂处理种子：用1%福尔马林液浸种20～30分钟，或用2%～4%漂白粉液浸种30～60分钟，或用有效成分1%的60%多菌灵盐酸盐超微粉+0.1%平平加浸种60分钟，捞出后冲净催芽。

苗床消毒：每平方米用90%恶霜灵1g对细沙1kg，播种后均匀撒入苗床作盖土，或用90%恶霜灵3 000倍液对苗床进行喷施。播种时每平方米用70%甲基硫菌灵可湿性粉剂或95%敌磺钠可溶性粉剂1.5～2g，与细土按1∶100的比例配成药土后撒施于床面。

对于老瓜区或上茬枯萎病较重时可以在幼苗定植时药剂灌根，可用10%多抗霉素可湿性粉剂600倍液、50%多菌灵可湿性粉剂500倍液+50%福美双可湿性粉剂500倍液、50%苯菌灵可湿性粉剂1 000倍液+50%福美双可湿性粉剂500倍液、70%甲基硫菌灵可湿性粉剂400倍液+60%琥・乙膦铝可湿性粉剂350倍液、20%甲基立枯磷乳油1 000倍液+70%敌磺钠可溶性粉剂800倍液灌根，每株灌对好的药液300～500ml；或用12.5%增效多菌灵可溶性粉剂200～300倍液、15%混合氨基酸铜・锌・锰・镁水剂200～400倍液，每株100ml，隔10天后再灌1次，连续防治2～3次。

田间有发病病株或发病初期（图5－24），可选用70%甲基硫菌灵可湿性粉剂600～800倍液、3%恶霉・甲霜水剂600倍液、10%多抗霉素可湿性粉剂1 000倍液、1%中生菌素可湿性粉剂200～300倍液、20%甲基立枯磷乳油800倍液，每隔7～8天喷1次，连续喷3次。

于开花坐果期，用70%甲基硫菌灵可湿性粉剂600～800倍液、70%恶霉灵可湿性粉剂2 000倍液、80%多・福・多福锌可湿性粉剂700倍液灌根，每株灌200ml，每隔7～10天灌1次，连灌2次，可以控制病情发展。

图5－24　黄瓜枯萎病为害叶片初期症状

5. 黄瓜疫病

分布为害　疫病在全国各地均有发生，常造成大面积死秧，为影响黄瓜产量的重要病害之一。

症　　状　整个生长期，各个部位均可发病，以幼茎、嫩尖受害最重。幼苗被害，嫩尖初呈暗绿色水浸状软腐，病部缢缩，后干枯萎蔫（图5－25）。成株发病，先从近地面茎基部开始，初呈水渍状暗绿色，病部软化缢缩，上部叶片萎蔫下垂，全株枯死。叶片发病，初呈圆形或不规则形暗绿色水浸状病斑，边缘不明显。湿度大时，病斑扩展很快，病叶迅速腐烂。干燥时，病斑发展较慢，边缘为暗绿色，中部淡褐色，常干枯脆裂。果实发病，先从花蒂部发生，出现水渍状暗绿色近圆形凹陷的病斑，后果实皱缩软腐，表面生有白色稀疏霉状物（图5－26至图5－27）。

图5－25　黄瓜疫病幼苗期为害症状

图5－26　黄瓜疫病为害成株症状

图5－27　黄瓜疫病为害瓜条和花的症状

图5–28　黄瓜疫病病菌孢子囊及藏卵器

病　　原　*Phytophthora melonis* 称瓜疫霉，属鞭毛菌亚门真菌。菌丝丝状、无色、多分枝。初生菌丝无隔，老熟菌丝长出瘤状节结或不规则球状体，内部充满原生质。孢囊梗直接从菌丝或球状体上长出，平滑，中间偶现单轴分枝，个别形成隔膜。孢子囊顶生，卵圆形或长椭圆形。卵孢子淡黄色或黄褐色（图5–28）。

发生规律　以菌丝体和厚垣孢子、卵孢子随病残体在土壤中或土杂肥中越冬，主要借助流水、灌溉水及雨水溅射而传播，也可借助施肥传播，从伤口或自然孔口侵入致病。发病后病部上产生孢子囊及游动孢子，借助气流及雨水溅射传播进行再侵染，病害得以迅速蔓延。如雨季来得早，雨量大，雨天多，该病易流行。连作、低温、排水不良、田间郁闭、通透性差或施用未充分腐熟的有机肥发病重。

防治方法　采用高畦栽植，避免积水。苗期控制浇水，结瓜后做到见湿见干，发现疫病后，浇水减到最低量，控制病情发展。但进入结瓜盛期要及时供给所需水量，严禁雨前浇水。发现中心病株，拔除深埋。

苗床或大棚土壤处理：每平方米苗床用25%甲霜灵可湿性粉剂8g与适量细土拌撒在苗床上，大棚于定植前用25%甲霜灵可湿性粉剂750倍液喷淋地面。

种子消毒：72.2%霜霉威水剂或25%甲霜灵可湿性粉剂800倍液浸种半小时后用清水清洗催芽，或按种子重量0.3%的40%拌种双可湿性粉剂拌种。

药剂防治：于发病前期开始施药，尤其是雨季到来之前先喷1次预防，雨后发现中心病株拔除后，立即喷洒72%锰锌·霜脲可湿性粉剂700倍液、70%丙森锌可湿性粉剂600倍液、60%氟吗·锰锌可湿性粉剂1 000～1 500倍液、52.5%恶唑菌酮·霜脲水分散粒剂1 500～2 000倍液、50%氟吗·乙铝可湿性粉剂600～800倍液、50%甲霜·铜可湿性粉剂600倍液、78%波·锰锌可湿性粉剂800倍液、25%嘧菌酯悬浮剂1 500倍液、687.5g/L氟吡菌胺·霜霉威盐酸盐悬浮剂800～1 200倍液、69%烯酰·锰锌可湿性粉剂1 000～1 500倍液、72.2%霜霉威水剂800倍液+75%百菌清可湿性粉剂600倍液、66.8%丙森·异丙菌胺可湿性粉剂600～800倍液、70%呋酰·锰锌可湿性粉剂600～800倍液、84.51%霜霉威·乙膦酸盐可溶性水剂800倍液、10%氰霜唑悬浮剂2 000倍液+75%百菌清可湿性粉剂600倍液，隔5～7天喷1次，连续喷3～4次。与细菌性角斑病混合发生可在上述药剂中加入72%农用硫酸链霉素或98%土霉素原粉1 500倍液或加入88%水合霉素可溶性粉剂2 000倍液喷施。

6. 黄瓜细菌性角斑病

分布为害　在我国东北、内蒙古、华北及华东等地区普遍发生，尤其东北、内蒙古保护地受害严重，华北春大棚发病也很重，病叶率有的高达70%左右，是保护地黄瓜重要病害之一。

症　　状　子叶染病，初呈水浸状近圆形凹陷斑，后微带黄褐色，干枯；真叶受害，初为水渍状浅绿色后变淡褐色，病斑扩大时受叶脉限制呈多角形。后期病斑呈灰白色，易穿孔。湿度大时，病斑上产生白色黏液。干燥时病部开裂，有白色菌脓（图5–29至图5–30）。

图5–29　黄瓜角斑病为害叶片初期症状

图5－30　黄瓜角斑病为害后期叶片正、背面症状

病　　原　*Pseudomonas syringae* pv. *lachrymoms*称丁香假单胞杆菌黄瓜致病变种，属细菌。菌体短杆状相互呈链状连接，具端生鞭毛1～5根，有荚膜，无芽孢，革兰氏染色阴性（图5－31）。

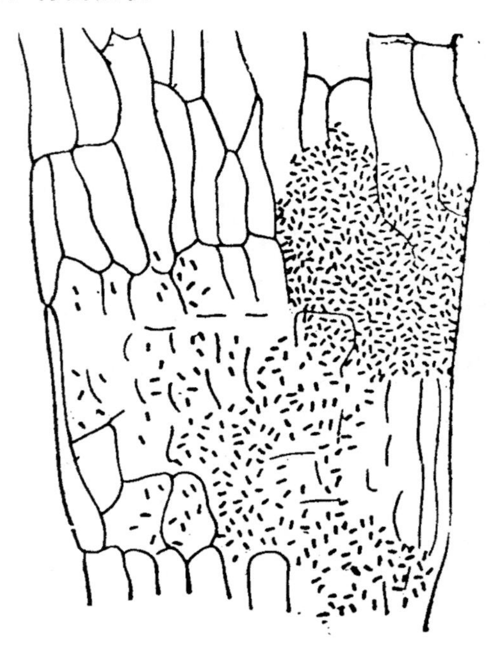

图5－31　黄瓜细菌性角斑病病菌

发生规律　病菌在种子内外或随病株残体在土壤中越冬。翌年春季由雨水或灌溉水溅到茎、叶上发病。通过雨水、昆虫、农事操作等途径传播。塑料棚低温高湿利于发病。黄河以北地区露地黄瓜，每年7月中旬为角斑病发病高峰期，棚室黄瓜4～5月为发病盛期。

防治方法　培育无病种苗,用新的无病土苗床育苗；保护地适时放风，降低棚室湿度，发病后控制灌水，促进根系发育增强抗病能力。露地实施高垄覆膜栽培，平整土地，完善排灌设施，收获结束后清除病株残体，翻晒土壤等。

种子处理：用50%代森铵水剂500倍液浸种1小时；新植霉素1 000倍液浸种1小时，沥去水再用清水浸3小时；40%福尔马林150倍液浸1.5小时；或用72%农用硫酸链霉素可溶性粉剂1 000倍液浸种2小时，冲洗干净后催芽播种。

发病初期可喷药防治，用72%农用硫酸链霉素可溶性粉剂3 000～4 000倍液、88%水合霉素可溶性粉剂1 500～3 000倍液、20%噻唑锌悬浮剂600～1 000倍液、2%春雷霉素水剂500倍液、3%中生菌素可湿性粉剂800倍液、20%叶枯唑可湿性粉剂1 000倍液、90%链霉素・土可溶性粉剂3 500倍液、50%氯溴异氰尿酸可溶性粉剂1 500倍液、45%代森铵水剂400～600倍液，每5～7天喷1次，连喷3～4次。

7. 黄瓜黑星病

分布为害　该病是塑料大棚和温室瓜类蔬菜的毁灭性病害，病情严重的大棚病株率高达90%以上，损失产量70%以上。目前，山东、河北、内蒙古、北京和海南等省（市、区）均有发生。

症　　状　叶片上产生黄白色圆形小斑点，后穿孔留有黄白色圈。龙头变褐腐烂，造成“秃桩”。茎蔓、瓜条病斑初时污绿色，后变暗褐色，不规则形，凹陷、流胶，俗称“冒油”。潮湿时病斑上密生烟黑色霉层。重病瓜常弯曲畸形（图5－32）。

图5-32　黄瓜黑星病为害情况

病　原 *Cladosporium cucumerinum* 称瓜枝孢霉，属半知菌亚门真菌。菌丝白色至灰色，具分隔。分生孢子梗细长，丛生，褐色或淡褐色，形成合轴分枝。分生孢子近梭形至长梭形，串生，有0~2个隔膜，淡褐色，单胞或双胞（图5-33）。

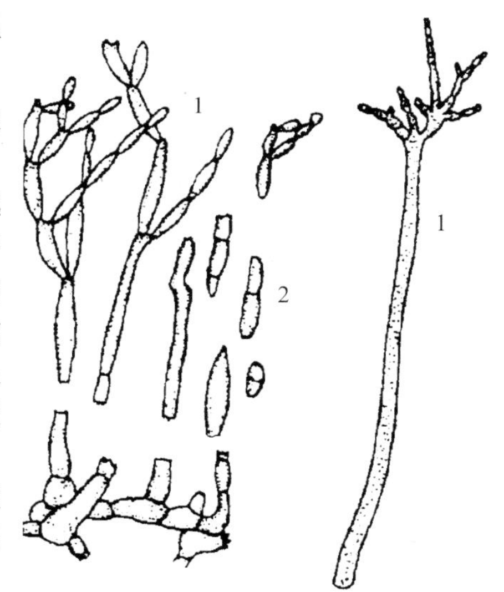

图5-33　黄瓜黑星病病菌

1.分生孢子梗 2.分生包子

发生规律 以菌丝体在病残体内于田间或土壤中越冬，成为翌年初侵染源。病菌主要从叶片、果实、茎蔓的表皮直接穿透，或从气孔和伤口侵入。早春大棚栽培温度低、湿度高、结露时间长，最易发病。植株郁闭，阴雨寡照，病势发展快。加温温室，往往是在停止加温后迅速蔓延。露地栽培，春秋气温较低，常有雨或多雾，此时也易发病。黄瓜重茬、浇水多和通风不良，发病较重。

防治方法 保护地栽培：尽可能采用生态防治，尤其要注意温湿度管理，采用放风排湿，控制灌水等措施降低棚内湿度，减少叶面结露，抑制病菌萌发和侵入，白天控温28~30℃，夜间15℃，相对湿度低于90%，或控制大棚湿度高于90%不超过8小时，可减轻发病。

药剂处理：用0.3%的50%多菌灵可湿性粉剂拌种，50%多菌灵可湿性粉剂500倍液浸种20分钟后冲净再催芽，用冰乙酸100倍液浸种30分钟。

粉尘法或烟雾法：于发病初期开始用喷粉器喷撒10%多·百粉尘剂、6.5%甲霉灵粉尘剂1kg/亩，或施用45%百菌清烟剂200~250g/亩烟熏，连续防治3~4次。

棚室或露地发病初期，喷洒50%醚菌酯干悬浮剂3 000倍液、5%酰胺唑可湿性粉剂1 000~2 000倍液+75%百菌清可湿性粉剂800倍液、40%氟硅唑乳油3 000~5 000倍液+80%敌菌丹可湿性粉剂800倍液、62.25%腈菌唑·代森锰锌可湿性粉剂700~1 000倍液、50%苯菌灵可湿性粉剂1 000~1 500倍液+75%百菌清可湿性粉剂800倍液轮换进行喷雾，间隔7~10天喷1次，连续防治3~4次。

8. 黄瓜炭疽病

症　状 黄瓜子叶被害，产生半圆形或圆形的褐色病斑（图5-34），上有淡红色黏稠物，严重时，茎基部呈淡褐色，渐渐萎缩，造成幼苗折倒死亡。真叶被害，病斑呈近圆形或圆形，初为水渍状，后变为黄褐色，边缘有黄色晕圈。严重时，病斑相互连结成不规则的大病斑（图5-35至图5-36），致使叶片干枯。潮湿时，病部分泌出粉红色的黏稠物。

图5-34　黄瓜炭疽病为害子叶症状

图5-35　黄瓜炭疽病为害叶片初期症状

图5-36　黄瓜炭疽病为害叶片后期症状

病　原　*Colletotrichum lagenarium* 称葫芦科刺盘孢，属半知菌亚门真菌（图5-37）。分生孢子盘聚生，初为埋生，红褐色，后突破表皮呈黑褐色，刚毛散生于分生孢子盘中，暗褐色，顶端色淡，略尖，基部膨大，具2～3个横隔。分生孢子梗无色，圆筒状，单胞，长圆形，单胞。

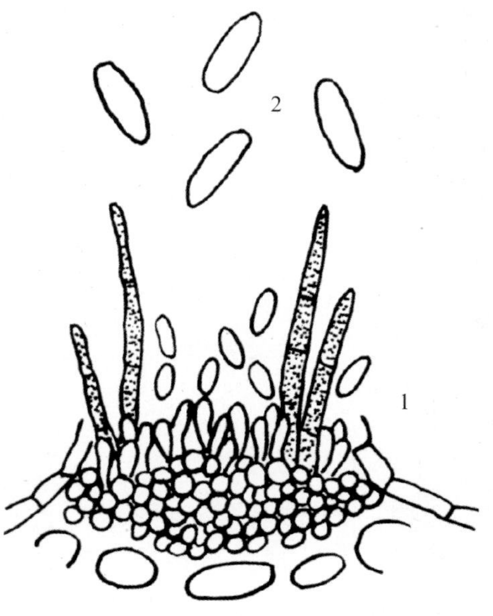

图5-37　黄瓜炭疽病病菌
1.分生孢子盘　2.分生孢子

发生规律　主要以菌丝体附着在种子上，或随病残株在土壤中越冬，亦可在温室或塑料大棚的骨架上存活。越冬后的病菌产生大量分生孢子，成为初侵染源。通过雨水、灌溉、气流传播，也可以由害虫携带传播或田间工作人员操作时传播。高温、高湿是该病发生流行的主要因素。在适宜温度范围内，空气湿度大，易发病。相对湿度87%～98%，温度

24℃潜育期3天。早春塑料棚温度低，湿度高，叶面结有大量水珠或吐水，病害易流行。氮肥过多、大水漫灌、通风不良，植株衰弱发病重。

防治方法　加强棚室温湿度管理：上午温度控制在30～33℃，下午和晚上适当放风。田间操作，除病灭虫，绑蔓、采收均应在露水落干后进行，减少人为传播蔓延。增施磷钾肥以提高植株抗病力。

种子处理：用50%代森铵水剂500倍液浸种1小时，或福尔马林100倍液浸种30分钟，或50%多菌灵可湿性粉剂500倍液浸种30分钟，清水冲洗干净后催芽。

保护地粉尘剂防治：发病初期，可喷5%灭霉灵粉尘剂1kg/亩，傍晚或早上喷，隔7天喷1次，连喷4～5次。或在发病前用30%百菌清烟剂200～250g，傍晚进行，分放4～5个点，先密闭大棚、温室，然后点燃烟熏，隔7天熏1次，连熏4～5次。

药剂防治：发病初期，喷洒25%嘧菌酯悬浮剂1 500倍液、70%丙森锌可湿性粉剂600倍液、70%甲基硫菌灵可湿性粉剂700倍液+75%百菌清可湿性粉剂800倍液、50%苯菌灵可湿性粉剂1 000～1 500倍液+70%代森锰锌可湿性粉剂800倍液、50%福·异菌可湿性粉剂800倍液+75%百菌清可湿性粉剂700倍液、25%咪鲜胺乳油1 000～2 000倍液+70%代森锰锌可湿性粉剂800倍液、66.8%丙森·异丙菌胺可湿性粉剂800～1 000倍液、25%溴菌腈可湿性粉剂600～1 000倍液+75%百菌清可湿性粉剂700倍液、70%甲基硫菌灵可湿性粉剂600倍液+50%异菌脲可湿性粉剂1 000倍液、40%多·福·溴菌可湿性粉剂800～1 000倍液+70%代森联干悬浮剂800倍液、5%酰胺唑可湿性粉剂1 000～1 500倍液+70%代森联干悬浮剂800倍液、10%苯醚甲环唑水分散粒剂1 500倍液+70%代森锰锌可湿性粉剂700倍液，间隔7～10天1次，连续防治4～5次。如能混入喷施宝或植宝素7 500倍液，可有药肥兼收之效。

9. 黄瓜灰霉病

症　　状　主要为害幼瓜、叶、茎。幼苗受害，叶片病斑从叶缘侵入，空气潮湿时，表面产生淡灰褐色的霉层（图5−38）。成株叶片一般由脱落的烂花或病卷须附着在叶面引起发病，病斑近圆形或不规则形，边缘明显，表面着生少量灰霉（图5−39）。病菌多从开败的雌花侵入，致花瓣腐烂，并长出淡灰褐色的霉层（图5−40），进而向幼瓜扩展，致脐部呈水渍状，幼花迅速变软、萎缩、腐烂，表面密生霉层。较大的瓜被害时（图5−41），组织先变黄并生灰霉，后霉层变为淡灰色，被害瓜受害部位停止生长、腐烂或脱落。烂瓜或烂花附着在茎上时，能引起茎部的腐烂，严重时下部的节腐烂致蔓折断，植株枯死（图5−42）。

图5−38　黄瓜灰霉病为害幼苗叶片

图5-39　黄瓜灰霉病为害成株叶片症状

图5-40　黄瓜灰霉病为害花器症状

图5-41　黄瓜灰霉病为害茎蔓症状

图5-42　黄瓜灰霉病为害瓜条症状

病　　原　*Botrytis cinerea* 称灰葡萄孢，属半知菌亚门真菌。有性世代为 *Sclerotinia fuckeliana* 称富克尔核盘菌，属子囊菌亚门真菌。病菌的孢子梗数根丛生，褐色，顶端具1～2次分枝，分枝顶端密生小柄，其上生大量分生孢子。分生孢子圆形至椭圆形，单细胞，近无色。

发生规律　病菌以菌丝或分生孢子及菌核附着在病残体上，或遗留在土壤中越冬。越冬的分生孢子和从其他菜田汇集来的灰霉菌分生孢子随气流、雨水及农事操作进行传播蔓延，黄瓜结瓜期是该病侵染和烂瓜的高峰期。春季连阴天多，气温不高，棚内湿度大，结露持续时间长，放风不及时，发病重。

防治方法　推广高畦覆地膜或滴灌栽培法。生长前期及发病后，适当控制浇水，适时放风，降低湿度，减少棚顶及叶面结露和叶缘吐水。及时摘除病叶、病花、病果及黄叶，保持棚室干净，通风透光。

发病初期采用烟雾法或粉尘法：烟雾法用10%腐霉利烟剂200～250g/亩、45%百菌清烟剂250g/亩熏蒸；粉尘法于傍晚喷撒10%氟吗啉粉尘剂、5%百菌清粉尘剂，连续防治2～3次。

喷药防治：发病初期喷洒30%福·嘧霉可湿性粉剂800～1 200倍液、50%烟酰胺水分散性粒剂1 500～2 500倍液+75%百菌清可湿性粉剂600倍液、50%嘧菌环胺水分散粒剂1 000～1 500倍液+70%代森联干悬浮剂700倍液、25%啶菌恶唑乳油1 000～2 000倍液+70%代森联干悬浮剂700倍液、2%丙烷脒水剂800～1 000倍液、50%腐霉利可湿性粉剂1 000～2 000倍液+75%百菌清可湿性粉剂600倍液、50%异菌脲可湿性粉剂1 000～1 500倍液+50%乙霉威可湿性粉剂600倍液、40%嘧霉胺悬浮剂1 000～1 500倍液+50%灭菌丹可湿性粉剂400～700倍液。为防止产生抗药性，提倡轮换交替或复配使用。每7天喷1次，连续喷2～3次。

10. 黄瓜病毒病

症　　状　为系统感染，病毒可以到达除生长点以外的任何部位。苗期染病子叶变黄枯萎，幼叶呈深绿与淡绿相间的花叶状，同时，发病叶片出现不同程度的皱缩、畸形。成株染病，新叶呈黄绿相间的花叶状，病叶小且皱缩，叶片变厚（图5–43），严重时叶片反卷；茎部节间缩短，茎畸形，严重时病株叶片枯萎；瓜条呈现深绿及浅绿相间的花色，表面凹凸不平，瓜条畸形（图5–44）。重病株簇生小叶，不结瓜，致萎缩枯死。

图5–43　黄瓜病毒病为害叶片症状

图5-44 黄瓜病毒病为害瓜条症状

病　　原 主要是黄瓜花叶病毒（Cucumber mosaic virus 简称CMV）和甜瓜花叶病毒（Muskmelon mosaic virus 简称MMV）。

发生规律 黄瓜种子不带毒，主要在多年生宿根植物上越冬，每当春季发芽后，蚜虫开始活动或迁飞，成为传播此病主要媒介。发病适温20～25℃，气温高于25℃多表现隐症。MMV甜瓜种子可带毒，带毒率16%～18%。黄瓜花叶病毒极易通过接触传染，蚜虫不传毒。

防治方法 秋冬茬黄瓜露地育苗期间和定植后扣膜前，应避蚜、防高温，防治蚜虫和白粉虱。清除杂草，彻底杀灭白粉虱和蚜虫。进行嫁接、打杈、绑蔓、掐卷须等田间作业时，应注意防止病毒传染。经常检查，发现病株要及时拔除烧毁。施足有机肥，增施磷、钾肥，提高抗病力。适当多浇水，增加田间湿度。

发病前，可用5%菌毒清水剂300倍液、20%盐酸吗啉胍·乙酸铜可湿性粉剂500倍液、2%宁南霉素水剂600倍液、10%混合脂肪酸水乳剂100倍液喷雾。

11. 黄瓜绵腐病

症　　状 主要为害成熟期的瓜果，多从贴近地面的部位开始发病，染病的瓜果表皮出现褪绿、渐变黄褐色不定形的病斑，迅速扩展，不久瓜肉也变黄变软而腐烂，腐烂部分可占瓜果的1/3或更多。随后在腐烂部位长出茂密的白色绵毛状物，并有一股腥臭味（图5-45）。

图5-45 黄瓜绵腐病为害瓜条症状

病　　原 *Pythium aphanidermatum* 称瓜果腐霉菌，属鞭毛菌亚门真菌。

发生规律 病菌在病组织里或土壤中越冬，条件适宜时病菌萌发侵入植株。病菌在田间借雨水或灌溉水传播。雨后或湿度大时，病菌迅速繁殖。一般地势低、土质黏重、管理粗放、机械伤、虫伤多的瓜田，病害较重。高温、多雨、闷热、潮湿的天气有利于此病发生。

防治方法 主要抓好肥水管理，提倡高畦深沟栽培，整治排灌系统，雨后及时清沟排渍，避免大水漫灌；配方施肥，防止偏施或过施氮肥，可减轻发病。

在发病前或发病初期，喷施72%霜脲·锰锌可湿性粉剂600倍液、72.2%霜霉威水剂500倍液+70%代森联干悬浮剂800倍液、53%甲霜灵·锰锌可湿性粉剂600～800倍液、0.5%氨基寡糖素水剂500倍液+70%代森锰锌可湿性粉剂800倍液，间隔10天左右喷1次，连喷2～3次，注意轮用混用，喷匀喷足。

12. 黄瓜猝倒病

症　　状 幼苗受害，露出土表的胚茎基部或中部呈水浸状，后变成黄褐色干枯缩为线状，往往子叶尚未凋萎，即突然猝倒，致幼苗贴伏地面，有时瓜苗出土胚轴和子叶已普遍腐烂，变褐枯死。湿度大时，病株附近长出白色绵絮状菌丝（图5－46）。

图5－46 黄瓜猝倒病为害幼苗症状

病　　原 *Pythium aphanidermatum* 称瓜果腐霉，属鞭毛菌亚门真菌。菌丝体生长繁茂，呈白色棉絮状；菌丝无色，无隔膜。孢子囊丝状或分枝裂瓣状，或呈不规则膨大。泡囊球形，内含6～26个游动孢子。藏卵器球形，雄器袋状至宽棍状，同丝或异丝生，多为1个。卵孢子球形，平滑。

发生规律 病菌以卵孢子在12～18cm表土层越冬，并在土中长期存活。翌春，遇有适宜条件萌发产生孢子囊，以游动孢子或直接长出芽管侵入寄主。此外，在土中营腐生生活的菌丝也可产生孢子囊，以游动孢子侵染瓜苗引起猝倒。育苗期出现低温、高湿条件，利于发病。当幼苗子叶养分基本用完，新根尚未扎实之前是感病期。该病主要在幼苗长出1～2片真叶期发生，3片真叶后，发病较少。

防治方法 选择地势高、地下水位低，排水良好的地做苗床，播前一次灌足底水，出苗后尽量不浇水，必须浇水时一定选择晴天喷洒，不宜大水漫灌。育苗畦（床）及时放风、降湿，严防瓜苗徒长染病。

种子消毒：用50%福美双可湿性粉剂、65%代森锌可湿性粉剂、40%拌种双拌种，用药量为种子重量0.3%～0.4%。

床土消毒：施用50%拌种双粉剂7g/m^2、25%甲霜灵可湿性粉剂9g/m^2对细土4～5kg拌匀，取1/3充分拌匀的药土撒在畦面上，播种后再把其余2/3药土覆盖在种子上面，即上覆下垫。

发病初期，可用70%丙森锌可湿性粉剂600～800倍液、69%烯酰·锰锌可湿性粉剂1 500倍液、72.2%霜霉威水剂600～800倍液+70%代森联干悬浮剂700倍液、69%烯酰·锰锌可湿性粉剂800～1 000倍液、58%甲霜·锰锌水分散粒剂600～800倍液、72%霜脲·锰锌可湿性粉剂600倍液、72.2%霜霉威水剂500～700倍液+75%百菌清可湿性粉剂600倍液、96%恶霉灵可湿性粉剂3 000倍液+75%百菌清可湿性粉剂600倍液喷淋，间隔7～10天喷1次，连续喷2～3次。喷药后，撒干土或草木灰降低苗床土层湿度。

13. 黄瓜镰刀菌根腐病

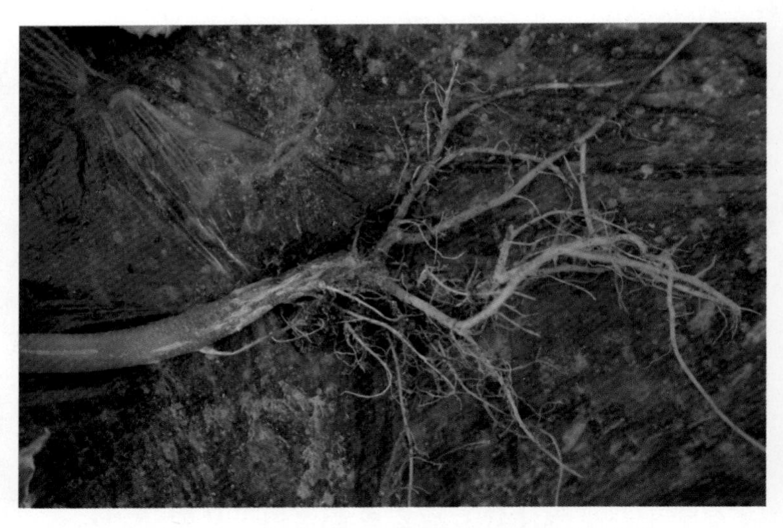

图5-47 黄瓜镰刀菌根腐病为害根部症状

症　状 主要侵染根及茎部，初呈现水浸状，后腐烂。茎缢缩不明显，病部腐烂处的维管束变褐，不向上发展。后期病部往往变糟，留下丝状维管束（图5-47）。病株地上部初期症状不明显，后叶片中午萎蔫，早晚尚能恢复。严重的则多数不能恢复而枯死。

病　原 *Fusarium solani*称腐皮镰孢菌，属半知菌亚门真菌。大型分生孢子新月形、无色，有2～4个横隔膜；小型分生孢子椭圆形、无色。

发生规律 以菌丝体、厚垣孢子或菌核在土壤中及病残体中越冬。病菌从根部伤口侵入，后在病部产生分生孢子，借雨水或灌溉水传播蔓延，进行再侵染。高温、高湿利其发病，连作地、低洼地、黏土地或下水头发病重。

防治方法 露地可与白菜、葱、蒜等蔬菜实行两年以上轮作，保护地避免连茬，以降低土壤含菌量。及时拔除病株，并在根穴里撒消石灰。采用高畦栽培，防止大水漫灌，雨后排除积水，进行浅中耕，保持底墒和土表干燥。

定植时用70%甲基硫菌灵可湿性粉剂或70%敌磺钠可溶性粉剂10g，对干细土500g，撒在定植苗的坑穴中，每亩用药粉1～1.25kg。

定植苗发病时用以下药剂灌根：70%甲基硫菌灵可湿性粉剂800～1 000倍液、50%苯菌灵可湿性粉剂800倍液、20%甲基立枯磷乳油800倍液、50%腐霉利可湿性粉剂1 000倍液+75%百菌清可湿性粉剂600倍液、70%敌磺钠可溶性粉剂500倍液+70%代森锰锌可湿性粉剂800倍液、50%氯溴异氰尿酸可溶性粉剂1 000倍液、35%福·甲可湿性粉剂900倍液，每株灌250ml。

14. 黄瓜根结线虫病

症　状 主要发生在根部，须根或侧根染病后产生瘤状大小不等的根结（图5-48）。解剖根结，病部组织里有很多细小的乳白色线虫埋于其内。根结之上一般可长出细弱的新根，致寄主再度染病，形成根结。地上部表现症状因发病的轻重程度不同而异，轻病株症状不明显，重病株生长不良，叶片中午萎蔫或逐渐黄枯，植株矮小，影响结实，发病严重时，全田枯死。

图5-48 黄瓜根结线虫病根部根结状

病　　原 *Meloidogyne incognita* 称南方根结线虫。雌雄异形，幼虫呈细长蠕虫状。雄成虫线状，尾端稍圆，无色透明。雌成虫梨形。

发生规律 该虫多在土壤5～30cm处生存，常以卵或二龄幼虫随病残体遗留在土壤中越冬，病土、病苗及灌溉水是主要传播途径。翌春条件适宜时，由埋藏在寄主根内的雌虫，产出单细胞的卵，卵产下经几小时形成一龄幼虫，脱皮后孵出二龄幼虫，离开卵块的二龄幼虫在土壤中移动寻找根尖，由根冠上方侵入定居在生长锥内，其分泌物刺激导管细胞膨胀，使根形成巨型细胞或虫瘿。雨季有利于线虫孵化和侵染，其为害砂土中常较黏土重。

防治方法 根结线虫发生严重田块，实行2年或5年轮作，大葱、韭菜、辣椒是抗耐病菜类，病田种植抗耐病蔬菜可减少损失，降低土壤中线虫量，减轻下茬受害。

土壤处理：定植前可用35%威百亩水剂4～6kg/亩、10%噻唑膦颗粒剂2～5kg/亩、98%棉隆微粒剂3～5kg/亩、0.5%阿维菌素颗粒剂3～4 kg/亩与20kg细土拌匀，撒施均匀后与15～20cm深的土层耙均，然后开沟作畦或起垄。

15．黄瓜黑斑病

症　　状 主要为害叶片，中下部叶片先发病，后逐渐向上扩展。病斑圆形或不规则形（图5−49），中间黄白色，边缘黄绿或黄褐色。后期病斑稍隆起，表面粗糙，叶背病斑呈水渍状，四周明显，且出现褪绿的晕圈，病斑大多出现在叶脉之间，很少生于叶脉上，条件适宜时病斑迅速扩大连结（图5−50）。重病田，数个病斑连片，叶肉组织枯死，或整叶焦枯，似火烤状，但不脱落。

图5−49 黄瓜黑斑病为害叶片初期情况

图5−50 黄瓜黑斑病为害叶片后期情况

病　　原 *Alternaria cucumerina* 称瓜链格孢，属半知菌亚门真菌。分生孢子梗单生或数根束生，褐色，顶端色淡，基部细胞稍大，不分枝。分生孢子单生或2～3个串生，倒棒状，褐色，有2～9个横隔膜，0～3个纵隔膜，隔膜处缢缩。

发生规律 以菌丝体或分生孢子在病残体上，或以分生孢子在病组织内，或黏附在种子表面越冬，成为翌年初侵染源。借气流或雨水传播，分生孢子萌发可直接侵入叶片，条件适宜3天即显症，很快形成分生孢子进行再侵染。种子带菌是远距离传播的重要途径。座瓜后遇高温、高湿该病易流行，特别是浇水或风雨过后病情扩展迅速，土壤肥沃，植株健壮发病轻。

防治方法 轮作倒茬。翻晒土壤，采取覆膜栽培，施足基肥，增施磷钾肥。露地黄瓜按品种要求确定密度，雨后及时排水。棚室栽培在温度允许条件下，延长放风时间，降低湿度，发病后控制灌水。增施有机肥，提高植株抗病力，严防大水漫灌。

发病初期，喷洒75%百菌清可湿性粉剂600倍液+50%异菌脲可湿性粉剂1 500倍液、40%克菌丹可湿性粉剂400～500倍液+2%嘧啶核苷类抗生素水剂200倍液、70%代森锰锌可湿性粉剂600倍液+12.5%烯唑醇可湿性粉剂3 000倍液、25%溴菌腈可湿性粉剂600倍液、10%苯醚甲环唑水分散粒剂4 000倍液，每6～7天喷1次，连喷3～4次。喷药掌握在发病前。病情严重时，雨后喷药可减轻为害。采收前10天停止用药。

棚室发病初期采用粉尘法或烟雾法。于傍晚喷撒5%百菌清粉尘剂1kg/亩；或在傍晚点燃45%百菌清烟剂200～250g/亩，隔7～9天再用药1次。

16. 黄瓜菌核病

症　　状　主要为害叶柄、叶、幼果，一般为害茎基部（图5−51）、叶柄、瓜条等组织，茎表皮纵裂，但木质部不腐败，故植株不表现萎蔫，病部以上叶、蔓凋萎枯死。茎蔓染病，初在近地面的茎部或主侧枝分杈处，产生褪色水浸状斑，后逐渐扩大呈淡褐色病斑（图5−52）。高温高湿条件下，病茎软腐，长出白色绵毛状菌丝。茎纵裂干枯，病部以上茎叶萎蔫枯死，在茎内长有黑色菌核。果实染病多在残花部位，先呈水浸状腐烂，并长出白色菌丝，最后菌丝上散生出黑色菌核（图5−53）。为害严重时，植株枯萎死亡（图5−54）。

图5−51　黄瓜菌核病为害叶片症状

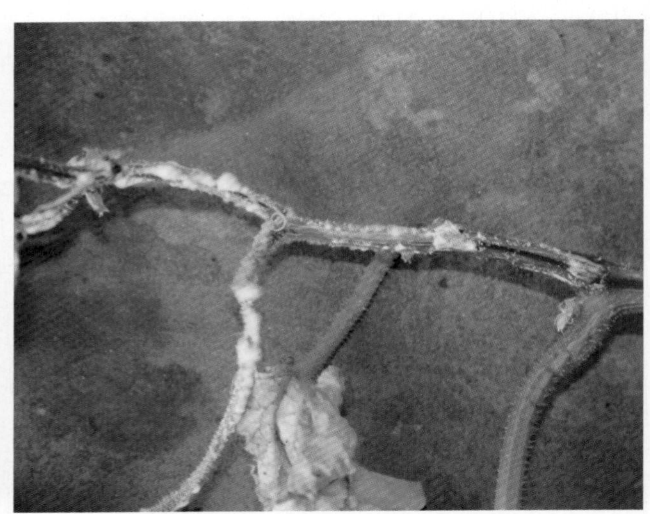

图5−52　黄瓜菌核病为害茎蔓症状

图5−53　黄瓜菌核病为害果实症状

病　　原 *Sclerotinia sclerotiorum* 称核盘菌，属子囊菌亚门真菌。菌核初白色，后表面变黑色鼠粪状，大小不等，由菌丝体扭集在一起形成；子囊盘暗红色或淡红褐色；子囊无色，棍棒状，内生8个无色的子囊孢子。子囊孢子圆形，单胞。

图5－54　黄瓜菌核病为害植株后期症状

发生规律 病菌以菌核随病残体遗落在土壤中，或混杂在种子中越冬。翌年遇适宜条件，萌发出子囊盘，待子囊孢子成熟后由子囊喷雾释放，成为当年的初次侵染源。萌发的子囊孢子，多从寄主下部衰老的叶和花瓣侵染，使其腐烂、脱落。黄瓜菌核病只要土壤湿润，平均气温5～30℃、相对湿度85%以上，均可发病。温度20℃左右，湿度98%以上发病重。保护地黄瓜放风不及时，灌水不适时、不适量，均容易诱发此病。春大棚黄瓜定植后，一般于4月中旬越冬菌核开始萌发，子囊盘出土由5月下旬持续到6月下旬，6月上旬至中旬为出土盛期。5月底至6月初始见病株，6月中下旬病株率增加最快。

防治方法 可与青椒、茄子等实行2～3年轮作。防止大水漫灌，并适当延长浇水间隔期，降低土壤湿度，及时摘除老、黄、病叶，发病的大棚和温室，拉秧后及时清除地面病残体，翻整土地，深埋菌核，防止子囊盘形成和长出地表。

种子和土壤处理：种子用50℃温水浸种10分钟，催芽后播种，可杀死混杂在种子内的菌核。定植前可用70%多菌灵可湿性粉剂1～2kg/亩加细土15kg拌匀，撒于土表随整地耙入土中。

发病初期，可用40%菌核利可湿性粉剂800～1 000倍液+75%百菌清可湿性粉剂600倍液、25%菌核净悬浮剂700倍液+70%代森锰锌可湿性粉剂500～700倍液、50%乙烯菌核利悬浮剂800～1 000倍液+70%代森联干悬浮剂800倍液、50%腐霉利可湿性粉剂1 000倍液+50%灭菌丹可湿性粉剂700倍液，间隔7～10天喷1次，连续喷3～4次。

保护地栽培，可用5%百菌清粉尘剂1kg/亩喷粉防治。

17. 黄瓜褐斑病

症　　状 主要为害叶片，叶片染病，多在盛瓜期，中、下部叶片先发病，再向上部叶片发展。初期在叶面生出灰褐色小斑点，逐渐扩展成大小不等的圆形或近圆形边缘不整的淡褐色或褐色病斑（图5－55）。后期病斑中部颜色变浅，有时呈灰白色，边缘灰褐色。湿度大时，病斑正、背面均生有稀疏灰褐色霉状物，为病菌的分生孢子梗和分生孢子。发病重时，茎蔓、叶柄也能发病，病斑椭圆形，灰褐色。病斑扩展较大时，能引起整株枯死。

图5－55　黄瓜褐斑病为害叶片症状

病　　原 *Cercospora momordicae* 称尾孢霉，属半知菌亚门真菌。子实体主要产生于叶面，无子座或子座小，褐色。分生孢子梗簇生，淡褐色，上下色泽均匀，顶端渐细。分生孢子鞭形，无色，直或微弯，基部平切，顶端较尖，分隔多但不明显。

发生规律 以分生孢子丛或菌丝体在土中的病残体上越冬，并可存活6个月。翌年产生分生孢子借气流或雨水飞溅传播，进行初次侵染。病部新生的孢子进行再侵染。在生长季节，再侵染多次发生，使病害逐渐蔓延。高湿或通风不良发病重；温差大有利于发病；一般发生于晚秋或者早春时节；氮肥偏多，缺硼时病重。

防治方法 避免偏施氮肥，增施磷、钾肥，适量施用硼肥。合理灌水，保护地放风排湿。早期摘除病叶。定植田与非瓜类蔬菜进行2年以上轮作。

种子处理：种子用50℃温水浸种30分钟，嫁接苗用的南瓜种子也要同样处理。

发病初期，及时喷施75%百菌清可湿性粉剂500～600倍液、70%代森锰锌可湿性粉剂500倍液、50%醚菌酯干悬浮剂3 000倍液、65%代森锌可湿性粉剂500倍液、70%甲基硫菌灵可湿性粉剂500倍液、50%福美双可湿性粉剂600倍液、65%甲基硫菌灵·乙霉威可湿性粉剂1 000倍液、50%异菌脲可湿性粉剂1 000倍液等。间隔7天喷1次，连喷2次。

18. 黄瓜斑点病

症　　状 主要为害叶片。病斑初现水渍状斑，后变淡褐色，中部色较淡，渐干枯，周围具水渍状淡绿色晕环，后期病斑中部呈薄纸状，淡黄色或灰白色，易破碎，多发生在生育后期下部叶片上（图5－56），病斑上有少数不明显的小黑点，即病原菌分生孢子器。

图5－56　黄瓜斑点病为害叶片症状

病　　原 *Phyllosticta cucurbitacearum* 称瓜灰星菌，属半知菌亚门真菌。分生孢子器凸镜形，褐色，膜质；分生孢子长圆形略弯，单胞，透明，无色。

发生规律 主要以菌丝体和分生孢子器随病残体遗落在土中越冬，翌年以分生孢子进行初侵染和再侵染，靠雨水溅射传播蔓延。通常温暖多湿的天气有利其发生。

防治方法 实行轮作。加强瓜田中后期管理。

发病初期，喷洒70%甲基硫菌灵可湿性粉剂800倍液+75%百菌清可湿性粉剂700倍液、50%苯菌灵可湿性粉剂1 000倍液、52.5%恶唑菌酮·霜脲水分散粒剂2 000倍液，间隔7～10天喷1次，连续防治2～3次。

19. 黄瓜叶斑病

症　　状 主要发生在叶片上，病斑褐色至灰褐色，圆形或椭圆形至不规则形，病斑边缘明显或不大明显（图5－57），湿度大时，病部表面生灰色霉层。

病　　原 *Cercospora citrullina* 称瓜类尾孢，属半知菌亚门真菌。子座不明显或微小；分生孢子梗单生或束生，褐色，直或弯，不分枝，无膝状节，具隔膜0～4个，顶端平切，孢痕明

图5－57　黄瓜叶斑病为害叶片症状

显；分生孢子鞭形，无色或淡色。

发生规律　以菌丝体或分生孢子在病残体及种子上越冬，翌年产生分生孢子借气流及雨水传播，从气孔侵入，经7～10天发病后产生新的分生孢子进行再侵染。该菌喜高温高湿条件，发病适温25～28℃，相对湿度高于85%的棚室易发病，尤其是生长后期发病重。

防治方法　实行与非瓜类蔬菜2年以上轮作。施足基肥，增施磷钾肥，结瓜后及时追肥，增强植株抗御能力。实行高垄覆膜，疏通排灌水沟，避免积水，雨后浅中耕，防止土壤板结；合理密植，打老叶，促使田间通风透光，降低湿度。

发病初期及时喷洒30%醚菌酯悬浮剂1 500～2 000倍液、10%苯醚甲环唑水分散粒剂1 500倍液+75%百菌清可湿性粉剂800倍液、50%苯菌灵可湿性粉剂1 000倍液、80%多·福·福锌可湿性粉剂800倍液、25%溴菌腈可湿性粉剂500～800倍液，间隔7～10天喷1次，连续防治2～3次。

保护地可用45%百菌清烟剂熏烟200～250g/亩，间隔7～9天喷1次，视病情防治2～3次。

20. 黄瓜细菌性缘枯病

症　　状　主要为害茎、叶、瓜条和卷须。叶部初产生水浸状小斑点，扩大后呈褐色不规则形斑，周围有一晕圈。有时由叶缘向里扩展，形成楔形大坏死斑（图5－58）。茎、叶柄和卷须上病斑呈褐色水浸状。瓜条多由花器侵染，形成褐色水浸状病斑，瓜条黄化凋萎，失水后僵硬。空气潮湿时病部常溢出菌脓。

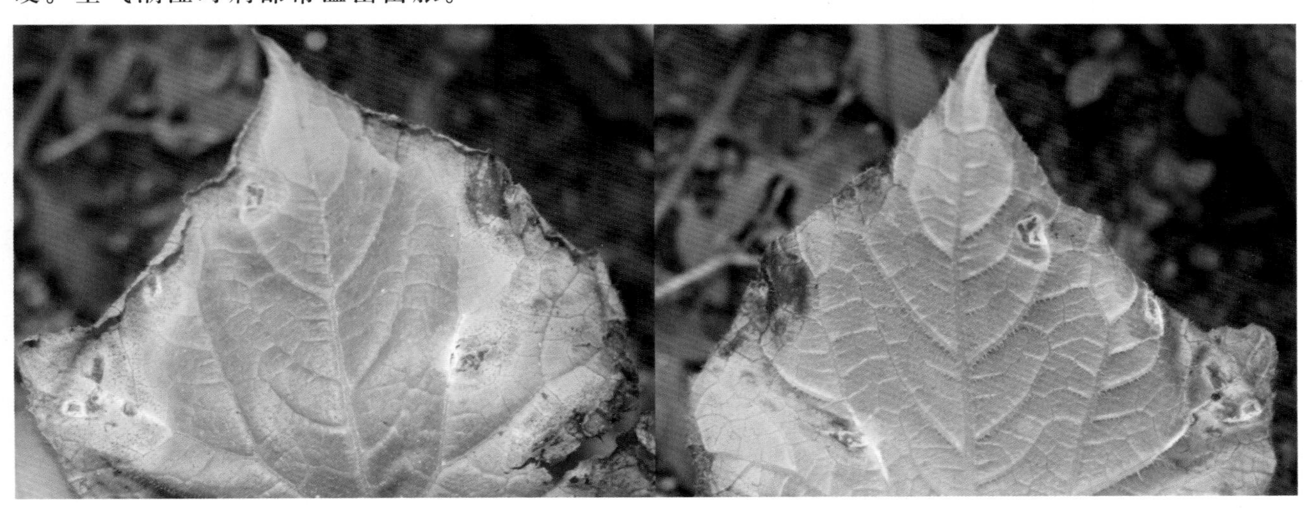

图5－58　黄瓜细菌性缘枯病为害叶片症状

病　　原 *Pseudomonas marginalis* pv. *marginalis* 称边缘假单胞菌边缘假单胞致病型，属细菌。菌落黄褐色，表面平滑，具光泽，边缘波状。细菌短杆状，极生鞭毛1～6根，无芽孢，革兰氏染色阴性。

发生规律 病原菌在种子上或随病残体留在土壤中越冬，成为翌年初侵染源。病菌从叶缘水孔等自然孔口侵入，靠风雨、田间操作传播蔓延和重复侵染。主要受降雨引起的湿度变化及叶面结露影响，我国北方春夏两季大棚相对湿度高，尤其夜晚随气温下降，湿度不断上升至70%以上或饱和，且长达7～8小时，发病较重。

防治方法 与非瓜类作物实行2年以上轮作，加强田间管理，生长期及收获后清除病叶，及时深埋。

种子处理：可用次氯酸钙300倍液浸种30～60分钟，或用40%福尔马林150倍液浸1.5小时，或72%农用硫酸链霉素可溶性粉剂500倍液浸种2小时，冲洗干净后催芽播种。

于发病初期或蔓延始期，喷洒2%春雷霉素可湿性粉剂300～500倍液、88%水合霉素可溶性粉剂1 500～3 000倍液、72%农用硫酸链霉素可溶性粉剂3 000～4 000倍液、3%中生菌素可湿性粉剂800～1 000倍液、20%噻唑锌悬浮剂300～500倍液、20%叶枯唑可湿性粉剂1 000～1 500倍液，间隔7～10天喷施1次，连续防治3～4次。

二、瓜类蔬菜虫害

瓜类蔬菜的虫害有多种，其中为害较重的有温室白粉虱、美洲斑潜蝇、南美斑潜蝇、瓜蚜、瓜绢螟、黄足黄守瓜、红蜘蛛、烟粉虱等。

1．斑潜蝇

为害特点 美洲斑潜蝇（*Liriomayza sativae*）、南美斑潜蝇(*Lirimyza huidobrensis*)以幼虫钻叶为害，在叶片上形成由细变宽的蛇形弯曲隧道，开始为白色，后变成铁锈色。幼虫多时叶片在短时间内就被钻空干死（图5－59至图5－60）。

图5－59　斑潜蝇为害黄瓜叶片症状

图5－60　斑潜蝇为害丝瓜叶片症状

形态特征 美洲斑潜蝇：成虫体小，淡灰黑色，虫体结实。雌虫较雄虫体稍长。小盾片鲜黄色，外顶鬃着生在黑色区域（图5－61）。卵很小，米色，轻微半透明。幼虫为乳白色至鸭黄色无头蛆（图5－62）。蛹椭圆形，腹面稍扁平，橙黄色至金黄色。

南美斑潜蝇：成虫体长1.7～2.25mm。额明显突出于眼，橙黄色，上眶稍暗，内外顶鬃着生处暗色，足基节黄色具黑纹，腿节基本黄色。低龄幼虫体白色，高龄幼虫头部及胸部前端黄色，虫体大部分为白色。蛹初期呈黄色，逐渐加深直至呈深褐色，比美洲斑潜蝇颜色深且体型大。

图5－61　美洲斑潜蝇成虫

图5－62　美洲斑潜蝇幼虫

发生规律　美洲斑潜蝇：每年发生10余代，无越冬现象。发生期为4～11月，发生盛期有2个，即5月中旬至6月和9月至10月中旬。幼虫期4～7天，末龄幼虫咬破叶表皮后在叶片表面或土表下化蛹，经7～14天羽化为成虫。每个世代的历期夏季为14～28天，冬季为40～55天。

南美斑潜蝇：发生代数不详。在保护地内于2月下旬虫口密度迅速上升，3月份后便可造成严重为害，并可持续到5月中旬前后。在露地蔬菜上，于4月上中旬可见到由棚室中迁出的成虫为害菜苗，5月中下旬后数量急增，至6月下旬后，由于气温高等诸多原因，数量迅速下降。在温室中，12月常可大发生，进入1月后，由于温度较低，数量又趋下降。

防治方法　早春和秋季蔬菜种植前，彻底清除菜田内外杂草、残株、败叶，并集中烧毁，减少虫源。种植前深翻菜地，活埋地面上的蛹。成虫发生高峰期至产卵盛期，瓜类子叶期和第一片真叶期是防治的关键时期。

可用0.5%甲氨基阿维菌素苯甲酸盐微乳剂2 000～3 000倍液+4.5%高效氯氰菊酯乳油2 000倍液、50%灭蝇胺可湿性粉剂2 000～3 000倍液、20%阿维·杀虫单微乳剂1 500倍液、50%灭蝇·杀单可湿性粉剂2 000～3 000倍液、50%毒·灭蝇可湿性粉剂2 000～3 000倍液、0.8%阿维·印楝素乳油1 500～2 000倍液、15%阿维·毒乳油1 500～3 000倍液等药剂喷施，每隔7天喷1次，共喷2～4次。

2. 温室白粉虱

为害特点　温室白粉虱（*Trialeurodes vaporariorum*）以成虫和若虫吸食植物汁液，被害叶片褪绿、变黄、萎蔫，甚至全株死亡（图5－63）。白粉虱亦可传播病毒病。

形态特征　成虫体淡黄色，翅面覆盖白蜡粉，停息时双翅合拢平覆体上，腹部被翅遮盖，翅与叶面几乎平行。翅脉简单（图5－64）。卵椭圆形，基部有卵柄，初产淡绿色，后渐变褐色，孵化前呈黑色。1龄若虫体长椭圆形；2龄、3龄若虫淡绿色或黄绿色；4龄若虫又称伪蛹，椭圆形，初期体扁平，逐渐加厚呈蛋糕状（图5－65）。

图5－63　温室白粉虱为害黄瓜叶片症状

图5-64　温室白粉虱成虫

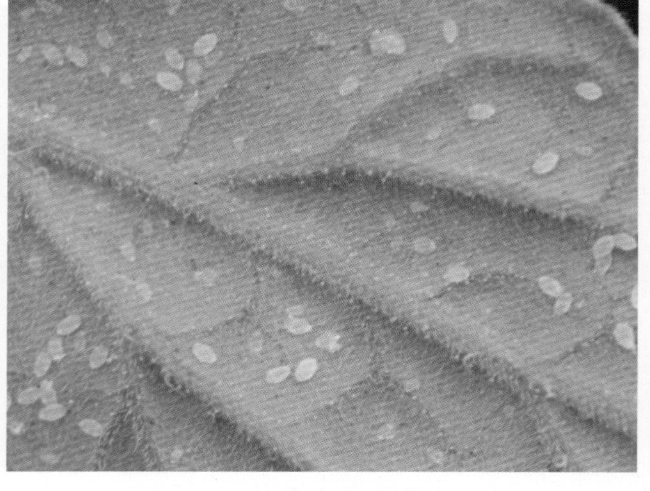

图5-65　温室白粉虱若虫、卵

发生规律　在温室条件下每年可发生10余代，在我国北方冬季野外条件下不能存活，以各虫态在温室越冬并继续为害。第二年通过菜苗定植移栽时转入大棚或露地，或乘温室开窗通风时迁飞至露地。夏季的高温多雨抑制作用不明显，到秋季数量达到高峰，集中为害瓜类、豆类和茄果类蔬菜。7～8月虫口密度较大，8～9月为害严重。10月下旬后，气温下降，开始向温室内迁移为害或越冬。

防治方法　育苗前彻底熏杀残余的白粉虱，清理杂草和残株。避免黄瓜、番茄、菜豆混栽。

在保护地内，白粉虱发生盛期，可选用20%异丙威·敌百虫烟剂250～300g/亩、10%异丙威烟剂500g/亩，用背负式机动发烟器施放烟剂，效果很好。

也可用25%噻虫嗪水分散粒剂5 000～7 000倍液、10%烯啶虫胺水剂3 000倍液、1.8%阿维菌素乳油3 000倍液、10%吡虫啉可湿性粉剂4 000倍液、0.5%甲氨基阿维菌素乳油2 000倍液、50%噻虫胺水分散粒剂2 000倍液、3%啶虫脒乳油2 500倍液、25%噻嗪酮可湿性粉剂800～1 000倍液、20%甲氰菊酯乳油2 000倍液、0.3%印楝素乳油800倍液、0.3%苦参碱水剂1 000倍液、0.6%苦内酯水剂1 000倍液等药剂均匀喷雾，白粉虱一般在叶片背面为害，喷药时注意喷施叶背。

3. 烟粉虱

分布为害　烟粉虱（*Bemisia tabaci*）主要为害烟草、番茄、番薯、木薯、棉花、十字花科、葫芦科、豆科、茄科、锦葵科等多种作物。成虫、若虫刺吸植物汁液，在不同作物上的为害症状也有所不同，在叶菜类蔬菜上表现为叶片萎缩、黄化、枯萎；在根茎类蔬菜上表现为颜色白化、无味、重量减轻；在果菜类蔬菜上（番茄、辣椒、茄子、黄瓜等）表现为果实不均匀成熟，西葫芦受害叶片形成银叶，果实呈花斑状成熟不均匀（图5-66）。

图5-66　烟粉虱为害西葫芦叶片症状

形态特征　成虫体翅覆盖白蜡粉（图5－67），虫体淡黄至白色，复眼红色，前翅脉仅1条，不分叉，左右翅合拢呈屋脊状。卵有光泽，呈上尖下钝的长梨形，底部有小柄支撑于叶面，卵散产（图5－68），初产时淡黄绿色，孵化前转至深褐色，但不变黑。若虫长椭圆形，淡绿色至黄白色（图5－69）。伪蛹实为第四龄若虫（图5－70），处于3龄若虫蜕皮之内，蛹壳椭圆形，黄色，扁平，背面中央隆起，周缘薄，无周缘蜡丝。

图5－67　烟粉虱成虫

图5－68　烟粉虱卵

图5－69　烟粉虱若虫

图5－70　烟粉虱伪蛹

发生规律　一年发生11～15代，世代重叠。在温室或保护地，烟粉虱各虫态均可安全越冬；在自然条件下，一般以卵或成虫在杂草上越冬，有的地方以卵、老熟若虫越冬。越冬主要在绿色植物上，少数可在残枝落叶上越冬。在广东3～12月均可发生，以5～10月最盛，在河北6月中旬始见成虫，8～9月为害严重，在虫口密度大的大棚内使人呼吸困难，作物损失可达七成以上，10月下旬后显著减少，在温室蔬菜上越冬，不造成损失。成虫可在植株内或植株间作短距离扩散，也可借风或气流作长距离迁移。

防治方法　育苗时要把苗床和生产温室分开，育苗前先彻底消毒，幼苗上有虫时在定植前清理干净，做到定植的菜苗无虫。注意安排茬口，合理布局，以防烟粉虱传播蔓延。

用丽蚜小蜂防治烟粉虱，当每株有粉虱0.5～1头时，每株放蜂3～5头，10天放1次，连续放蜂3～4次，可基本控制其为害。

在烟粉虱零星发生时，开始喷洒20%噻嗪酮可湿性粉剂1 500倍液、2.5%氟氯氰菊酯乳油2 000倍液、20%氰戊菊酯乳油2 000倍液、10%吡虫啉可湿性粉剂1 500倍液、3%啶虫脒乳油2 000倍液、25%吡蚜酮可湿性粉剂2 000倍液，隔10天左右1次，连续防治2～3次。

4．瓜蚜

为害特点 瓜蚜（*Aphis mlossypii*），成虫和若虫在叶片背面和嫩梢、嫩茎上吸食汁液。嫩叶及生长点被害后，叶片卷缩，生长停滞，甚至全株萎蔫死亡。

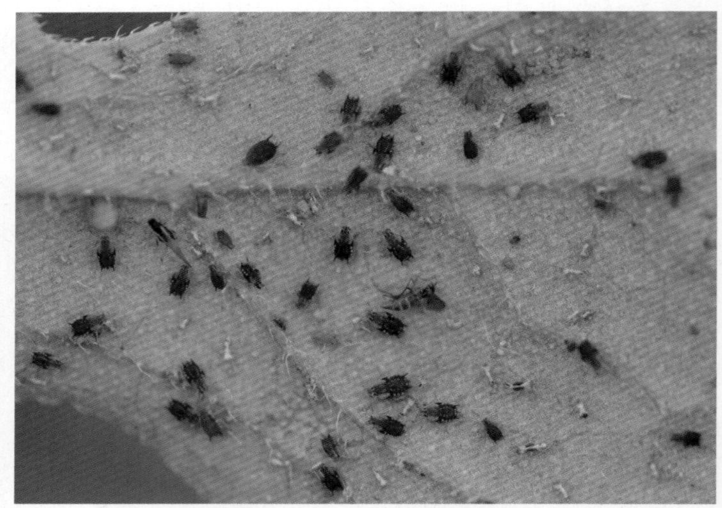

图5－71　无翅孤雌蚜

形态特征 无翅孤雌蚜体夏季多为黄色，春秋为墨绿色至蓝黑色（图5－71）。有翅孤雌蚜头、胸黑色。无翅孤雌胎生蚜宽卵圆形，多为暗绿色。无翅胎生雌蚜体夏季黄绿色，春、秋季深绿色，腹管黑色或青色，圆筒形，基部稍宽。有翅胎生雌蚜体黄色、浅绿色或深绿色，前胸背板及胸部黑色。干母为有翅蚜，体黑色，腹部腹面略带绿色。

发生规律 每年发生10多代，于4月底产生有翅蚜迁飞到露地蔬菜上繁殖为害，直至秋末冬初又产生有翅蚜迁入保护地。以6~7月虫口密度最大，为害严重。无滞育现象。也能以成蚜和若蚜在温室、大棚中繁殖为害越冬。

防治方法 蚜虫发生盛期是防治的关键时期。

可选用10%烯啶虫胺水剂3 000~5 000倍液、10%吡虫啉可湿性粉剂1 500~2 000倍液、3%啶虫咪乳油2 000~3 000倍液、50%抗蚜威可湿性粉剂1 000~2 000倍液、1.8%阿维菌素乳油2 000~2 500倍液、10%氯噻啉可湿性粉剂2 000倍液、25%噻虫嗪可湿性粉剂2 000~3 000倍液、3.2%苦·氯乳油1 000~2 000倍液、20%高氯·噻嗪酮乳油1 500~3 000倍液、10%吡丙·吡虫啉悬浮剂1 500倍液、5%氯氰·苯脲乳油1 000~2 000倍液喷施。

在保护地还可用10%异·吡烟剂50g/亩熏蒸防治。

5．瓜绢螟

为害特点 瓜绢螟（*Diaphania indica*）的幼龄幼虫在叶背啃食叶肉，被害部位呈白斑，3龄后吐丝将叶或嫩梢缀合，匿居其中取食，致使叶片穿孔或缺刻，严重时仅留叶脉。有时也咬食果肉（图5－72），使果实失去商品价值。

形态特征 成虫头胸部黑色，前后翅白色半透明，略带紫光，前翅前缘和外缘、后翅外缘均黑色（图5－73）。卵扁平，椭圆形，淡黄色，表面有网纹。末龄幼虫头部、前胸背板淡褐色，胸腹部草绿色（图5－74）。蛹深褐色，头部尖瘦，外被薄茧（图5－75）。

发生规律 一年发生3~6代，以老熟幼虫或蛹在枯卷叶或土中越冬。翌年4月底羽化，5月幼虫为害，7~9月发生数量多，世代重叠，为害严重，11月后进入越冬期。

防治方法 及时摘除卷叶，以消灭部分幼虫。

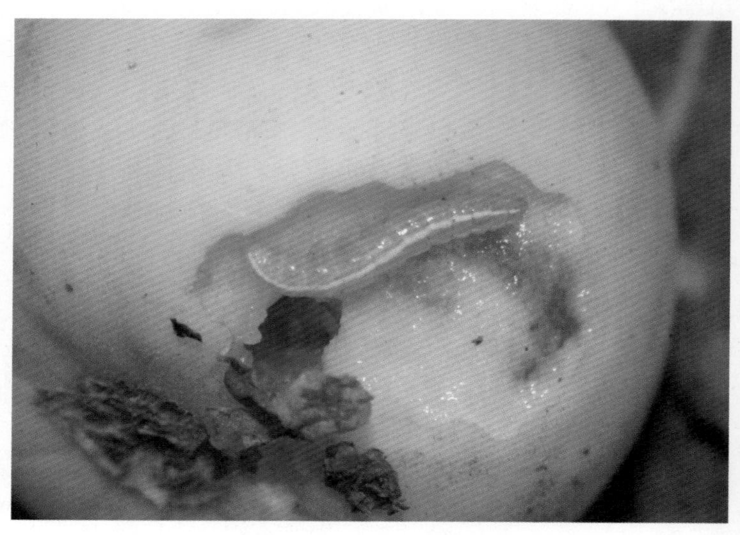

图5－72　瓜绢螟为害症状

图5－73　瓜绢螟成虫

图5－74　瓜绢螟幼虫

幼虫发生初期，用5%丁烯氟虫腈悬浮剂2 500～4 000倍液、20%虫酰肼悬浮剂1 500倍液、15%茚虫威悬浮剂3 500～4 500倍液、52.25%毒·氯乳油1 500倍液、5%氟啶脲乳油1 500倍液、0.36%苦参碱水剂1 000倍液、1%甲氨基阿维菌素苯甲酸盐乳油3 000倍液、2%阿维·苏可湿性粉剂500～1 000倍液、1.8%阿维菌素乳油1 500～2 000倍液、10%溴虫腈悬浮剂1 000倍液、5%氟虫脲乳油 1 000倍液。

图5－75　瓜绢螟蛹

6. 黄足黄守瓜

为害特点　黄足黄守瓜（*Aulacophora femoralis chinensis*），成虫取食瓜苗的叶和嫩茎，常常引起死苗，也为害花及幼瓜，使叶片残留若干干枯环或半环形食痕或圆形孔洞。幼虫咬食瓜根，导致瓜苗整株枯死。

形态特征　成虫体椭圆形，黄色，仅中胸、后胸及腹部腹面为黑色（图5－76）。前胸胸背板中央有一波浪形横凹沟。卵长椭圆形，黄色，表面有多角形细纹。幼虫体长圆筒形，头部黄褐色，胸腹部黄白色，臀板腹面有肉质凸起，上生微毛。蛹裸蛹，在土室中呈白色或淡灰色。

图5－76　黄足黄守瓜成虫

发生规律 一年发生1～4代，以成虫在向阳的枯枝落叶、草丛、田埂土坡缝隙中、土块下等处群集越冬。次年3～4月开始活动，瓜苗长出3～4片叶时，为害最重，时间为5月至6月中旬。幼虫为害期为6～8月，以6月至7月中旬为害最重。8月羽化为成虫，10～11月进入越冬期。

防治方法 瓜苗早定植，在越冬成虫盛发期前，4～5片真叶时定植瓜苗，以减少成虫为害。

幼虫发生盛期，可用90%晶体敌百虫800～1 000倍液、80%敌敌畏乳油1 000倍液、50%辛硫磷乳油2 000倍液、48%毒死蜱乳油1 500～2 000倍液灌根。

成虫发生初期，可用20%甲氰菊酯乳油1 000～2 000倍液、5.7%氟氯氰菊酯乳油1 500～3 000倍液、20%氰戊菊酯乳油1 000～2 000倍液喷洒。

三、黄瓜各生育期病虫害防治技术

（一） 苗期病虫害防治技术

在黄瓜苗期（图5－77），经常发生一些病害，如猝倒病、立枯病、炭疽病等；也有一些病害通过种子、土壤传播，如枯萎病、疫病、菌核病、黑星病、蔓枯病和细菌性角斑病等；病毒病等也在苗期发生，需要尽早施药预防；对于经常发生地下害虫、线虫病的田块，可以在拌种时使用一些杀虫剂；因此，播种和苗期是防治病虫害、培育壮苗、保证生产的重要时期。

图5－77　黄瓜苗期栽培情况

对于育苗田，可以结合平整土地，进行土壤药剂处理，针对本地常发病害的种类，适当选用药剂。如每平方米使用50%拌种双可湿性粉剂7g、25%甲霜灵可湿性粉剂4g+70%代森锰锌可湿性粉剂5g、25%甲霜灵可湿性粉剂8g+50%福美双可湿性粉剂8g等掺细土4～5kg，待苗床平整、浇水后，将1/3的药土撒于地表，播种后再把剩余的药土覆盖在种子上面，这样上覆下垫，可以充分发挥药效。对于老菜区，黄瓜枯萎病、蔓枯病、炭疽病等发生较重的地块，也可以每平方米使用70%敌磺钠可溶性粉剂10g+25%甲霜灵可湿性粉剂4g+70%代森锰锌可湿性粉剂5g、70%甲基硫菌灵可湿性粉剂5g+25%甲霜灵可湿性粉剂8g+50%福美双可湿性粉剂8g、50%腐霉利可湿性粉剂5g+25%甲霜灵可湿性粉剂8g+50%福美双可湿性粉剂8g等。

对于直播田可进行种子和土壤处理，特别是老菜区病害发生严重的地块，施用杀菌剂以防治种子、土壤传播的病害和苗期病害。选用药剂时要针对本地常年发病特点，可以使用的药剂为50%多菌灵可湿性粉剂800倍液+25%甲霜灵可湿性粉剂800倍液+50%福美双可湿性粉剂800倍液，也可以在上述药剂中加入黄腐酸盐1 000～2 000倍液，效果更佳，用这些药液浸种30～50分钟，催芽播种。

对于经常发生地下害虫、根结线虫病严重的田块，可以穴施或整地时土壤撒施10%噻唑膦颗粒剂2～3 kg/亩、0.5%阿维菌素颗粒剂3～5 kg/亩、10%苯线磷颗粒剂5kg/亩，有很好的效果。

为促进生长，增强抗病能力，还可以混用喷洒三十烷醇0.5～1mg/kg，增瓜灵15g对水6kg对苗期及生长期黄瓜均匀喷雾，收效显著。在3～6叶期喷洒100mg/kg赤霉素，能促进雄花形成，降低节位。也可以喷洒一些叶面肥，如植宝素、喷施宝等，以合理的方式与杀虫、杀菌剂混用，可以收到很好的效果。

（二） 初花期病虫害防治技术

从移植到开花结果期（图5－78），一般瓜苗生长健壮，多种病害开始侵入，有时有些病害开始严重发生，一般说来该期是喷药保护、施用植物激素和微肥的关键时期，可将直接影响早熟与丰产。

图5－78 黄瓜生长期情况

这一时期经常发生的病害有黄瓜霜霉病、白粉病、疫病、枯萎病、病毒病、炭疽病等。施药重点是使用保护剂，预防病害发生。常用的保护剂有70%代森锰锌可湿性粉剂800～1 000倍液、75%百菌清可湿性粉剂600～800倍液、27%无毒高脂膜乳剂100～200倍液。对于大棚还可以用10%百菌清烟剂，每亩800～1 000g，熏一夜。也可以使用一些由保护剂与治疗剂的复配混剂，如40%多硫悬浮剂500～600倍液、75%百菌清可湿性粉剂1 000～2 000倍液+72.2%霜霉威盐酸盐水剂800～1 000倍液、64%恶霜·锰锌可湿性粉剂500倍液、70%乙膦铝·锰锌可湿性粉剂500倍液、72%霜脲·锰锌可湿性粉剂800倍液等。生产上要根据病情和发病种类，可以使用一些保护剂与治疗剂混用，如70%代森锰锌可湿性粉剂800～1 000倍液、50%代森锌可湿性粉剂600～800倍液、25%甲霜灵可湿性粉剂500～800倍液、50%腐霉利可湿性粉剂1 000～2 000倍液混用等。

这一时期经常发生蚜虫、白粉虱等害虫，可喷施0.5%甲氨基阿维菌素苯甲酸盐微乳剂2 000～3 000倍液、10%烯啶虫胺水剂3 000～5 000倍液、10%吡虫啉可湿性粉剂1 500～2 000倍液、3%啶虫咪乳油2 000～3 000倍液、50%抗蚜威可湿性粉剂1 000～2 000倍液、25%噻虫嗪可湿性粉剂2 000～3 000倍液、10%吡丙·吡虫啉悬浮剂1 500倍液，有较好的防治效果。

（三） 开花结瓜期病虫害防治技术

在黄瓜开花结瓜期（图5－79），主要病害有灰霉病、枯萎病、病毒病等，由于生长进入中后期常常多种病害混合发生，黄瓜霜霉病、白粉病、疫病也时常严重发生，加上一些生理性病害、落花落果、缺少微量元素等因素，会显著地影响果实产量与品质，该期是病虫害防治的一个关键时期。

图5－79　黄瓜开花结果期情况

在开花和幼瓜期，除了注意防治叶部病害外，注意防治疫病、枯萎病、生理性化瓜，对于保护地栽培的黄瓜要注意防治灰霉病。对于霜霉病、疫病、病毒病混发田，可以喷洒40%乙膦铝可湿性粉剂400倍液加黄腐酸盐1 000倍液加适量芸薹素内酯；对于保护地或大田灰霉病等发生严重田块，可结合防治生理性落花落果，使用50%腐霉利可湿性粉剂800～1 000倍液加赤霉素200～300mg/kg，用毛笔蘸取药液涂花或用小喷雾器喷洒花柱头，注意不要喷洒嫩叶；对于枯萎病严重瓜田，可用50%多菌灵可湿性粉剂400～600倍液+黄腐酸盐1 000～1 500倍液喷雾或灌根，灌根每株用药量300～400ml。

黄瓜生长进入中后期，一般多种病害并存，植株长势衰弱，有时根结线虫病、蚜虫也有发生，要注意复配用药。病害防治注意治疗剂的使用，同时也要结合使用保护剂，以防治重复性侵染，用药剂量一般要比前期高。结合发病种类正确选用治疗剂，可用40%乙磷铝可湿性粉剂300倍液、25%甲霜灵可湿性粉剂500倍液、50%多菌灵可湿性粉剂400倍液、70%甲基硫菌灵可湿性粉剂500倍液、12.5%腈菌唑乳油3 000倍液等；可以混用的保护剂有70%代森锰锌可湿性粉剂600～800倍液、75%百菌清可湿性粉剂600～1 000倍液等。

四、瓜菜田杂草防治技术原色图解

瓜类包括黄瓜、甜瓜、南瓜、冬瓜、西葫芦等，其中以黄瓜种植面积较大。

瓜类蔬菜除个别采用直播方式外，大多采用育苗移栽的方法，草害发生严重。在育苗田或棚室内，肥水条件优越、瓜苗幼小，有利于杂草的生长，治草不力往往导致瓜苗矮小、瘦弱；瓜田移栽多为宽行稀植、封行迟，加上水肥条件充足，易形成草荒，不仅影响瓜苗的生长发育，而且影响瓜秧的正常开花座果，影响果实的膨大成熟。

瓜田杂草种类很多，较易造成为害的有马唐、狗尾草、牛筋草、反枝苋、凹头苋、马齿苋、铁苋、藜、小藜、灰绿藜、稗草、双穗雀稗、鳢肠、龙葵、苍耳、野西瓜苗、繁缕、牛筋草、早熟禾、画眉草、看麦娘等。南方地区，全年气温较高，雨水充沛，对杂草发芽生长十分有利，一般瓜田每平方米有杂草百株左右；北方地区，瓜田杂草不但在5、6月发生严重，而且直至收获时仍有杂草为害。因此，防治瓜田杂草是提高瓜类作物的产量和品质的重要措施。

瓜类作物对除草剂比较敏感。生产中应针对生育时期、栽培方式、土肥条件科学选择除草剂种类和施药方法，特别是瓜田除草剂施用剂量不能按照其他作物田用药量，一般要大幅减少用药剂量，应视条件慎重选择。

图5-80　瓜育苗田

（一）瓜育苗田（畦）或直播覆膜田杂草防治

瓜类作物多为育苗移栽（图5-80），也有部分覆膜直播，育苗田（畦）或覆膜直播田肥水大、墒情好，特别有利于杂草的发生，如不及时进行杂草防治，很易形成草荒；同时，育苗田（畦）地膜覆盖或覆膜直播田，白天温度较高，昼夜温差较大，瓜苗瘦弱，除草剂对瓜苗易造成药害。

瓜育苗田（畦）或覆膜直播田在瓜籽催芽后播种，并及时施药、覆膜。对于施用化学除草剂的瓜育苗田（畦）或覆膜直播田不宜过湿，除草剂用量不宜过大。降低除草剂用量：一方面是因为覆膜田瓜苗弱、田间小环境差以降低对瓜苗的药害；另一方面是因为瓜育苗田（畦）生育时期较短，药量大会造成不必要的浪费。可以用33%二甲戊乐灵乳油40～60ml/亩，或用20%萘丙酰草胺乳油75～150ml/亩、72%异丙甲草胺乳油50～75ml/亩、72%异丙草胺乳油50～75ml/亩，对水40kg均匀喷施，可以有效防治多种一年生禾本科杂草和部分阔叶杂草。药量过大、田间过湿，温度过高或过低，特别是遇到持续低温多雨条件下瓜苗可能会出现暂时的矮化、生长停滞，低剂量下能恢复正常生长；遇到膜内温度过高条件时，会出现死苗现象（图5-81）。

为了进一步提高除草效果和对作物的安全性，也可以用33%二甲戊乐灵乳油40～50ml/亩，或用20%萘丙酰草胺乳油75～100ml/亩、72%异丙甲草胺乳油50～60ml/亩、72%异丙草胺乳油50～60ml/亩，加上50%扑草净可湿性粉剂50～75g/亩，对水40kg均匀喷施，可以有效防治多种一年生禾本科杂草和阔叶杂草。但扑草净用药量不能随意加大，否则会有一定的药害。

对于未与任何作物套作的覆膜直播瓜田，也可以分开施药。对于膜内施药可以按照上面的方法进行；膜外露地，可以参照下面的移栽田杂草防治技术进行定向施药。这样既能保证对瓜苗的安全性，又能达到理想的除草效果，但施药较为麻烦。

施药处理黄瓜低矮、心叶叶缘向内卷缩、发育缓慢，低剂量区开始发出新叶，高剂量区新叶发生缓慢，子叶肥厚脆弱，长势明显差于空白对照。

图5-81　在黄瓜播后芽前，在高湿条件下喷施50%乙草胺乳油14天后的药害症状

（二）直播瓜田杂草防治

直播瓜田较少，但在南方或北方夏季晚茬西瓜、黄瓜、冬瓜等仍会采取这种栽培方式（图5-82）。这种栽培条件下，温度高、墒情好，特别有利于杂草的发生，如不及时进行杂草防治，极易形成草荒。

图5-82　瓜直播田

直播瓜田，生产上宜采用封闭性除草剂，一次施药保持整个生长季节没有杂草为害。对于采用化学防治的瓜田，应注意瓜籽催芽一致，并尽早播种。催芽不宜过长，播种深度以3～5cm为宜，播种过浅易发生药害。播种后当天，或第二天及时施药，施药过晚易将药剂喷施到瓜幼芽而发生药害。可以用33%二甲戊乐灵乳油100～150ml/亩，或20%萘丙酰草胺乳油150～200ml/亩、72%异丙甲草胺乳油100～150ml/亩、72%异丙草胺乳油100～150ml/亩，对水45kg均匀喷施，可以有效防治多种一年生禾本科杂草和藜、苋、苘麻等阔叶杂草。瓜类对该类药剂较为敏感，施药时一定要视条件调控药量，切忌施药量过大。药量过大时，瓜苗可能会出现暂时的矮化、粗缩，一般情况下能恢复正常生长；但药害严重时，会影响苗期生长，甚至出现死苗现象。

对于墒情较差或砂土地，最好在播前施用48%氟乐灵乳油150～200ml/亩、或48%地乐胺乳油150～200ml/亩，施药后及时混土2～3cm，该药易于挥发，混土不及时会降低药效，施药后3～5天播种，宜将瓜子适当深播。也可在播后芽前施药，但药害大于播前施药。

对于一些老瓜田，特别是长期施用除草剂的瓜田，铁苋、马齿苋等阔叶杂草较多，可以用33%二甲戊乐灵乳油75～100ml/亩、20%萘丙酰草胺乳油150～200ml/亩、72%异丙甲草胺乳油100～120ml/亩、72%异丙草胺乳油100～120ml/亩，加上50%扑草净可湿性粉剂50～100g/亩，对水40kg均匀喷施，可以有效防治多种一年生禾本科杂草和阔叶杂草。因为该方法降低了单一药剂的用量，所以对瓜苗的安全性也大为提高。生产中应均匀施药，不宜随便改动配比，否则易发生药害。

（三）移栽瓜田杂草防治

瓜类多为育苗移栽（图5-83），生产上宜采用封闭性除草剂，一次施药保持整个生长季节没有杂草为害。可于移栽前1～3天喷施土壤封闭性除草剂，移栽时尽量不要翻动土层或尽量少翻动土层。瓜移栽后的大田生育时期较长；同时，较大的瓜苗对封闭性除草剂具有一定的耐药性，可以适当加大剂量以保证除草效果，施药时按40kg/亩水量配成药液均匀喷施土表。可以用33%二甲戊乐灵乳油150～200ml/亩、20%萘丙酰草胺乳油200～300ml/亩、50%乙草胺乳油150～200ml/亩、72%异丙甲草胺乳油175～250ml/亩、72%异丙草胺乳油175～250ml/亩。

对于墒情较差或砂土地，可以用48%氟乐灵乳油150～200ml/亩、48%地乐胺乳油150～200ml/亩，施药后及时混土2～3cm，该药易于挥发，混土不及时会降低药效。

图5-83 瓜移栽田

对于墒情较差或沙土地，可以用48%氟乐灵乳油150～200ml/亩、48%地乐胺乳油150～200ml/亩，施药后及时混土2～3cm,该药易于挥发，混土不及时会降低药效。

对于一些老瓜田，特别是长期施用除草剂的瓜田，铁苋、马齿苋等阔叶杂草较多，可以用33%二甲戊乐灵乳油100～150ml/亩、20%萘丙酰草胺乳油200～250ml/亩、50%乙草胺乳油100～150ml/亩、72%异丙甲草胺乳油150～200ml/亩、72%异丙草胺乳油150～200ml/亩，加上50%扑草净可湿性粉剂100～150g/亩或24%乙氧氟草醚乳油20～30ml/亩，对水40kg均匀喷施，可以有效防治多种一年生禾本科杂草和阔叶杂草。生产中应均匀施药，不宜随便改动配比，否则易发生药害。

对于移栽田施用除草剂的瓜田，移栽瓜苗不宜过小、过弱，否则会发生一定程度的药害，特别是低温高湿条件下药害加重。

（四）瓜生长期杂草防治

对于前期未能采取化学除草或化学除草失败的瓜田，应在田间杂草基本出苗、且杂草处于幼苗期时及时施药防治。

瓜田防治一年生禾本科杂草，如稗、狗尾草、野燕麦、马唐、虎尾草、看麦娘、牛筋草等（图5-84），应在禾本科杂草3～5叶期，用5%精喹禾灵乳油50～75ml/亩、10.8%高效吡氟氯禾灵乳油20～40ml/亩、10%喔草酯乳油40～80ml/亩、15%精吡氟禾草灵乳油40～60ml/亩、10%精恶唑禾草灵乳油50～75ml/亩、12.5%稀禾啶乳油50～75ml/亩、24%烯草酮乳油20～40ml/亩，

图5-84 瓜田禾本科杂草发生情况

对水30kg，均匀喷施，可以有效防治多种禾本科杂草。该类药剂没有封闭除草效果，施药不宜过早，特别是在禾本科杂草未出苗时施药没有效果。在气温较高、雨量较多地区，杂草生长幼嫩，可适当减少用药量；相反，在气候干旱、土壤较干地区，杂草幼苗老化耐药，要适当增加用药量。防治一年生禾本科杂草时，用药量可稍减低；而防治多年生禾本科杂草时，用药量应适当增加。

对于前期未能有效除草的田块，在瓜田禾本科杂草较多、较大时（图5-85），应抓住前期及时防治，并适当加大药量和施药水量，喷透喷匀，保证杂草均能接受到药液。可以施用5%精喹禾灵乳油75～125ml/亩、10.8%高效吡氟氯禾灵乳油40～60ml/亩、10%喔草酯乳油60～80ml/亩、15%精吡氟禾草灵乳油75～100ml/亩、10%精恶唑禾草灵乳油75～100ml/亩、12.5%稀禾啶乳油75～125ml/亩、24%烯草酮乳油40～60ml/亩，对水45～60kg均匀喷施，施药时视草情、墒情确定用药量，可以有效防治多种禾本科杂草；但天气干旱、杂草较大时死亡时间相对缓慢。杂草较大、杂草密度较高、墒情较差时适当加大用药量和喷液量；否则，杂草接触不到药液或药量较小，影响除草效果。

图5-85　瓜田禾本科杂草发生严重的情况

第六章　西瓜病虫害原色图解

一、西瓜病害

西瓜病害有10多种，其中，为害较严重的有西瓜蔓枯病、西瓜枯萎病、西瓜炭疽病、西瓜病毒病、西瓜白粉病、西瓜叶枯病、西瓜疫病、西瓜根结线虫病等，这些病害的为害不仅影响西瓜产量，也影响品质。

1. 西瓜蔓枯病

分布为害　蔓枯病是西瓜的重要病害，分布广泛，一般发病率10%～30%。

症　　状　主要为害叶片、蔓、果实。子叶发病时，初呈水渍状小点，渐扩大为黄褐色或青灰色圆形至不规则形斑，后扩展至整个子叶，子叶枯死。幼苗茎部受害，初呈水渍状小斑，后向上、下扩展，并环绕幼茎，引起幼苗枯萎死亡。成株期叶片上形成圆形或椭圆形淡褐色至灰褐色大型病斑，病斑干燥易破裂，其上形成密集的小黑点，潮湿时，病斑遍布全叶，叶片变黑枯死（图6－1至图6－3）。茎基部先呈油渍状，表皮裂痕，有胶状物流出，稍凹陷，干燥时胶状物变为赤褐色，病斑上出现无数个针头大小的黑点，后期整株枯死（图6－4）。果实染病，先出现油渍状小斑点，不久变为暗褐色，中央部位呈褐色枯死状，而后褐色部分为星状开裂，内部木栓化，严重发生时，植株枯死（图6－5）。

图6－1　西瓜蔓枯病为害子叶症状

图6－2　西瓜蔓枯病为害幼苗症状

图6－3　西瓜蔓枯病为害叶片症状

图6－4　西瓜蔓枯病为害果实及茎蔓田间症状

图6－5　西瓜蔓枯病为害茎蔓后期田间症状

病　　原 *Mycosphaerlla melonis* 称瓜类球腔菌，属子囊菌亚门真菌（图6－6）。分生孢子器球形至扁球形，黑褐色，顶部呈乳状凸起，孔口明显。分生孢子短圆形至圆柱形，无色透明，两端较圆，初为单胞，后产生1～2个隔膜，分隔处略缢缩。子囊壳细颈瓶状或球形，黑褐色。子囊孢子短粗形或梭形，无色透明，1个分隔。

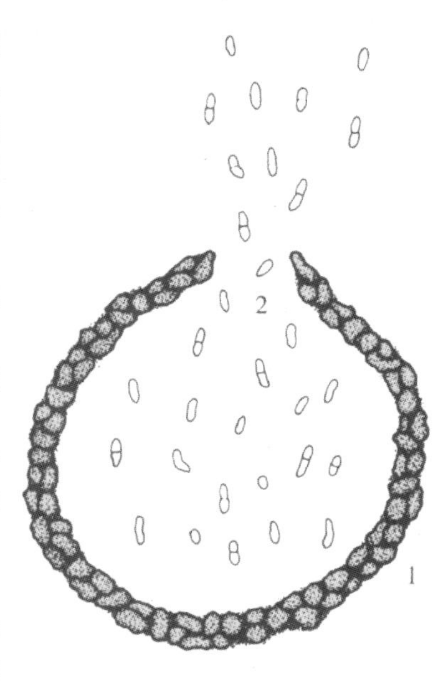

图6－6　西瓜蔓枯病菌
1.分生孢子器　2.分生孢子

发生规律 以分生孢子器及子囊壳在病残体上越冬，翌年产生分生孢子及子囊壳，借风雨传播，从植株伤口、气孔或水孔侵入。高温多雨季节发病迅速。连作地、排水不良、通风透光不足、偏施氮肥、土壤湿度大或田间积水易发病。

防治方法 拉秧后彻底清除病残落叶，适当增施有机肥。适时浇水、施肥，避免田间积水，保护地浇水后增加通风，发病后去掉一部分多余的叶和蔓，以利于植株间通风透光。

发病初期进行药剂防治，可用70%甲基硫菌灵可湿性粉剂600～800倍液+75%百菌清可湿性粉剂800倍液、25%双胍辛胺水剂800倍液+50%敌菌灵可湿性粉剂500倍液、50%异菌脲可湿性粉剂1 000倍液+80%代森锰锌可湿性粉剂800倍液、80%代森锌可湿性粉剂800倍液+36%甲基硫菌灵胶悬剂400倍液，7～10天防治1次，视病情防治2～3次。病害严重时可用上述药剂加倍后涂抹病茎。

还可用70%甲基硫菌灵可湿性粉剂50倍液、40%氟硅唑乳油100倍液，用毛笔蘸药涂抹病斑。也可以在发病前或发病初期，用10%双效灵水剂200倍液、50%多菌灵可湿性粉剂500倍液+50%福美双可湿性粉剂500倍液、50%苯菌灵可湿性粉剂1 000倍液+50%福美双可湿性粉剂500倍液、20%甲基立枯磷乳油1 000倍液+70%敌磺钠可溶性粉剂800倍液灌根，每株灌对好的药液300～500ml，隔10天后再灌1次，连续防治2～3次。

2. 西瓜炭疽病

分布为害 炭疽病是西瓜的主要病害，分布广泛，保护地、露地都发生较重。一般发病率20%～40%，损失10%～20%，重病地块或棚室病株近100%，损失可达40%以上。还可在贮藏和运输期间发生，有时发病率可达80%，造成大量烂瓜。

图6－7　西瓜炭疽病为害幼苗子叶症状

症　　状 此病全生育期都可发生，可为害叶片、叶柄、茎蔓和瓜果。苗期发病，子叶上出现圆形褐色病斑，边缘有浅绿色晕环（图6－7）。嫩茎染病，病部黑褐色，且缢缩，致幼苗猝倒（图6－8）。成株期发病，叶片上初为圆形或纺锤形水渍状斑，后干枯成黑色，边缘有紫黑色晕圈，有时有轮纹，病斑扩大后，叶片干燥枯死（图6－9）。空气潮湿，病斑表面生出粉红色小点。叶柄或茎蔓病斑水渍状淡黄色长圆形，稍凹陷，后变黑色，环绕茎蔓一周全株即枯死（图6－10）。瓜果染病，初呈水渍状暗绿色凹陷斑，凹陷处常龟裂，潮湿时在病斑中部产生粉红色黏稠物（图6－11）。幼瓜被害，果实变黑，腐烂。

图6－8　西瓜炭疽病为害幼苗嫩茎症状

图6-9　西瓜炭疽病为害叶片症状

图6-10　西瓜炭疽病为害茎蔓症状

图6-11　西瓜炭疽病为害瓜果症状

病 原 *Colletotrichum lagenarium* 称瓜刺盘孢，属半知菌亚门真菌（图6－12）。病菌分生孢子梗无色，圆筒状，栅栏状排列。分生孢子长圆形，单胞，无色。分生孢子盘聚生，初埋生，后突破表皮外露，黑褐色。刚毛散生于分生孢子盘中，顶端色淡，略尖，基部膨大，具1～3个分隔。

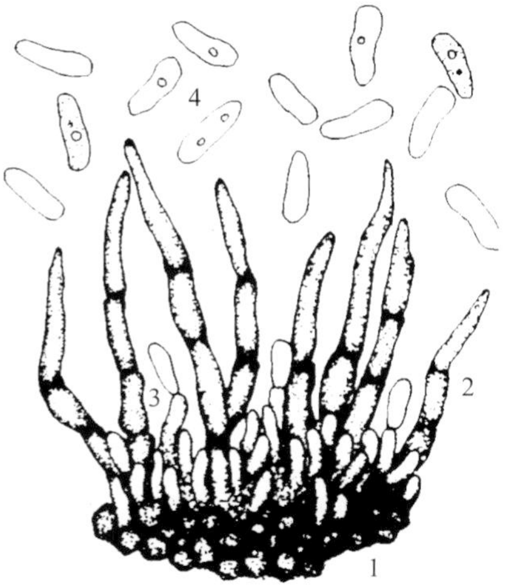

图6－12 西瓜炭疽病病菌
1.分生孢子盘 2.刚毛 3.分生孢子梗 4.分生孢子

发生规律 病菌主要以菌丝体及拟菌核随病残体在土壤中越冬，也可潜伏在种子上越冬。翌年菌丝体产生分生孢子借雨水飞散，形成再侵染源。西瓜生长中后期发生较严重，特别是以6月中旬、7月上旬的梅雨季节发生最盛。西瓜生长期多阴雨、地块低洼积水，或棚室内温暖潮湿、重茬种植，过多施用氮肥，排水不良，通风透光差，植株生长衰弱等有利于发病。

防治方法 施用充分腐熟的有机肥，采用高垄或高畦地膜覆盖栽培。有条件的可应用滴灌、膜下暗灌等节水栽培防病技术。适时浇水施肥，避免雨后田间积水，保护地在发病期适当增加通风时间。

选用无病种子或进行种子灭菌，可用55℃温水浸种20～30分钟，或进行药剂拌种，可用种子重量0.3%的25%咪鲜胺锰络化合物可湿性粉剂、6%氯苯嘧啶醇可湿性粉剂、50%敌菌灵可湿性粉剂、70%甲基硫菌灵可湿性粉剂、25%溴菌清可湿性粉剂拌种。

发病初期（图6－13），温棚西瓜可喷5%灭霉灵（甲基硫菌灵+乙霉威）粉尘剂，傍晚或早上喷，隔7天喷1次，连喷4～5次。或在发病前用45%百菌清烟剂200～250g/亩，傍晚进行，分放4～5个点，先密闭大棚、温室，然后点燃烟熏，隔7天熏1次，连熏4～5次。

药剂喷雾防治：发病初期喷洒50%醚菌酯干悬浮剂3 000～4 000倍液、25%嘧菌酯悬浮剂1 500～2 000倍液、70%丙森锌可湿性粉剂600倍液、40%多·福·溴菌可湿性粉剂800～1 500倍液、25%咪鲜胺乳油1 000～1 500倍液+75%百菌清可湿性粉剂800倍液、25%溴菌腈可湿性粉剂500−800倍液+50%克菌丹可湿性粉剂400～500倍液、80%福美双·福美锌可湿性粉剂800倍液+2%嘧啶核苷类抗生素水剂300～500倍液、50%甲羟鎓水剂1 000～1 500倍液、2%武夷菌素水剂300～500倍液+75%百菌清可湿性粉剂800倍液、66.8%丙森·异丙菌胺可湿性粉剂600～800倍液、5%亚胺唑可湿性粉剂1 000～1 500倍液+70%丙森锌可湿性粉剂700倍液、52.5%恶唑菌酮·霜脲水分散粒剂1 500～2 000倍液、6%氯苯嘧啶醇可湿性粉剂1 000～1 500倍液+75%百菌清可湿性粉剂600倍液、12.5%烯唑醇可湿性粉剂2 000～4 000倍液+70%代森联干悬浮剂剂800倍液、40%双胍辛烷苯基磺酸盐可湿性粉剂700～1 000倍液。

保护地西瓜，发病前用45%百菌清烟剂200～250g，傍晚进行，分放4～5个点，先密闭大棚、温室，然后点燃烟熏，隔7天熏1次，连熏4～5次。

图6－13 西瓜炭疽病发病初期田间症状

3. 西瓜枯萎病

分布为害 枯萎病是西瓜的重要病害，分布广泛，发生普遍，以春茬种植发病较重，尤其是重茬种植发病极为普遍。一般发病率15%～30%，死亡率为15%左右。

症　状 此病在西瓜全生育期都可发生。苗期染病，根部变成黄白色，须根少，子叶枯萎，真叶呈现皱缩，枯萎发黄，茎基部变成淡黄色倒伏枯死，剖茎可见维管束变黄。成株期发病，病株生长缓慢，须根小。初期叶片由下向上逐渐萎蔫，似缺水状，早晚可恢复，几天后全株叶片枯死。发生严重时，茎蔓基部缢缩，呈锈褐色水渍状，空气湿度高时病茎上可出现水渍状条斑，或出现琥珀色流胶，病部表面产生粉红色霉层。剖开根或茎蔓，可见维管束变褐（图6−14至图6−15）。发生严重时，全田枯萎死亡（图6−16）。

图6−14　西瓜枯萎病为害幼苗症状

图6−15　西瓜枯萎病为害植株症状

图6−16　西瓜枯萎病为害后期田间症状

病　　原　*Fusarium oxysporum* f.sp. *niverum* 称尖镰刀西瓜专化型，属半知菌亚门真菌（图6-17）。分生孢子有两种类型。小型分生孢子长椭圆形，无色，无分隔。大型分生孢子镰刀形或纺锤形，无色，具1～5个分隔，多数3个。厚垣孢子间生或顶生，圆形，浅黄色，表面光滑。

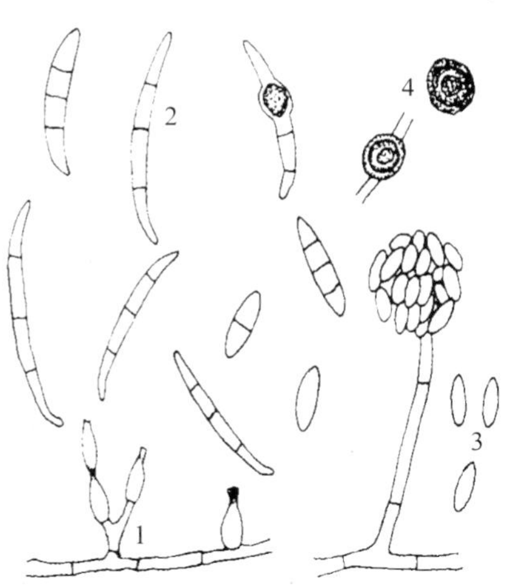

图6-17　西瓜枯萎病病菌
1.分生孢子梗　2.大型分生孢子
3.小型分生孢子　4.厚垣孢子

发生规律　病菌主要以菌丝、厚垣孢子在土壤中或病残体上越冬，在土壤中可存活6～10年，可通过种子、土壤、肥料、浇水、昆虫进行传播。以开花、抽蔓到结果期发病最重。3月先在苗床内发生，4月下旬苗床内达到发病高峰。地膜覆盖早春移栽西瓜，5月初开始发病，5月下旬进入发病盛期，6月间为严重发病期。夏西瓜6月中下旬开始发病，7月中旬到8月上旬为发病盛期。该病为土传病害，发病程度取决于土壤中可侵染菌量。一般连茬种植，地下害虫多，管理粗放，或土壤黏重、潮湿等，病害发生严重。

防治方法　避免连作，改善排水。酸性土壤要多施石灰。利用葫芦和南瓜砧木嫁接栽培，可以减轻为害。生长期间，发现病株立即拔除。瓜果收获后，清除田间茎叶及病残烂果。

种子消毒：可用40%福尔马林150倍液浸种1～2小时，或用55℃温水配制50%多菌灵可湿性粉剂600倍液浸种15分钟，60%多菌灵盐酸盐超微粉1 000倍液加“平平加”渗透剂浸种1～2小时，洗净晾干播种。还可用10%漂白粉浸种10分钟，取出后再用0.1%～0.5%的50%苯菌灵可湿性粉剂拌种。

发病初期及时防治（图6-18），可用70%甲基硫菌灵可性湿粉剂600～800倍液、50%多菌灵可湿性粉剂500～600倍液、10%多抗霉素可湿性粉剂1 000倍液、3%中生菌素可湿性粉剂400～600倍液、50%咪鲜胺锰络化合物可湿性粉剂1 000～1 500倍液、50%福美双500倍液＋20%甲基立枯磷乳油1 000倍液、45%噻菌灵可湿性粉剂1 000倍液、2%嘧啶核苷类抗生素水剂200倍液，对水40kg喷施，间隔5～7天喷1次，连续喷2～3次。

对于老瓜区，可以在幼苗定植时药剂灌根，也可以在发病前或发病初期，用5%水杨菌胺可湿性粉剂300～500倍液；54.5%恶霉·福可湿性粉剂700～1 000倍液；3%恶·甲水剂600倍液；80%多·福·福锌可湿性粉剂800倍液；2.5%咯菌腈悬浮剂800～1 000倍液；50%咪鲜胺锰络化合物可湿性粉剂1 000～2 000倍液；80%多·福·福锌可湿性粉剂700倍液；30%福·嘧霉可湿性粉剂800～1 000倍液；50%甲羟鎓水剂800～1 000倍液；10%多抗霉素可湿性粉剂600～1 000倍液，每株灌对好的药液300～500ml，隔5～7天灌1次，连续防治2～3次。

图6-18　温室西瓜枯萎病发病初期田间症状

4. 西瓜疫病

分布为害 疫病为西瓜的主要病害，在西瓜各产区都有发生，为害程度也逐年加重。

症　　状 幼苗、成株均可发病，为害叶、茎及果实。子叶先出现水浸状暗绿色圆形病斑（图6-19），中央逐渐变成红褐色。近地面茎基部呈现暗绿色水浸状的软腐，后缢缩或枯死（图6-20）。真叶染病，初生暗绿色水渍状病斑，迅速扩展为圆形或不规则形大斑（图6-21），湿度大时，腐烂或像开水烫过，干后为淡褐色，干枯易破碎。茎基部和叶柄染病，呈现纺锤形水渍状暗绿色病斑，病部明显缢缩（图6-22至图6-25）。果实染病，形成暗绿色圆形水渍状凹陷斑，潮湿时迅速扩及全果，导致果实腐烂，表面密生白色菌丝（图6-26）。

图6-20　西瓜疫病为害幼苗症状

图6-19　西瓜疫病为害子叶症状

图6-21　西瓜疫病为害叶片产生圆形病斑

图6-22 西瓜疫病为害叶柄症状

图6-23 西瓜疫病为害叶片干燥时症状

图6-24 西瓜疫病为害叶片潮湿时症状

图6-25 西瓜疫病为害茎蔓症状

图6-26 西瓜疫病为害果实后期症状

病　原　*Phytophthora meloni* 称甜瓜疫霉，属鞭毛菌亚门真菌（图6-27）。孢子囊梗从菌丝或球状体上生出，直立，细长，不分枝，顶生孢子囊。孢子囊卵形或长椭圆形，乳突多不明显。萌发时产生游动孢子，游动孢子无色，单胞，球形或卵圆形，有2根鞭毛。藏卵器近球形，淡黄色。卵孢子球形，淡黄色，表面光滑。

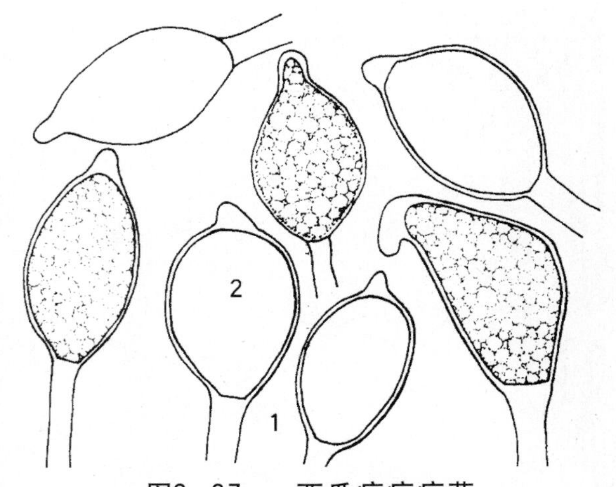

图6-27　西瓜疫病病菌

1.孢囊梗　2.孢子囊

发生规律　以卵孢子及菌丝体在土壤中或粪肥里越冬，随气流、雨水或灌溉水传播，种子虽可带菌，但带菌率不高。从毛孔、细胞间隙侵入。多雨高湿利于发病。西瓜生长期多雨、排水不良、空气潮湿发病重。大雨、暴雨或大水漫灌后病害发展蔓延迅速。土壤黏重、植株茂密、田间通风不良发病较重（图6-28）。

防治方法　采用深沟高畦或高垄种植，雨后及时排水。施足底肥，增施腐熟的有机肥。

种子消毒：播前用55℃温水浸种15分钟，或用40%福尔马林150倍液浸种30分钟，冲洗干净后晾干播种。

发病初期开始喷洒60%琥·乙膦铝可湿性粉剂500倍液、72.2%霜霉威水剂800倍液、25%甲霜灵可湿性粉剂800～1 000倍液+75%百菌清可湿性粉剂500～700倍液、72%霜脲·锰锌可湿性粉剂700倍液、69%烯酰吗啉·锰锌可湿性粉剂1 000倍液、35%甲霜·铜可湿性粉剂800倍液、70%乙膦。锰锌可湿性粉剂500倍液、64%恶霜·锰锌可湿性粉剂500倍液等药剂，隔7～10天喷1次，连续喷3～4次。必要时还可用上述药剂灌根，每株灌对好的药液400～500ml，如能喷雾与灌根同时进行，防治效果会明显提高。

图6-28　西瓜疫病为害田间症状

5. 西瓜白粉病

症　　状　从苗期至采收期均可发生，可为害叶片、叶柄、茎部和果实，其中叶片和茎部最为严重。初期在叶片上产生淡黄色水渍状近圆形斑，随后病斑上产生白色粉状物（即病原菌分生孢子），病斑逐步向四周扩展成连片的大型白粉斑（图6－29）。严重时病斑上产生黄褐色小粒点，后小粒点变黑，即病原菌的有性子实体（子囊壳）。

图6－29　西瓜白粉病为害叶片症状

病　　原　*Erysiphe cichoracearum* 称瓜类单丝壳，属子囊菌亚门真菌。

发生规律　病菌附着在土壤里的植物残体上或寄主植物体内越冬，翌春病菌随雨水、气流传播，不断重复侵染。常年5～6月和9～10月为该病盛发期。一般是秋植瓜发病重于春植瓜，但5～6月份如雨日多，田间湿度大时，春植瓜的发病亦重。该病对温度要求不严格，湿度在80%以上时最易发病、在多雨季节和浓雾露重的气候条件下，病害可迅速流行蔓延，一般10～15天后可普遍发病。当田间高温干旱时能抑制该病的发生，病害发展缓慢。如管理粗放、偏施氮肥、枝叶郁闭的田间，该病最易流行。

防治方法　避免过量施用氮肥，增施磷钾肥。实行轮作，加强管理，清除病残组织。

发病期间（图6－30），用75%百菌清可湿性粉剂600～800倍液+25%乙嘧酚悬浮剂1 000倍液、70%甲基硫菌灵可湿性粉剂1 000倍液、12.5%烯唑醇可湿性粉剂2 000倍液、2%宁南霉素水剂500倍液、40%氟硅唑乳油5 000～6 000倍液、20%腈菌唑乳油1 500～ 2 000倍液、50%醚菌酯悬浮剂3 000倍液喷雾，每隔6～7天喷1次，连续喷3次。为了避免病菌产生抗药性，药剂宜交替使用。

图6－30　西瓜白粉病为害田间症状

6. 西瓜叶枯病

分布为害 叶枯病为西瓜的常见病，分布广泛，发生较普遍，常在夏、秋露地西瓜上发病，春茬西瓜也可发病。一般发病率10%～30%，轻度影响西瓜生产，严重地块病株达80%以上，使大量叶片枯死，显著影响西瓜生产。

症　状 主要为害叶片，幼苗叶片受害，病斑褐色（图6－31）；成株期先在叶背面叶缘或叶脉间出现明显的水浸状褐色斑点，湿度大时导致叶片失水青枯，天气晴朗气温高易形成2～3mm圆形至近圆形褐斑，布满叶面，后融合为大斑，病部变薄，形成叶枯（图6－32）。茎蔓染病，产生梭形或椭圆形稍凹陷的褐斑。果实染病，在果实上生有四周稍隆起的圆形褐色凹陷斑，可深入果肉，引起果实腐烂。湿度大时，病部长出灰黑色至黑色霉层。

图6－31 西瓜叶枯病为害幼苗叶片症状

图6－32 西瓜叶枯病为害叶片后期症状

病　原 *Alternaria cucumerina* 称瓜交链孢，属半知菌亚门真菌（图6－33）。病菌分生孢子梗深褐色，单生，具分隔，顶端串生分生孢子。分生孢子浅褐色，棒状至椭圆形，具纵横隔膜，顶端喙状细胞较短或不明显。

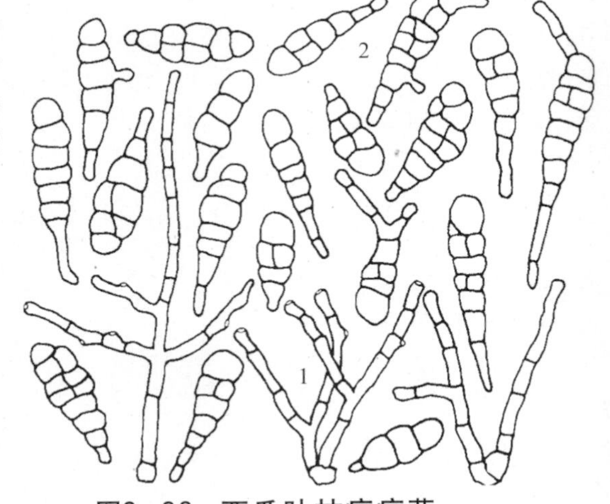

图6－33 西瓜叶枯病病菌
1.分生孢子梗 2.分生孢子

发生规律　生长期间病菌通过风雨传播，进行多次再侵染。该菌对温度要求不严格，气温14～36℃、相对湿度高于80%均可发病，雨日多、雨量大，相对湿度高易流行。偏施或重施氮肥及土壤瘠薄，植株抗病力弱发病重。连续天晴、日照时间长，对该病有抑制作用。

防治方法　选用耐病品种，清除病残体，集中深埋或烧毁。采用配方施肥技术，避免偏施、过施氮肥。雨后开沟排水，防止湿气滞留。

种子消毒：用75%百菌清可湿性粉剂、50%异菌脲可湿性粉剂1 000倍液浸种2小时，冲净后催芽播种。

发病初期（图6-34），开始喷洒50%腐霉利可湿性粉剂1 500倍液+80%代森锰锌可湿性粉剂600倍液、50%异菌脲可湿性粉剂1 000倍液+40%百菌清悬浮剂500倍液、65%代森锌可湿性粉剂500～800倍液+20%唑菌胺酯水分散粒剂1 000～2 000倍液、50%多菌灵·乙霉威可湿性粉剂500～700倍液、10%苯醚甲环唑水分散颗粒剂3 000～4 000倍液+50%菌毒清水剂300倍液，间隔7～10天喷1次，连续防治3～4次。

图6-34　西瓜叶枯病为害初期田间症状

7. 西瓜病毒病

分布为害　病毒病为西瓜的重要病害，分布广泛，发生普遍，保护地、露地都可发病，以夏秋露地种植受害严重。一般病株率5%～10%，在一定程度上影响生产，严重时病株率可达30%以上，对西瓜生产影响极大。

症　　状　主要表现为花叶型和蕨叶型两种。幼苗期形成黄绿相间的花叶状（图6-35）。成株花叶型，新叶出现明显褪绿斑点，后变为系统性斑驳花叶（图6-36），叶面凸凹不平，叶片变小，畸形，节间缩短，植株矮化，结果少而小，果面上有褪绿色斑驳。蕨叶型，新叶狭长，皱缩扭曲，花器不发育，难以坐果（图6-37）。果实发病，表面形成浓绿色和浅绿色相间的斑驳，并有不规则凸起。

图6-35　西瓜病毒为害西瓜苗期症状

图6-36　西瓜病毒病花叶型症状

图6－37　西瓜病毒病皱缩型症状

病　原　甜瓜花叶病毒 Muskmelon mosaic virus，（MMV）；黄瓜花叶病毒Cucumber mosaic virus，（CMV）。

发生规律　病毒可在田间宿根杂草上越冬，也可在某些蔬菜上越冬。蚜虫(瓜蚜、桃蚜)是主要传播媒介，人工整枝打杈等农事活动也会传毒。一般在5月中下旬开始发病，6月上中旬进入发病盛期，幼苗到开花较感病。高温、干旱、阳光强烈的气候条件下易发病。缺肥、生长势弱的瓜田发病重。

防治方法　施足基肥，合理追肥，增施钾肥，及时浇水防止干旱，合理整枝，提高植株抗病力。注意铲除瓜田内及周围杂草，及时拔除病株。在进行整枝、授粉等田间操作时，要注意尽量减少对植株的损伤。打杈选晴天阳光充足时进行，使伤口尽快干缩。

种子消毒：播种前用10%磷酸三钠溶液浸种20分钟，然后催芽、播种。

消灭蚜虫：在清除瓜田内外杂草的基础上，用10%吡虫啉可湿性粉剂1 500倍液、20%甲氰菊酯乳油2 000倍液喷洒。

发病初期，开始喷20%盐酸吗啉胍・乙酸铜可湿性粉剂500倍液、3%三氮唑核苷水剂500倍液、2%宁南霉素水剂150～200倍液、4%嘧肽霉素水剂500倍液、0.5%菇类蛋白多糖水剂300倍液、10%混合脂肪酸水乳剂100倍液等，间隔10天喷1次，连喷3～4次。

8．西瓜叶斑病

分布为害　叶斑病主要在露地西瓜上发病，一般病株率20%～30%，对生产有轻度影响，发病重时病株可达60%～80%，部分叶片因病枯死，明显影响产量与品质。

症　状　主要侵染叶片（图6－38），初在叶片上出现暗绿色近圆形病斑，略呈水渍状，以后发展成黄褐至灰白色不定形坏死斑，边缘颜色较深，病斑大小差异较大，空气潮湿时病斑上产生灰褐色霉状物，即病菌分生孢子梗和分生孢子。病害严重时叶片上病斑密布，短时期内致使叶片坏死干枯。

图6－38　西瓜叶斑病为害叶片症状

病　　原　*Cercospora citrullina* 称瓜类明针尾孢霉，属半知菌亚门真菌（图6－39）。病菌子实层多生于叶面，子座小或无，分生孢子梗单生或几根束生，淡褐色，直或略弯，多无屈曲，不分枝，具有多个分隔，顶端平切状。分生孢子针形，无色，基部平切，隔膜多，不明显。

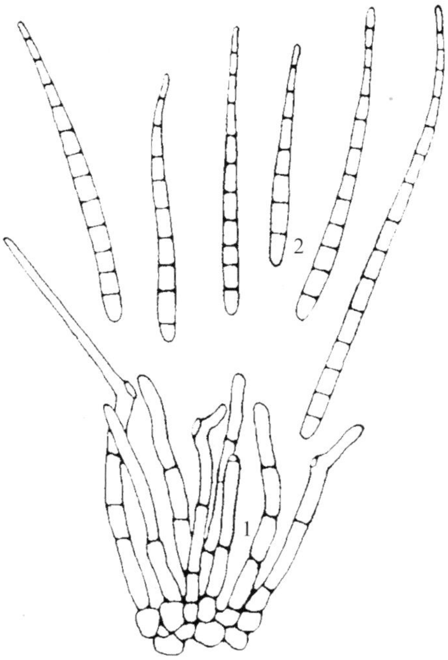

发生规律　病菌主要以菌丝体随病残组织越冬，亦可在保护地其他瓜类上为害过冬，经气流传播引起发病。越冬病菌在春秋条件适宜时产生分生孢子借风雨和农事操作等传播，由气孔或直接穿透表皮侵入，发病后产生新的分生孢子进行多次重复侵染。高温高湿有利于发病。西瓜生长期多雨、气温较高，或阴雨天较多发病较重。此外，平畦种植、大水漫灌、植株缺水缺肥、长势衰弱或保护地内通风不良等发病较重。

防治方法　西瓜拉秧后彻底清除病残落叶带到田外妥善处理，减少田间菌源。施足有机底肥，增施磷钾肥，采用高垄或高畦地膜覆盖技术，生长期避免田间积水，严禁大水漫灌。

发病初期进行药剂防治，可选用50%异菌脲悬浮剂1 000倍液、70%甲基硫菌灵可湿性粉剂600倍液、50%乙烯菌核利可湿性粉剂1 000倍液、6%氯苯嘧啶醇可湿性粉剂1 000倍液+80%代森锰锌可湿性粉剂800倍液等药剂喷雾。

图6－39　西瓜叶斑病病菌
1.分生孢子梗　2.分生孢子

9. 西瓜根结线虫病

症　　状　主要为害根系，以侧根发病较多。在根部上产生许多根瘤状物，根瘤大小不一，表面光滑，初为白色，后变成淡褐色，根结相连成念珠状（图6－40）。地上部分，轻微时症状不明显，仅表现叶色变浅，天热时中午萎蔫；发病重时植株矮化，生长不良，叶片萎垂，有时嫩叶畸形，不结瓜或结瓜小，多提早枯死。剖开根结，病组织内可见极小的鸭梨形乳白色线虫。

病　　原　*Meloidogyne incognita*称南方根结线虫，属线形动物门中的线虫纲。幼虫线状，头尖，尾端稍圆，无色。3龄后体肥大，由豆荚状变为洋梨形，埋生于根部组织内。

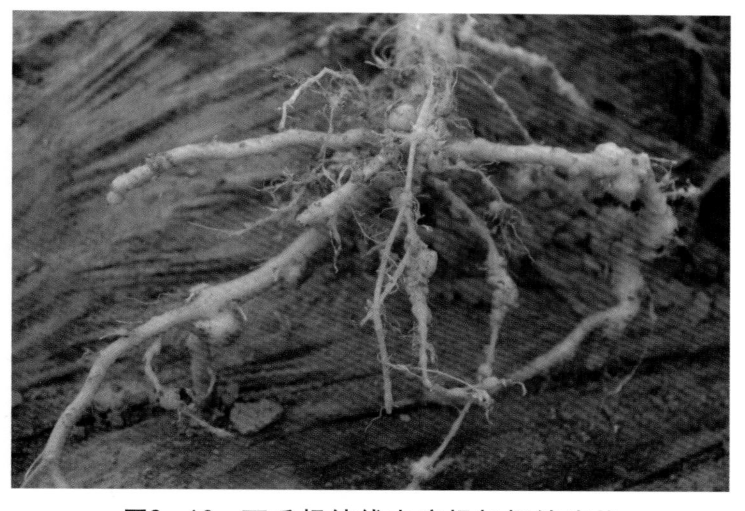

图6－40　西瓜根结线虫病根部根结症状

发生规律　根结线虫以成虫、卵在土壤、病残体上或以幼虫在土壤中越冬，第二年，越冬幼虫及越冬卵孵化的幼虫侵入根部，刺激根部组织细胞增生，形成根结。主要借病土、病苗、灌溉水、农具和杂草等传播。在地势高燥、土壤质地疏松，连作地块发病重。

防治方法　重病田改种葱、蒜、韭菜等抗病蔬菜或种植受害轻的速生蔬菜，加强栽培管理，增施有机肥，及时防除田间杂草。收获后彻底清洁田园，将病残体带出田外集中烧毁。

定植前，每亩用3%氯唑磷颗粒剂4～6kg拌细干土50kg，或用10%苯线磷颗粒剂5kg、98%棉隆微粒剂3～5kg拌细土20kg，进行撒施、沟施或穴施。

发病初期，用1.8%阿维菌素乳油1 000倍液、50%辛硫磷乳油1 000倍液、48%毒死蜱乳油1 500倍液、40%灭线磷乳油1 000倍液灌根，每株灌药液500ml，间隔10～15天再灌根1次，能有效地控制根结线虫病的发生为害。

10. 西瓜细菌性叶斑病

分布为害 西瓜细菌性叶斑病分布较广，发生亦较普遍，但一般轻度发病，病株率5%～10%，重时病株率可达20%以上，显著影响西瓜生产。

症　　状 此病全生育期均可发生，叶片、茎蔓和瓜果都可受害。苗期染病，子叶和真叶沿叶缘呈黄褐至黑褐色坏死干枯，最后瓜苗呈褐色枯死。成株染病，叶片上初生水浸状半透明小点，以后扩大成浅黄色斑（图6-41），边缘具有黄绿色晕环，最后病斑中央变褐或呈灰白色破裂穿孔，湿度高时叶背溢出乳白色菌液。茎蔓染病呈油渍状暗绿色，之后龟裂，溢出白色菌脓。瓜果染病，初出现油渍状黄绿色小点，逐渐变成近圆形红褐至暗褐色坏死斑，边缘黄绿色油渍状，随病害发展病部凹陷龟裂呈灰褐色，空气潮湿时病部可溢出锈色菌脓（图6-42）。

图6-41　西瓜细菌性叶斑病为害叶片症状

图6-42　西瓜细菌性叶斑病为害瓜果症状

病　　原 *Pseudomonas syringae* pv. *lachrymans*属假单胞杆菌属丁香假单胞菌黄瓜致病变种细菌。

发生规律 该病害是由细菌中假单胞杆菌侵染所致。病原细菌在种子上或随病残体留在土壤中越冬，成为翌年的初侵染来源。病原细菌借风雨、昆虫和农事操作中人为的接触进行传播，从寄主的气孔、水孔和伤口侵入。细菌侵入后，初在寄主细胞间隙中，后侵入到细胞内和维管束中，侵入果实的细菌则沿导管进人种子。温暖高湿条件，即气温21～28℃，空气相对湿度85%以上，有利于发病；低洼地及连作地块发病重。

防治方法　选用耐病品种；与非葫芦科作物2年以上轮作；及时清除病残体并进行深翻；适时整枝，加强通风；推广避雨栽培。

种子处理：用60℃温水浸种15分钟，或72%农用硫酸链霉素可溶性粉剂500倍液浸种2小时，而后催芽播种。或播种前用40%福尔马林150倍液浸种1.5小时，或用50%代森铵水剂500倍液浸种1小时，清水洗净后催芽播种。

发病初期，用72%农用硫酸链霉素可溶性粉剂3 000～4 000倍液、88%水合霉素可溶性粉剂1 500～2 000倍液、3%中生菌素可湿性粉剂500～800倍液，间隔5～7天喷1次，连续2～3次。

11．西瓜细菌性果腐病

症　　状　瓜苗染病，沿叶片中脉出现不规则褐色病斑，有的扩展到叶缘，叶背面呈水浸状。果实染病，果表面出现数个几毫米大小灰绿色至暗绿色水浸状斑点（图6－43），后迅速扩展成大型不规则斑，变褐或龟裂，果实腐烂，并分泌出黏质琥珀色物质，瓜蔓不萎蔫，病瓜周围病叶上出现褐色小斑，病斑通常在叶脉边缘，有时有黄晕，病斑周围呈水浸状。

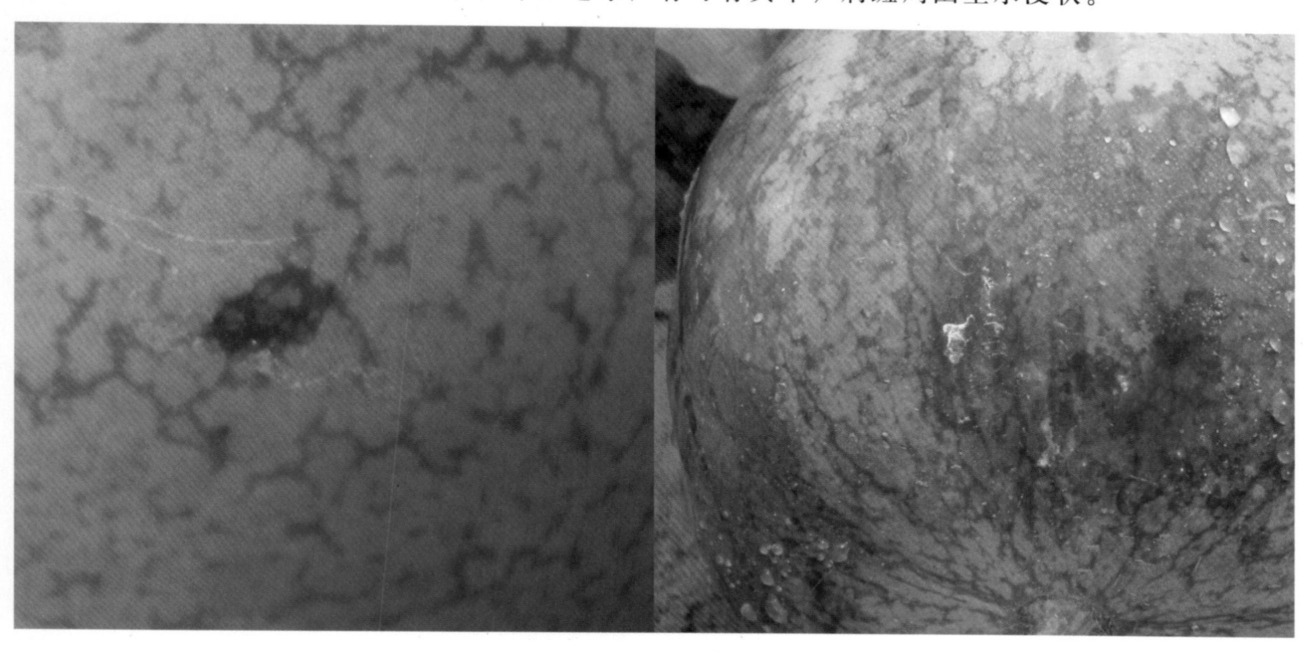

图6－43　西瓜细菌性果腐病病果

病　　原　*Pseudomonas pseudoalcaligenes* subsp.*citrulli* 称类产碱假细胞西瓜亚种西瓜细菌性斑豆假单细胞，属细菌。病菌革兰氏阴性菌，菌体短杆状，极生单根鞭毛。

发生规律　病菌在田间借风、雨及灌溉水传播，从伤口或气孔侵入。多雨、高湿、大水漫灌易发病，气温24～28℃经1小时，病菌就能侵入潮湿的叶片，潜育期3～7天。

防治方法　实行轮作；施用充分腐熟有机肥；采用塑料膜双层覆盖栽培方式。

种子消毒：用40%福尔马林150倍液浸种30分钟，清水冲净后浸泡6～8小时，再催芽播种。有些西瓜品种对福尔马林敏感，用前应先试验，以免产生药害。

进入雨季后开始喷45%代森铵水剂400～600倍液、72%农用链霉素可溶性粉剂3 000～4 000倍液、88%水合霉素可溶性粉剂1 500～2 000倍液、20%叶枯唑可湿性粉剂600～800倍液、20%噻唑锌悬浮剂600～800倍液，每10天喷1次，防治2～3次。

12．西瓜猝倒病

症　　状　发病初期在幼苗近地面处的茎基部或根茎部，生出黄色至黄褐色水浸状缢缩病斑，致幼苗猝倒，一拔即断。该病在育苗时或直播地块发展很快，一经染病，叶片尚未凋萎，幼苗即猝倒死亡。湿度大时，在病部或其周围的土壤表面生出一层白色棉絮状白霉（图6－44）。

病　　原　*Pythium aphanidermatum* 称瓜果腐霉，属鞭毛菌亚门真菌。

发生规律　病菌在12～18cm表土层越冬，并在土中长期存活。遇有适宜条件萌发产生孢子囊，以游动孢子侵染瓜苗引起猝倒病。病菌借灌溉水或雨水溅射传播蔓延。该病多发生在土壤潮湿和连阴雨多的地方，与其他根腐病共同为害。

图6－44　西瓜猝倒病为害幼苗症状

防治方法　对苗期病害严重的地区，采用统一育苗、统一供苗的方法。育苗时选用无病新土、塘土或稻田土，不要用带菌的旧苗床土、菜园土或庭院土育苗。加强苗床管理，避免低温、高湿条件出现。

育苗时可用20%甲基立枯磷乳油200g、50%拌种双粉剂300g掺细干土100kg制成药土撒在种子上覆盖一层，然后再覆土。

苗床发病时，可喷洒72.2%霜霉威水剂400倍液、58%甲霜灵·锰锌可湿性粉剂800倍液、72%霜脲·锰锌可湿性粉剂600倍液、69%烯酰吗啉·代森锰锌可湿性粉剂1 000倍液、15%恶霉灵水剂450倍液等药剂。

13. 西瓜立枯病

症　　状　主要侵害植株根尖及根，初发病时在苗茎基部出现椭圆形褐色病斑，叶片白天萎蔫，晚上恢复，以后病斑逐渐凹陷，发展到绕茎一周时病部缢缩干枯，但病株不易倒伏，呈立枯状（图6－45）。

病　　原　*Rhizoctonia solani* 称立枯丝核菌，属半知菌亚门真菌。

发生规律　在西瓜苗期发生，病菌在15℃左右的温度环境中繁殖较快，30℃以上繁殖受到抑制。土壤温度10℃左右不利瓜苗生长，而此菌能活动，故易发病。一般在3月下旬、4月上旬，连日阴雨并有寒流，发病较多。

图6－45　西瓜立枯病为害幼苗症状

防治方法 选用无病的新土育苗，加强苗床管理，避免低温、高湿的环境条件出现。

苗床覆土，用50%多菌灵可湿性粉剂0.5kg加细土100kg，或用可湿性粉剂300g加细土100kg制成药土，播种后覆盖1cm厚。

发病时可喷64%恶霜灵·代森锰锌可湿性粉剂500倍液、25%甲霜灵可湿性粉剂800倍液、可湿性粉剂800倍液、70%敌磺钠可溶性粉剂800～1 000倍液、20%甲基立枯磷乳油1 000倍液等药剂。

14. 西瓜绵疫病

症　　状 西瓜生长中后期，果实膨大后，由于地面湿度大，靠近地面的果面由于长期受潮湿环境的影响，极易发病。果实上先出现水浸状病斑，而后软腐，湿度大时长出白色绒毛状菌丝（图6-46），后期病瓜腐烂，有臭味。

图6-46 西瓜绵疫病为害果实症状

病　　原 *Pythium aphanidermatum* 称瓜果腐霉，属鞭毛菌亚门真菌。菌丝无色、无隔。游动孢子囊呈棒状或丝状，分枝裂瓣状，不规则膨大。藏卵器球形，雄器袋状。卵孢子球形，厚壁，淡黄褐色。

发生规律 病菌以卵孢子在土壤表层越冬，也可以菌丝体在土中营腐生生活，温湿度适宜时卵孢子萌发或土中菌丝产生孢子囊萌发释放出游动孢子，借浇水或雨水溅射到幼瓜上引起侵染。田间高湿或积水易诱发此病。通常地势低洼、土壤黏重、地下水位高、雨后积水或浇水过多，田间湿度高等均有利于发病。结瓜后雨水较多的年份，以及在田间积水的情况下发病较重。

防治方法 施用充分腐熟的有机肥。采用高畦栽培，避免大水漫灌，大雨后及时排水，必要时可把瓜垫起。

发病初期，可用60%氟吗·锰锌可湿性粉剂1 000～1 500倍液、72%霜脲·锰锌可湿性粉剂600～800倍液、70%丙森锌可湿性粉剂700～900倍液，均匀喷雾，间隔7天喷1次，连续喷2～3次。

15. 西瓜褐色腐败病

症　　状 苗期、成株期均可发生。苗期染病，主要为害根茎部，土表下根茎处产生水浸状病斑（图6-47），皮层初现暗绿色水浸状斑，后变为黄褐色，逐渐腐烂，后期缢缩或全部腐烂，致全株枯死。成株染病，初生暗绿色水浸状病斑，后变软腐败，病叶下垂，不久变为暗褐色，易干枯脆裂。茎部染病，病部出现暗褐色纺锤形水浸状斑，病情扩展快，茎变细产生灰白色霉层，致病部枯死。蔓的先端最易被侵染，导致侧枝增多，在低洼处的蔓尤为明显。果实染病，初生直径1cm左右的圆形凹陷斑，病部初呈水浸状暗绿色，后变成暗褐色至暗赤色（图6-48），斑面形成白色紧密的天鹅绒状菌丝层。该病扩展迅速，即使很大的西瓜，也会在2～3天腐败，损失严重。

图6-47　西瓜褐色腐败病为害幼苗症状

图6-48　西瓜褐色腐败病为害瓜果症状

病　　原　*Phytophthora capsici* 称辣椒疫霉，属鞭毛菌亚门真菌。菌丝无分隔，无色透明；游动孢子卵形或圆形；厚垣孢子近圆形。

发生规律　病菌在土壤中主要以卵孢子形式越冬，翌年形成初侵染源。发病后，病斑上生成的分生孢子，借雨水飞散，四处蔓延。高湿条件下发病较重，排水不畅的地块及酸性土壤易发病。果实直接接触地面时也容易发病。

防治方法　施用充分腐熟有机肥，采用配方施肥技术，减少化肥施用量。前茬收获后及时翻地。雨后及时排水。

保护地西瓜在发病初期，用45%百菌清烟剂200～250g/亩，在棚内分4～5处放置，暗火点燃，闭棚一夜，次晨通风，隔7天熏1次。

在发现中心病株后，选用70%乙磷·锰锌可湿性粉剂500倍液、72.2%霜霉威水剂800倍液、70%丙森锌可湿性粉剂800倍液、50%氟吗·乙铝可湿性粉剂800倍液、72%霜脲·锰锌可湿性粉剂800倍液喷雾，间隔10天左右喷1次，连续喷施2～3次。

16. 西瓜黑斑病

症　　状　主要为害叶片。发病初期出现水浸状小斑点，分布在叶缘或叶脉间，后扩展为圆形或近圆形。暗褐色，边缘稍隆起，病健交界处明显，病斑上有不大明显的轮纹，病斑能迅速融合为大斑，引起叶片枯黄（图6-49）。湿度大时病斑扩展迅速，引起全株叶片枯萎。该病瓜蔓不枯萎，可以区别西瓜蔓枯病和枯萎病。果实发病，初生水渍状暗色斑，后扩展成凹陷斑，引起果实腐烂，运输和贮藏期该病可继续扩展，湿度大时，病部长出稀疏的黑色霉层。

病　　原　*Alternaria alternata* 称链格孢，属半知菌亚门真菌。菌丛灰黑色至黑色，分生孢子梗单生直立，不分枝或偶有分枝，浅褐色至榄褐色，有的上部色浅，基部细胞稍大，具隔膜1～4个；分生孢子形状差异较大，椭圆形至圆筒形或倒棍棒形至倒梨形或卵圆形至肾形，浅褐色至暗褐色，5～10个串生，无喙或具短喙。

发生规律　病菌以菌丝体随病残体在土壤中或种子上越冬，第2年春天西瓜播种出苗后，遇适宜温度、湿度时，即可进行侵染，后病部又产生分生孢子，通过风雨传播，进行多次重复侵染，引起病害不断发展。

防治方法　收获后清除病残体，集中深埋或烧毁。雨后要注意排水，防止湿气滞留。

在发病前未见病斑时开始喷药，常用药剂有50%腐霉利可湿性粉剂1 500倍液、50%异菌脲可湿性粉剂1 000倍液、25%溴菌腈可湿性粉剂600倍液、10%苯醚甲环唑水分散粒剂1 000倍液，间隔7～10天喷1次，连喷3～4次。

图6－49　西瓜黑斑病为害叶片症状

17. 西瓜白绢病

症　　状　主要为害近地面的茎蔓和果实。茎基部或贴近地面茎蔓发病时初呈暗褐色，其上长出白色辐射状菌丝体（图6－50）；果实发病，病部变褐，边缘明显，病部亦长出白色绢丝状菌丝，菌丝向果实靠近地面的表面延伸（图6－51），后期病部产生茶褐色萝卜籽状小菌核，湿度大时病部腐烂。

图6－50　西瓜白绢病为害叶柄症状

图6－51　西瓜白绢病为害瓜果后期症状

病　　原　*Sclerotium rolfsii* 称齐整小菌核，属半知菌亚门真菌。有性世代为*Pellicularia rolfsii*称白绢薄膜革菌，属担子菌亚门真菌。菌丝无色或色浅，具隔膜，菌丝体在寄主上呈白色，辐射状，边缘明显，有光泽，菌丝体扭集在一起形成萝卜籽样小菌核。菌核初为白色，后由淡黄色变为粟褐或茶褐色，表面光滑，球形或近球形，似油菜籽。担子单胞，无色，棍棒状，其上着生4个无色的小梗，顶端着生担孢子。担孢子单胞，无色，倒卵形。

发生规律　病原菌以菌核或菌丝体在土壤中越冬，条件适宜时菌核萌发产生菌丝，从植株茎基部或根部侵入，潜育期3～10天，出现中心病株后，地表菌丝向四周蔓延。高温和时晴时雨利于菌核萌发。连作地、酸性土或砂性地发病重。

防治方法　施用消石灰调节土壤酸碱度至中性；发现病株及时拔除，集中销毁。

发病初期，用15%三唑酮可湿性粉剂，50%甲基立枯磷可湿性粉剂1g，加细土100～200g，撒在病部茎处。也可喷洒20%甲基立枯磷乳油1 000倍液，每隔7～10天防治1次，共防治1～2次。

二、西瓜各生育期病虫害防治技术

（一） 西瓜病虫害综合防治历的制订

西瓜栽培管理过程中，应总结本地西瓜病虫害的发生特点和防治经验，制订病虫害防治计划，适时进行田间调查，及时采取防治措施，有效控制病虫的为害，保证丰产、丰收。

西瓜病虫害的综合防治历见下表，各地应根据自己的情况采取具体的防治措施。

表 西瓜病虫害的综合防治历

生育期		主要防治对象
1～2月	大棚西瓜育苗期	猝倒病、立枯病、蔓枯病、冻害
3～4月	地膜加小拱棚西瓜移栽至幼果期 露地西瓜育苗移栽	蔓枯病、炭疽病、疫病、猝倒病、立枯病
5～6月	拱棚西瓜成熟期 露地西瓜幼果期	炭疽病、疫病、枯萎病、蔓枯病、白粉病、叶枯病、病毒病、蚜虫、黄足黄守瓜、红蜘蛛、美洲斑潜蝇
7～8月	露地西瓜采收期	炭疽病、疫病、枯萎病、蔓枯病、叶枯病、红蜘蛛、美洲斑潜蝇、瓜绢螟

（二） 大棚西瓜育苗期

该时期是全年温度最低的月份，多雨雪天气。同时是大棚等保护地栽培西瓜开始育苗的重要时期。应加强保护地西瓜的防冻措施，防止瓜苗冻害。晴好天气及时通风透光；降雪天气要及时清除大棚上的积雪，确保大棚安全。着重做好猝倒病、立枯病等苗期病害的预防（图6-52）。蔓枯病也开始零星发生，要加强防治，减少再侵染源；同时要注重通风降湿和防止冻害。

立枯病、猝倒病发生初期，可以用15%恶霉灵水剂450倍液、20%甲基立枯磷乳油1 200倍液、72.2%霜霉威水剂400倍液等药液灌根。

图6-52 西瓜育苗期病害为害情况

（三）　地膜小拱棚西瓜移栽至幼果期、露地西瓜育苗移栽期

该时期天气冷暖变化大。要加强田间管理，做好防冻、保暖和降湿工作。遇晴好天气及时通风透光，改善小环境气候条件。保护地育苗时的主要病害有猝倒病、立枯病、蔓枯病等，要加强防治。3月下旬起在保护地内地下害虫也开始为害，可采取诱杀防治。重点做好猝倒病、立枯病、蔓枯病、疫病、炭疽病、蓟马、蝼蛄等的防治工作（图6－53至图6－54）。

图6－53　西瓜移栽后生长情况

图6－54　西瓜幼果期生长情况

炭疽病发病初期，可选用70%甲基硫菌灵可湿性粉剂600倍液、25%咪鲜胺锰络化合物可湿性粉剂1 200倍液、10%苯醚甲环唑水分散粒剂3 000倍液、6%氯苯嘧啶醇可湿性粉剂1 000倍液、50%敌菌灵可湿性粉剂400倍液喷施。

蔓枯病发病初期，可喷施75%百菌清可湿性粉剂600倍液、25%咪鲜胺乳油1 000倍液、65%代森锌可湿性粉剂500倍液、70%甲基硫菌灵可湿性粉剂500倍液、50%苯菌灵可湿性粉剂500倍液等药剂。

疫病发病前开始施药，尤其是雨季到来之前先喷1次预防，雨后发现中心病株时拔除，并立即喷洒或浇灌70%锰锌·乙铝可湿性粉剂500倍液、72.2%霜霉威水剂600～700倍液、72%锰锌·霜脲可湿性粉剂700倍液、69%烯酰·锰锌可湿性粉剂500倍液。

（四）拱棚西瓜成熟期、露地西瓜幼果期

该时期气温回升，雨水多。6月进入梅雨季节，田间湿度高，各种病虫害进入为害高峰期。早春棚栽西瓜开始成熟采收，露地西瓜进入幼苗至幼果期。做好炭疽病、疫病、枯萎病、蔓枯病、白粉病、灰霉病、病毒病、蚜虫、蓟马、美洲斑潜蝇、红蜘蛛、黄足黄守瓜的防治工作（图6－55至6－56）。

图6－55　大棚西瓜成熟期生长情况

图6－56　露地西瓜幼果期生长情况

炭疽病、蔓枯病、疫病的为害，可参考上述药剂喷施防治。

枯萎病发病初期及时防治，可用25.9%硫酸四氨络合锌水剂500倍液、10%双效灵水剂200～300倍液、20%甲基立枯磷乳油1 000倍液、98%恶霉灵可湿性粉剂2 000倍液、70%甲基硫菌灵可湿性粉剂1 000倍液等药剂灌根，每株0.25kg药液，间隔5～7天灌1次，连灌2～3次。

病毒病发病初期，开始喷20%盐酸吗啉胍·乙酸铜可湿性粉剂500倍液、2%宁南霉素水剂500倍液、0.5%菇类蛋白多糖水剂300倍液、10%混合脂肪酸水乳剂100倍液等，每10天喷1次，连喷3～4次。

叶枯病发生初期，可喷施25%乙嘧酚悬浮剂1 000倍液、50%异菌脲可湿性粉剂1 000倍液。

白粉病发生初期，可喷施25%三唑酮可湿性粉剂2 000倍液、40%氟硅唑乳油4 000～6 000倍液、20%腈菌唑乳油1 500～2 000倍液。

在潜叶蝇成虫发生高峰期，可采用0.5%甲氨基阿维菌素苯甲酸盐微乳剂2 000～3 000倍液、50%灭蝇胺可湿性粉剂2 000～3 000倍液、50%毒·灭蝇可湿性粉剂2 000～3 000倍液均匀喷施。

在蚜虫发生期，可喷施10%吡虫啉可湿性粉剂2 000～4 000倍液、50%灭蚜松乳油2 500倍液、3%啶虫脒乳油2 000倍液、25%噻虫嗪可湿性粉剂1 000～2 000倍液、50%抗蚜威可湿性粉剂1 000～3 000倍液等药剂。

（五）露地西瓜成熟期

该时期进入高温天气，西瓜病虫害进入为害盛期（图6－57）。做好枯萎病、高温灼伤、炭疽病、叶枯病、根结线虫病、裂瓜等病害的预防，特别要加强对红蜘蛛、瓜绢螟、美洲斑潜蝇、蚜虫等害虫的防治。其防治药剂可参考上述药剂。

图6－57　露地西瓜成熟期生长情况

第七章　西葫芦病害原色图解

1．西葫芦病毒病

分布为害　病毒病是西葫芦的主要病害，又称花叶病。分布广泛，各地普遍发生，保护地、露地种植都可受害，一般发病率10%～15%，严重时病株达80%以上，常减产3～4成，受害果实质量低劣，导致西葫芦提早拉秧，甚至毁种。

症　　状　从幼苗至成株期均可发生。主要有花叶型、黄化皱缩型及两者混合型。花叶型表现嫩叶明脉及褪绿斑点，后呈淡而不均匀的小花叶斑驳，严重时顶叶变为鸡爪状，染病早的植株可引起全株萎蔫。黄化皱缩型表现植株上部叶片沿叶脉失绿，叶面出现浓绿色隆起皱纹，继而叶片黄化，皱缩下卷，叶片变小或出现蕨叶、裂片、植株矮化，病株后期扭曲畸形，果实小，果面出现花斑，或产生凹凸不平的瘤状物，严重时植株枯死（图7－1至图7－7）。

图7－1　西葫芦病毒病为害幼苗症状

图7－2　西葫芦病毒病为害叶片皱缩症状

图7－3　西葫芦病毒病为害叶片鸡爪状

图7－4　西葫芦病毒病为害叶片花叶状

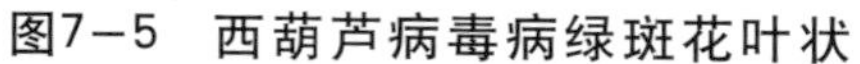

图7－5　西葫芦病毒病绿斑花叶状

图7－6　西葫芦病毒病病瓜

图7－7　西葫芦病毒病田间为害症状

病　　原　Cucumber mosaic virus, CMV称黄瓜花叶病毒；Melon mosaic virus, MMV称甜瓜花叶病毒。

发生规律　病毒可在保护地瓜类、茄果类及其他多种蔬菜和杂草上越冬。翌年通过蚜虫传播，也可通过农事操作接触传播，种子本身也可带毒。高温干旱天气有利于病毒病发生，西葫芦生长期管理粗放、缺水缺肥、光照强、蚜虫数量多等情况下病害发生严重。

防治方法　加强育苗期间的管理，早春育苗要保证床温，促使幼苗健壮生长。适期早定植，定植时淘汰病苗和弱苗。施足底肥，适时追肥，注意磷、钾肥的配合施用，促进根系发育，增强植株抗病性。注意浇水，防止干旱。夏秋季育苗要防止苗床温度过高，应及时浇水降温防止干旱，或在苗床上覆盖遮阳网遮光降温，并注意防治苗床蚜虫，以防蚜虫传毒。

种子消毒：播种前用10%磷酸三钠浸种20分钟，然后洗净催芽播种；也可用55℃温水浸种15分钟，或干种子70℃热处理3天。

发病前期至初期，可用20%盐酸吗啉胍·乙酸铜可湿性粉剂500倍液、2%宁南霉素水剂300倍液、10%混合脂肪酸水乳剂100倍液、0.5%菇类蛋白多糖水剂250倍液、5%菌毒清水剂300倍液喷洒叶面，每7～10天喷1次，连续喷施2～3次。

2．西葫芦白粉病

分布为害 白粉病为西葫芦的主要病害，分布广泛，各地均有发生，春、秋两季发生最普遍，发病率30%～100%，对产量有明显的影响，一般减产10%左右，严重时可减产50%以上。

症　状 苗期至收获期均可发生，主要为害叶片，叶柄和茎也可受害，果实很少受害。发病初期在叶面或叶背及幼茎上产生白色近圆形小粉点（图7－8），后向四周扩展成边缘不明晰的白粉斑，严重的整个叶片布满白粉（图7－9），后期白粉变为灰白色，在病斑上生出成堆的黄褐色小粒点，后小粒点变黑。为害严重时,全田叶片都布满白粉（图7－10）。

图7－8　西葫芦白粉病病叶正、背面及病茎症状

图7－9　西葫芦白粉病为害叶片后期症状

图7－10　西葫芦白粉病为害后期田间症状

病　原 *Sphaerotheca cucurbitae* 称单丝壳白粉菌，属子囊菌亚门真菌。病菌分生孢子梗无色，圆柱形，不分枝，其上着生分生孢子。分生孢子串生，无色，单胞，椭圆至长圆形，有的呈腰鼓状。闭囊壳球形，褐色，无孔口，表面生菌丝状浅褐色附属丝。子囊倒梨形，无色，内含8个子囊孢子。子囊孢子椭圆形，单胞，无色或浅黄色，表面光滑。

发生规律 以闭囊壳随病残体越冬，或在保护地瓜类作物上周而复始地侵染。通过叶片表皮侵入，借气流或雨水传播。低湿可萌发，高湿萌发率明显提高。雨后干燥，或少雨但田间湿度大，白粉病流行速度加快。较高的湿度有利于孢子萌发和侵入。高温干燥有利于分生孢子繁殖和病情扩展。高温干旱与高湿交替出现，有利于发病。

防治方法 培育壮苗，定植时施足底肥，增施磷、钾肥，避免后期脱肥。生长期加强管理，注意通风透光，保护地提倡使用硫磺熏蒸器定期熏蒸预防。

发病初期喷洒12.5%腈菌唑乳油2 000～3 000倍液、2%宁南霉素水剂200～400倍液、2%武夷菌素水剂200～500倍液、2%嘧啶核苷类抗生素水剂200～400倍液、12.5%烯唑醇可湿性粉剂1 500～3 000倍液、25%氟喹唑可湿性粉剂3 000～5 000倍液、40%氟硅唑乳油4 000～8 000倍液、25%吡唑醚菌酯乳油1 000～3 000倍液、5%烯肟菌胺乳油800～1 500倍液、62.25%腈菌唑·代森锰锌可湿性粉剂600～1 000倍液。

保护地种植发病初期也可选用5%百菌清粉尘剂或5%春雷霉素·氧氯化铜粉尘剂1kg/亩喷粉，防治效果理想。

3. 西葫芦灰霉病

分布为害　灰霉病是西葫芦重要的病害，分布广泛，在北方保护地内和南方露地普遍发生。一旦发病，损失较重。一般病瓜率8%～25%，严重时达40%以上。

症　状　主要为害瓜条，也为害花、幼瓜、叶和蔓。病菌最初多从开败的花开始侵入，使花腐烂，产生灰色霉层，后由病花向幼瓜发展。染病瓜条初期顶尖褪绿，后呈水渍状软腐、萎缩，其上产生灰色霉层。病花或病瓜接触到健康的茎、花和幼瓜即引起发病而腐烂（图7－11）。叶片染病，多从叶缘侵入（图7－12），病斑多成“V”字形，也可从叶柄处发病，湿度大时病斑表面有灰色霉层（图7－13）。

图7－11　西葫芦灰霉病为害瓜条症状

图7－12　西葫芦灰霉病为害叶片症状

图7－13　西葫芦灰霉病为害叶柄处症状

病　　原　*Botrytis cinerea* 称葡萄孢菌，属半知菌亚门真菌。分生孢子梗单生或几根成束，具2～5个分隔，后期分枝，顶端膨大，上生小梗，小梗上着生分生孢子。分生孢子多卵圆形，单胞，近于无色。

发生规律　以菌核、分生孢子或菌丝在土壤内及病残体上越冬。分生孢子借气流、浇水或农事操作传播。多从伤口、薄壁组织，尤其易从开败的花、老叶叶缘侵入。高湿、较低温度、光照不足、植株长势弱时易发病。

防治方法　前茬拉秧后彻底清除病残落叶及残体，加强管理，并注意浇水后加大通风，降低空气湿度。当灰霉病零星发生时，立即摘除染病组织，带出田外或温室大棚外集中深埋。适当控制浇水，露地栽培时，雨后及时排水，降低田间相对湿度。保护地栽培时，要以提高温度、降低湿度为中心，西葫芦叶面不结露或结露时间应尽量短。

花期结合使用防落素等激素蘸花，在配制好的药液中按0.1%加入50%腐霉利可湿性粉剂、50%异菌脲可湿性粉剂等。

发病初期，可采用30%福·嘧霉可湿性粉剂800～1 200倍液、50%福·异菌可湿性粉剂800～1 000倍液、50%多·福·乙可湿性粉剂800～1 500倍液、28%百·霉威可湿性粉剂800～1 000倍液、65%甲硫·霉威可湿性粉剂1 000～1 500倍液、50%异菌脲可湿性粉剂800～1 000倍液、50%烟酰胺水分散性粒剂1 500～2 500倍液、50%嘧菌环胺水分散粒剂1 000～1 500倍液、25%啶菌恶唑乳油1 000～2 000倍液、2%丙烷脒水剂1 000～1 500倍液、50%腐霉利可湿性粉剂1 000～2 000倍液、40%嘧霉胺悬浮剂1 000～1 500倍液等，重点喷施西葫芦的花和瓜条。

4.西葫芦银叶病

分布为害　银叶病为西葫芦的重要病害，局部地区发生严重，一旦发病，几乎全部植株都受害，显著影响西葫芦产量。

图7-14　西葫芦银叶病为害叶片症状

症　　状　被害植株长势弱，植株偏矮，叶片下垂，生长点叶片皱缩，呈半停滞状态，茎部上端节间短缩；茎及幼叶和功能叶叶柄褪绿，叶片叶绿素含量降低，严重阻碍光合作用；叶片初期表现为沿叶脉变为银色或亮白色，以后全叶变为银色，在阳光照耀下闪闪发光，但叶背面叶色正常，常见有白粉虱成虫或若虫。3～4片叶为敏感期。幼瓜及花器柄部、花萼变白，半成品瓜、商品瓜也白化，呈乳白色或白绿相间，丧失商品价值（图7-14、图7-15）。

病　　原　Whitefly transmitted geminivirus（WTG）粉虱传双生病毒。属于双生病毒科(Geminiviridae) 菜豆金黄花叶病毒属（*Begomovirus*）病毒。病毒粒子为孪生颗粒状。

发生规律　WTG为广泛发生的一类植物单链DNA病毒，在自然条件下均由烟粉虱传播。据初步观察，此病春、秋季都可发生。受烟粉虱为害后即感染此病，多数棚室发病率很高，受害轻时后期可在一定程度上恢复正常。不同品种发病程度略有差异，早青1号和金皮小西葫芦发生严重。

防治方法　调整播种育苗期，避开烟粉虱发生的高峰期。秋季是烟粉虱发生的高峰期，西葫芦栽培应避开这一时期。提倡用拱棚进行秋延迟栽培或用冬暖大棚进行秋冬茬栽。加强苗期管理，把育苗棚和生产棚分开。发生烟粉虱及时用烟剂熏杀，培育无虫苗。育苗前和栽培前要彻底熏杀棚室内的残虫，清除杂草和残株，通风口用尼龙纱网密封，控制外来虫源进入。

药剂防治：发病前用5%菌毒清水剂300～500倍液、2%宁南霉素水剂200～400倍液、4%嘧肽霉素水剂200～300倍液、20%吗啉胍·乙铜可湿性粉剂500～800倍液、40%吗啉胍·羟烯腺·烯腺可溶性粉剂800～1 000倍液，隔7～10天喷1次。

图7－15　西葫芦银叶病发病初期田间症状

5. 西葫芦叶枯病

症　　状　此病多在生长中后期发生，一般老叶发病较多。初期在叶缘或叶脉间形成黄褐色坏死小点（图7－16），周围有黄绿色晕圈，以后变成近圆形小斑，有不明显轮纹，很快数个小斑相互连接成不规则坏死大斑，终致叶片枯死（图7－17）。

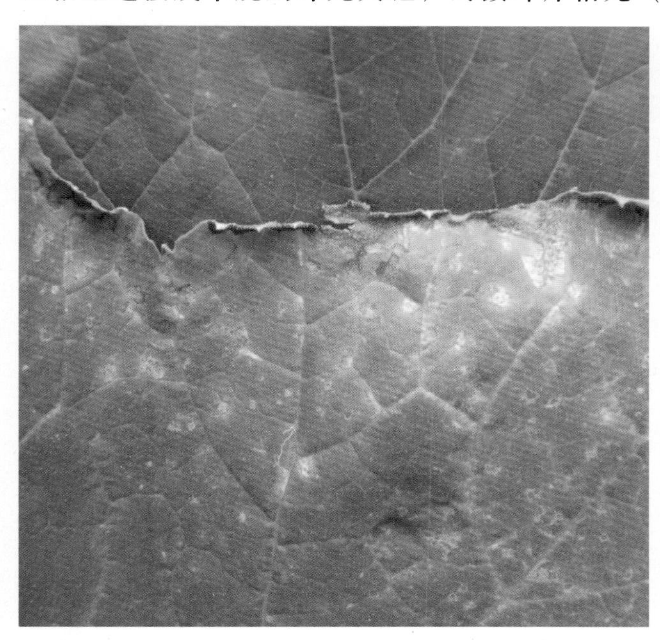

图7－16　西葫芦叶枯病为害叶片初期症状

图7－17　西葫芦叶枯病为害叶片后期症状

病　原　*Alternaria cucumerina*称瓜链格孢，属半知菌亚门真菌。分生孢子梗深褐色，单生，有分隔，顶端串生分生孢子。分生孢子淡褐色，棍棒状或椭圆形，喙状细胞较短，有纵横隔膜。

发生规律　病菌随病残体越冬。春季条件适宜时产生分生孢子形成初侵染。发病后病部产生大量分生孢子借气流和雨水传播，进行多次重复侵染。温暖潮湿有利于发病。西葫芦生长前期干旱，生长中后期阴雨天气较多，管理粗放，发病较重。

防治方法　拉秧后彻底清除植株病残落叶，减少田间菌源，重病地块与非瓜类蔬菜轮作。增施有机肥，中后期适当追肥，提高植株抗病能力，浇水后增加通风，严防大水漫灌。

发病初期，可选用50%异菌脲可湿性粉剂1 200倍液+50%敌菌灵可湿性粉剂500倍液、50%乙烯菌核利可湿性粉剂1 500倍液+80%代森锰锌可湿性粉剂800倍液、2%嘧啶核苷类抗生素水剂300倍液。保护地种植还可选用5%百菌清粉尘剂、5%春雷霉素·氧氯化铜粉尘剂1kg/亩喷粉防治。

6. 西葫芦霜霉病

症　状　此病各生育期都可发生，以生长中后期较为常见，主要为害叶片。发病初期在叶背面形成水渍状小点，逐渐扩展成多角形水渍状斑，以后长出黑紫色霉层，即病菌的孢囊梗和游动孢子囊。叶正面病斑初期褪绿，逐渐变成灰褐至黄褐色坏死斑，多角形，随病情发展多个病斑相互连接成不规则大斑，终致叶片枯死（图7－18至图7－19）。

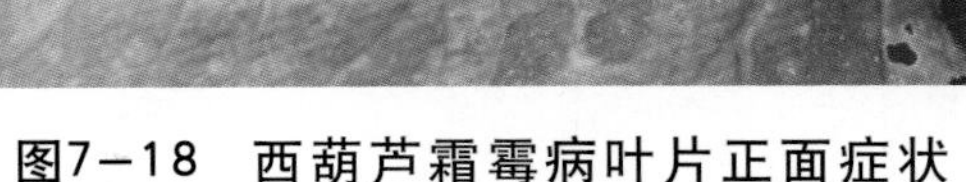

图7－18　西葫芦霜霉病叶片正面症状

图7－19　西葫芦霜霉病叶片背面症状

病　原　*Pseudoperonospora cubensis* 称古巴假霜霉，属鞭毛菌亚门真菌。病菌孢囊梗从寄主气孔伸出，多单生，少数几根成束，基部略膨大，上部呈3～5次锐角分枝，分枝末端着生一个游动孢子囊。孢囊呈卵圆形至水滴形，浅褐色，单细胞，顶端具乳头状凸起。

发生规律　病菌随病叶越冬或越夏，也可在黄瓜、甜瓜等瓜类作物上为害过冬。条件适宜时病菌产生孢子囊借气流传播，形成初侵染。发病后再产生孢子囊飘移扩散，进行再侵染。温暖潮湿有利于发病，叶背结水有利于病菌侵染。病菌发育温度15～30℃，孢子囊形成适宜温度为15～20℃，湿度85%以上，萌发适宜温度为15～22℃。在高湿条件下，20～24℃病害发展迅速而严重。

防治方法　收获后彻底清除病残落叶，重病区实行与非瓜类蔬菜轮作。注意适当稀植，降低小气候空气湿度。加强管理，阴雨天控制浇水，保护地注意适当增加通风。

在西葫芦霜霉病发病前期或苗期未发病时，主要是用保护剂防止病害侵染发病，可以选用70%代森锰锌可湿性粉剂600～800倍液、77%氢氧化铜可湿性粉剂600倍液、70%丙森锌可湿性粉剂600倍液、75%百菌清可湿性粉剂600～800倍液等，间隔10天左右喷1次。

在西葫芦田间出现霜霉病症状，但病害较轻时，应及时进行防治，该期要注意用保护剂和治疗剂合理混用。可以选用75%百菌清可湿性粉剂600～1 000倍液+25%甲霜灵可湿性粉剂800倍液、70%代森锰锌可湿性粉剂600～1 000倍液+25%甲霜灵可湿性粉剂800倍液、70%丙森锌可湿性粉剂600倍液+25%甲霜灵可湿性粉剂800倍液、65%代森锌可湿性粉剂500倍液+40%乙膦铝可湿性粉剂250倍液、58%甲霜灵·代森锰锌可湿性粉剂、72%霜脲氰·代森锰锌可湿性粉剂600倍液，间隔7～10天喷1次，连喷2～3次。

在田间普遍出现西葫芦霜霉病症状，且病害前期霉层较少时，应及时进行防治，该期要注意用速效治疗剂，特别是前期未用过高效治疗剂的，并注意和保护剂合理混用，防止病害进一步加重为害与蔓延。可以选用75%百菌清可湿性粉剂500～800倍液+25%烯酰吗啉可湿性粉剂600～800倍液、70%代森锰锌可湿性粉剂500～800倍液+20%氟吗啉可湿性粉剂800倍液、70%丙森锌可湿性粉剂600倍液+72.2%霜霉威水剂800倍液、65%代森锌可湿性粉剂500倍液+40%氰霜唑颗粒剂2 500倍液、58%甲霜灵·代森锰锌可湿性粉剂500～600倍液、72%霜脲氰·代森锰锌可湿性粉剂500～600倍液，每5～7天喷1次，连喷2～3次。

7. 西葫芦软腐病

症　状　此病主要为害瓜条，病菌多从伤口处侵染，初期呈水渍状灰白色坏死，继而软化腐烂，散发出臭味。此病发生后病势发展迅速，瓜条染病后在很短时期内即全部腐烂。染病后空气干燥或条件对病菌极端不利时病部逐渐变褐并失水萎缩。根茎部受害，髓组织溃烂，湿度大时，溃烂处流出灰褐色黏稠状物，轻碰病株即倒折（图7－20至图7－22）。

图7－20　西葫芦软腐病为害瓜条症状

图7－21　西葫芦软腐病为害叶柄症状

图7－22　西葫芦软腐病为害根茎部症状

病　　原　*Erwinia carotovora* subsp. *Carotovra* 属胡萝卜软腐欧氏杆菌胡萝卜软腐病亚种细菌。

发生规律　病菌主要随病残体在土壤中越冬。由于病菌可为害多种蔬菜，田间菌源普遍存在。当条件适宜时病菌借雨水、浇水及昆虫传播，由伤口侵入。高温高湿条件下发病严重。通常，高温条件下病菌繁殖迅速，多雨或高湿有利于病菌传播和侵染，且伤口不易愈合增加了染病机率，伤口越多病害越重。

防治方法　选择适当的抗病品种。采用黑籽南瓜作砧木进行嫁接栽培，增强抗病性。采用高垄或高畦地膜覆盖栽培，生长期避免大水漫灌，雨后及时排水，避免田间积水。及时防治病虫，避免日烧、肥害和机械伤口、生理裂口。

整地前必须用生石灰或高锰酸钾进行土壤消毒，每亩生石灰用量为50～100kg，70%敌磺钠可溶性粉剂2～2.5kg 。保护地覆盖棚膜后，用硫磺熏蒸灭菌，每亩硫磺用量为1～1.5kg。

发现病瓜及时清除，并及时施药防治，可采用72%农用链霉素可溶性粉剂3 000～4 000倍液、88%水合霉素可溶性粉剂1 500～2 000倍液、90%链霉素・土可溶性粉剂3 000～4 000倍液、3%中生菌素可湿性粉剂600～800倍液、47%春・氧氯化铜可湿性粉剂700～1 000倍液、20%噻唑锌悬浮剂300～500倍液、20%叶枯唑可湿性粉剂1 000～1 500倍液，间隔5～7天喷1次，连续防治2～3次。

8. 西葫芦褐色腐败病

症　　状　此病主要侵染瓜条，严重时亦为害叶柄。瓜条染病初期产生水渍状不规则坏死斑，以后迅速发展成不规则大斑，暗绿色至灰褐色，随病害发展病瓜迅速软化腐烂（图7-23至图7-24）。空气潮湿，病部表面可产生不很明显的稀疏白霉，即病菌的孢囊梗。叶柄受害亦呈水渍状软腐，病部表面产生稀疏白霉。

病　　原　*Phytophthora* sp. 称疫霉菌属鞭毛菌亚门真菌。病菌无性阶段产生孢子囊，无色，单胞，近圆球至椭圆形，顶端有乳状突起，孢子囊萌发产生游动孢子，也可直接萌发产生芽管。卵孢子球形，黄褐色。

图7-23　西葫芦褐色腐败病为害瓜条初期症状

图7-24　西葫芦褐色腐败病为害瓜条后期症状

发生规律 病菌以卵孢子随病残组织遗留在土壤中越冬，翌年条件适宜时侵染寄主，在病部产生大量游动孢子，通过浇水或风雨传播，发生再侵染。高温多雨有利于发病。一般地势低洼、排水不良、浇水过多，或地块不平整，长时间连作发病较重。

防治方法 采用高畦或高垄地膜配合搭架栽培，普通种植必要时把瓜垫起。合理浇水，避免大水漫灌，雨后及时排水，适当增施钾肥，发现病瓜及时清除。

发病初期，可选用40%乙膦铝可湿性粉剂300倍液+75%百菌清可湿性粉剂500倍液、70%代森锰锌可湿性粉剂500倍液+25%甲霜灵可湿性粉剂1 000倍液、64%恶霜·锰锌可湿性粉剂400倍液、72%霜脲·锰锌可湿性粉剂800倍液喷雾。

9. 西葫芦绵疫病

症　　状 此病主要为害瓜果，有时亦为害叶和茎及其他部位。瓜果染病初呈水渍状椭圆形暗绿色斑，或从开败的花向里呈水渍状侵染，发病后病部软腐、变褐，表面产生较浓密的絮状白霉，很快整个瓜条腐烂（图7－25至图7－26）。空气干燥，病斑凹陷，病情发展较慢，仅病部果肉变褐腐烂，表面产生少量白霉。叶片染病，在叶片上产生近圆形至不定形暗绿色水渍状斑，湿度高时病叶呈沸水烫状腐烂。

图7－25 西葫芦绵疫病为害瓜条初期症状

图7－26 西葫芦绵疫病为害瓜条后期症状

病　　原 *phytophthora capsici* 称辣椒疫霉，属鞭毛菌亚门真菌。菌丝生长繁茂，呈棉絮状，无色，无隔。孢子囊梗与菌丝区别不明显。孢子囊丝状或分枝裂瓣状，不规则膨大。孢子囊萌发产生球形泡囊，由内放出几个至几十个游动孢子。藏卵器球形，雄器袋状，多为1个，两者结合后形成卵孢子。卵孢子球形，壁厚平滑，浅黄褐色。

发生规律 病菌以卵孢子在土壤中越冬。条件适宜产生孢子囊和游动孢子侵染寄主，也可直接长出芽管侵入寄主。病部产生孢子囊和游动孢子，借雨水或浇水传播，进行再侵染。温度较低或高温均可发病。发病轻重及病情发展快慢取决于湿度与雨量。高温多雨，特别是田间积水、土壤潮湿病害严重。

防治方法 采用高畦或高垄地膜配合搭架栽培，普通种植必要时把瓜垫起。合理浇水，避免大水漫灌，雨后及时排水，适当增施钾肥，发现病瓜及时清除。

重病区在种植前用3～5kg/亩硫酸铜均匀施在定植沟内，或用水稀释后泼浇土壤。

发病初期进行药剂防治，可选用40%乙膦铝可湿性粉剂300倍液+75%百菌清可湿性粉剂500倍液、70%代森锰锌可湿性粉剂500倍液、25%甲霜灵可湿性粉剂1 000倍液、64%恶霜·锰锌可湿性粉剂400倍液、14%络氨铜水剂300倍液、50%甲霜·铜可湿性粉剂800倍液、50% 琥胶肥酸铜可湿性粉剂500倍液、72%霜脲·锰锌可湿性粉剂800倍液、70%氟吗啉可湿性粉剂800倍液、72.2%霜霉威水剂800倍液、69%烯酰·锰锌可湿性粉剂1 000倍液、10%多氧霉素可湿性粉剂800～1 000倍液喷雾。

10. 西葫芦黑星病

症　状 此病主要为害叶片，也可为害嫩茎及果实。叶片染病，初期出现水渍状污绿色斑点，后扩大为褐色或墨褐色病斑，易破裂穿孔（图7−27）。嫩茎染病，出现椭圆形或长条形凹陷暗黑色病斑，中部易龟裂。幼果染病，初生暗绿色凹陷斑，病部停止生长使瓜条畸形，有的龟裂或烂成孔洞，从病部分泌出半透明胶质物，后变成琥珀色块状，湿度高时，在病部表面密生绿褐色霉层，即病菌的分生孢子梗和分生孢子（图7−28）。

图7−27 西葫芦黑星病病叶

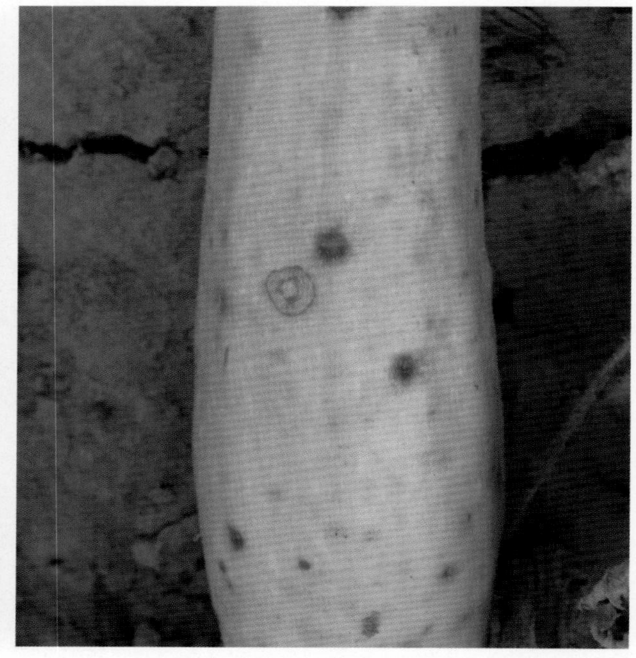

图7−28 西葫芦黑星病病瓜

病　原 *Cladosporium cucumerinum*称瓜疮痂枝孢霉，属半知菌亚门真菌。病菌菌丝白色至灰色，具分隔。分生孢子梗细长，丛生，褐色或淡褐色，形成合轴分枝。分生孢子近梭形至长梭形，串生，具0～2个隔膜，淡褐色，单胞。

发生规律 以菌丝体或分生孢子丛在病残体内于田间或土壤中越冬，成为翌年的初侵染源。种子也可带菌，带菌种子可引起田间发病。分生孢子借气流、雨水溅射在田间传播蔓延，形成再侵染。病菌主要从表皮直接穿透，或从气孔、伤口侵入。当棚内最低温度超过10℃，相对湿度高于90%时，植株叶面结露，该病发生严重。露地发病与雨量和雨日有关，雨量大、雨日多时发病重。

防治方法 选用相对较抗病或耐病品种。实行与非瓜类作物2～3年轮作。采用高垄地膜覆盖栽培、膜下暗灌浇水技术。保护地适当控制浇水和增加通风，降低空气湿度，缩短植株结露时间。露地栽培，雨季及时排水。拉秧后彻底清洁田园，减少越冬病菌。

选用无病种苗和进行种子消毒，种子可用50℃温水浸种30分钟后立即移入冷水中冷却，再催芽播种。或选用50%多菌灵可湿性粉剂、47%加瑞农(春雷霉素·氧氯化铜)可湿性粉剂500倍液浸种30分钟后催芽播种。也可用种子重量0.3%的50%多菌灵可湿性粉剂或47%加瑞农可湿性粉剂拌种。

发病初期，可选用40%氟硅唑乳油4 000倍液、43%戊唑醇悬浮剂4 000倍液、47%春雷·氧氯可湿性粉剂500倍液、12.5%腈菌唑乳油3 000倍液、2%武夷霉素水剂150倍液、80%敌菌丹可湿性粉剂500倍液、80%代森锰锌可湿性粉剂600倍液喷雾，药液重点喷洒植株幼嫩部位，隔7～10天防治1次，视病情连续防治2～4次。

11. 西葫芦疫病

症 状 苗期、成株期均可发病。嫩尖和幼茎先呈暗绿色水浸状，很快腐烂而死。成株发病以茎基部、节部或分枝处为主。先出现褐色或暗绿色水浸状病斑（图7－29），迅速扩展，表面长有稀疏白色霉层，后病部缢缩，皮层软化腐烂，病部以上茎、叶逐渐萎蔫、枯死。叶片发病，多从叶缘或叶柄连接处产生水浸状、暗绿色、不规则形大型病斑。湿度大时，病斑扩展极快，常使叶片全叶腐烂；干燥时，病部呈青白色，易破裂（图7－30）。

图7－29 西葫芦疫病为害叶片症状

图7－30 西葫芦疫病为害叶柄症状

病　　原 *Phytophthora melonis* 称甜瓜疫霉菌，属鞭毛菌亚门真菌。菌丝无隔，多分枝，老熟菌丝长出瘤状节结或不规则球状体。孢囊梗直接从菌丝或球状体上长出，平滑，偶形成隔膜。游动孢子囊顶生，卵球形至椭圆形。游动孢子近球形。藏卵器，淡黄色，球形。雄器无色，球形至扁球形。卵孢子淡黄至黄褐色。

发生规律 病菌随病残体在土壤或粪肥中越冬，翌年条件适宜时传播到西葫芦上侵染发病。病菌借风雨、灌溉水传播，进行再侵染。条件适宜，病害极易暴发流行。病菌生长发育适温较高，为28～30℃。需要湿度高，相对湿度90%以上才能产生孢子囊。

防治方法 施用充分腐熟的粪肥，施足基肥，适时适量追肥，避免偏施氮肥，增施磷、钾肥。高畦覆地膜栽培，膜下灌水，适当控制灌水，雨后及时排水。保护地注意放风排湿。发现病株，及时拔除深埋或烧毁。重病地应与非瓜类蔬菜进行3～5年轮作。

种子消毒：可用72.2%霜霉威水剂800倍液浸种30分钟，或用种子重量0.3%的25%甲霜灵可湿性粉剂拌种。

在发病前或初见中心病株时，及时、连续用药防治，药剂可选用25%甲霜灵可湿性粉剂800倍液、64%杀毒矾可湿性粉剂（恶霜灵·代森锰锌）500倍液、58%甲霜灵·锰锌可湿性粉剂500倍液、72.2%霜霉威水剂600倍液、56%氧化亚铜水分散微颗粒剂600倍液、50%烯酰吗啉可湿性粉剂1 500倍液。

12．西葫芦枯萎病

症　　状 多在结瓜初期开始发生，仅为害根部（图7－31）。发病初期植株外叶片褪绿，逐渐萎蔫坏死，至最后全株萎蔫死亡。发病植株根系初呈黄褐色水渍状坏死，随病害发展维管束由下向上变褐，以后根系腐烂，最后仅剩丝状维管束组织。

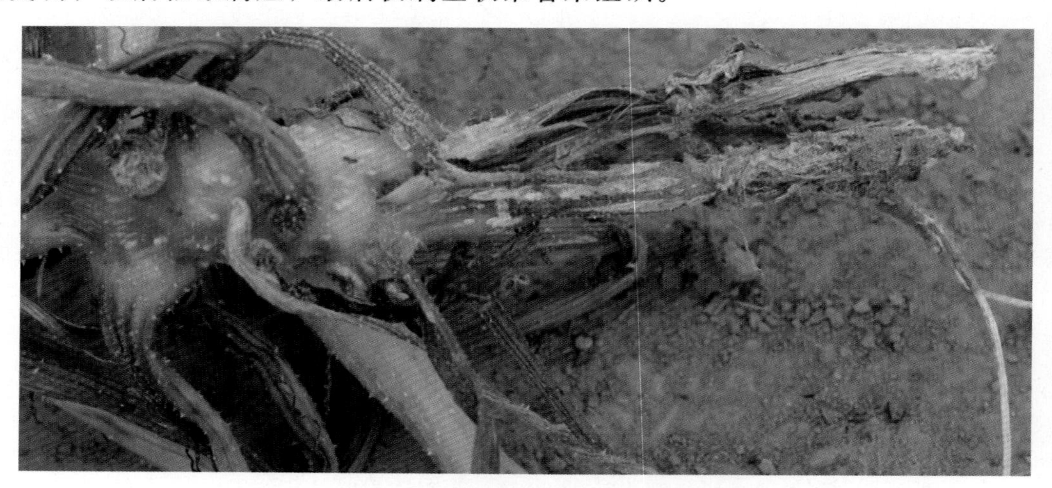

图7－31　西葫芦枯萎病为害根部症状

病　　原 *Fusarium oxysporum* f.sp.*cucumerinum* 称尖镰孢霉黄瓜专化型，属半知菌亚门真菌。病菌分生孢子镰刀形，多细胞，无色。

发生规律 病菌在土壤中可存活3～5年。条件适宜即引起发病。土壤黏重、低洼、积水、地下害虫严重的地块有利于发病。连作、管理粗放或施肥伤根等病害发生较重。

防治方法 重病地块与其他蔬菜轮作。施用充分腐熟的有机肥，避免田间积水，注意防治地下害虫。选择地势高，排灌方便的地块种植。

重病地块定植前选用50%多菌灵可湿性粉剂2～3kg/亩拌细土施于定植穴内，进行土壤灭菌。

发病前可采用15%混合氨基酸铜、锌、锰、镁水剂300～500倍液、80%多·福·锌可湿性粉剂700倍液、80%乙蒜素乳油800～1 000倍液、5%水杨菌胺可湿性粉剂300～500倍液灌根防治，每株灌药液250ml。

13. 西葫芦炭疽病

症 状 主要为害叶片。叶片病斑多从叶缘开始，初呈半圆形褐色病斑（图7－32），后向内逐渐扩大并相互连合，致叶缘干枯，干枯部分隐现云纹，与健康部位交接处还可见黄晕。潮湿时斑面出现朱红色针头大的小粒点。

图7－32 西葫芦炭疽病为害叶片症状

病 原 *Colletotrichum lagenarium* 称瓜类刺盘孢菌，属半知菌亚门真菌。

发生规律 以菌丝体或拟菌核，在土壤中的病残体上越冬。翌年遇到适宜条件产生分生孢子，落到植株上发病。种子带菌可存活2年，播种带菌种子，出苗后子叶受侵染。染病后，病部又产生大量分生孢子，借风雨及灌溉水传播，进行重复侵染。地势低洼、排水不良，或氮肥过多、通风不良、重茬地发病重。重病田或雨后收获的西葫芦贮运过程中也发病。

防治方法 从西葫芦开花坐果期开始，喷施80%炭疽福美可湿性粉剂（福美双·福美锌）400～500倍液、2%嘧啶核苷类抗生素水剂 200～300倍液、70%代森锰锌可湿性粉剂600～800倍液、50%甲基硫菌灵悬浮剂400～500倍液、50%苯菌灵可湿性粉剂1 500倍液、50%咪鲜胺锰盐可湿性粉剂1 500倍液、25%溴菌腈可湿性粉剂800倍液、2%武夷菌素水剂200倍液，间隔7～10天防治1次，连续防治2～3次。

14. 西葫芦蔓枯病

症 状 主要为害茎蔓、叶片、果实。茎蔓染病，初在茎基部附近产生长圆形水渍状病斑，后向上下扩展成黄褐色长椭圆形病斑（图7－33），扩展至绕茎1周后，病部以上茎蔓枯死。叶片染病，始于叶缘，后向叶内扩展成“V”字形黑褐色病斑，后期溃烂。果实染病，初在瓜中部皮层上产生水渍状圆点，后向果实内部深入，引起果实软腐，瓜皮呈黄褐色（图7－34）。

图7－33 西葫芦蔓枯病为害茎基部症状

图7－34 西葫芦蔓枯病为害果实症状

病　　原　*Ascochyta citrullina*称西瓜壳二孢，属半知菌亚门真菌。分生孢子器生在叶面，有孔口，球形至扁球形；器壁膜质，浅褐色，由数层细胞组成，内壁上形成产孢细胞，上生分生孢子，产孢细胞瓶形，单胞无色；分生孢子长圆柱形，两端钝圆，无色，中央生1个隔膜，分隔处多缢缩，偶见2个隔膜者，多向一侧弯曲。

发生规律　病菌主要以分生孢子器或子囊壳随病残体在土壤中或架材及种子上越冬，条件适宜时产生大量分生孢子，借灌溉水、雨水、露水传播，从伤口、自然孔口侵入引起发病。当温度在18～25℃，空气相对湿度在80%以上或土壤持水量过高时发病重，其次是开始采瓜期，摘除老叶造成伤口过多时，再加上通风不良，常造成该病大流行。

防治方法　选用抗蔓枯病的品种。提倡与非瓜类作物进行2年以上轮作；前茬收获后及早清园，以减少菌源。

种子处理：可用种子重量0.3%的60%琥·乙膦铝、70%甲基硫菌灵可湿性粉剂拌种。

发病初期，用20%丙硫多菌灵悬浮剂 2 000倍液、25%嘧菌酯悬浮剂1 500倍液、12.5%咯菌腈悬浮剂1 200倍液、62.25%腈菌唑·代森锰锌可湿性粉剂600倍液、25%咪鲜胺乳油1 000倍液喷洒。也可用上述杀菌剂50～100倍液涂抹病部。

15. 西葫芦链格孢黑斑病

症　　状　叶片上病斑近圆形，中央灰褐色，边缘黄褐色，病斑两面生暗褐色霉层（图7-35）。

图7-35　西葫芦链格孢黑斑病病叶

病　　原　*Alternaria peponicola*称西葫芦腐生链格孢，属半知菌亚门真菌。分生孢子梗单生或簇生，分枝或不分枝，直立或上部作屈膝弯曲，有数个孢痕，分隔，浅褐色至褐色。分生孢子单生或短链生，分生孢子链偶有分枝。分生孢子多数卵形至阔卵形，部分倒棒状或近椭圆形，黄褐色，具横隔膜3～7个，纵、斜隔膜1～8个。

发生规律　病菌以菌丝体和分生孢子在土壤中或在种子上越冬，翌春病原菌产生大量分生孢子，借风雨传播进行初浸染和多次再侵染，致该病扩展蔓延。田间降雨多，相对湿度高于90%易发病。

防治方法　选用无病种瓜留种。增施有机肥，提高抗病力。

种子处量：用种子重量0.4%的50%福·异菌、50%异菌脲可湿性粉剂拌种。

发病初期，喷施10%苯醚甲环唑水分散粒剂1 500倍液、50%异菌脲可湿性粉剂1 000倍液、75%百菌清可湿性粉剂600倍液。

16. 西葫芦细菌性叶枯病

症　　状 主要侵染叶片，病斑初期为水渍状褪绿小点，近圆形，逐渐扩大成近圆形至不规则形浅黄色至黄褐色坏死斑，凹陷。多个病斑相互连接形成大的坏死枯斑（图7-36）。最后整片叶枯黄死亡。

图7-36 西葫芦细菌性叶枯病为害叶片症状

病　　原 *Xanthomonas campestris* pv.*cucurbitae* 称油菜黄单胞菌黄瓜叶斑病致病变种，属细菌。

发生规律 病菌在种子或随病株残体在土壤中越冬。翌年春由雨水或灌溉水溅到茎、叶上发病。菌脓通过雨水、昆虫、农事操作等途径传播。塑料棚低温高湿利于发病。黄河以北地区露地西葫芦，每年7月中旬为发病高峰期，棚、室西葫芦4～5月为发病盛期。

防治方法 培育无病种苗,用新的无病土苗床育苗；保护地适时放风，降低棚、室湿度，发病后控制灌水，促进根系发育增强抗病能力；露地实施高垄覆膜栽培，平整土地，完善排灌设施，收获结束后清除病株残体，翻晒土壤等。

种子处理：用50%代森铵水剂500倍液浸种1小时；或72%农用链霉素可溶性粉剂3 000～4 000倍液浸种2小时，冲洗干净后催芽播种。或用55℃温水浸种15分钟后，再转入冷水里泡4小时，还可在70℃恒温干热灭菌72小时后再催芽播种。

发病初期，可采用72%农用链霉素可溶性粉剂3 000～4 000倍液、88%水合霉素可溶性粉剂1 500～2 000倍液、90%链霉素・土可溶性粉剂3 000～4 000倍液、3%中生菌素可湿性粉剂600～800倍液、20%叶枯唑可湿性粉剂600～800倍液、47%春・氧氯化铜可湿性粉剂700～1 000倍液、20%喹菌酮可湿性粉剂1 000～1 500倍液，间隔5～7天喷1次，连续喷2～3次。

17. 西葫芦镰孢霉果腐病

症　　状 只为害瓜果，以幼瓜或未成熟瓜受害较多。常从花蒂部位或受伤处侵染，病部初期呈水渍状，以后变褐软腐，后期在病部表面产生白色至粉红色霉状物（图7-37），最后病瓜完全腐烂。

病　　原 *Fusarium* sp. 称镰孢霉，属半知菌亚门真菌。分生孢子多为大型孢子，长镰刀形，两端稍尖，有不明显的脚胞，具2～3个分隔。偶尔产生近椭圆形小型分生孢子，无色，无隔。

发生规律 病菌在土壤中越冬，果实与土壤接触容易染病，湿度高，水肥管理不当，造成生理裂口发病较重。生长期雨水多，雨量大，田间积水或浇水过大，发病较重。

防治方法 采用高垄地膜覆盖栽培。加强管理，适时浇水和追肥，减少瓜果伤口，发现病瓜及时清除。重病地块注意雨后及时排水，黏质土壤适当控制浇水，避免田间积水，普通种植可用瓦块等把幼瓜垫起，使之不与土壤接触。

图7－37　西葫芦镰孢霉果腐病为害果实症状

发病初期喷施药液进行防治。可用50%甲霜·铜可湿性粉剂800倍液、61%乙膦·锰锌可湿性粉剂500倍液、72.2%霜霉威水剂600～800倍液、58%甲霜灵·锰锌可湿性粉剂400～500倍液、64%杀毒矾（恶霜灵·代森锰锌）可湿性粉剂500倍液、72%霜脲·锰锌可湿性粉剂600倍液、77%氢氧化铜悬浮剂800倍液喷雾，间隔7天再喷药1次。

第八章　甜瓜病害原色图解

1．甜瓜霜霉病

症　　状　主要为害叶片，叶面上产生浅黄色病斑，沿叶脉扩展呈多角形。清晨叶面上有结露或吐水时，病斑呈水浸状，后期病斑变成浅褐色或黄褐色多角形斑（图8－1）。在连续降雨条件下，病斑迅速扩展或融合成大斑块，致叶片上卷或干枯，下部叶片全部干枯（图8－2）。

图8－1　甜瓜霜霉病为害叶片初期症状

图8－2　甜瓜霜霉病为害叶片后期症状

病　　原　*Pseudoperonospora cubensis*称古巴假霜霉病菌，属鞭毛菌亚门真菌。

发生规律　以卵孢子在种子或土壤中越冬，翌年条件适宜时借风雨或灌溉水传播。开花坐果期发病较重。生产上浇水过量或浇水后遇到中到大雨、地下水位高、株叶密集易发病。

防治方法　实行轮作。雨后及时排水，切忌大水漫灌。合理施肥，及时整蔓，保持通风透光。

发病前期，可以喷施70%代森锰锌可湿性粉剂800倍液、75%百菌清可湿性粉剂600～800倍液等保护剂进行预防。

发病初期，喷洒70%乙膦·锰锌可湿性粉剂400～500倍液、64%恶霜·锰锌可湿性粉剂500～600倍液、72%霜脲·锰锌可湿性粉剂700～800倍液、72%霜霉威水剂600～800倍液、25%甲霜灵可湿性粉剂800～1 000倍液+70%代森锰锌可湿粉800倍液等，间隔7～10天喷1次，连续防治3～4次。

在田间普遍出现甜瓜霜霉病症状（图8－3），但在病害前期霉层较少时，应及时进行防治，该期要注意用速效治疗剂，特别是前期未用过高效治疗剂，以避免抗药性而降低效果，并注意与保护剂合理混用，防止病害进一步加重为害与蔓延。可以选用75%百菌清可湿性粉剂500～800倍液+25%烯酰吗啉可湿性粉剂600～800倍液、70%代森锰锌可湿性粉剂500～800倍液+20%氟吗啉可湿性粉剂800倍液、70%丙森锌可湿性粉剂600倍液+72.2%霜霉威水剂800倍液、65%代森锌可湿性粉剂500倍液+40%氰霜唑颗粒剂2 500倍液、58%甲霜灵·代森锰锌可湿性粉剂500～600倍液、72%霜脲氰·代森锰锌可湿性粉剂500～600倍液，每5～7天喷1次，连喷2～3次。

图8－3　甜瓜霜霉病为害叶片田间症状

2. 甜瓜白粉病

症　　状　主要为害叶片，严重时也可为害叶柄和茎蔓。叶片发病，初期在叶片上出现白色小粉点，后扩展呈白色圆形粉斑，发病严重时多个病斑相互连结，使叶面布满白粉（图8－4）。随病害发展，粉斑颜色逐渐变为灰白色，后期产生黑色小点。最后病叶枯黄坏死（图8－5）。

图8－4　甜瓜白粉病为害叶片症状

图8－5　甜瓜白粉病为害叶片田间症状

病　　原　*Sphaerotheca fuliginea*称单丝壳白粉菌，属子囊菌亚门真菌。

发生规律　以菌丝体或闭囊壳在病残体上越冬，翌春条件适宜时产生分生孢子，借气流和雨水传播。分生孢子萌发和侵入的适宜湿度为90%～95%，温度范围较宽，无水或低湿度条件下均能萌发侵入，即使在干旱条件下白粉病仍可严重发生。

防治方法　合理密植，避免过量施用氮肥，增施磷钾肥。收获后清除病残组织。

发病前期，可用75%百菌清可湿性粉剂800倍液、70%代森锰锌可湿性粉剂500～800倍液喷施预防。

发病初期，用70%代森锰锌可湿性粉剂500～800倍液+25%吡唑醚菌酯乳油3 000倍液、70%丙森锌可湿性粉剂600倍液+30%氟菌唑可湿性粉剂1 500～2 000倍液、70%代森锰锌可湿性粉剂500～800倍液+12.5%烯唑醇可湿性粉剂1 500～2 000倍液、40%腈菌唑可湿性粉剂4 000倍液、50%克菌丹可湿性粉剂450倍液+25%双苯三唑醇可湿性粉剂1 500～2 000倍液喷雾，间隔7～10天喷1次，连喷2～3次。

3. 甜瓜炭疽病

症　　状 甜瓜整个生育期均可发病，叶片、茎蔓、叶柄和果实均受害。幼苗染病，子叶上形成近圆形黄褐至红褐色坏死斑，边缘有晕圈；幼茎基部出现水浸状坏死斑。成株期染病，叶片病斑呈近圆形至不规则形，黄褐色，边缘水浸状，有时亦有晕圈，后期病斑易破裂（图8-6）。茎和叶柄染病，病斑椭圆形至长圆形，稍凹陷，浅黄褐色（图8-7）。果实染病，病部凹陷开裂，潮湿时可产生粉红色黏稠物。

图8-6　甜瓜炭疽病为害叶片症状

图8-7　甜瓜炭疽病为害茎蔓症状

病　　原 *Colletotrichum orbiculare*称葫芦科刺盘孢，属半知菌亚门真菌。

发生规律 以菌丝体随病残体在土壤内越冬，翌年条件适宜时菌丝直接侵入引发病害，病菌借助雨水或灌溉水传播，形成初侵染，发病后又产生分生孢子进行重复侵染。氮肥过多，密度过大时发病重。

防治方法 防止积水，雨后及时排水，合理密植，及时清除田间杂草。发病期间随时清除病瓜。

发病前期，可喷施80%代森锰锌可湿性粉剂600～1 000倍液+70%甲基硫菌灵可湿性粉剂600倍液、70%丙森锌可性湿粉剂600倍液+50%多菌灵可湿性粉剂500～700倍液等药剂预防。

发病初期，选用70%代森锰锌可湿性粉剂500～800倍液+50%咪鲜胺锰络化合物可湿性粉剂1 500倍液、70%丙森锌可湿性粉剂600倍液+25%丙环唑乳油1 000倍液、70%代森锰锌可湿性粉500～800倍液+30%苯噻硫氰乳油2 000倍液、2%嘧啶核苷类抗生素水剂200倍液、2%春雷霉素水剂600倍液、65%代森锌可湿性粉剂400～600倍液+50%异菌脲可湿性粉剂800倍液、80%炭疽福美（福美双·福美锌）可湿性粉剂800倍液+10%苯醚甲环唑水分散粒剂3 000倍液，间隔7～10天喷1次，连续2～3次；喷药时混入微肥或喷施宝叶面肥，效果更佳。

4. 甜瓜蔓枯病

症　　状 主要为害主蔓和侧蔓。发病初期，在蔓节处出现浅黄绿色油渍状斑，常分泌赤褐色胶状物，而后变成黑褐色块状物（图8－8）。后期病斑干枯、凹陷，呈苍白色，易碎烂，其上生出黑色小粒点。果实染病，病斑圆形，初亦呈油渍状，浅褐色略下陷，后变为苍白色，斑上生有很多小黑点，同时出现不规则圆形龟裂，湿度大时，病斑不断扩大并腐烂（图8－9）。

图8－8　甜瓜蔓枯病为害茎蔓症状

图8－9　甜瓜蔓枯病为害果实症状

病　　原　*Ascochyta citrullina* 称瓜壳二孢，属半知菌亚门真菌。

发生规律　以分生孢子随病残体在土壤中越冬，借风雨传播进行再侵染，从茎蔓节间、叶片的水孔或伤口侵入。每年5月下旬至6月上中旬降雨多和降雨量大时病害易流行。连作、密植田瓜蔓重叠郁闭、大水漫灌等情况下发病重。

防治方法　实行非瓜类作物2～3年轮作，拉秧后及时清除枯枝落叶及植物残体，施足充分腐熟的基肥，适当增施磷肥和钾肥，生长中后期注意适时追肥，避免脱肥。

种子处理，用50～55℃温水浸种20～30分钟后催芽播种；也可用种子重量的0.3%的50%异菌脲可湿性粉剂拌种。

发病初期，用70%代森锰锌可湿性粉剂500～800倍液+ 70%甲基硫菌灵可湿性粉剂600倍液、70%丙森锌可湿性粉剂600倍液+ 50%异菌脲可湿性粉剂800倍液、25%双胍辛胺水剂800倍液、40%多硫悬浮剂500倍液、70%代森锰锌可湿性粉剂500～800倍液+10%苯醚甲环唑水分散粒剂3 000倍液、77%氢氧化铜可湿性粉剂600～800倍液、70%丙森锌可湿性粉剂600倍液+ 40%氟硅唑乳油4 000倍液、2%武夷菌素水剂200倍液喷雾，重点喷洒植株中下部，间隔8～10天喷1次，共喷2～3次。病害严重时，可用上述药剂使用量加倍后涂抹病茎。

5. 甜瓜叶枯病

症　　状　主要为害叶片，先在叶背面叶缘或叶脉间出现明显的水浸状小点，湿度大时导致叶片失水青枯，天气晴朗气温高易形成圆形至近圆形褐斑（图8－10），布满叶面，后融合为大斑，病部变薄，形成叶枯。果实染病，在果面上产生四周稍隆起的圆形褐色凹陷斑，可深入果肉，引起果实腐烂。

图8－10　甜瓜叶枯病为害叶片症状

病　　原　*Alternaria cucumerina* 称瓜交链孢，属半知菌亚门真菌。

发生规律　病菌附着在病残体上或种皮内越冬，翌年产生分生孢子通过风雨传播，进行多次重复再侵染。田间雨日多、雨量大，相对湿度高易流行。偏施或重施氮肥及土壤瘠薄，植株抗病力弱发病重。

防治方法　清除病残体，集中深埋或烧毁。采用配方施肥技术，避免偏施、过施氮肥。雨后开沟排水，防止湿气滞留。

发病前未见病斑时开始喷洒80%代森锰锌可湿性粉剂600倍液、75%百菌清可湿性粉剂500倍液、70%代森联干悬浮剂700倍液等药剂预防。

发病初期，可用70%代森锰锌可湿性粉剂500～800倍液+50%异菌脲可湿性粉剂1 000倍液、70%丙森锌可湿性粉剂600倍液+ 70%甲基硫菌灵可湿性粉剂600～800倍液、70%代森锰锌可湿性粉剂500～800倍液+10%苯醚甲环唑水分散粒剂1 000～1 500倍液，间隔7～10天喷1次，连续防治3～4次。

6．甜瓜细菌性角斑病

症　　状　叶片、茎蔓和瓜果都可受害。苗期染病，子叶和真叶沿叶缘呈黄褐至黑褐色坏死干枯，最后瓜苗呈褐色枯死。成株染病，叶片上初生水浸状半透明小点，以后扩大成浅黄色斑，边缘具有黄绿色晕环，最后病斑中央变褐或呈灰白色破裂穿孔（图8－11），湿度高时叶背溢出乳白色菌液。茎蔓染病呈油渍状暗绿色，以后龟裂，溢出白色菌脓。瓜果染病，初出现油渍状黄绿色小点（图8－12），逐渐变成近圆形红褐至暗褐色坏死斑，边缘黄绿色油渍状，随病害发展病部凹陷龟裂呈灰褐色，空气潮湿时病部可溢出白色菌脓。

图8－11　甜瓜细菌性角斑病为害叶片症状

图8－12　甜瓜细菌性角斑病为害幼果症状

病　　原　*Pseudomonas syringae* pv. *lachrymans* 称假单胞杆菌丁香假单胞菌黄瓜致病变种，属细菌。

发生规律　病原细菌在种子上或随病残体留在土壤中越冬，成为翌年的初侵染来源。借风雨、昆虫和农事操作中人为的接触进行传播，从寄主的气孔、水孔和伤口侵入。低洼地及连作地块发病重。

防治方法　与非瓜类作物2年以上轮作；及时清除病残体并进行深翻；适时整枝，加强通风；推广避雨栽培。

种子处理：用55℃温水浸种15分钟，或用100万单位硫酸链霉素500倍液浸种2小时，而后催芽播种。或播种前用40%福尔马林150倍液浸种1.5小时，或用50%代森铵水剂500倍液浸种1小时，清水洗净后催芽播种。

发病初期，用72%农用链霉素可溶性粉剂4 000倍液、88%水合霉素可溶性粉剂2 000倍液、3%中生菌素可湿性粉剂400～600倍液等，间隔7～10天喷1次，连喷2～3次防治。

7. 甜瓜花叶病

症　状　主要有两种表现症状，即皱缩型和花叶型。皱缩型的叶片皱缩，状如鸡爪，花器不发育，难于坐果，坐果后易形成畸形果，或果实表面呈浓绿或淡绿相间的斑驳，并有突起。花叶型多出现明脉、叶脉变色，叶面凸凹不平（图8-13）。植株节间缩短，矮化。

图8-13 甜瓜花叶病为害叶片症状

病　原　黄瓜花叶病毒(CMV)、南瓜花叶病毒（SQMV）、西瓜花叶病毒2号（WMV-2）、甜瓜坏死病毒（MNSV)等。

发生规律　靠蚜虫传毒，也可借病毒汁液摩擦传播蔓延，在高温、干旱条件下发病较重。

防治方法　在育苗前施足底肥，配制好营养土，力求培育出无病壮苗，以抵抗病毒病的发生。甜瓜秋延迟栽培要覆盖遮阳网，降低田间温度，以减轻病毒病的发生。

种子消毒，用10%磷酸三钠溶液或1%的高锰酸钾溶液浸种10～15分钟，然后捞出用清水冲洗干净即可。

根治蚜虫，蚜虫是传播病毒病的主要媒介，所以根治蚜虫，减少传播媒介，对防治病毒病有特效。可喷施10%吡虫啉可湿性粉剂1 500倍液、3%啶虫咪乳油1 500～2 000倍液、1%阿维菌素乳油2 500～3 000倍液、10%烯啶虫胺水剂2 000倍液等。

病害发生初期，喷施20%盐酸吗啉胍·乙酸铜可湿性粉剂500倍液、0.5%菇类蛋白多糖水剂300倍液、2%宁南霉素500倍液、5%菌毒清水剂200倍液喷雾，间隔5～7天喷1次，连续2～3次。

第九章　苦瓜病害原色图解

1．苦瓜枯萎病

症　　状　苦瓜的全生育期均可发病，以结瓜后发病较重。发病初期植株叶片由下向上褪绿，后变黄枯萎，最后枯死（图9－1），剖开茎部可见维管束变褐。有时根茎表面出现浅褐色坏死条斑，潮湿时表面可产生白色至粉红色霉层，后期病部腐烂，仅剩维管束组织。

病　　原　*Fusarium oxysporum* 称尖镰孢菌，属半知菌亚门真菌。

发生规律　以厚垣孢子或菌丝体在土壤、肥料中越冬，翌年产生的分生孢子通过灌溉水或雨水传播，从伤口侵入，并进行再侵染。连作地、地势低洼、排水不良、施氮肥过多或肥料不腐熟，土壤酸性的地块，病害均重。

防治方法　实行与非瓜类蔬菜2～3年轮作，施用充分腐熟的有机肥。选用无病土育苗，提倡用育苗盘育苗，减少伤根。

图9－1　苦瓜枯萎病为害植株症状

种子处理，播种前可用40%福尔马林100倍液浸种30分钟，或用50%多菌灵可湿性粉剂600倍液浸种1小时，然后取出用清水冲洗干净后催芽播种。

发病初期，及时拔除病株，并喷施50%苯菌灵可湿性粉剂1 500倍液、36%甲基硫菌灵悬浮剂400倍液、20%甲基立枯磷乳油900～1 000倍液、25%络氨铜·锌水剂500～600倍液、70%敌磺钠可溶性粉剂500～800倍液、3%恶霉·甲霜水剂600倍液、10%双效灵水剂1 200倍液、20%萎锈灵乳油1 500倍液、45%噻菌灵悬浮剂1 000倍液淋浇或灌根，每株用药液200～250ml。

2．苦瓜白粉病

症　　状　主要为害叶片，发生严重时亦为害茎蔓和叶柄。发病初期在叶片正面和背面产生近圆形的白色粉斑（图9－2），最后粉斑密布，相互连接，导致叶片变黄枯死，导致全株早衰死亡。

图9－2　苦瓜白粉病为害叶片症状

病　　原　*Sphaerotheea cucurbitae* 称瓜类单丝壳白粉菌，属半知菌亚门真菌。

发生规律　以菌丝体或闭囊壳在寄主或病残体上越冬。翌春产生子囊孢子进行初侵染，发病后又产生分生孢子进行再侵染。北方地区苦瓜白粉病发生盛期，主要在4月上中旬至7月下旬和9～11月。温暖湿闷、时晴时雨有利于发病。偏施氮肥或肥料不足，植株生长过旺或衰弱发病较重。

防治方法　拉秧后彻底清除病残组织。生长期加强管理，适时追肥和浇水，保护地注意通风透光，降低湿度。露地在降雨后避免田间积水。

发病前期，可喷施75%百菌清可湿性粉剂600～800倍液预防。

发病初期（图9－3），可选用20%乙嘧酚悬浮剂1 500倍液、30%氟菌唑可湿性粉剂1 500倍液、40%氟硅唑乳油8 000倍液、10%苯醚甲环唑水分散粒剂4 000倍液、2%武夷菌素水剂200倍液、2%嘧啶核苷类抗生素水剂200倍液、40%腈菌唑可湿性粉剂3 000倍液喷雾防治，间隔10～15天喷1次，连续防治2～3次。

图9－3　苦瓜白粉病为害叶片田间症状

3. 苦瓜蔓枯病

症　　状　主要为害叶片、茎蔓和瓜条。叶片染病，初为水渍状小斑点，后变成圆形或不规则形斑，灰褐至黄褐色，有轮纹，其上产生黑色小点（图9－4）。茎蔓染病，病斑多为长条不规则形，浅灰褐色，上面产生小黑点，多引起茎蔓纵裂（图9－5），易折断，空气潮湿时形成流胶，有时病株茎蔓上还形成茎瘤。瓜条染病，初为水渍状小圆点，后变成不规则黄褐色木栓化稍凹陷斑，后期产生小黑点，最后瓜条组织变朽，易开裂腐烂（图9－6）。

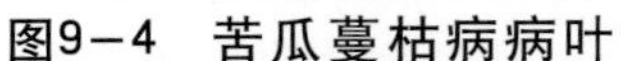

图9-4　苦瓜蔓枯病病叶

图9-5　苦瓜蔓枯病病蔓

图9-6　苦瓜蔓枯病病瓜

病　　原　*Ascochyta citrullina*称瓜壳二孢，属半知菌亚门真菌。有性时期为*Mycosphaerella melonis* 称甜瓜球腔菌，属子囊菌亚门真菌。

发生规律　以分生孢子器或子囊壳随病残体在土壤中越冬，也可随种子传播。翌春条件适宜时引起侵染，发病后产生分生孢子，通过浇水、气流等传播，生长期高温、潮湿、多雨，植株生长衰弱，或与瓜类蔬菜连作发生较重。

防治方法　实行2～3年与非瓜类作物轮作，拉秧后彻底清田。施用充分腐熟的沤肥，适当增施磷肥和钾肥，生长期加强管理，避免田间积水。

种子处理：将种子置于55℃温水中浸种至自然冷却后，再继续浸泡24小时，然后在30～32℃条件下催芽，发芽后播种。或用50%双氧水浸种3小时，然后用清水冲洗干净后播种。

发病前期，可喷施75%百菌清可湿性粉剂600倍液、70%代森锰锌可湿性粉剂800倍液等保护剂预防。

发病初期，可选用50%甲基硫菌灵·硫磺悬浮液800倍液、50%苯菌灵可湿性粉剂1 000倍液、10%苯醚甲环唑水分散粒剂1 000～1 500 倍液、70%甲基硫菌灵可湿性粉剂600倍液、50%异菌脲可湿性粉剂1 000倍液、25%丙硫多菌灵悬浮剂2 500倍液、45%噻菌灵悬浮剂1 000倍液喷雾。间隔7～10天防治1次，连续防治2～3次。

4．苦瓜炭疽病

症　　状　主要为害瓜条，亦为害叶片和茎蔓。幼苗多从子叶边缘侵染，形成半圆形凹陷斑。初为浅黄色，后变为红褐色，潮湿时，病部产生粉红色黏稠物。叶片染病，病斑较小，黄褐至棕褐色，圆形或不规则形（图9－7）。茎蔓染病，病斑黄褐色，梭形或长条形，略下陷，有时龟裂。瓜条染病，初为水渍状，不规则，后凹陷，其上产生粉红色黏稠状物，上生黑色小点，受病瓜条多畸形，易开裂（图9－8）。

图9－7 苦瓜炭疽病病叶

图9－8 苦瓜炭疽病病瓜

病　　原 *Colletotrichum orbiculare* 称瓜刺盘孢，属半知菌亚门真菌。

发生规律 以菌丝体或似菌核随病残体在土壤内或附在种子表面越冬，借气流、雨水和昆虫传播。菌丝体可直接侵入幼苗。在高温多雨的6～9月发生严重。田间土壤过湿、植株阴蔽、与瓜类作物连茬种植等有利于发病。

防治方法 保护地栽培应加强棚室温湿度管理：上午温度控制在30～33℃，下午和晚上适当放风。田间操作，除病灭虫，绑蔓、采收均应在露水落干后进行，减少人为传播蔓延。增施磷钾肥以提高植株抗病力。

种子处理：用50%代森铵水剂500倍液浸种1小时，福尔马林100倍液浸种30分钟，50%多菌灵可湿性粉剂500倍液浸种30分钟，清水冲洗干净后催芽。

保护地粉尘剂防治：发病初期，可喷5%灭霉灵（甲基硫菌灵+乙霉威）粉尘剂1kg/亩，傍晚或早上喷，隔7天喷1次，连喷4～5次。或在发病前用45%百菌清烟剂200～250g，傍晚进行，分放4～5个点，先密闭大棚、温室，然后点燃烟熏，隔7天熏1次，连熏4～5次。

药剂喷雾防治，发病初期喷洒70%甲基硫菌灵可湿性粉剂700倍液+75%百菌清可湿性粉剂700倍液、36%甲基硫菌灵悬浮剂400～500倍液+70%代森锰锌可湿性粉剂800倍液、50%苯菌灵可湿性粉剂1 500倍液+70%代森锰锌可湿性粉剂800倍液、5%亚胺唑可湿性粉剂1 000倍液+70%代森锰锌可湿性粉剂800倍液、50%异菌脲可湿性粉剂800倍液＋70%甲基硫菌灵可湿性粉剂600倍液、50%异菌脲可湿性粉剂800倍液＋80%福美双・福美锌可湿性粉剂450倍液、25%咪鲜胺乳油1 000倍液+75%百菌清可湿性粉剂700倍液、1%多氧清水剂300倍液、25%溴菌腈可湿性粉剂500倍液，隔7～10天喷1次，连续防治4～5次。

5. 苦瓜叶枯病

症　　状 主要为害叶片，先在叶背面叶缘或叶脉间出现明显的水浸状小点，湿度大时导致叶片失水青枯，天气晴朗气温高易形成圆形至近圆形褐斑（图9－9），布满叶面，后融合为大斑，病部变薄，形成叶枯。果实染病，在果面上产生四周稍隆起的圆形褐色凹陷斑，可深入果肉，引起果实腐烂。

图9-9　苦瓜叶枯病为害叶片症状

病　　原　*Alternaria cucumerina*称瓜交链孢，属半知菌亚门真菌。

发生规律　病菌附着在病残体上或种皮内越冬，翌年产生分生孢子通过风雨传播，进行多次重复再侵染。田间雨日多、雨量大，相对湿度高易流行。偏施或重施氮肥及土壤瘠薄，植株抗病力弱发病重。

防治方法　清除病残体，集中深埋或烧毁。采用配方施肥技术，避免偏施、过施氮肥。雨后开沟排水，防止湿气滞留。

发病前未见病斑时开始喷洒80%代森锰锌可湿性粉剂600倍液、75%百菌清可湿性粉剂500倍液、70%代森联干悬浮剂500倍液等药剂预防。

发病初期，可用50%异菌脲可湿性粉剂1 000倍液+70%代森锰锌可湿性粉剂800倍液、70%甲基硫菌灵可湿性粉剂600～800倍液+75%百菌清可湿性粉剂700倍液、10%苯醚甲环唑水分散粒剂4 000～5 000倍液+70%代森锰锌可湿性粉剂800倍液，间隔7～10天喷1次，连续防治3～4次。

6. 苦瓜疫病

症　　状　幼苗期生长点及嫩茎发病，初呈暗绿色水浸状软腐，后干枯萎蔫。成株发病，先从近地面茎基部开始，初呈水渍状暗绿色，病部软化缢缩，上部叶片萎蔫下垂，全株枯死（图9-10）。叶片发病，初呈圆形或不规则形暗绿色水浸状病斑，边缘不明显（图9-11）。湿度大时，病斑扩展很快，病叶迅速腐烂。干燥时，病斑发展较慢，边缘为暗绿色，中部淡褐色，常干枯脆裂。果实发病，先从花蒂部发生，出现水渍状暗绿色近圆形凹陷的病斑，后果实皱缩软腐，表面生有白色稀疏霉状物（图9-12）。

图9-10　苦瓜疫病成株受害症状

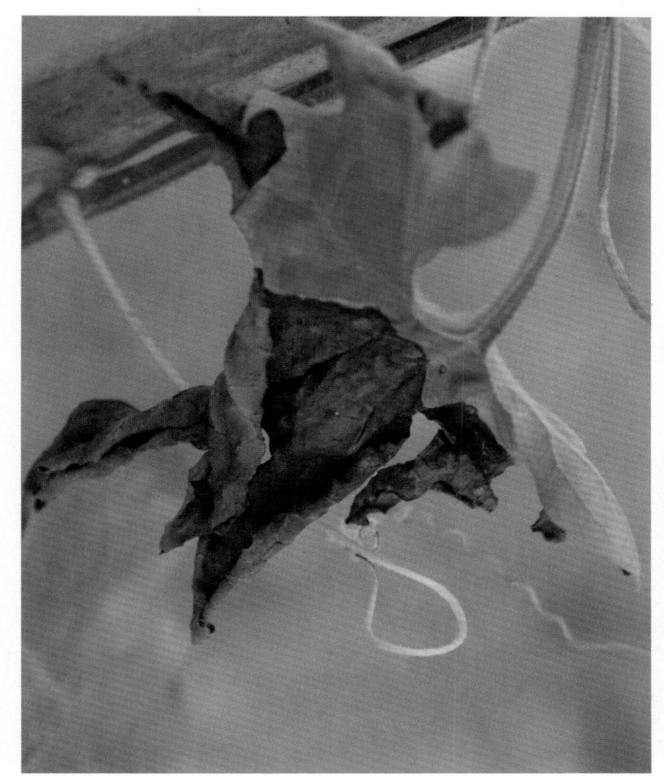

图9-11　苦瓜疫病为害叶片症状

图9-12　苦瓜疫病为害果实症状

病　　原　*Phytophthora drechsleri*称德氏疫霉，属鞭毛菌亚门真菌。

发生规律　病菌以菌丝体和厚壁孢子、卵孢子随病残体在土壤中或土杂肥中越冬，主要借助流水、灌溉水及雨水溅射而传播，也可借助农事操作传播，从伤口或自然孔口侵入致病。发病后病部上产生孢子囊及游动孢子，借助气流及雨水溅射传播进行再侵染，病害得以迅速蔓延。雨季来得早、雨量大、雨天多，病害易流行。连作、低湿、排水不良、田间郁闭、通透性差发病重。

防治方法　与非瓜类作物实行5年以上轮作，采用高畦栽植，避免积水。苗期控制浇水，结瓜后做到见湿见干，发现疫病后，浇水减到最低量，控制病情发展。但进入结瓜盛期要及时供给所需水量，严禁雨前浇水。发现中心病株，拔除深埋。

种子消毒：可用72.2%霜霉威水剂或25%甲霜灵可湿性粉剂800倍液浸种半小时后催芽播种。

雨季到来之前先喷1次药预防，可用25%嘧菌酯悬浮剂1 500～2 000倍液、75%百菌清可湿性粉剂600倍液、40%福美双可湿性粉剂800倍液等药剂。

发病前开始施药，发现中心病株拔除后，立即喷洒或浇灌70%锰锌·乙膦铝可湿性粉剂500倍液、72.2%霜霉威水剂600～700倍液、72%锰锌·霜脲可湿性粉剂700倍液、69%锰锌·烯酰可湿性粉剂600倍液、60%氟吗·锰锌可湿性粉剂750～1 000倍液、58%甲霜灵·锰锌可湿性粉剂500倍液、25%甲霜灵可湿性粉剂800倍液，间隔7～10天喷1次，病情严重时可缩短至5天，连续防治3～4次。

第十章　丝瓜病害原色图解

1. 丝瓜蔓枯病

症　　状　主要为害茎蔓，也可为害叶片和果实。茎蔓上病斑椭圆形或梭形，灰褐色，边缘褐色，有时患部溢出琥珀色胶质物（图10－1），最终致茎蔓枯死。叶片发病，病斑较大，圆形，叶边缘呈半圆形或“V”字形（图10－2），褐色或黑褐色，微具轮纹，病斑常破裂。果实病斑近圆形或不规则形，边缘褐色，中部灰白色。病斑下面果肉多呈黑色干腐状。

图10－1　丝瓜蔓枯病为害茎蔓症状

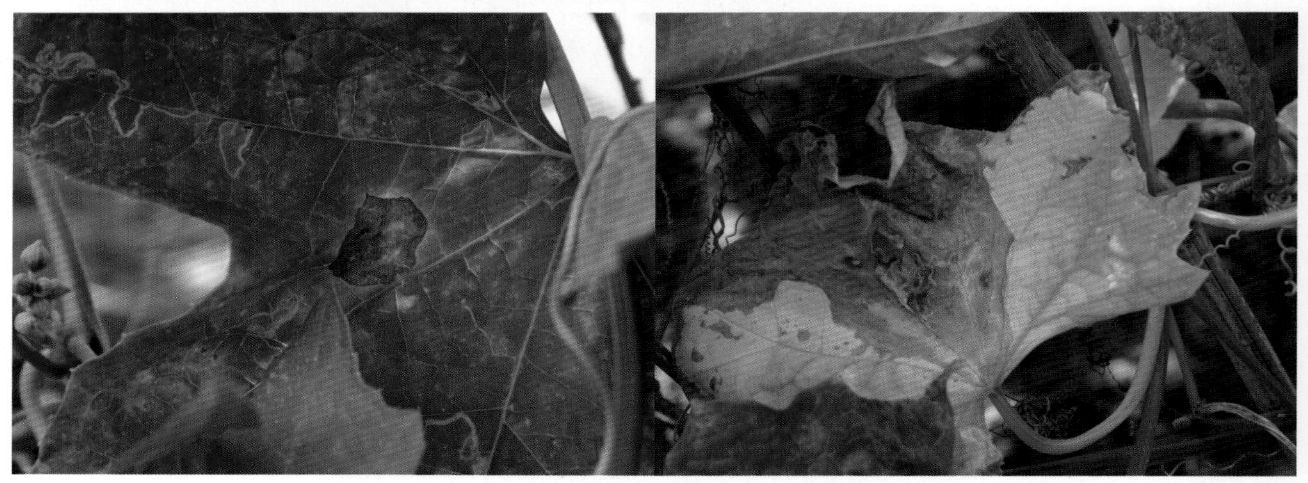

图10－2　丝瓜蔓枯病为害叶片症状

病　　原　*Ascochyta citrullina* 称西瓜壳二孢，属半知菌亚门真菌。

发生规律　以菌丝体或分生孢子器随病残体在土中越冬，以分生孢子进行初侵染和再侵染，借雨水溅射传播蔓延，发病后田间的分生孢子借风雨及农事操作传播，从气孔、水孔或伤口侵入。温暖多湿天气有利发病。本病多见于7～8月，偏施氮肥发病重。土壤湿度大，易于发病。

防治方法　重病地应与非瓜类蔬菜进行2年以上轮作。密度不应过大，及时整枝绑蔓，改善株间通风透光条件。避免偏施氮肥，增施磷、钾肥，合理灌水，雨后及时排水。收后彻底清除田间病残体，随之深翻。初见病株及时拔除并深埋，减少田间菌源。

发病前期，用75%百菌清可湿性粉剂700倍液、70%代森锰锌可湿性粉剂600倍液、70%代森联干悬浮剂600倍液、65%代森锌可湿性粉剂500倍液喷洒预防。

发病初期，喷洒70%甲基硫菌灵可湿性粉剂700倍液+70%代森锰锌可湿性粉剂800倍液、50%苯菌灵可湿性粉剂1 500倍液+75%百菌清可湿性粉剂700倍液、50%异菌脲可湿性粉剂800倍液+75%百菌清可湿性粉剂700倍液、25%咪鲜胺乳油2 000倍液+70%代森锰锌可湿性粉剂800倍液、50%咪鲜胺锰盐可湿性粉剂1 500倍液+70%代森锰锌可湿性粉剂800倍液、40%多·福·溴菌可湿性粉剂800倍液、25%溴菌腈可湿性粉剂500倍液，间隔7～10天喷1次，连续防治2～3次。

2. 丝瓜白粉病

症　　状　主要为害叶片、叶柄或茎；果实受害较少。初在叶片或嫩茎上出现白色小霉点，条件适宜，霉斑迅速扩大，且彼此连片，白粉状物布满整个叶片（图10−3），致叶片黄枯或卷缩，但不脱落，秋末霉斑变成灰色，其上长出黑色小粒点，即病原菌闭囊壳。

图10−3　丝瓜白粉病为害叶片症状

病　　原　*Sphaerotheca cucurbitae*称瓜类单丝壳，属子囊菌亚门真菌。

发生规律　以闭囊壳随病残体越冬，翌春放射出子囊孢子，进行初侵染。在温暖地区或棚室，病菌主要以菌丝体在寄主上越冬。借风和雨水传播。在高温干旱环境条件下，植株长势弱、密度大时发病重。白粉病始发期在5月下旬至6月上旬，此期气温适宜，早晨露水多，田间湿度大，有利于白粉病发生。进入6月下旬以后，随着气温升高，白粉病处于潜伏期，进入7月中下旬，白粉病迅速扩展蔓延，全田感染。种植过密、偏施氮肥、大水漫灌、植株徒长、湿度较大，都有利于发病。

防治方法　适当配合使用磷钾肥，防止脱肥早衰，增强植株抗病性。

发病前期，可用75%百菌清可湿性粉剂600倍液、50%多菌灵可湿性粉剂600～800倍液、80%代森锰锌可湿性粉剂600倍液等药剂喷施预防。

发病初期，用2%宁南霉素水剂600倍液、70%甲基硫菌灵可湿性粉剂800倍液、12.5%烯唑醇可湿性粉剂2 500倍液、1%武夷菌素水剂100～150倍液、2%嘧啶核苷类抗菌素水剂200倍液喷施，间隔7～10天喷1次，连喷2～3次。

发病中期，可用10%苯醚甲环唑水分散粒剂2 000～3 000倍液、20%福·腈后可湿性粉剂1 000～1 200倍液、25%腈菌唑乳油5 000～6 000倍液、30%氟菌唑可湿性粉剂1 500～2 000倍液等药剂喷施。

3. 丝瓜褐斑病

症　　状　主要为害叶片。病斑圆形或长形至不规则形，褐色至灰褐色（图10−4）。病斑边缘有时出现褪绿色至黄色晕圈，霉层少见。早晨日出或晚上日落时，病斑上可见银灰色光泽。

图10－4 丝瓜褐斑病为害叶片症状

病　　原　*Cercospora citrullina* 称瓜类尾孢，属半知菌亚门真菌。

发生规律　以菌丝体或分生孢子丛在土中的病残体上越冬。翌年以分生孢子进行初侵染和再侵染，借气流传播蔓延。温暖高湿，偏施氮肥，或连作地发病重。

防治方法　秋后清洁田园，集中烧掉病残体；整地时以有机肥作底肥，结瓜期实行配方施肥；雨季及时开沟排水，防止田间积水。

发病初期，开始喷洒36%甲基硫菌灵悬浮剂400～500倍液+70%代森锰锌可湿性粉剂800倍液、50%异菌脲可湿性粉剂1 500倍液+75%百菌清可湿性粉剂700倍液、50%苯菌灵可湿性粉剂500～600倍液、70%甲基硫菌灵可湿性粉剂500～600倍液、24%腈苯唑悬浮剂960～1 200倍液、25%氟喹唑可湿性粉剂5 000倍液、40%氟硅唑乳油4 000～6 000倍液、5%亚胺唑可湿性粉剂600～700倍液，间隔10天左右喷1次，防治1～2次。

4. 丝瓜黑斑病

症　　状　主要为害叶片和果实。果实染病初生水渍状小网斑，褐色，病斑逐渐扩展为深褐色至黑色病斑。叶片染病，病斑生于叶缘或叶面，褐色，不规则形，严重时，叶片大面积变褐干枯（图10－5）。

图10－5　丝瓜黑斑病为害叶片症状

病　　原　*Alternaria cucumerina*称瓜链格孢，属半知菌亚门真菌。

发生规律　病菌在土壤中的病残体上越冬，在田间借气流或雨水传播，条件适宜时几天即显症。坐瓜后遇高温、高湿易发病，田间管理粗放、肥力差发病重。

防治方法　选用无病种瓜留种，增施有机肥，提高抗病能力。

发病初期，喷洒50%异菌脲可湿性粉剂1 000倍液、80%代森锰锌可湿性粉剂500倍液、10%苯醚甲环唑水分散粒剂1 000～1 500倍液等药剂。

5. 丝瓜白斑病

症　　状　主要为害叶片，初生湿润性斑点，白色，后渐变为黄白色或黄褐色（图10－6），逐渐扩大，边缘紫色至深褐色。叶斑圆形至不规则形，严重的全叶变黄枯死。

图10－6　丝瓜白斑病为害叶片症状

病　　原　*Cercospora citrullina*称瓜类明针尾孢霉，属半知菌亚门真菌。

发生规律　以菌丝块或分生孢子在病残体及种子上越冬，翌年产生分生孢子借气流和雨水传播，经5～6小时结露才能从气孔侵入，经7～10天发病后产生新的分生孢子进行再侵染。多雨季节此病易发生和流行。

防治方法　选用无病种子，或2年以上的陈种播种。与非瓜类蔬菜实行2年以上轮作。

发病初期，及时喷洒50%多霉威（多菌灵·乙霉威）可湿性粉剂1 000倍液、50%苯菌灵可湿性粉剂1 000倍液、60%多菌灵盐酸盐超微可湿性粉剂800倍液，间隔10天左右喷1次，连续防治2～3次。

6. 丝瓜褐腐病

症　　状　主要为害花和幼瓜。发病初期，花和幼瓜呈水浸状湿腐，病花变褐后腐败，病菌从花蒂部侵入幼瓜，向瓜上扩展，造成整个幼瓜变褐（图10－7）。

图10－7　丝瓜褐腐病为害幼瓜症状

病　　原　*Fusarium semitectum*称半裸镰孢，属半知菌亚门真菌。

发生规律　病菌以菌丝体或厚垣孢子随病残体或在种子上越冬，翌春产生孢子，借风雨传播，侵染幼果，发病后病部长出大量孢子进行再侵染。雨日多的年份发病重。

防治方法　与非瓜类作物实行3年以上轮作；采用高畦或高垄栽培，覆盖地膜；平整土地、合理浇水，严禁大水漫灌，雨后及时排水，严防湿气滞留；坐果后及时摘除病花、病果集中烧毁。

开花至幼果期，喷洒47%春雷·氧氯化铜可湿性粉剂700倍液、25%嘧菌酯悬浮剂1 500倍液预防。

发病初期及时喷洒50%苯菌灵可湿性粉剂1 000倍液、24%腈苯唑悬浮剂2 000～2 500倍液，间隔10天左右1次，连续防治2～3次。

7. 丝瓜绵腐病

症　　状　苗期染病引起猝倒，在幼苗1～2片真叶浸染基部，叶水浸状，后变为黄褐色干缩猝倒。果实染病，多从贴近地面的部位开始发病，染病的瓜果表皮出现褪绿、渐变黄褐色不定形的病斑，迅速扩展，不久瓜肉也变黄变软而腐烂，随后在腐烂部位长出茂密的白色棉毛状物，并有一股腥臭味（图10－8）。

图10－8　丝瓜绵腐病为害果实症状

病　　原　*Pythium aphanidermatum*称瓜果腐霉菌，属鞭毛菌亚门真菌。

发生规律　腐霉是一类弱寄生菌，有很强的腐生能力，普遍存在于菜田土壤中、沟水中和病残体中，它的菌丝不但可长期在土壤中腐生。通过灌溉水和土壤耕作传播。病菌从伤口处侵入，侵入后其破坏力很强，瓜果很快软化腐烂。一般地势低、土质黏重、管理粗放、机械伤、虫伤多的瓜田，病害较重。高温、多雨、闷热、潮湿的天气有利于此病发生。

防治方法　主要抓好肥水管理，提倡高畦深沟栽培，整治排灌系统，雨后及时清沟排渍，避免大水漫灌；配方施肥，防止偏施或过施氮肥，可减轻发病。

幼苗发病初期，可喷淋72.2%霜霉威水剂600倍液、58%甲霜·锰锌可湿性粉剂500倍液、64%恶霜·锰锌可湿性粉剂500倍液等药剂防治。

生长期，在发病前或发病初期或幼果期开始，喷施50%甲霜灵可湿性粉剂800倍液、72%霜脲·锰锌可湿性粉剂600～800倍液、25%嘧菌酯悬浮剂1 000倍液等药剂，间隔10天左右喷1次，连续喷2～3次，注意轮用混用，喷匀喷足。

8. 丝瓜细菌性叶枯病

症　　状　主要侵染叶片，叶片上初现圆形小水浸状褪绿斑（图10－9），逐渐扩大呈近圆形或多角形的褐色斑，周围具褪绿晕圈，病叶背面不易见到菌脓。

图10-9　丝瓜细菌性叶枯病为害叶片初期症状

病　　原　*Xanthomonas campestris* pv. *cucurbitae* 称野油菜黄单胞菌黄瓜叶斑病致病变种，属细菌。

发生规律　主要通过种子带菌传播蔓延。该菌在土壤中存活非常有限。叶色深绿的品种发病重，棚室保护地常较露地发病重。

防治方法　主要通过种子处理来预防。

种子处理，用50℃温水浸种20分钟，或40%福尔马林150倍液浸种1小时，或次氯酸钙300倍液浸种30分钟，或20%氯异氰尿酸钠可溶性粉剂400倍液浸种30分钟，或100万单位硫酸链霉素500倍液浸种2小时，冲净催芽。

发病初期可采用72%农用硫酸链霉素可溶性粉剂3 000～4 000倍液、88%水合霉素可溶性粉剂1 500～3 000倍液、3%中生菌素可湿性粉剂800倍液、20%叶枯唑可湿性粉剂1 000倍液、90%链霉素·土可溶性粉剂3 500倍液、45%代森铵水剂400～600倍液，间隔7～10天喷1次，连续喷2～3次，交替喷施。

9. 丝瓜病毒病

症　　状　幼嫩叶片感病呈浅绿与深绿相间斑驳或褪绿色小环斑（图10-10）。老叶染病现黄色环斑或黄绿相间花叶（图10-11），叶脉抽缩致叶片歪扭或畸形。发病严重的叶片变硬、发脆，叶缘缺刻加深，后期产生枯死斑。果实发病（图10-12），病果呈螺旋状畸形，或细小扭曲，其上产生褪绿色斑。

图10-10　丝瓜病毒病黄绿花叶相间症状

图10－11　丝瓜病毒病褪绿小环斑症状

图10－12　丝瓜病毒病为害果实症状

病　　原　由多种病毒侵染引起。据南京、北京等地鉴定以黄瓜花叶病毒（CMV）为主，此外还有甜瓜花叶病毒（MMV）、烟草环斑病毒（TRSV）。

发生规律　黄瓜花叶病毒可在菜田多种寄主或杂草上越冬，在丝瓜生长期间，除蚜虫传毒外，农事操作及汁液接触也可传播蔓延。甜瓜花叶病毒除种子带毒外，其他传播途径与黄瓜花叶病毒类似。烟草环斑病毒主要靠汁液摩擦传毒。

防治方法　培育壮苗，适时定植，加强育苗期间的管理，早春育苗要保证床温，促使幼苗健壮生长。适期早定植，定植时淘汰病苗和弱苗。施足底肥，适时追肥，注意磷、钾肥的配合施用，促进根系发育，增强植株抗病性。注意浇水，防止干旱。并注意防治苗床蚜虫，以防蚜虫传病毒。

种子消毒，播种前用10%磷酸三钠浸种20分钟，然后洗净，催芽播种；也可用55℃温水浸种15分钟，或干种子70℃热处理3天。

育苗后的定植期及时防治蚜虫和白粉虱。可用10%吡虫啉可湿性粉剂1 500倍液防治蚜虫；可用3%啶虫脒乳油2 000倍液喷雾防治白粉虱，还可采用黄板诱杀或银灰色塑料薄膜避蚜。

发病前期至初期，可用3.95%三氮唑核苷可湿性粉剂400～600倍液、20%盐酸吗啉胍可湿性粉剂500倍液、5%菌毒清水剂500倍液、2%宁南霉素水剂400倍液、10%混合脂肪酸水乳剂100倍液、0.5%菇类蛋白多糖水剂250倍液喷洒叶面，间隔7～10天喷1次，连续喷施2～3次。

10．丝瓜根结线虫病

症　　状　主要发生在侧根或须根上，染病后产生瘤状大小不等的根结（图10－13）。解剖根结，病部组织里有很多细小的乳白色线虫埋于其内。地上部表现症状因发病的轻重程度不同而异，轻病株症状不明显，重病株生育不良，叶片中午萎蔫或逐渐黄枯，植株矮小，影响结实，发病严重时，全田枯死。

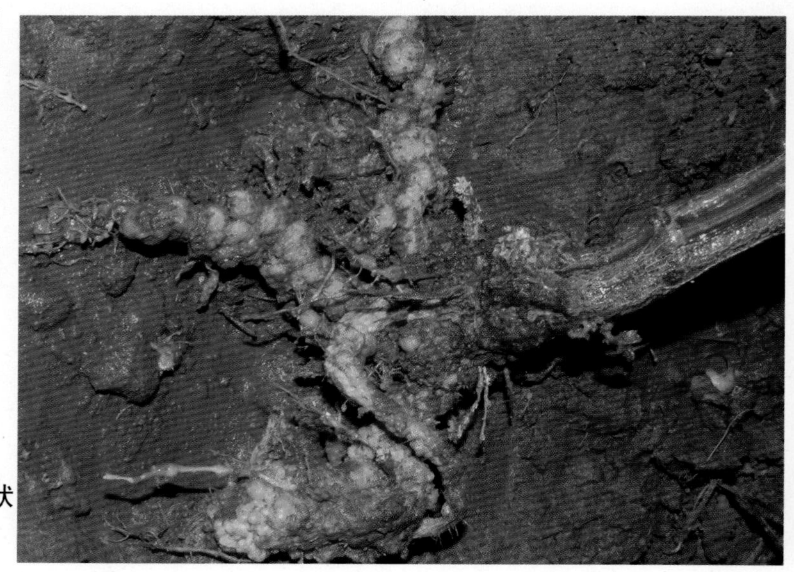

图10－13　丝瓜根结线虫病根部根结症状

病　原 *Meloidogyne incognita* 称南方根结线虫。病原线虫雌雄异形，幼虫呈细长蠕虫状。雄成虫线状，尾端稍圆，无色透明。

发生规律 该虫多在土壤5～30cm处生存，常以卵或2龄幼虫随病残体遗留在土壤中越冬，病土、病苗及灌溉水是主要传播途径。一般可存活1～3年，翌春条件适宜时，由埋藏在寄主根内的雌虫，产出单细胞的卵，几小时后形成一龄幼虫，脱皮后孵出二龄幼虫，离开卵块的二龄幼虫在土壤中移动寻找根尖，由根冠上方侵入定居在生长锥内，其分泌物刺激导管细胞膨胀，使根形成巨型细胞或虫瘿。雨季有利于孵化和侵染，其为害程度砂土中常较黏土重。

防治方法 选用无病土育苗，合理轮作。彻底处理病残体，集中烧毁或深埋。根结线虫多分布在3～9cm表土层，深翻可减轻为害。

土壤处理，在播种或定植前15天，用98%棉隆颗粒剂3～5kg/亩加细土拌匀，撒施后并翻耕入土。

药剂灌根，定植后，如局部植株受害，可用50%辛硫磷乳油1 500倍液、48%毒死蜱乳油1 500倍液灌根，每株灌药液0.25～0.5kg，可杀灭土壤中的根结线虫。为害严重的地块，在播种或定植时，穴施或沟施10%克线磷颗粒剂5kg/亩、10%噻唑磷颗粒剂1～1.5kg/亩，具有很好的防治效果。

第十一章　冬瓜病害原色图解

1. 冬瓜蔓枯病

分布为害　蔓枯病是冬瓜的常见病害，发病率一般为20%左右，重病田达80%以上，主要引起死秧，尤以秋棚受害严重。

症　　状　叶片上病斑近圆形或不规则形，有的自叶缘向内呈“V”字形，淡褐色（图11－1），后期病斑易破碎，常龟裂，干枯后呈黄褐色至红褐色，病斑轮纹不明显，上生许多黑色小点。蔓上病斑椭圆形至梭形，油浸状（图11－2），白色，有时溢出琥珀色的树脂胶状物。病害严重时，茎节变黑，腐烂、易折断（图11－3）。

图11－1　冬瓜蔓枯病为害叶片症状

图11－2　冬瓜蔓枯病为害茎蔓症状

图11－3　冬瓜蔓枯病整株受害症状

病　　原　*Mycosphaerella melonis*称甜瓜球腔菌，属子囊菌亚门真菌。分生孢子器球形至扁球形，器壁淡褐色，顶部呈乳状突起，器孔口明显；分生孢子短圆形至圆柱形，无色透明。子囊壳细颈瓶状或球形，黑褐色；子囊多棍棒形，无色透明，正直或稍弯；子囊孢子无色透明，短棒状或梭形。

发生规律 以分生孢子器或子囊壳随病残体在土中，或附在种子、架杆、温室、大棚棚架上越冬。翌年通过风雨及灌溉水传播，从气孔、水孔或伤口侵入。土壤水分高易发病，连作地、平畦栽培，排水不良，密度过大、肥料不足、植株生长衰弱或徒长，发病重。

防治方法 采用配方施肥技术，施足充分腐熟有机肥。保护地栽培要注意通风，降低温度，冬瓜生长期间及时摘除病叶，收获后彻底清除病残体烧毁或深埋。

种子处理：种子在播种前先用55℃温水浸种15分钟，捞出后一般浸种2～4小时，再催芽播种。

涂茎防治：茎上的病斑发现后，立即用高浓度药液涂茎的病斑，可用70%甲基硫菌灵可湿性粉剂、40%氟硅唑乳油100倍液，用毛笔蘸药涂抹病斑。

发现初期，可采用25%嘧菌酯悬浮剂1 500～2 000倍液+25%咪鲜胺乳油1 000～2 000倍液、32.5%嘧菌酯·百菌清悬浮剂1 500～2 000倍液、10%苯醚甲环唑水分散性粒剂1 000～1 500倍液+70%代森联干悬浮剂800～1 000倍液、50%苯菌灵可湿性粉剂800～1 000倍液+50%福美双可湿性粉剂500～800倍液、40%双胍三辛烷基苯磺酸盐可湿性粉剂600～1 000倍液、50%异菌脲可湿性粉剂1 000～1 500倍液、70%甲基硫菌灵可湿性粉剂600～800倍液，间隔7～10天喷1次，连续2～3次，以后视病情变化决定是否用药。

图11-4 冬瓜疫病为害叶片症状

2. 冬瓜疫病

分布为害 冬瓜疫病在全国各地均有发生，常造成大面积死秧，成为影响产量的重要因素之一。

症　　状 主要为害茎和果实，也可为害叶片。叶片发病，初呈圆形或不规则形暗绿色水浸状病斑，边缘不明显。湿度大时，病斑扩展很快，病叶迅速腐烂（图11-4）。先从近地面茎基部开始，初呈水渍状暗绿色，病部软化缢缩，上部叶片萎蔫下垂，全株枯死（图11-5）。果实发病，先从花蒂发生，出现水渍状暗绿色近圆形凹陷的病斑，后果实皱缩软腐，表面生有白色稀疏霉状物。

图11-5 冬瓜疫病为害茎部症状

病　　原 *Phytophthora melonis*称甜瓜疫霉，属鞭毛菌亚门真菌。菌丝丝状、无色、多分枝。初生菌丝无隔，老熟菌丝长出瘤状节结或不规则球状体。孢囊梗直接从苗丝或球状体上长出，平滑，中间偶现单轴分枝。孢子囊顶生，卵圆形或长椭圆形。卵孢子淡黄色或黄褐色。

发生规律 以菌丝体和厚垣孢子、卵孢子随病残体在土壤中或土杂肥中越冬，主要借助流水、灌溉水及雨水溅射而传播，也可借助施肥传播，从伤口或自然孔口侵入致病。发病后病部上产生孢子囊及游动孢子，借助气流及雨水溅射传播进行再侵染，病害得以迅速蔓延。如雨季来得早，雨量大，雨天多，该病易流行。连作、低湿、排水不良、田间郁闭、通透性差，或施用未充分腐熟的有机肥发病重。

防治方法 采用高畦栽植，避免积水。苗期控制浇水，结瓜后做到见湿见干，发现疫病后，浇水减到最低量，控制病情发展。但进入结瓜盛期要及时供给所需水量，严禁雨前浇水。发现中心病株，拔除深埋。

种子消毒：可用72.2%霜霉威水剂或25%甲霜灵可湿性粉剂800倍液浸种30分钟后催芽，或按种子重量0.3%的40%拌种双可湿性粉剂拌种。

于发病前开始施药，尤其是雨季到来之前先喷1次预防，雨后发现中心病株时拔除，并立即喷洒或浇灌70%锰锌·乙铝可湿性粉剂500倍液、72.2%霜霉威水剂600～700倍液、72%锰锌·霜脲可湿性粉剂700倍液、78%波·锰锌可湿性粉剂500倍液、69%锰锌·烯酰可湿性粉剂600倍液、60%氟吗·锰锌可湿性粉剂750～1 000倍液、58%甲霜灵·锰锌可湿性粉剂500倍液+75%百菌清可湿性粉剂600倍液喷施，间隔7～10天喷1次，连续喷施3～4次。

图11-6　冬瓜枯萎病为害植株症状

3. 冬瓜枯萎病

分布为害 枯萎病属世界性病害，国内瓜类主栽区普遍发生。短期连作发病率5%～10%，长期连作发病率50%以上，甚至全部发病，引起大面积死秧，一片枯黄，造成严重减产。

症　　状 苗期发病时幼茎基部变褐缢缩、萎蔫猝倒。成株发病时，初期下部叶片不变黄即萎蔫，早晚尚可恢复，数天后不能再恢复而萎蔫枯死（图11-6）。潮湿时，茎基部半边茎皮纵裂，常有树脂状胶质溢出，上有粉红色霉状物，最后病部变成丝麻状。撕开根茎病部，维管束变黄褐色（图11-7）。

图11-7　冬瓜枯萎病为害维管束变褐症状

病　　原　*Fusarium oxysporum* f.sp. *Cucurmerimum*称尖镰孢菌黄瓜专化型，属半知菌亚门真菌。大型分生孢子纺锤形或镰刀形，无色透明，顶细胞圆锥形，有的微呈钩状，基部倒圆锥截形或足细胞。小型分生孢子椭圆形或腊肠形，无色透明，无隔膜。厚垣孢子表面光滑，黄褐色。

发生规律　主要以厚垣孢子和菌丝体随寄主病残体在土壤中或以菌丝体潜伏在种子内越冬。远距离传播主要借助带菌种子和带菌肥料，田间近距离传播主要借助灌溉水、流水、风雨、小昆虫及农事操作等，从伤口或不定根处侵入致病。连作，低洼潮湿，水分管理不当或连绵阴雨后转晴，或浇水后遇大雨，或土壤水分忽高忽低，或施用未充分腐熟的土杂肥，皆易诱发本病。

防治方法　施用充分腐熟肥料，减少伤口。小水勤浇，避免大水漫灌，适当多中耕，提高土壤透气性，使根系茁壮，增强抗病力；结瓜期应分期施肥，冬瓜拉秧时，清除地面病残体。

种子处理：用1%福尔马林液浸种20～30分钟，2%～4%漂白粉液浸种30～60分钟，播种前用55℃温水浸种15分钟或50%多菌灵可湿性粉剂、70%甲基硫菌灵可湿性粉剂500倍液浸种1小时，洗净后催芽播种。

药剂灌根：在发病前或发病初期，用10%双效灵水剂200倍液、50%多菌灵可湿性粉剂500倍液、50%苯菌灵可湿性粉剂1 500倍液、70%甲基硫菌灵可湿性粉剂800倍液、60%琥·乙膦铝可湿性粉剂350倍液、20%甲基立枯磷乳油1 000倍液灌根，每株灌对好的药液300～500ml，间隔10天后再灌1次，连续防治2～3次。

图11－8　冬瓜炭疽病为害叶片初期症状

4. 冬瓜炭疽病

症　　状　主要为害叶片和果实。叶片被害，病斑呈近圆形或圆形，初为水渍状，后变为黄褐色，边缘有黄色晕圈（图11－8）。严重时，病斑相互连结成不规则的大病斑，致使叶片干枯。潮湿时，病部分泌出粉红色的黏质物（图11－9）。果实被害，开始产生水渍状浅绿色的病斑，后变为黑褐色稍凹陷的圆形或近圆形病斑，上生有粉红色黏质物。

病　　原　*Colletotrichum lagenarium* 称葫芦科刺盘孢，属半知菌亚门真菌。分生孢子盘聚生，初为埋生，红褐色，后突破表皮呈黑褐色。分生孢子梗无色，圆筒状，单胞，分生孢子长圆形，单胞。

发生规律　主要以菌丝体附着在种子上，或随病残株在土壤中越冬，亦可在温室或塑料木棚骨架上存活。越冬后的病菌产生大量分生孢子，成为初侵染源。通过雨水、灌溉、气流传播，也可以由昆虫携带传播或田间操作时传播。湿度高，叶面结露，病害易流行。氮肥过多、大水漫灌、通风不良，植株衰弱发病重。

图11－9　冬瓜炭疽病为害叶片后期症状

防治方法 田间操作，除病灭虫，绑蔓、采收均应在露水落干后进行，减少人为传播蔓延。增施磷钾肥以提高植株抗病力。

种子处理：用50%代森铵水剂500倍液浸种1小时，或50%多菌灵可湿性粉剂500倍液浸种30分钟，清水冲洗干净后催芽。

发病初期，喷洒70%甲基硫菌灵可湿性粉剂700倍液+70%代森锰锌可湿性粉剂600倍液、50%苯菌灵可湿性粉剂1 500倍液+80%炭疽福美（福美双·福美锌）可湿性粉剂800倍液、2%嘧啶核苷类抗生素水剂200倍液、50%多菌灵可湿性粉剂500倍液+65%代森锌可湿性粉剂500倍液、50%异菌脲可湿性粉剂800倍液+70%代森锰锌可湿性粉剂600倍液、25%咪鲜胺乳油1 000倍液+70%代森锰锌可湿性粉剂600倍液、50%咪鲜胺锰盐可湿性粉剂1 500倍液+70%代森锰锌可湿性粉剂600倍液、25%溴菌腈可湿性粉剂500倍液+70%代森锰锌可湿性粉剂600倍液，间隔7～10天喷1次，连续防治4～5次。

5. 冬瓜白粉病

症　　状 主要为害叶片，发病初期，在叶片上产生白色近圆形小粉斑，以叶面居多，后扩展成边缘不明显圆形白色粉状斑，严重时整片叶面都是白粉，后呈灰白色，叶片变黄，质脆，失去光合作用，一般不落叶（图11－10）。

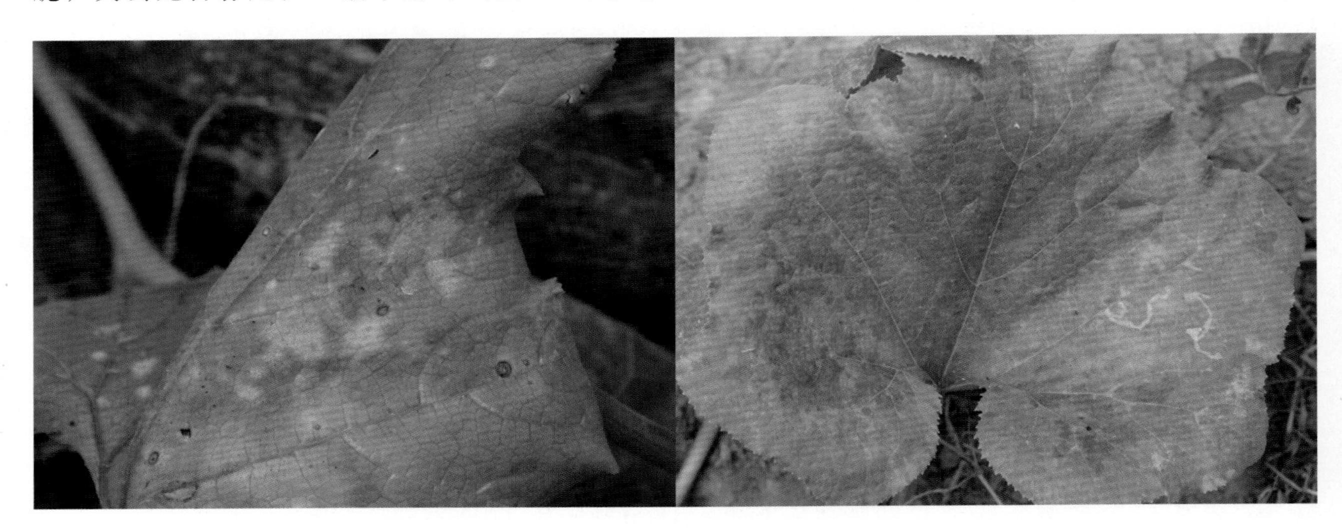

图11－10　冬瓜白粉病为害叶片症状

病　　原 *Sphaerotheca cucurbitae* 称瓜类单丝壳白粉菌，属子囊菌亚门真菌。分生孢子梗无色，圆柱形，不分枝，其上着生分生孢子。分生孢子长圆形，无色，单胞，串生。闭囊壳褐色，球形。附属丝无色至淡褐色。

发生规律 北方以闭囊壳随病残体留在地上或保护地瓜类上越冬；南方以菌丝体或分生孢子在寄主上越冬或越夏，成为翌年初侵染源。分生孢子借气流或雨水传播，喜温湿但耐干燥，发病适温20～25℃，相对湿度25%～85%均能发病，但高湿情况下发病较重。高温、高湿又无结露或管理不当，冬瓜生长衰败，则白粉病严重发生。

防治方法 应选择通风良好，土质疏松、肥沃，排灌方便的地块种植。要适当配合使用磷钾肥，防止脱肥早衰，增强植株抗病性。

发病初期，可采用30%醚菌酯悬浮剂2 000～2 500倍液、20%福·腈可湿性粉剂1 500～2 500倍液、10%苯醚甲环唑水分散粒剂1 000～1 500倍液、25%腈菌唑乳油1 000～2 000倍液+80%全络合态代森锰锌可湿性粉剂800～1 000倍液、1%武夷菌素水剂150～300倍液、2%宁南霉素水剂300～500倍液+50%克菌丹可湿性粉剂400～600倍液、2%嘧啶核苷类抗生素水剂150～300倍液+70%代森联干悬浮剂800～1 000倍液、40%氟硅唑乳油4 000～6 000倍液、12.5%烯唑醇乳油 2 500～3 000倍液、30%氟菌唑可湿性粉剂1 500～2 000倍液、6%氯苯嘧啶醇可湿性粉剂1 000～2 000倍液，视病情7～10天喷1次，连续喷2～3次。

6．冬瓜绵疫病

症　　状　主要为害近成熟果实、叶和茎蔓。果实染病，先在近地面处现水渍状黄褐色病斑，后病部凹陷，其上密生白色绵絮状霉（图11-11），最后病部或全果腐烂。叶片染病，病斑黄褐色，后生白霉腐烂。茎蔓染病，蔓上病斑绿色，呈湿腐状。

病　　原　*Phytophthora capsici* 称辣椒疫霉，属子囊菌亚门真菌。孢子囊梗分枝不规则。孢子囊近球形，卵孢子球形。

发生规律　病菌以卵孢子、厚垣孢子在病残体上和土壤中越冬。田间通过雨水进行传播。一般6月中下旬开始发病，7月底8月上旬进入发病盛期。气温高，雨水多发病较重。

防治方法　定植前施用酵素菌沤制的堆肥或充分腐熟的有机肥，苗期适时中耕松土，以促发根和保墒，甩蔓后及时盘蔓、压蔓；遇有大暴雨后要及时排水。发现病瓜及时摘除，携出田外深埋或沤肥，秋季拉秧后要注意清洁田园，及时耕翻土地。

发病初期，喷洒58%甲霜灵·锰锌水分散粒剂500倍液、50%氟吗·锰锌可湿性粉剂500倍液、60%琥铜·乙铝·锌可湿性粉剂500倍液、69%锰锌·烯酰可湿性粉剂700倍液，间隔7～10天喷药1次，连续防治2～3次。

图11-11　冬瓜绵疫病为害果实症状

7．冬瓜褐斑病

症　　状　主要为害叶片、叶柄和茎蔓。叶片染病病斑圆形或不规则形，大小差异较大，小型斑黄褐色（图11-12），中间稍浅，大型斑深黄褐色，湿度大时，病斑正背两面均可长出灰黑色霉状物，后期病斑融合，致叶片枯死。叶柄、茎蔓染病，病斑椭圆形灰褐色，病斑扩展绕茎1周后，致整株枯死。

病　　原　*Corynespora cassiicola* 称多主棒孢霉，属半知菌亚门真菌。

发生规律　病菌以菌丝或分生孢子丛随病残体留在土壤中越冬，翌春条件适宜时产生分生孢子，借气流或雨水传播蔓延，进行初侵染，发病后病部又产生新的分生孢子，进行再侵染。昼夜温差大、植株衰弱、偏施氮肥的棚室易发病，缺少微量元素硼时发病重。

防治方法　选用抗病品种和无病种子，收获后把病残体集中烧毁或深埋，及时深翻，以减少菌源。施用腐熟的有机肥或生物有机复合肥，采用配方施肥技术，注意搭配磷、钾肥，防止脱肥。

种子处理：可用50℃温水浸种30分钟后按常规浸种方法浸种，稍晾后再催芽播种。

发病初期喷洒25%咪鲜胺乳油1 000倍液+70%代森锰锌可湿性粉剂500倍液、75%百菌清可湿性粉剂600倍液+50%福美双可湿性粉剂800倍液，隔7～10天喷1次，连续防治2～3次。

图11-12　冬瓜褐斑病为害叶片症状

8．冬瓜黑斑病

图11-13 冬瓜黑斑病为害叶片症状

症　　状　主要为害叶片和果实。果实染病初生水渍状小斑，褐色，后病斑逐渐扩展为深褐色至黑色病斑。叶片染病，病斑生于叶缘或叶面，褐色，不规则形，严重时，致叶大面积变褐干枯（图11-13）。

病　　原　*Alternaria cucumerina*称瓜链格孢，属半知菌亚门真菌。

发生规律　病菌在土壤中的病残体上越冬，在田间借气流或雨水传播，条件适宜时几天即显症。坐瓜后遇高温、高湿易发病，田间管理粗放、肥力差发病重。

防治方法　选用无病种瓜留种，增施有机肥，提高抗病能力。

发病初期可采用10%苯醚甲环唑水分散性粒剂1 000～1 500倍液、50%异菌脲可湿性粉剂1 000～1 500倍液、25%嘧菌酯悬浮剂1 500～2 000倍液、70%甲基硫菌灵可湿性粉剂800～1 000倍液+65%代森锌可湿性粉剂600～800倍液、25%腈菌唑乳油1 000～2 000倍液、25%咪鲜胺乳油800～1 000倍液、25%溴菌腈可湿性粉剂500～1 000倍液、50%福·异菌可湿性粉剂800～1 000倍液，轮换进行喷雾，隔7～10天喷1次，连续防治2～3次。

9．冬瓜病毒病

症　　状　该病从幼苗至成株期均可发生。主要有花叶型、黄化皱缩型及两者混合型。花叶型（图11-14）：表现明脉及褪绿斑点，后呈淡而不均匀的花叶斑驳，染病早的植株可引起全株萎蔫。黄化皱缩型（图11-15）：表现植株上部叶片沿叶脉失绿，叶面出现浓绿色隆起皱纹，继而叶片黄化，皱缩下卷，病株后期扭曲畸形，果实小，果面出现花斑，或产生凹凸不平的瘤状物（图11-16），严重时植株枯死。

病　　原　主要有Cucumber mosaic virus，CMV称黄瓜花叶病毒；Melon mosaic virus，MMV称甜瓜花叶病毒。

发生规律　病毒可在保护地瓜类、茄果类及其他多种蔬菜和杂草上越冬。翌年通过蚜虫传

图11-14 冬瓜病毒病花叶型症状

图11-15 冬瓜病毒病黄化皱缩型症状

图11-16　冬瓜病毒病病瓜

播，也可通过农事操作接触传播，种子本身也可带毒。高温干旱天气有利于病毒病发生，生长期管理粗放、缺水缺肥、光照强、蚜虫数量多等情况下病害发生严重。

防治方法　定植时淘汰病苗和弱苗。施足底肥，适时追肥，注意磷、钾肥的配合施用，促进根系发育，增强植株抗病性。注意浇水，防止干旱。

种子消毒：播种前用10%磷酸三钠浸种20分钟，然后洗净按一般浸种方法浸种10～12小时催芽播种；或干种子70℃热处理3天。

发病前期至初期，可用20%盐酸吗啉胍·乙酸铜可湿性粉剂500倍液、2%宁南霉素水剂400倍液、10%混合脂肪酸水乳剂100倍液、0.5%菇类蛋白多糖水剂250倍液、5%菌毒清水剂300倍液喷洒叶面，间隔7～10天喷1次，连续喷施2～3次。

10. 冬瓜霜霉病

症　　状　主要为害叶片，叶缘或叶背面出现水浸状不规则病斑（图11-17），早晨尤为明显，病斑逐渐扩大，受叶脉限制，呈多角形淡褐色斑块，湿度大时叶背面或叶面长出灰黑色霉层。后期病斑破裂或连片，致叶缘卷缩干枯，严重的田块一片枯黄。

图11-17 冬瓜霜霉病为害叶片症状

病　　原 *Pseudoperonospora cubensis* 称古巴假霜霉菌，属鞭毛菌亚门真菌。孢囊梗自气孔伸出，单生或2～4根束生，无色，基部稍膨大；孢子囊卵形或柠檬形，顶端具乳状凸起，淡褐色，单胞。

发生规律 病菌在保护地内越冬，翌春传播。也可由南方随季风而传播来。夏季可通过气流、雨水传播。在多雨、多雾、多露的情况下，病害极易流行。

防治方法 应选在地势较高，排水良好的地块。底肥施足，合理追施氮、磷、钾肥。雨后适时中耕，以提高地温，降低空气湿度。

发病前选用70%代森锰锌可湿性粉剂600倍液、77%氢氧化铜可湿性粉剂600倍液、75%百菌清可湿性粉剂600倍液等，间隔10天左右喷1次。

发病初期，可选用50%烯酰吗啉可湿性粉剂1 000倍液、64%恶霜·锰锌可湿性粉剂400倍液、72%霜脲·锰锌可湿性粉剂600倍液、58%甲霜灵·锰锌可湿性粉剂500倍液、40%乙膦铝可湿粉250倍液+65%代森锌可湿性粉剂500倍液、25%甲霜灵可湿性粉剂800倍液＋70%代森锰锌可湿性粉剂800倍液、72.2%霜霉威水剂800倍液＋70%代森锰锌可湿性粉剂800倍液、69%烯酰·锰锌可湿性粉剂1 000倍液均匀喷施，间隔7～10天喷1次，连喷3～4次。

11．冬瓜黑星病

症　　状 叶片上产生黄白色圆形小斑点（图11－18），后穿孔留有黄白色圈。龙头变褐腐烂，造成“秃桩”。茎蔓、瓜条病斑初时污绿色，后变暗褐色，不规则形，凹陷、流胶，俗称“冒油”。潮湿时病斑上密生烟黑色霉层。

图11－18　冬瓜黑星病病叶

病　　原 *Cladosporium cucumerinum*称瓜疮痂枝孢霉，属半知菌亚门真菌。菌丝白色至灰色，具分隔。分生孢子梗细长，丛生，褐色或淡褐色，形成合轴分枝。分生孢子近梭形至长梭形，串生，淡褐色，单胞或双胞。

发生规律 以菌丝体在病残体内于田间或土壤中越冬，成为翌年初侵染源。从叶片、果实、茎蔓的表皮直接穿透，或从气孔和伤口侵入。植株郁闭，阴雨寡照，病势发展快。春秋气温较低，常有雨或多雾，此时也易发病。冬瓜重茬、浇水多和通风不良，发病较重。

防治方法 施足基肥，增施磷钾肥，培育壮苗，合理密植，适当去除老叶。

发病初期，喷洒70%甲基硫菌灵可湿性粉剂800倍液+70%代森锰锌可湿性粉剂800倍液、2%武夷菌素水剂150倍液、75%百菌清可湿性粉剂600倍液+50%苯菌灵可湿性粉剂1 500倍液、80%敌菌丹可湿性粉剂500倍液+70%甲基硫菌灵可湿性粉剂700倍液、50%异菌脲可湿性粉剂1 500倍液+70%代森锰锌可湿性粉剂800倍液，轮换进行喷雾，间隔7～10天喷1次，连续防治3～4次。

第十二章　南瓜病害原色图解

1. 南瓜白粉病

症　　状　主要为害叶片、叶柄或茎；果实受害较少。初在叶片或嫩茎上出现白色小霉点，条件适宜，霉斑迅速扩大，且彼此连片，白粉状物布满整个叶片（图12–1），致叶片黄枯或卷缩，但不脱落，秋末霉斑变成灰色，其上长出黑色小粒点，即病原菌闭囊壳。

图12–1　南瓜白粉病为害叶片症状

病　　原　*Sphaerotheca cucurbitae* 称瓜类单丝壳，属子囊菌亚门真菌。形态特征同黄瓜白粉菌。

发生规律　以闭囊壳随病残体越冬，翌春放射出子囊孢子，进行初侵染。在温暖地区或棚室，病菌主要以菌丝体在寄主上越冬。借风和雨水传播。在高温干旱环境条件下，植株长势弱、密度大时发病重。白粉病始发期在5月下旬至6月上旬，此期气温适宜，早晨露水多，田间湿度大，有利于白粉病发生。进入6月下旬以后，随着气温升高，白粉病处于潜伏期，进入7月中下旬，白粉病迅速扩展蔓延，全田感染。种植过密、偏施氮肥、大水漫灌、植株徒长、湿度较大，都有利于发病。

防治方法　适当配合使用磷钾肥，防止脱肥早衰，增强植株抗病性。

发病前期，可用75%百菌清可湿性粉剂600倍液+2%宁南霉素水剂300～500倍液、80%代森锰锌可湿性粉剂600倍液等药剂喷施预防。

发病初期，用75%百菌清可湿性粉剂600倍液+20%乙嘧酚悬浮剂1 500倍液、50%烯肟菌胺乳油1 000倍液、75%百菌清可湿性粉剂600倍液+12.5%烯唑醇乳油2 500倍液、1%武夷菌素水剂100～150倍液、2%嘧啶核苷类抗生素水剂200倍液喷施，间隔7～10天喷1次，连喷2～3次。

发生后期，可用10%苯醚甲环唑水分散粒剂2 000～3 000倍液+80%代森锰锌可湿性粉剂600倍液、20%福·腈可湿性粉剂1 000～1 200倍液、25%腈菌唑乳油4 000～6 000倍液+80%代森锰锌可湿性粉剂600倍液、30%氟菌唑可湿性粉剂1 500～2 000倍液+80%代森锰锌可湿性粉剂600倍液等药剂喷施。

2. 南瓜病毒病

症　　状　主要表现在叶片和果实上。叶面出现黄斑或深浅相间斑驳花叶（图12–2），有

图12-2 南瓜病毒病叶片花叶型

时沿叶脉叶绿素浓度增高，形成深绿色相间带，严重的致叶面呈现凹凸不平，脉皱曲变形（图12-3），新叶和顶部梢叶比老叶的症状明显。果实染病出现褪绿斑，或表现为皱缩（图12-4），或在果面出现斑驳病斑。

病　　原　甜瓜花叶病毒（MMV）；南瓜花叶病毒（Squash mosaic virus, SqMV），病毒粒体球形。

发生规律　甜瓜花叶病毒由种子带毒，棉蚜、桃蚜传毒。南瓜花叶病毒主要通过汁液摩擦，或黄瓜条叶甲、十一星叶甲等传毒。露地栽培的南瓜一般从6月初开始发病，高温干燥的气候条件利于病害流行。种子带毒率高、管理粗放、虫害多，发病也重。

防治方法　从无病株选留种子，防止种子传毒。加强田间管理，培育壮苗，及时追肥、浇水，防止植株早衰。在整枝、绑蔓、摘瓜时要先“健”后“病”，分批作业。清除田间杂草，消灭毒源。及时防治蚜虫、叶甲等。

种子消毒：播种前用10%磷酸三钠浸种20分钟，水洗后播种。有条件时，也可将干燥的种子置于70℃恒温箱内，进行干热处理72小时，可钝化种子上所带的病毒。

防治蚜虫：从苗期开始喷药防治，可采用0.5%甲氨基阿维菌素苯甲酸盐微乳剂2 000～3 000倍液、10%烯啶虫胺水剂3 000～5 000倍液、10%吡虫啉可湿性粉剂1 500～2 000倍液、3%啶虫咪乳油2 000～3 000倍液，隔7～10天喷1次，连续2～3次。

发病初期，开始喷20%盐酸吗啉胍·乙酸铜可性湿粉剂500倍液、2%宁南霉素水剂300～500倍液、10%混合脂肪酸水乳剂100倍液、0.5%菇类蛋白多糖水剂300倍液、5%菌毒清水剂300倍液，间隔7～10天喷1次，连续防治2～3次。

图12-3 南瓜病毒病叶片皱缩状

图12-4 南瓜病毒病病瓜

3. 南瓜疫病

症 状 主要为害茎蔓、叶片和果实。茎蔓染病，病部凹陷，呈水浸状，变细变软（图12-5），病部以上枯死，病部产生白色霉层。叶片染病，初生圆形的暗绿色的水浸状病斑，软腐，叶片下垂（图12-6），干燥时病斑极易破裂（图12-7）。果实染病生暗绿色近圆形水浸状病斑，潮湿时病斑凹陷腐烂长出一层稀疏的白色霉状物。

图12-5 南瓜疫病为害茎蔓症状

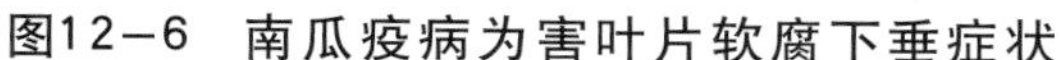

图12-6 南瓜疫病为害叶片软腐下垂症状

图12-7 南瓜疫病为害叶片破裂症状

病 原 *Phytophthora melonis* 称甜瓜疫霉，属鞭毛菌亚门真菌。

发生规律 以菌丝体、厚垣孢子随病残体在土壤中越冬，种子不带菌。病菌经雨水飞溅或灌溉水传到茎基部或近地面果实上，引起发病。一般雨季或大雨过后天气突然转晴，气温急剧上升时，病害易流行。田间积水，定植过密，通风透光差等不良条件下病情加重。

防治方法 苗期控制浇水，结瓜后做到见湿见干，发现疫病后，浇水减到最低量，控制病情发展。但进入结瓜盛期要及时供给所需水量，严禁雨前浇水。发现中心病株，拔除深埋。

种子消毒：可用72.2%霜霉威水剂或25%甲霜灵可湿性粉剂800倍液浸种半小时后清洗，再浸种催芽播种。

于发病前开始施药，尤其是雨季到来之前先喷1次预防，雨后发现中心病株时拔除，并立即喷洒或浇灌75%百菌清可湿性粉剂600倍液、40%福美双可湿性粉剂800倍液、80%代森锰锌可湿性粉剂800倍液等药剂。

发病初期，可喷施70%锰锌·乙铝可湿性粉剂500倍液、72.2%霜霉威水剂600～700倍液、72%锰锌·霜脲可性湿粉剂700倍液、78%波·锰锌可湿性粉剂500倍液、70%丙森锌可湿性粉剂700倍液、69%锰锌·烯酰可湿性粉剂600倍液、25%甲霜灵可湿性粉剂800倍液，间隔7～10天喷1次，病情严重时可缩短至5天，连续防治3～4次。

4. 南瓜蔓枯病

症 状 主要为害叶片、茎蔓和果实。叶片染病，病斑初褐色，圆形或近圆形，其上微具轮纹（图12－8）。茎蔓染病，病斑椭圆形至长梭形，灰褐色，边缘褐色，有时溢出琥珀色的树脂状胶质物，严重时形成蔓枯（图12－9）。果实染病，初形成近圆形灰白色斑，具褐色边缘，发病重时形成不规则褪绿或黄色圆斑，后变灰色至褐色或黑色，最后病菌进入果皮引起干腐。

图12－8　南瓜蔓枯病为害叶片症状

图12－9　南瓜蔓枯病为害茎蔓症状

病　　原　*Ascochyta citrullina* 称瓜壳二孢，属半知菌亚门真菌。

发生规律　以分生孢子器、子囊壳随病残体或在种子上越冬，翌年，病菌可穿透表皮直接侵入幼苗，通过浇水和气流传播。生长期高温、潮湿、多雨，植株生长衰弱发病较重。

防治方法　施足充分腐熟有机肥。生长期间及时摘除病叶，收获后彻底清除病残体烧毁或深埋。

种子处理：种子在播种前先用55℃温水浸种15分钟，捞出后立即投入冷水中浸泡2～4小时，再催芽播种。

涂茎防治：发现茎上的病斑后，立即用高浓度药液涂茎上的病斑，可用36%甲基硫菌灵悬浮剂50倍液，40%氟硅唑乳油100倍液，用毛笔蘸药涂抹病斑。

发病初期，可喷洒75%百菌清可湿性粉剂600倍液+70%甲基硫菌灵可湿性粉剂500倍液、75%代森锌可湿性粉剂500倍液+25%咪鲜胺乳油1 000倍液、80%代森锰锌可湿性粉剂500倍液+40%氟硅唑乳油4 000倍液、75%代森锌可湿性粉剂500倍液+50%异菌脲可湿性粉剂800倍液喷施，间隔7～10天后再喷1次。

5. 南瓜细菌性叶枯病

症　　状　主要为害叶片。发病初期，叶片上呈现水浸状小斑点，透过阳光可见病斑周围有黄色晕圈（图12－10）。病斑扩大后，中心易破裂，经风吹雨淋，叶面上布满小孔，严重时叶片破碎。

图12-10 南瓜细菌性叶枯病为害叶片症状

病　原 *Xanthomonas campestris* pv. *cucurbitae* 甘蓝黑腐黄单胞菌瓜叶斑致病变种属细菌。菌体杆状，两端钝圆，极生单鞭毛，单生或双生，革兰氏染色阴性。

发生规律 主要通过种子带菌传播蔓延，在土壤中存活能力非常弱，同时，叶色深绿的品种发病重，大棚温室内栽培时比露地发病重。

防治方法 发病后控制灌水，促进根系发育增强抗病能力。实施高垄覆膜栽培，平整土地，完善排灌设施，收获结束后清除病株残体，翻晒土壤等。

种子处理：用50%代森铵水剂500倍液浸种1小时；或用72%农用链霉素可溶性粉剂3 000～4 000倍液浸种2小时，冲洗干净再用清水浸种3～4小时催芽播种。

发病初期，可采用72%农用链霉素可溶性粉剂3 000～4 000倍液、88%水合霉素可溶性粉剂1 500～2 000倍液、90%链霉素·土可溶性粉剂3 000～4 000倍液、3%中生菌素可湿性粉剂600～800倍液、20%叶枯唑可湿性粉剂600～800倍液、47%春·氧氯化铜可湿性粉剂700～1 000倍液，间隔5～7天喷1次，连续2～3次。

6. 南瓜黑星病

症　状 叶片上产生黄白色圆形小斑点，后穿孔留有黄白色圈（图12-11）。茎蔓、瓜条病斑初时污绿色，后变暗褐色，不规则形，凹陷、流胶，俗称“冒油”。潮湿时病斑上密生烟黑色霉层。

图12-11 南瓜黑星病为害叶片症状

病　原　*Cladosporium cucumerinum*称瓜疮痂枝孢霉，属半知菌亚门真菌。菌丝白色至灰色，具分隔。分生孢子梗细长，丛生，褐色或淡褐色，形成合轴分枝。分生孢子近梭形至长梭形，串生，淡褐色，单胞或双胞。

发生规律　以菌丝体在病残体内于田间或土壤中越冬，成为翌年初侵染源。病菌主要从叶片、果实、茎蔓的表皮直接穿透，或从气孔和伤口侵入。春秋气温较低，常有雨或多雾，此时也易发病。重茬、浇水多和通风不良，发病较重。

防治方法　施足基肥，增施、磷钾肥，培育壮苗，合理密植，适当去除老叶。

种子处理：用50%多菌灵可湿性粉剂500倍液浸种20分钟后冲净再用清水浸种后催芽，或用冰醋酸100倍液浸种30分钟。

露地发病初期，喷洒40%氟硅唑乳油3 000～4 000倍液+70%代森锰锌可湿性粉剂800倍液、2%武夷菌素水剂150倍液、75%百菌清可湿性粉剂600倍液+50%苯菌灵可湿性粉剂1 500倍液、80%敌菌丹可湿性粉剂500倍液+70%甲基硫菌灵可湿性粉剂700倍液、65%代森锌可湿性粉剂500倍液+50%异菌脲可湿性粉剂1 000倍液等药，间隔7～10天喷药1次，连续防治3～4次。

7. 南瓜绵疫病

症　状　主要为害近成熟果实、叶和茎蔓。果实染病，先在近地面处现水渍状黄褐色病斑，后病部凹陷，其上密生白色绵絮状霉层（图12–12），最后病部或全果腐烂。叶片染病，病斑黄褐色，后生白霉腐烂。茎蔓染病，蔓上病斑暗绿色，呈湿腐状。

病　原　*Phytophthora capsici* 称辣椒疫霉，属子囊菌亚门真菌。孢子囊梗分枝不规则。孢子囊近球形，卵孢子球形。

图12–12　南瓜绵疫病为害果实症状

发生规律　病菌以卵孢子、厚垣孢子在病残体上和土壤中越冬。田间通过雨水进行传播。一般6月中下旬开始发病，7月底8月上旬进入发病盛期。气温高，雨水多发病较重。

防治方法　定植前施用酵素菌沤制的堆肥或充分腐熟的有机肥，苗期适时中耕松土，以促发根和保墒，甩蔓后及时盘蔓、压蔓；遇有大暴雨后要及时排水。发现病瓜及时摘除，携出田外深埋或沤肥，秋季拉秧后要注意清洁田园，及时耕翻土地。

发病初期，喷洒58%甲霜灵·锰锌水分散粒剂500倍液、50%氟吗·锰锌可湿性粉剂500倍液、60%琥铜·乙铝·锌可湿性粉剂500倍液、69%锰锌·烯酰可湿性粉剂700倍液，间隔7～10天喷药1次，连续防治2～3次。

8. 南瓜银叶病

症　状　叶片初期表现为沿叶脉变为银色或亮白色，以后全叶变为银色，在阳光照耀下闪闪发光（图12–13），但叶背面叶色正常，常见有烟粉虱成虫或若虫。

图12–13　南瓜银叶病为害叶片症状

病　　原 Whitefly transmitted geminivirus（WTG）烟粉虱传双生病毒。病毒粒子为孪生颗粒状，基因组为单链环状DNA。

发生规律 WTG为广泛发生的一类植物单链DNA病毒，在自然条件下均由烟粉虱传播。此病春、秋季都可发生，受烟粉虱为害后即感染此病，多数棚室发病率很高，受害轻时后期可在一定程度上恢复正常。

防治方法 调整播种育苗期，避开烟粉虱发生的高峰期。加强苗期管理，把育苗棚和生产棚分开。清除杂草和残株，通风口用尼龙纱网密封，控制外来虫源进入。

发生烟粉虱及时用烟剂熏杀，培育无虫苗。育苗前和栽培前要彻底熏杀棚室内的残虫。

烟粉虱为害初期，可选用10%烯啶虫胺乳油2 000～3 000倍液、3%啶虫脒乳油2 000倍液、25%噻嗪酮可湿性粉剂1 000～1 500倍液、10%吡虫啉可湿性粉剂2 000倍液喷雾防治烟粉虱。

9. 南瓜黑斑病

症　　状 主要为害叶片和果实。果实染病初生水渍状小网斑，褐色，后病斑逐渐扩展为深褐色至黑色病斑。叶片染病，病斑生于叶缘或叶面，褐色，不规则形，严重时，致叶大面积变褐干枯（图12－14）。

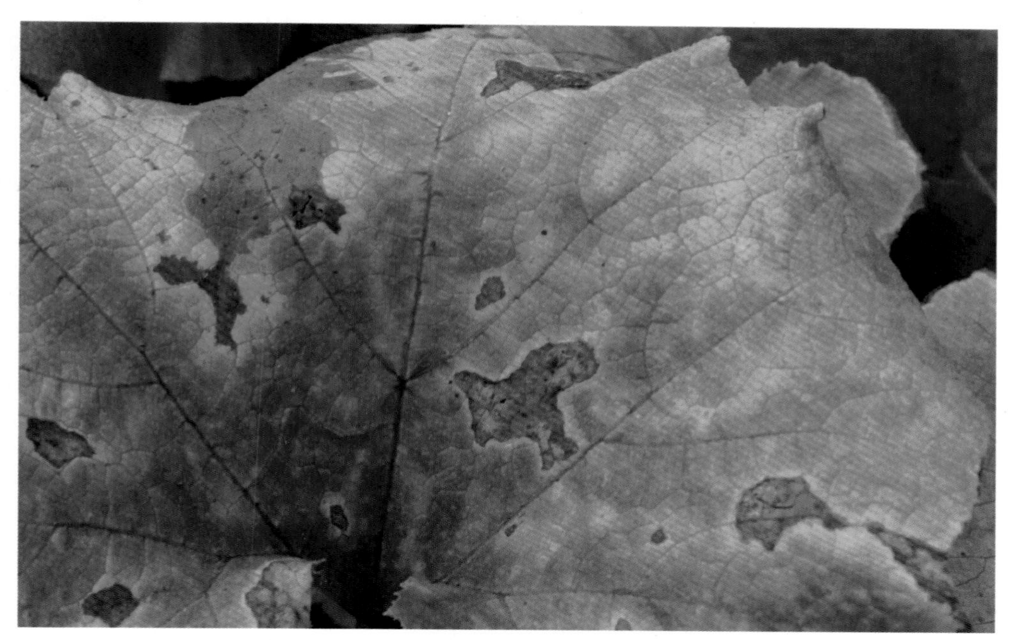

图12－14 南瓜黑斑病为害叶片症状

病　　原 *Alternaria cucumerina* 称瓜链格孢，属半知菌亚门真菌。

发生规律 病菌在土壤中的病残体上越冬，在田间借气流或雨水传播，条件适宜时几天即显症。坐瓜后遇高温、高湿易发病，田间管理粗放、肥力弱发病重。

防治方法 选用无病种瓜留种，增施有机肥，提高抗病能力。

发病初期，可采用70%丙森锌可湿性粉剂600～800倍液、68.75%恶酮·锰锌水分散粒剂800～1 000倍液、64%氢铜·福美锌可湿性粉剂600～800倍液、560g/L嘧菌·百菌清悬浮剂800～1 000倍液、50%异菌脲悬浮剂1 000～1 500倍液、10%苯醚甲环唑水分散粒剂1 500倍液、50%腐霉利可湿性粉剂1 500倍液、12.5%烯唑醇可湿性粉剂2 000～4 000倍液、43%戊唑醇悬浮剂3 000～4 000倍液、50%福·异菌可湿性粉剂800～1 000倍液、25%溴菌腈可湿性粉剂500～1 000倍液，隔5～7天喷1次，连续2～3次。

第十三章　瓠瓜病害原色图解

1．瓠瓜褐腐病

症　　状　主要为害花和幼瓜。发病初期花和幼瓜呈水浸状湿腐，病花变褐腐败，病菌从花蒂部侵入幼瓜，向瓜上扩展，造成整个幼瓜变褐色（图13－1）。

图13－1　瓠瓜褐腐病为害花和幼瓜症状

病　　原　*Choanephora cucurbitamjm* 称瓜笄霉，属接合菌亚门真菌。

发生规律　病菌以菌丝体随病残体或产生接合孢子留在土壤中越冬，翌春产生孢子侵染花和幼果，发病后病部长出大量孢子，借风雨或昆虫传播，从伤口或幼嫩表皮侵入生活力衰弱的花和果实。发病后病部又产生大量孢子借风雨进行多次再侵染，引起花和果实发病，一直为害到生长季节结束。雨日多的年份发病重。

防治方法　与非瓜类作物实行3年以上轮作；采用高畦或高垄栽培，覆盖地膜；平整土地、合理浇水，严禁大水漫灌，雨后及时排水，严防湿气滞留；坐瓜后及时摘除病花、病瓜集中深埋。

开花至幼果期，喷洒47%春雷・氧氯化铜可湿性粉剂700倍液预防。

发病初期，喷洒72%锰锌・霜脲可湿性粉剂600倍液、69%烯酰・锰锌可湿性粉剂700倍液、60%氟吗・锰锌可湿性粉剂700～800倍液等药剂防治。

2．瓠瓜黑斑病

症　　状　主要为害叶片和果实。叶片染病，在叶缘和叶脉间初生水渍状小斑点，后扩展成近圆形至不规则形暗褐色大斑（图13－2）。果实染病，初生水渍状暗色斑，后扩展成不规则黑色大斑，湿度大时长出黑霉。

图13－2 瓠瓜黑斑病为害叶片症状

病　　原 *Alternaria alternata* 称链格孢，属半知菌亚门真菌。

发生规律 病菌以菌丝体随病残体在土壤中或种子上越冬。翌年条件适宜时，病菌的分生孢子萌发，借风雨传播进行初侵染；以后病部又产生分生孢子，进行多次再侵染，导致病害不断扩展蔓延。雨季雨日多、湿度大易发病。

防治方法 建立无病留种田，从无病株上采种。注意清除病残体，集中烧毁或深埋。施足腐熟有机肥或有机生物菌肥，提倡采用配方施肥技术，增强寄主抗病力。

种子处理：可用种子质量0.3%的75%百菌清可湿性粉剂拌种。

开花坐果后或发病初期，喷洒50%异菌脲可湿性粉剂1 000倍液+40%百菌清悬浮剂600倍液、50%腐霉利可湿性粉剂1 000倍液+80%代森锰锌可湿性粉剂600倍液等药剂。

3. 瓠瓜褐斑病

症　　状 主要为害叶片，在叶片上形成较大的黄褐色至棕黄褐色病斑，形状不规则。病斑周围水浸状，后褪绿变薄或出现浅黄色至黄色晕环，严重的病斑融合成片，最后破裂或大片干枯（图13－3）。

图13－3 瓠瓜褐斑病为害叶片症状

病　　原 *Cercospora citmllina* 称瓜尾孢菌，属半知菌亚门真菌。

发生规律 病菌以分生孢子丛或菌丝体在遗落土中的病残体上越冬，翌春产生分生孢子借气流和雨水溅射传播，引起初侵染。发病后病部又产生分生孢子进行多次再侵染，致病害逐渐扩展蔓延，湿度高或通风透光不良易发病。

防治方法 实行轮作，加强田间管理，施用腐熟的有机肥。

发病初期，喷洒75%百菌清可湿性粉剂700倍液+50%多・霉威可湿性粉剂800倍液、30%氧氯化铜悬浮剂800倍液、36%甲基硫菌灵悬浮剂400～500倍液+80%代森锰锌可湿性粉剂600倍液，间隔10天左右喷药1次，连续喷2～3次。

4. 瓠瓜蔓枯病

症　　状　主要为害茎蔓和叶柄、叶片。茎蔓和叶柄染病，初为长梭形灰白色至褐色条斑，扩展后融为长条形斑，深秋病原菌的子实体突破表皮（图13-4），病斑上布满小黑点。叶片染病初生不整齐褪绿斑，沿脉扩展，后变成浅黄褐色，病斑边缘深褐色（图13-5），其上也产生子实体。

图13-4　瓠瓜蔓枯病为害茎蔓症状

图13-5　瓠瓜蔓枯病为害叶片症状

病　　原　有两种：*Ascochyfa citrullina* 称西瓜壳二孢；*A. cueumis* 称黄瓜壳二孢，均属半知菌亚门真菌。

发生规律　病菌主要以分生孢子器或子囊壳随病残体在土中越冬。翌年靠灌溉水、雨水传播蔓延，从伤口、自然孔口侵入，病部产生分生孢子进行重复侵染。种子也可带菌，引起子叶发病。土壤含水量高，气温18～25℃，空气相对湿度85%以上易发病；重茬地，植株过密，通风透光差，生长势弱发病重。

防治方法　与非瓜类作物实行2～3年轮作。高畦栽培，地膜覆盖，雨季加强排水。

种子处理：用种子重量0.3%的50%福美双可湿性粉剂拌种。

发病初期，喷洒2.5%咯菌腈悬浮剂1 500倍液、25%嘧菌酯悬浮剂1 000倍液、25%咪鲜胺乳油1 000倍液、40%双胍辛烷苯基磺酸盐可湿性粉剂900倍液等药剂防治。

5. 瓠瓜白粉病

症　　状　主要为害叶片，发病初期，在叶片上产生白色近圆形小粉斑，以叶面居多，后扩展成边缘不明显的圆形白色粉状斑块（图13-6），严重时整叶面都是白粉，后呈灰白色，叶片变黄，质脆，失去光合作用，一般不落叶。

图13-6　瓠瓜白粉病为害叶片症状

病　　原　*Sphaerotheca cucurbitae* 称瓜类单丝壳白粉菌，属子囊菌亚门真菌。

发生规律　北方以闭囊壳随病残体留在地上或保护地瓜类上越冬；南方以菌丝体或分生孢子在寄主上越冬或越夏，成为翌年初侵染源。分生孢子借气流或雨水传播，喜温湿但耐干燥。高温、高湿又无结露或管理不当，生长衰败，则白粉病严重发生。

防治方法　应选择通风良好，土质疏松、肥沃，排灌方便的地块种植。要适当配合使用磷钾肥，防止脱肥早衰，增强植株抗病性。

发病前期，用75%百菌清可湿性粉剂600倍液、80%代森锰锌可湿性粉剂600倍液、50%克菌丹可湿性粉剂500倍液喷施预防。

发病初期，可用62.5%腈菌·锰锌可湿性粉剂600～800倍液、25%腈菌唑乳油1 500倍液、70%甲基硫菌灵可湿性粉剂800倍液、12.5%烯唑醇乳油2 500倍液、10%苯醚甲环唑水分散颗粒剂1 000～1 500倍液、20%福·腈可湿性粉剂1 000～1 200倍液等均匀喷施，间隔7～10天喷1次，连喷2～3次。

6. 瓠瓜疫病

症　　状　主要为害茎、叶和果实。多从近地面茎基部开始，初呈水渍状暗绿色，病部软化缢缩，上部叶片萎蔫下垂，全株枯死。叶片发病，初呈圆形或不规则形暗绿色水浸状病斑，边缘不明显。湿度大时，病斑扩展很快，病叶迅速腐烂（图13-7）。果实发病，产生水渍状暗绿色近圆形凹陷的病斑，后果实皱缩软腐，表面产生白色稀疏霉状物，病部易腐烂，散发出腥臭味（图13-8）。

图13-7　瓠瓜疫病为害叶片、叶柄症状

图13-8　瓠瓜疫病为害果实症状

病　　原　*Phytophthora melonis* 称甜瓜疫霉，属鞭毛菌亚门真菌。

发生规律　以菌丝体和厚垣孢子、卵孢子随病残体在土壤中或土杂肥中越冬，借助流水、灌溉水及雨水溅射而传播，也可借助施肥传播，从伤口或自然孔口侵入致病。发病后病部上产生孢子囊和游动孢子，借助气流及雨水溅射传播进行再侵染。雨季来得早，雨量大，雨天多，该病易流行。连作、低湿、排水不良、田间郁闭发病重。

防治方法　采用高畦栽植，避免积水。进入结瓜盛期要及时供给所需水量，严禁雨前浇水。发现中心病株，拔除深埋。

于发病前开始施药，尤其是雨季到来之前先喷1次预防，可用75%百菌清可湿性粉剂600倍液、40%福美双可湿性粉剂800倍液。

雨后发现中心病株时拔除，并立即喷洒72.2%霜霉威水剂600～700倍液、72%锰锌·霜脲可湿性粉剂700倍液、78%波·锰锌可湿性粉剂500倍液、69%锰锌·烯酰可湿性粉剂600倍液、60%氟吗·锰锌可湿性粉剂750～1 000倍液、25%甲霜灵可湿性粉剂800倍液等药剂，间隔7～10天喷施1次，连续防治3～4次。

7. 瓠瓜枯萎病

症　　状　苗期发病时幼茎基部变褐且缢缩、萎蔫猝倒。成株发病时，初期下部叶片不变黄即萎蔫，早晚尚可恢复，数天后不能再恢复而萎蔫枯死（图13−9）。潮湿时，茎基部半边茎皮纵裂，常有树脂状胶质溢出，上有粉红色霉状物，最后病部变成丝麻状。撕开根茎病部，维管束变黄褐到黑褐色并向上延伸。幼果或近成熟果实染病，先端或表面产生褐色斑，严重时整个果实变褐色（图13−10）。

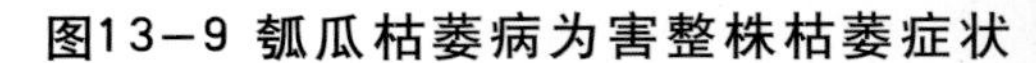
图13−9 瓠瓜枯萎病为害整株枯萎症状

图13−10　瓠瓜枯萎病为害果实症状

病　　原　*Fusarium oxysporum* f.sp. *lagenariae* 称尖镰孢菌黄瓜专化型，属半知菌亚门真菌。

发生规律　主要以厚垣孢子和菌丝体随寄主病残体在土壤中或以菌丝体潜伏在种子内越冬。远距离传播主要借助带菌种子和带菌肥料，田间近距离传播主要借助灌溉水、流水、风雨、小昆虫及农事操作等，从伤口或不定根处侵入致病。连作，低洼潮湿，水分管理不当或连绵阴雨后转晴，或浇水后遇大雨，或土壤水分忽高忽低，或施用未充分腐熟的土杂肥，皆易诱发本病。

防治方法　施用充分腐熟肥料，减少伤口。小水勤浇，避免大水漫灌，适当多中耕，提高土壤透气性；结瓜期应分期施肥，收获后清除地面病残体。

种子处理：用2.5%咯菌腈悬浮种衣剂进行种子包衣或用70%甲基硫菌灵可湿性粉剂500倍液浸种1小时，洗净后清水浸种催芽播种。

药剂灌根：在发病前或发病初期，用10%双效灵水剂200倍液、50%多菌灵可湿性粉剂500倍液、50%苯菌灵可湿性粉剂1 500倍液、70%甲基硫菌灵可湿性粉剂400倍液、20%甲基立枯磷乳油1 000倍液灌根，每株灌对好的药液300～500ml，间隔10天后再灌1次，连续防治2～3次。

8. 瓠瓜炭疽病

症　　状　主要为害叶片和果实，叶片受害。病斑近圆形或圆形，初为水渍状，后变为黄褐色，边缘有黄色晕圈（图13−11）。严重时，病斑相互连结成不规则的大病斑，致使叶片干枯。潮湿时，病部分泌出粉红色的黏质物。果实染病，初呈水渍状暗绿色凹陷斑，凹陷处常龟裂（图13−12），潮湿时在病斑中部产生粉红色黏稠物。

图13－11　瓠瓜炭疽病为害叶片症状

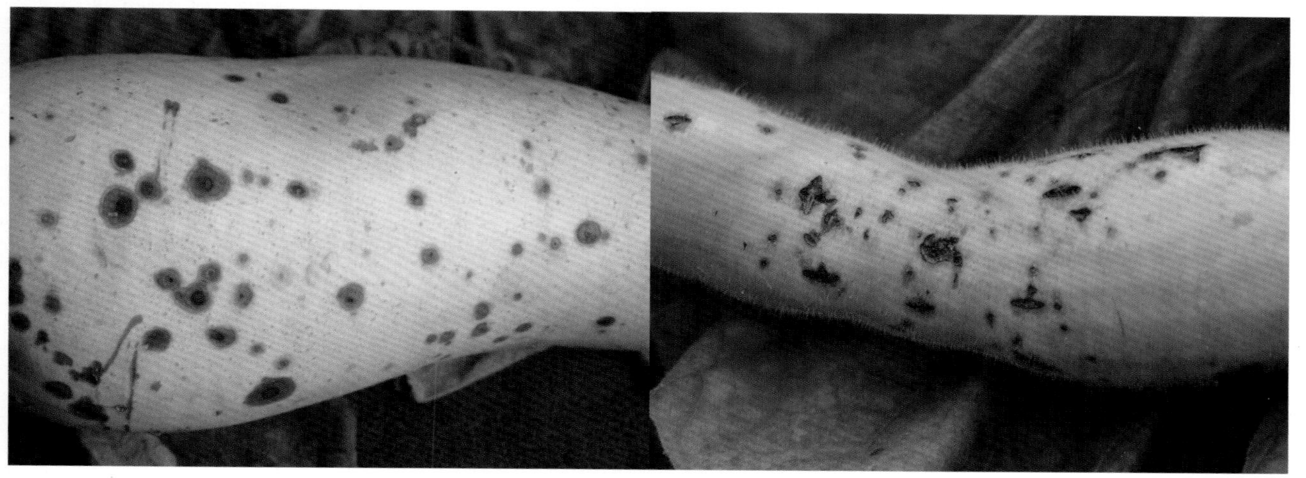

图13－12　瓠瓜炭疽病为害果实症状

病　　原　*Colletotrichum lagenarium* 称葫芦科刺盘孢，属半知菌亚门真菌。

发生规律　主要以菌丝体附着在种子上，或随病残株在土壤中越冬，亦可在温室或塑料大棚骨架上存活。越冬后的病菌产生大量分生孢子，成为初侵染源。通过雨水、灌溉、气流传播，也可以由害虫携带传播或田间工作人员操作时传播。高温、高湿是该病发生流行的主要因素。叶面结有大量水珠，吐水或叶面结露，病害易流行。氮肥过多、大水漫灌、通风不良，植株衰弱发病重。

防治方法　田间操作，除病灭虫，绑蔓、采收均应在露水落干后进行，减少人为传播蔓延。增施磷钾肥以提高植株抗病力。

种子处理：用50%代森铵水剂500倍液浸种1小时，或用 50%多菌灵可湿性粉剂500倍液浸种30分钟，清水冲洗干净后催芽。

发病前，喷洒50%甲基硫菌灵可湿性粉剂700倍液、75%百菌清可湿性粉剂700倍液、25%嘧菌酯悬浮剂1 500倍液、70%代森锰锌可湿性粉剂800倍液预防。

发病初期，喷施50%苯菌灵可湿性粉剂1 500倍液+80%代森锰锌可湿性粉剂600倍液、80%炭疽福美（福美双·福美锌）可湿性粉剂800倍液+50%异菌脲可湿性粉剂800倍液、50%咪鲜胺锰盐可湿性粉剂1 000倍液+80%代森锰锌可湿性粉剂600倍液、25%咪鲜胺乳油1 000倍液+80%代森锰锌可湿性粉剂600倍液、25%溴菌腈可湿性粉剂500倍液+80%代森锰锌可湿性粉剂600倍液，间隔7～10天喷1次，连续防治4～5次。

9．瓠瓜灰霉病

图13-13　瓠瓜灰霉病为害花器症状

症　　状　主要为害花和幼瓜。先侵染花，多从开败的雌花侵入，致花瓣枯萎、腐烂，而后向幼瓜扩展，致脐部呈水渍状，病部褪色，表面密生霉层（图13-13）。

病　　原　*Botrytis cinerea* 称灰葡萄孢，属半知菌亚门真菌。

发生规律　以菌丝或分生孢子及菌核附着在病残体上，或遗留在土壤中越冬。分生孢子随气流、雨水及农事操作进行传播蔓延，结瓜期是该病侵染和烂瓜的高峰期。北方春季连阴天多，气温不高，棚内湿度大，结露持续时间长，放风不及时，发病重。

防治方法　生长前期及发病后，适当控制浇水，苗期、果实膨大前一周及时摘除病叶、病花、病果及黄叶，通风透光。

发病前期，可喷施70%代森锰锌可湿性粉剂500倍液、75%百菌清可湿性粉剂600倍液预防。

发病初期，喷洒50%腐霉利可湿性粉剂2 000倍液、50%异菌脲可湿性粉剂1 000～1 500倍液、30%福·嘧霉可湿性粉剂800～1 200倍液防治，间隔7天再喷1次。

发病普遍时，可采用50%福·异菌可湿性粉剂800～1 000倍液、50%多·福·乙可湿性粉剂800～1 500倍液、28%百·霉威可湿性粉剂800～1 000倍液、50%烟酰胺水分散性粒剂1 500～2 500倍液、50%嘧菌环胺水分散粒剂1 000～1 500倍液、25%啶菌恶唑乳油1 000～2 000倍液、2%丙烷脒水剂1 000～1 500倍液、50%腐霉利可湿性粉剂1 000～2 000倍液、40%嘧霉胺悬浮剂1 000～1 500倍液，间隔5～7天喷1次，连续2～3次。

10．瓠瓜病毒病

症　　状　初在叶片上出现浓淡不均的花斑，扩展后呈深绿和浅绿相间的花叶状（图13-14）。病叶皱缩或畸形，枝蔓生长停滞，植株矮小。绿斑花叶状：叶片小，呈现明显的黄绿嵌纹，节间缩短，开花少，结果少（图13-15）。

图13-14　瓠瓜病毒病为害叶片花叶症状

图13-15 瓠瓜病毒病为害叶片花叶症状

病 原 Cucumber mosaic virus（CMV），称黄瓜花叶病毒；Cucumber green mottle mosaic virus，（CGMMV）称黄瓜绿斑驳花叶病毒。

发生规律 病毒可在保护地越冬。翌年通过蚜虫传播，也可通过农事操作接触传播，种子本身也可带毒。高温干旱天气有利于病毒病发生，生长期管理粗放、缺水缺肥、光照强、蚜虫数量多等情况下病害发生严重。

防治方法 加强育苗期间的管理，适期早定植，定植时淘汰病苗和弱苗。施足底肥，适时追肥，注意磷、钾肥的配合施用，促进根系发育，增强植株抗病性。注意防治苗床蚜虫，以防蚜虫传病毒。

种子消毒：播种前用10%磷酸三钠浸种20分钟，然后清水洗净，再浸种催芽播种；或干种子70℃热处理3天。

发病前期至初期，可用20%盐酸吗啉胍·乙酸铜可湿性粉剂500倍液、2%宁南霉素水剂300倍液、10%混合脂肪酸水乳剂100倍液、0.5%菇类蛋白多糖水剂250倍液、5%菌毒清水剂300倍液喷洒叶面，间隔7～10天喷1次，连续喷施2～3次。

第十四章　番茄病虫害原色图解

一、番茄病害

目前，国内发现的病害已有40多种，为害较重的有苗期猝倒病、灰霉病、晚疫病、早疫病、叶霉病、枯萎病等。

1．番茄猝倒病

分布为害　猝倒病是番茄育苗期的主要病害，全国各地均有分布，在冬春季苗床上发生较为普遍，轻者引起苗床片状死苗缺苗，发病严重时可引起苗床大面积死苗。

症　　状　在子叶至2～3片真叶的幼苗上发病（图14－1）。接触地面幼苗茎基部发生，先出现水渍状病斑，然后变黄褐色，干缩成线状，在子叶尚未出现凋萎前倒伏。最初发病时往往株数很少，白天凋萎，但夜间仍能复原，如此2～3天后，才出现猝倒症状。潮湿时被害部位产生白色霉层或腐烂。

病　　原　*Pythium aphanidermatum* 称瓜果腐霉，属鞭毛菌亚门真菌（图14－2）。菌丝体丝状，无分隔，菌丝上产生不规则形、瓣状或卵圆形的孢子囊。孢子囊呈姜瓣状或裂瓣状，生于菌丝顶端或中间。孢子囊萌发产生有双鞭毛的游动孢子。

图14－1　番茄猝倒病为害幼苗症状

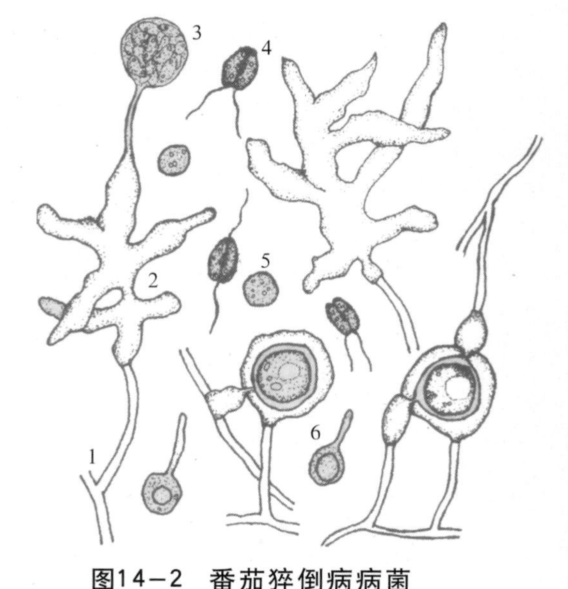

图14－2　番茄猝倒病病菌
1.孢囊梗　2.孢子囊　3.泡囊
4.游动孢子　5.卵孢子　6.藏卵器

发生规律　病菌腐生性很强，可在土壤中长期存活。春季条件适宜时，产生孢子囊和游动孢子，借雨水、灌溉水、带菌粪肥、农具、种子传播。苗床土壤高湿极易诱发此病，浇水后积水处或棚顶滴水处，往往最先形成发病中心。光照不足，幼苗长势弱、纤细、徒长、抗病力下降，也易发病。

防治方法　应选择地势较高，地下水位低，排水良好，土质肥沃的地块做苗床。苗床要整平、松细。肥料要充分腐熟，并撒施均匀。苗床内温度应控制在20～30℃，地温保持在16℃以上，注意提高地温，降低土壤湿度。出苗后尽量不浇水，必须浇水时一定选择晴天喷洒，切忌大水漫灌。严冬阴雪天要提温降湿，发病初期可将病苗清除，中午揭开覆盖物，露水干后用草木灰与细土混合撒入。

床土消毒：用50%拌种双可湿性粉剂、70%敌磺钠可溶性粉剂、25%甲霜灵可湿性粉剂、50%福美双可湿性粉剂8～10g/m^2，拌入10～15kg干细土配成药土，施药时先浇透底水，水渗下后，取1/3药土垫底，播种后用剩下的2/3药土覆盖在种子表面，防治效果明显。

种子消毒：采用温烫浸种或药剂浸种的方法对种子进行消毒处理，浸种后催芽，催芽不宜过长，以免降低种子发芽能力。或用种子重量0.3%的70%敌磺钠可溶性粉剂拌种效果也很好。

药剂防治：发现病苗立即拔除（图14-3），并喷洒25%甲霜灵可湿性粉剂800倍液、64%恶霜·锰锌可湿性粉剂500倍液、75%百菌清可湿性粉剂600倍液+40%乙膦铝可湿性粉剂200倍液、70%丙森锌可湿性粉剂500倍液、69%烯·酰锰锌可湿性粉剂1 000倍液、72.2%霜霉威水剂400倍液、70%代森锰锌可湿性粉剂500倍液+15%恶霉灵水剂1 000倍液，间隔7～10天喷1次，连续喷2～3次。

图14-3　番茄猝倒病为害幼苗症状

2. 番茄灰霉病

分布为害　灰霉病是番茄上普遍发生的一种重要病害。此病发生时间早、持续时间长，主要为害果实，造成的损失极大（图14-4至图14-5）。发病后一般减产20%～30%，流行年份大量烂果，严重地块可减产50%以上。

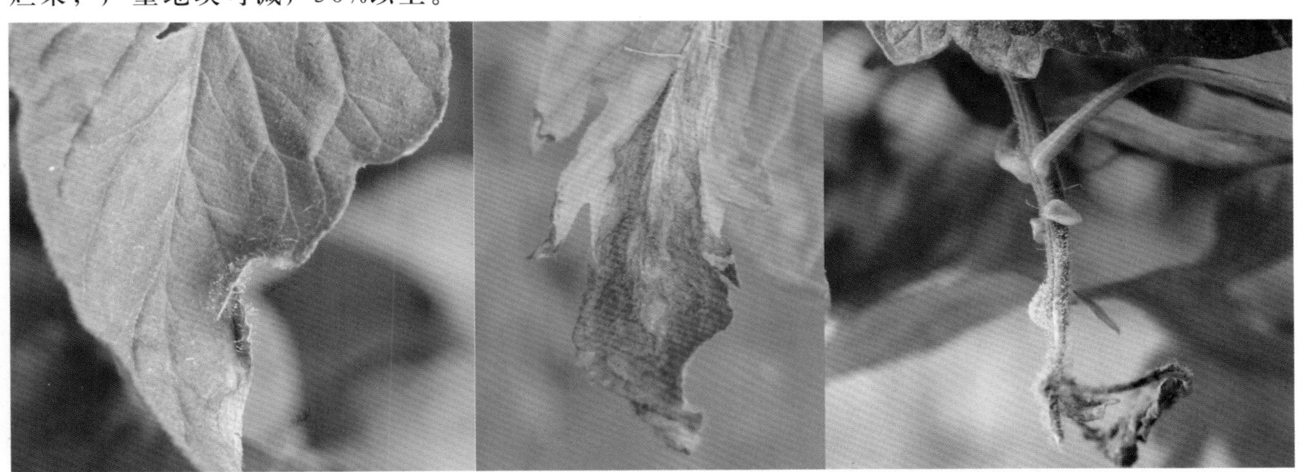

图14-4　番茄灰霉病为害叶片症状

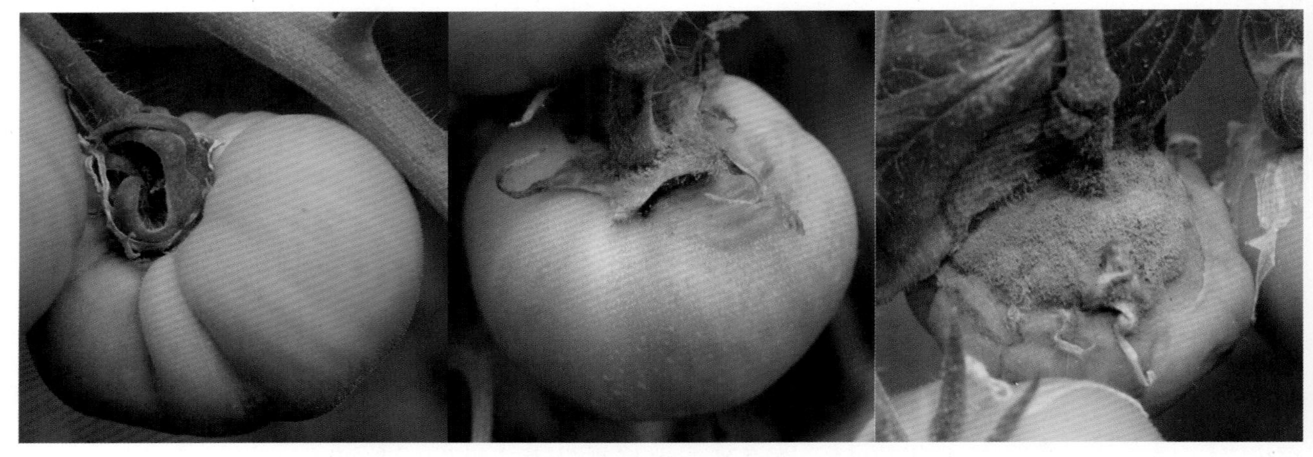

图14-5　番茄灰霉病为害果实症状

症　　状　主要发生在棚室中，多从苗的上部或伤口处发病，病部灰褐色，腐烂，表面生有灰色霉层。成株期叶片发病，从叶缘开始向里产生淡褐色“V”形病斑（图14-6），水浸状，并有深浅相间的轮纹（图14-7），表面生灰色霉层，潮湿时病斑背面也产生灰色或灰绿色霉层，叶片逐渐枯死，茎或叶柄上病斑长椭圆形，初灰白色水渍状，后呈黄褐色，有时病处失水出现裂痕（图14-8）。果实发病时（图14-9），病菌多从残留的花瓣、花托（图14-10）等处侵染，逐渐向果实扩展，果实蒂部呈灰白色水浸状软腐，产生灰色至灰褐色霉层（图14-11至图14-12）。

图14-6　番茄灰霉病为害叶片“V”形斑

图14-7　番茄灰霉病为害叶片轮纹状

图14-8　番茄灰霉病为害茎部症状

图14-9 番茄灰霉病为害幼果症状

图14-10 番茄灰霉病为害花托症状

图14-11 番茄灰霉病为害果柄症状

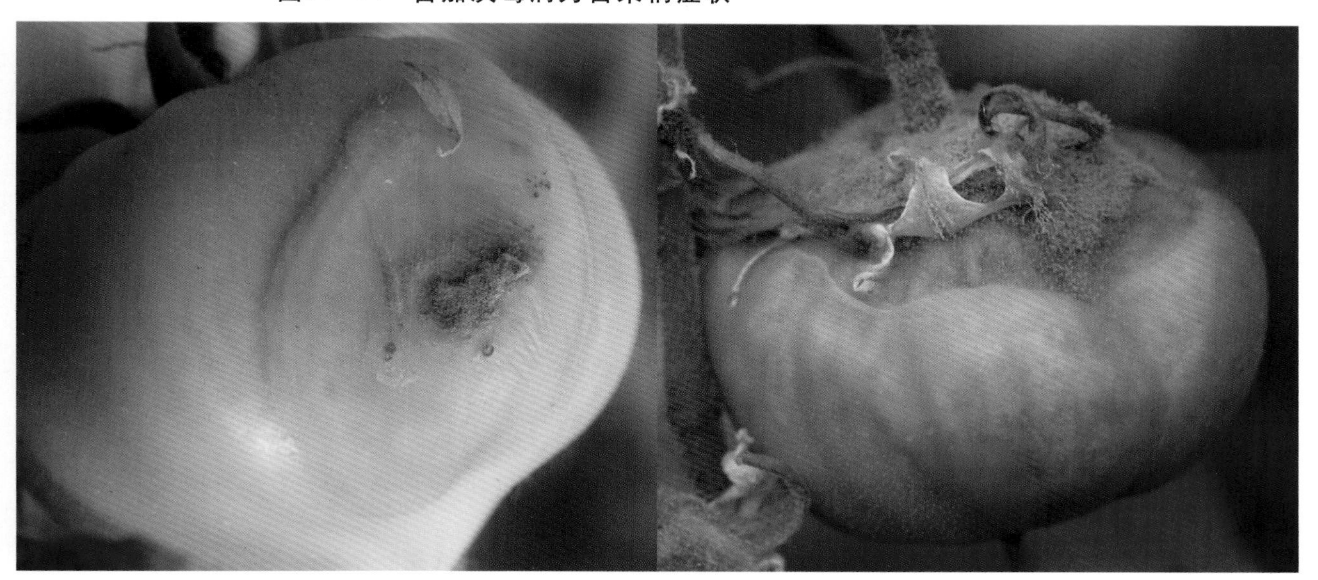

图14-12 番茄灰霉病为害果实症状

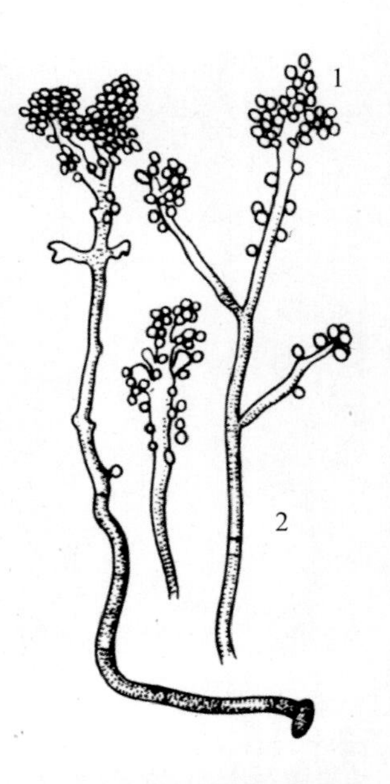

图14－13 番茄灰霉病病菌
1.分生孢子 2.分生孢子梗

病 原 *Botrytis cinerea* 称灰葡萄孢菌，属半知菌亚门真菌（图14－13）。孢子梗数根丛生，具隔，褐色，顶端呈1～2次分枝，分枝顶端稍膨大，呈棒头状，其上密生小柄并着生大量分生孢子。分生孢子圆形至椭圆形，单胞，近无色。菌丝透明无色，有隔膜。

发生规律 以菌核在土壤中，或以菌丝体及分生孢子形式在病株残体里越冬。翌春条件适宜，菌核萌发，产生菌丝体和分生孢子。借气流、雨水或露珠及农事操作进行传播。从寄主伤口或衰老的器官及枯死的组织上侵入（图14－14）。花期是侵染高峰期，尤其在穗果膨大期浇水后，病果剧增，是烂果高峰期。冬春低温季节或遇寒流期间棚室内发生较严重。密度过大、管理不当、通风不良，都会加快此病的扩展。

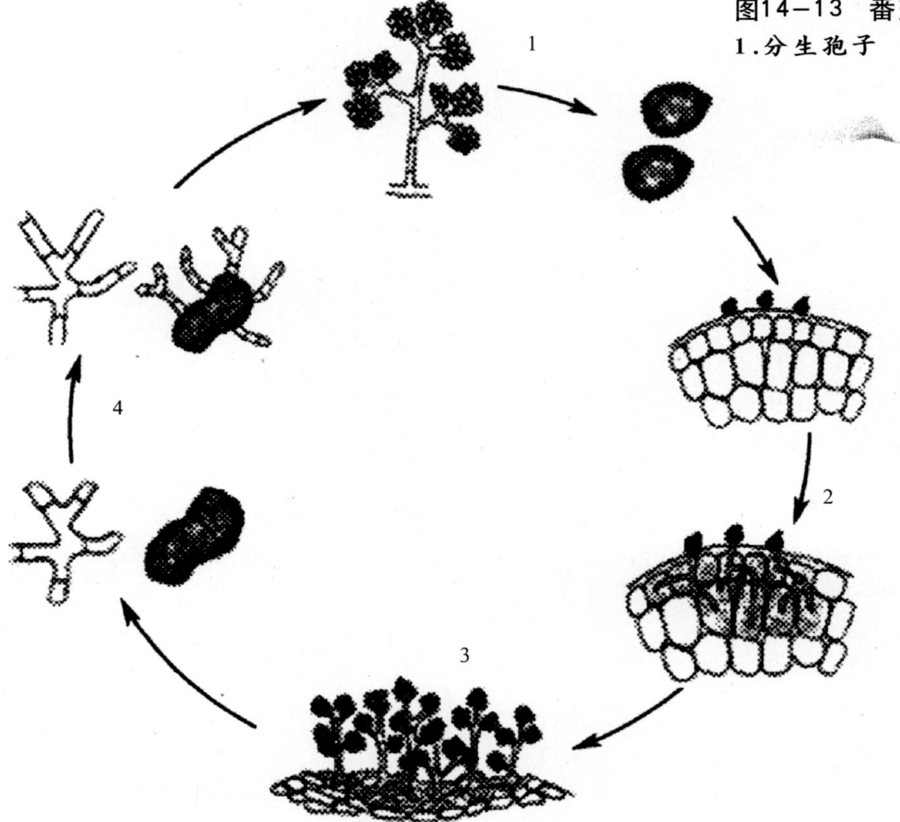

图14－14 番茄灰霉病病害循环
1.分生孢子 2.分生孢子萌发 3.发病植株 4.菌核、菌丝萌发

防治方法 温度开始升高时及时通风，降低棚内湿度。覆盖大棚、温室的薄膜最好选用紫光膜，早扣棚烤地，保持薄膜清洁。高垄栽培膜下暗灌，加强肥水管理，防止植株早衰。适当控制浇水，发病田减少浇水量，必须浇水时，则应在上午进行，且水量要小。及时摘除病花病叶、病果和病枝，带出田外，集中深埋，切不可乱丢乱放。

在定植前、缓苗后10天，花期、幼果期、果实膨大期喷洒药剂防治。定植前对幼苗喷洒50%腐霉利可湿性粉剂1 500倍液。

花期结合蘸花（防落花、落果）时（图14-15），在配制2，4-D溶液或番茄灵溶液中加入药液重量0.2%～0.3%比例的50%腐霉利可湿性粉剂，可预防病菌从开败的花处侵染果实，效果很好。以后在坐果时用浓度为0.1%的50%腐霉利或异菌脲溶液喷果2次，隔7天1次，可预防病害发生。

图14-15 番茄抹花

发病初期（图14-16至图14-18），可采用50%腐霉利可湿性粉剂800～1 500倍液、50%异菌脲悬浮剂800～1 500倍液、50%腐霉·百菌清可湿性粉剂500～800倍液、50%异菌·福美双可湿性粉剂800倍液、40%嘧霉·百菌清可湿性粉剂800～1 000倍液、30%异菌脲·环己锌乳油900～1 000倍液、50%烟酰胺水分散粒剂1 500倍液、6.5%甲硫·霉威粉剂800～1 500倍液、50%多·乙可湿性粉剂800～1 000倍液、40%啶菌·福美双悬乳剂1 000倍液、50%多·霉威可湿性粉剂600倍液、66%甲硫·乙霉威可湿性粉剂1 000倍液、50%乙烯菌核利水分散粒剂800倍液、50%异菌脲悬浮剂1 000倍液+25%啶菌恶唑乳油1 000倍液、30%福·嘧霉可湿性粉剂500～800倍液、40%嘧霉胺悬浮剂800～1 500倍液、25%啶菌恶唑乳油700～1 250倍液，隔7天喷1次，连续防治2～3次。

图14-16 番茄灰霉病为害叶片初期症状

图14-17 番茄灰霉病为害幼果初期症状

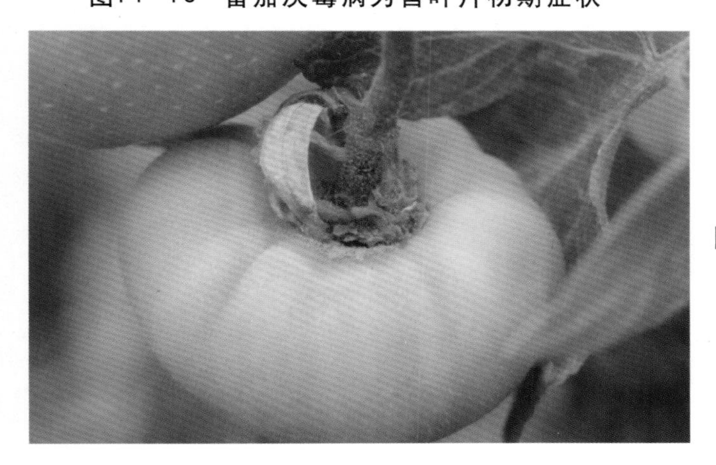

图14-18 番茄灰霉病为害果实症状

保护地栽培时，可用3%噻菌灵烟雾剂熏烟250g/亩、45%百菌清烟雾剂250g/亩熏烟、10%腐霉利烟雾剂250g/亩熏烟。也可用5%百菌清粉尘剂或10%腐霉利粉尘剂喷粉1kg/亩。每隔7~10天防治1次，连续3~4次。由于灰霉病菌易产生抗药性，在防治中要轮换用药、混合用药，防止产生抗药性。

3. 番茄晚疫病

分布为害 晚疫病是番茄上的重要病害，在我国各地露地和保护地栽培的番茄上普遍发生，并造成严重的为害（图14-19）。在病害流行年份可减产20%~40%。

图14-19 番茄晚疫病为害情况

症　　状 番茄受害，幼苗期叶片出现暗绿色水浸状病斑，叶柄或茎上出现水渍状褐色腐烂，病部缢缩倒折，空气湿度大时，产生稀疏的白色霉层（图14-20）。成株期多从下部叶片开始发病，叶片表面出现水浸状淡绿色病斑，逐渐变为褐色，空气湿度大时，叶背病斑边缘产生稀疏的白色霉层（图14-21）。茎和叶柄的病斑呈水浸状长条形，褐色，凹陷，最后变为黑褐色并腐烂，引起植株萎蔫（图14-22至图14-23）。果实上的病斑有时有不规则形云纹，后变为暗褐色，边缘明显（图14-24）。果实质地坚硬不平，在潮湿条件下，病斑长有少量白霉。

图14-20 番茄晚疫病为害幼苗症状

图14-21 番茄晚疫病为害叶片正、背面症状

图14-22　番茄晚疫病茎部受害症状

图14-23 番茄晚疫病果柄受害症状

图14-24　番茄晚疫病果实受害症状

病　原　*Phytophthora infestans*称致病疫霉，属鞭毛菌亚门真菌（图14-25）。病菌菌丝无色无隔、较细多核，孢囊梗无色，3~5根成丛从气孔伸出，顶生孢子囊卵形或近圆形。

发生规律　以菌丝体在温室番茄植株上越冬，或以厚垣孢子形式在落入土中的病残体上越冬。借助风雨传播，由植株气孔或表皮直接侵入（图14-26）。一般3月发生，4月进入流行期，以叶片和处于绿熟期的果实受害最重。高湿低温，特别是温度波动较大，有利于病害流行。氮肥过多，栽植密度过大，保护地放风不及时等因素均可诱发病害。

图14-25　番茄晚疫病病菌
1.孢子囊　2.孢子囊梗

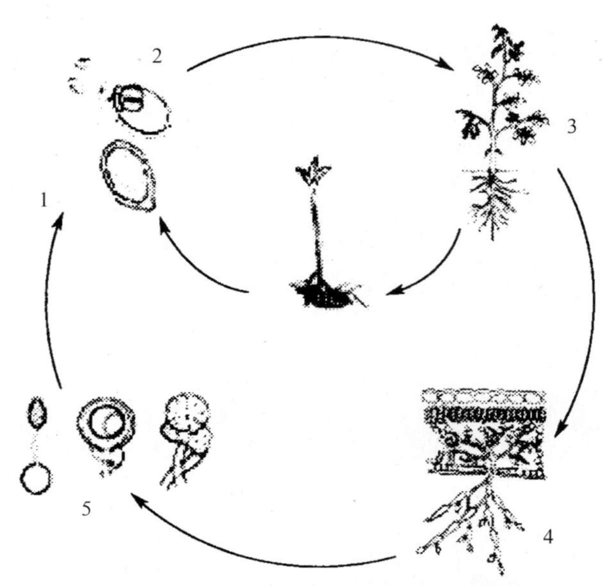

图14-26 番茄晚疫病病害循环
1.孢子囊 2.孢子囊萌发 3.发病植株
4.孢子囊和孢囊梗 5.孢子囊、雄器和藏卵器

防治方法 选择地势高燥、排灌方便的地块种植，合理密植。合理施用氮肥，增施钾肥。切忌大水漫灌，雨后及时排水。加强通风透光，保护地栽培时要及时放风，尽量避免叶片结露时间，以减轻发病程度。

田间出现发病中心时（图14-27至图14-28），及时施药防治。可用70%乙膦·锰锌可湿性粉剂500倍液、72.2%霜霉威水剂800倍液、50%福美双可湿性粉剂500倍液、75%百菌清可湿性粉剂700倍液+25%甲霜灵可湿性粉剂600倍液、20%苯霜灵乳油300倍液、50%甲霜·铜可湿性粉剂600～700倍液、40%三乙膦酸铝可湿性粉剂200～250倍液、64%恶霜·锰锌可湿性粉剂400倍液、70%甲霜·铝铜可湿性粉剂800倍液、72%霜脲·锰锌可湿性粉剂750倍液、2%嘧啶核苷类抗生素水剂150倍液+70%代森锰锌可湿性粉剂500倍液、77%氢氧化铜可湿性粉剂 600倍液+2%武夷菌素水剂150～200倍液，每隔5～7天喷1次，连喷2～3次。

保护地栽培时还可以使用45%百菌清烟雾剂250g/亩，傍晚封闭棚室，将药分放于5～7个燃放点，烟熏过夜或喷撒5%百菌清粉剂1kg/亩。间隔7～10天用1次药，最好与喷雾防治交替进行。

图14-27 番茄晚疫病发病初期症状

图14-28 番茄晚疫病为害田间症状

4. 番茄早疫病

分布为害 早疫病在全国番茄种植区均有发生，主要为害露地番茄（图14-29），为害严重时，引起落叶、落果和断枝，一般可减产20%～30%，严重时可高达50%以上。

图14-29 番茄早疫病为害植株症状

症 状 主要侵染叶、茎、花、果。叶片发病初呈针尖大小的黑点（图14-30至图14-33），后发展为不断扩展的黑褐色轮纹斑，边缘多具浅绿色或黄色晕环，中部出现同心轮纹，且轮纹表面生毛刺状不平坦物，潮湿条件下，病部长出黑色霉物。茎和叶柄受害（图14-34至图14-35），茎部多发生在分枝处，产生褐色至深褐色不规则圆形或椭圆形病斑，稍凹陷，表面生灰黑色霉状物。青果染病（图14-36至图14-37），始于花萼附近，初为椭圆形或不定形褐色或黑色斑，凹陷，有同心轮纹。后期果实开裂，病部较硬，密生黑色霉层。

图14－30　番茄早疫病苗期病叶

图14－31　番茄早疫病病叶正面

图14－32　番茄早疫病病叶背面

图14－33　番茄早疫病叶脉受害症状

图14－34　番茄早疫病幼苗病茎

图14－35　番茄早疫病为害叶柄症状

图14-36　番茄早疫病为害花器症状

图14-37　番茄早疫病为害果实症状

病　　原　*Alternaria solani* 称茄链格孢，属半知菌亚门真菌（图14-38）。菌丝丝状有隔膜。分生孢子梗单生或簇生，圆筒形，有1～7个隔膜，暗褐色，顶生分生孢子。分生孢子长棍棒状，顶端有细长的嘴胞，黄褐色，具纵横隔膜。

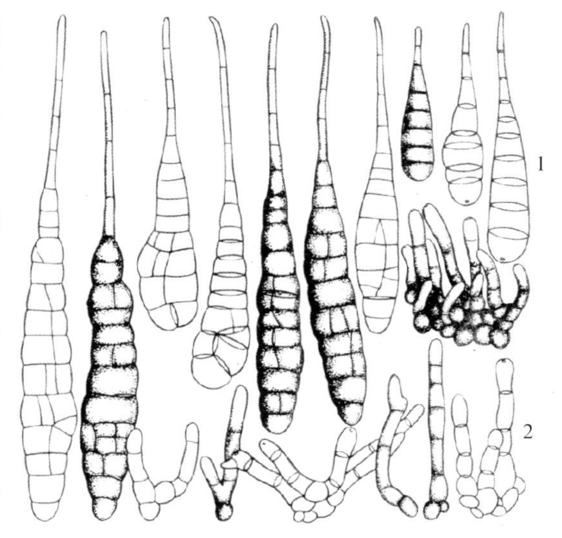

图14-38　番茄早疫病病菌

1.分生孢子　2.分生孢子梗

发生规律　以分生孢子和菌丝体在土壤或种子上越冬，借风雨传播，从气孔、皮孔、伤口或表皮侵入，引起发病。病菌可在田间进行多次再侵染。此病大多数在结果初期开始发生，结果盛期发病较重。老叶一般先发病。高温多雨特别是高湿是诱发本病的重要因素，重茬地、低洼地、瘠薄地、浇水过多或通风不良地块发病较重（图14-39）。

防治方法　施足腐熟的有机底肥，合理密植。露地栽培时，注意雨后及时排水。及时摘除病叶、病果，带出田外集中销毁。番茄拉秧后及时清除田间残余植株、落花、落果。大棚内要注意保温和通风。

种子消毒：用50℃温水浸种20分钟，捞出后放入冷水中浸泡3～4小时。或将种子用冷水浸4小时后捞出放入1%硫酸铜溶液10分钟，再放入1%肥皂水中，5分钟捞出，洗净、催芽、播种。

发病初期开始用药，喷洒50%腐霉利可湿性粉剂2 000倍液、50%异菌脲可湿性粉剂1 000～1 500倍液、65%抗霉威可湿性粉剂1 000～1 500倍液、70%甲基硫菌灵可湿性粉剂500倍液、50%克菌灵可湿性粉剂1 000倍液、50%乙烯菌核利可湿性粉剂1 000倍液、50%多霉灵可湿性粉剂（多菌灵+乙霉威）1 500倍液+70%代森锰锌可湿性粉剂500倍液、50%异菌脲可湿性粉剂800倍液+50%乙霉威可湿性粉剂600倍液、12%武夷菌素水剂150倍液、65%甲霉灵（甲基硫菌灵+乙霉威）可湿性粉剂1 500倍液、50%腐霉利可湿性粉剂1 000倍液+70%甲基硫菌灵可湿性粉剂600倍液喷雾。为防止产生抗药性提高防效，提倡轮换交替或复配使用。每7天喷1次，连喷2～3次。

棚室栽培番茄，可在定植前对棚室进行熏蒸消毒，每1立方米空间用硫磺粉6.7g，混入锯末13.5g，分装后用正在燃烧的煤球点燃，密闭棚室，熏蒸一夜。或定植后1～3天内，用45%百菌清烟剂或10%腐霉利烟剂或15%霜疫清烟剂每亩用200～250g，闭棚熏烟一夜。

图14-39 番茄早疫病为害田间症状

5. 番茄叶霉病

分布为害 叶霉病在我国大多数番茄产区均有分布，以华北和东北地区受害较重。尤其是保护地栽培番茄为害严重（图14-40），一般可减产20%~30%。

图14-40 番茄叶霉病为害叶片症状

症　状 主要为害叶片，严重时也可为害茎、花和果实。叶片发病初期，叶片正面出现不规则形或椭圆形淡黄色褪绿斑，边缘不明显，叶背面出现灰紫色至黑褐色茂密的霉层，湿度大时，叶片表面病斑也可长出霉层（图14-41）。随病情扩展，叶片由下向上逐渐卷曲，病株下部叶片先发病，后逐渐向上蔓延，使整株叶片呈黄褐色干枯，发病严重时可引起全株叶片卷曲（图14-42）。

图14－41　番茄叶霉病为害叶片正、背面症状

图14－42　番茄叶霉病为害田间症状

病　原　*Cladosporium fulvum* 称黄枝孢菌，属半知菌亚门真菌（图14－43）。分生孢子梗成束从气孔伸出，稍有分枝，初无色，后呈褐色，有1～10个隔膜，大部分细胞上部偏向一侧膨大。分生孢子串生，孢子链通常分枝，分生孢子圆柱形或椭圆形，初无色，单胞，后变为褐色，中间长出一个隔膜，形成2个细胞。

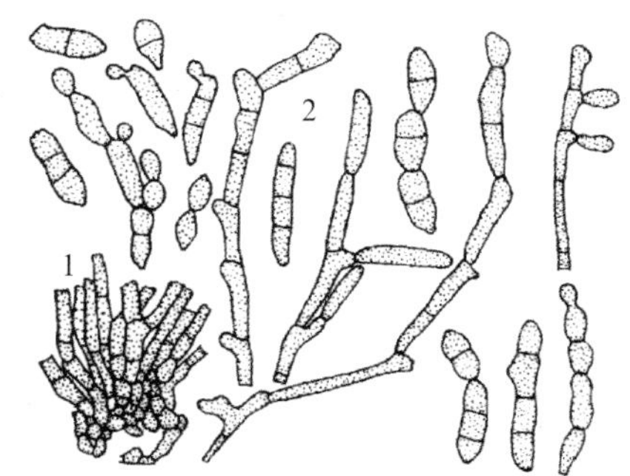

图14－43　番茄叶霉病病菌
1.分生孢子梗　2.分生孢子

发生规律 以菌丝体和分孢子梗随病残体遗落在土中存活越冬，或以分生孢子黏附在种子上越冬。依靠气流传播，从气孔侵入致病。病菌孢子萌发后一般从寄主叶背气孔侵入。8月、9月和10月上旬正是病原生育适温期，秋大棚比温室发病重，温室比露地发病重。过于密植，通风不良，湿度过大，发病严重。阴雨天气或光照弱有利于病菌孢子的萌发和侵染。

防治方法 栽培管理的防病重点是控制温、湿度，增加光照，预防高湿低温，加强水肥管理。苗期浇小水，定植时灌透，开花前不浇，开花时轻浇，结果后重浇，浇水后立即排湿，尽量使叶面不结露或缩短结露时间。露地栽培时，雨后及时排除田间积水。增施充分腐熟的有机肥，避免偏施氮肥，增施磷钾肥，及时追肥，并进行叶面喷肥。定植密度不要过高，及时整枝打杈、绑蔓，植株坐果后适度摘除下部老叶。

种子消毒：种子要用52℃温水浸种15分钟或采用2%武夷菌素浸种，或用种子重量0.4%的50%克菌丹拌种。也可用2.5%咯菌腈悬浮种衣剂，使用浓度为10ml对水150～200ml，混匀后可拌种3～5kg，包衣后播种。或2%嘧啶核苷类抗生素水剂100倍液浸种5～12小时。

发病初期（图14－44）用药剂防治，可喷洒50%敌菌灵可湿性粉剂500倍液+70%代森锰锌可湿性粉剂1 000倍液、60%多菌灵盐酸盐可湿性粉剂600倍液、50%多硫悬浮剂700倍液、75%百菌清可湿性粉剂500倍液+2%武夷菌素水剂100～150倍液、50%苯菌灵可湿性粉剂1 000倍液、70%甲基硫菌灵可湿性粉剂800倍液、40%氟硅唑乳油4 000～6 000倍液、40%双胍三辛烷基苯磺酸盐可湿性粉剂3 000倍液、47%加瑞农（春雷霉素+氧氯化铜）可湿性粉剂800～1 000倍液、2%春雷霉素可湿性粉剂350～500倍液、30%氟菌唑可湿性粉剂1 500倍液、12%松脂酸铜乳油400倍液、10%苯醚甲环唑水分散粒剂2 200倍液、40%氟硅唑乳油7 000倍液+20%三唑酮乳油2 000倍液、50%咪鲜胺锰络化合物1 500倍液、40%嘧霉胺可湿性粉剂800～1 000倍液。每7天防治1次，连续用药2～3次。在喷药时，要注意喷布均匀，重点是叶背和地面。

保护地番茄用45%百菌清烟剂0.2～0.3kg/亩熏蒸、或喷撒5%百菌清粉尘剂，隔8～10天喷1次，连续或交替轮换施用。

图14－44 番茄叶霉病发病初期症状

6．番茄病毒病

分布为害 病毒病在全国番茄种植区均有发生，一般年份可减产20%～30%，流行年份高达50%～70%，局部地区甚至绝产。

症　　状 番茄病毒病主要有蕨叶型、花叶型、条斑型黄化卷叶型。蕨叶型：是系统感染病害。病株心叶沿叶脉褪绿，变成细长的小叶，有的呈螺旋形下卷，下部叶片卷成筒状。病果畸形，果肉呈浅褐色。花叶型：在叶片出现明脉或黄脉相间的斑驳，叶片皱缩，植株生长缓慢，病重时落花落果。条斑型：叶、茎、果上初为深褐色斑，后叶片上出现纹状不规则茶褐色斑。茎上呈条状褐色斑，病部稍凹陷。果实上病斑浅褐色，表皮凸凹不平。仅限于表皮，不深入茎内和果内。黄化卷叶型：叶片受害卷曲皱缩，后期萎蔫（图14－45至图14－49）。

图14-45　番茄病毒病蕨叶型

图14-46　番茄病毒病花叶型

图14-47　番茄病毒病黄化卷叶型

图14-48　番茄病毒病病果

图14-49　番茄病毒病条斑型

病　　原 Cucumber mosaic virus（CMV）称黄瓜花叶病毒；Tobacco mosaic virus（TMV）称烟草花叶病毒；Tomato yellow leaf curl virus 称黄化卷叶病毒；Potato virus Y （PVY），称马铃薯Y病毒；Whitefly-transmitted geminiviruses（WTG），称番茄烟粉虱双生病毒。

发生规律 黄瓜花叶病毒在多年生宿根植物或杂草上越冬，靠蚜虫传播。烟草花叶病毒在病残体和多种作物上越冬，种子也可带毒。通过摩擦接触传播。在高温、强光、干旱及有蚜虫为害情况下容易发病。5月底和6月上旬是病毒病易感期。果实膨大期缺水干旱，土壤中缺钙、钾等元素，易发病。

防治方法 定植时不要伤根，在田间操作时不要损伤植株。冬季深翻土壤，适期早种、早栽、保护覆盖栽培，培育壮苗大苗，使植株早发棵、早成龄，使其在干热季节来临前，即5月底和6月上旬的病毒病易感期让果实大部坐住的避病措施，以及定植后勤中耕促进根系发育，及早追足磷肥，打杈时用手推杈，减少伤口，减少汁液传毒，及时消灭蚜虫、粉虱等传毒害虫。

种子消毒，可用10%的磷酸三钠溶液浸种20分钟，用清水洗净后再播种。或用0.1%高锰酸钾溶液浸种40分钟水洗后浸种催芽，或将干燥的种子置于70℃恒温箱内进行干热消毒72小时。

防治蚜虫，及时防治蚜虫，可降低蚜虫传毒引发病毒病的机会。

发病初期（图14－50），可用20%盐酸吗啉胍乙酸铜可湿性粉剂500倍液、0.5%菇类多糖蛋白水剂300倍液、1.5%的植病灵乳剂1 000倍液、3%三氮唑核苷水剂500倍液、2%宁南霉素水剂150～250倍液、5%菌毒清水剂300～500倍液喷雾，每隔5～7天喷1次，连续喷2～3次。

图14－50　番茄病毒病蕨叶型受害植株

7. 番茄根结线虫病

分布为害 根结线虫病是番茄上的一种重要病害，各番茄产区均有发生，特别是保护地受害较为严重。

症　　状 主要为害根部。病部产生大小不一，形状不定的肥肿、畸形瘤状结（图14－51）。剖开根结有乳白色线虫。发病轻时，地上部症状不明显，发病严重时植株矮小（图14－52），发育不良，叶片变黄，结果小。高温干旱时病株出现萎蔫或提前枯死。

图14-51　番茄根结线虫病为害较轻时地上部分及根部情况

图14-52　番茄根结线虫病为害严重时地上部分及根部情况

病　　原 *Meloidogyne incognite* 称南方根结线虫（图14-53）。雄成虫细长，无色透明，尾端钝圆；雌成虫梨形，乳白色。

发生规律 以2龄幼虫或雌虫随病残体在土壤和粪肥中越冬。翌年条件适宜时，卵孵化为幼虫或经幼虫直接侵入新根为害，通过病土、病苗传播。偏施氮肥发病较重；夏秋季高温，少雨时发病重；连作地、土壤湿度较小，管理不良的地块发病重。

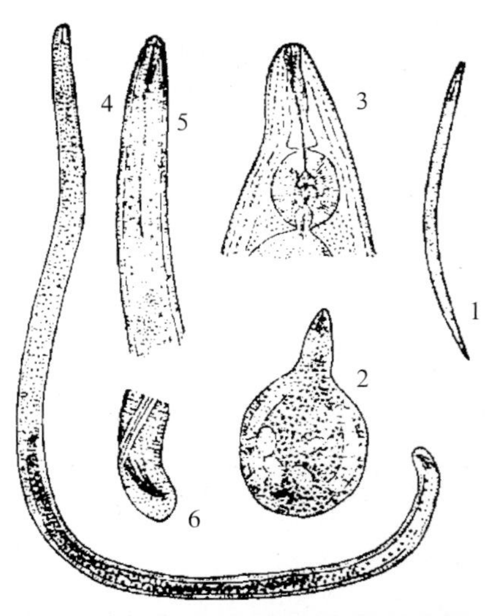

防治方法 收获后及时清洁田园病残体，轮作2～3年，可减少虫口密度，合理施肥，适时灌溉。

移栽定植前，用溴甲烷熏蒸。定植时用10%克线磷颗粒剂5kg/亩穴施（图14-54），发病初期（图14-55至图14-56）可用40%灭线磷乳油、50%辛硫磷乳油1 000倍液灌根。

图14-53 番茄根结线虫

1.二龄幼虫 2.雌虫 3.雌虫前端 4.雄虫 5.雄虫前端 6.雄虫尾部

图14-54 番茄移栽定植

图14-55 番茄根结线虫为害症状

图14-56 番茄根结线虫病为害田间症状

8．番茄枯萎病

症　　状　番茄枯萎病是一种重要的土传病害，常与青枯病并发。多在开花结果期发病，在盛果期枯死（图14－57）。先从下部叶片开始发黄枯死，依次向上蔓延，有时植株一侧叶片发黄，另一侧为正常绿色，发病严重时整株叶片枯死，但不脱落。叶片黄褐色，潮湿时茎部贴地表处，产生粉红色霉，剖开茎部维管束变黄褐色（图14－58），但无污浊黏液。

图14－57　番茄枯萎病为害植株症状

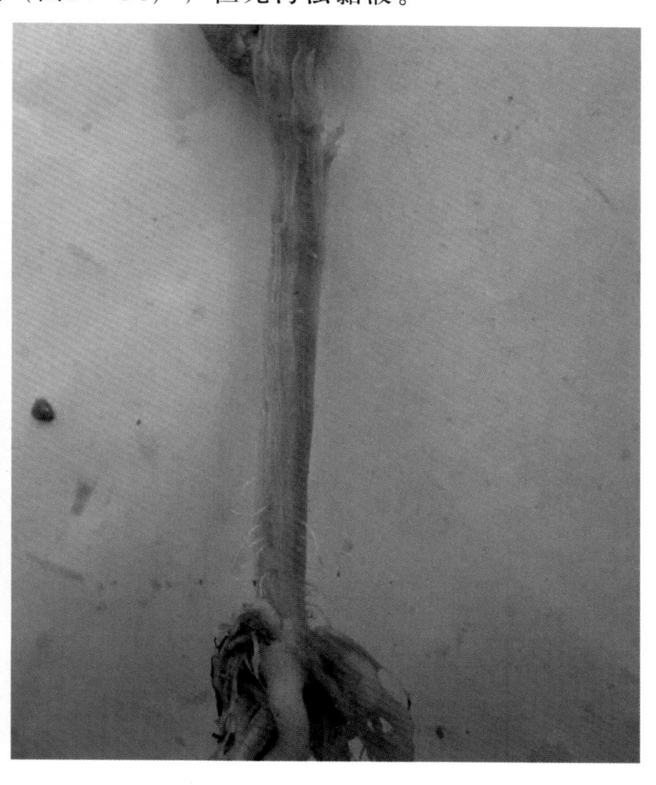

图14－58　番茄枯萎病根茎部褐变症状

病　　原　*Fusararium oxysporum* f.sp *lycoersici* 称番茄尖镰孢菌番茄专化型，属半知菌亚门真菌（图14－59）。分生孢子分大小两型：大型分生孢子镰刀形，有隔膜3～5个。小型分生孢子无色，单胞，椭圆形。

图14－59　番茄枯萎病病菌的分生孢子、分生孢子梗和厚垣孢子

发生规律　以菌丝体或厚垣孢子随病残体在土壤中或附着在种子上越冬。带菌种子进行远距离传病。多在分苗、定植时从根系伤口、自然裂口、根毛侵入，到达维管束。高温高湿有利于病害发生。土壤潮湿、偏酸、地下害虫多、土壤板结、土层浅、发病重。番茄连茬年限愈多，施用未腐熟粪肥，或追肥不当烧根，植株生长衰弱，抗病力降低，病情加重。春播早番茄病轻，晚播的病重。

防治方法　发现零星病株，要及时拔除，定植穴填入生石灰覆土踏实，杀菌消毒。

种子及苗床消毒：播前用52℃温水浸种30分钟，或用50%多菌灵可湿性粉剂500倍液浸种1小时，或用硫酸铜1 000倍液浸种5分钟，或用0.1%升汞浸种3分钟，再用清水洗涤干净催芽播种。也可用种子重量0.3%的70%敌磺钠可溶性粉剂，或50%异菌脲可湿性粉剂拌种后再播种。

发病初期，可向茎基部及周围土壤喷施50%多菌灵可湿性粉剂500倍液、70%甲基硫菌灵可湿性粉剂500倍液、2%嘧啶核苷类抗生素水剂200倍液、10%双效灵水剂200倍液、50%菌毒清水剂200～300倍液、50%琥胶肥酸铜可湿性粉剂400倍液、70%敌磺钠可溶性粉剂500倍液等灌根，每株灌药液300～500ml，每隔7～10天灌1次，连灌2～3次。番茄枯萎病为害植株后期症状（图14-60）。

图14-60　番茄枯萎病为害后期田间症状

9. 番茄斑枯病

症　状　主要为害番茄的叶片、茎和花萼，尤其在开花结果期的叶片上发生最多，果实很少受害。接近地面的老叶先发病（图14-61），逐渐蔓延到上部叶片。初发病时，叶片背面出现水浸状小圆斑，不久叶片正面出现近圆形的褪绿斑，边缘深褐色，中央灰白色，凹陷，密生黑色小粒点。发病严重时，叶片逐渐枯黄，植株早衰，造成早期落叶。茎部病斑椭圆形（图14-62），稍隆起。病斑中间灰白色，边缘暗褐色。果实染病，病部灰白色，边缘暗褐色，呈圆形隆起，尤如鱼眼状。

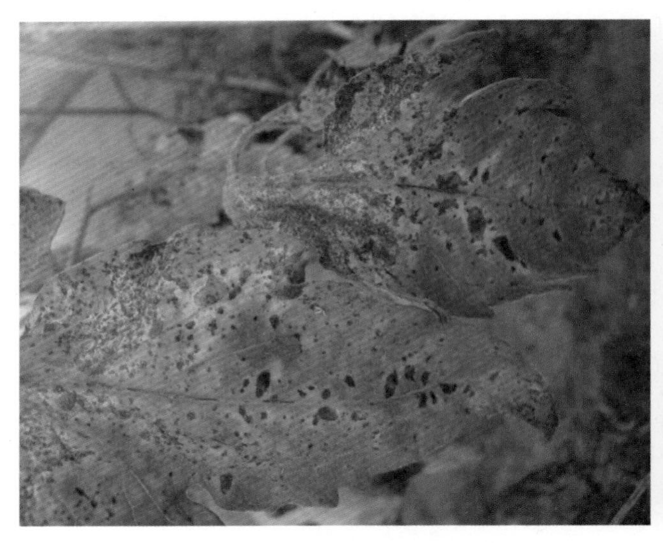

图14-61　番茄斑枯病为害叶片症状

图14-62　番茄斑枯病为害茎部症状

病　　原 *Septoria lycopersici*称番茄壳针孢，属半知菌亚门真菌。分生孢子器球形至扁球形，黑色，初埋生于寄主表皮下，后部分突破表皮外露，呈小黑点状。其内生有大量分生孢子。分生孢子针形，直或稍弯曲，无色，具1～7个隔膜。

发生规律 以菌丝体和分生孢子器在土中的病残体或种子上越冬。借雨水溅到番茄叶片上，所以接近地面的叶片首先发病。斑枯病常在初夏发生，到果实采收的中后期蔓延很快。温暖潮湿和阳光不足的阴天，有利于斑枯病的发生。遇阴雨天气，同时土壤缺肥、植株生长衰弱，病害容易流行。

防治方法 番茄采收后，要彻底清除田间病株残余物和田边杂草，集中沤肥，经高温发酵和充分腐熟后方能施入田内。

发病初期（图14-63）喷药防治，可喷施70%代森锰锌可湿性粉剂800～1 000倍液、40%百菌清悬浮剂600～700倍液、64%恶霜·锰锌可湿性粉剂500倍液、50%福美双可湿性粉剂500倍液、40%克菌丹可湿性粉剂400倍液+50%多菌灵可湿性粉剂800～1 000倍液、65%代森锌可湿性粉剂500倍液+70%甲基硫菌灵可湿性粉剂1 000倍液、65%福美锌可湿性粉剂500倍液、50%异菌脲可湿性粉剂、77%氢氧化铜可湿性粉剂600～800倍液、40%氟硅唑乳油4 000～6 000倍液、10%苯醚甲环唑水分散粒剂4 000倍液、50%硫菌灵可湿性粉剂 600倍液、50% 腐霉利可湿性粉剂1 000倍液，每7～10天喷1次，连续喷2～3次。

图14-63　番茄斑枯病发病初期

10. 番茄溃疡病

症　　状 溃疡病为细菌性病害。植株下部叶片边缘枯萎，逐渐向上卷起，随后全叶发病，叶片青褐色，皱缩，干枯，垂悬于茎上而不脱落，似干旱缺水枯死状。茎部出现褪绿条斑，有时呈溃疡状。茎的髓部变褐，后期下陷或开裂，茎略变粗，生出许多疣刺或不定根。湿度大时，有污白色菌脓溢出。果实发病，果实表面产生乳白色隆起的圆形病斑，斑点周围有白色的光轮。后期病斑中心部变褐，形成木栓化突起，如鸟眼状，称之为“鸟眼斑”（图14-64至图14-66）。

图14-64　番茄溃疡病为害茎部症状

图14－65　番茄溃疡病为害植株症状

图14－66　番茄溃疡病病果

病　　原　*Clavibacter michiganense* subsp. *michiganense* 称密执安棒杆菌密执安亚种，属细菌。菌体短棒状，无鞭毛。

发生规律　病菌在种子内外或附着于病残体上越冬。种子带菌是远距离传播的主要途径。田间主要靠雨水及灌溉水传播。此外，整枝、绑架、摘果等农事操作时也可接触传播。病菌可从各种伤口侵入。湿度大时，还能经气孔、水孔侵入。喜高湿，大雾、重露、多雨等因素有利病害发生，尤其是暴风雨后病害明显加重。在长时间降雨之后，发病于露地栽培上，从6月下旬开始猛增，7月中旬达到高峰，之后逐渐减少。在气温较低的地方，则从7月上中旬开始发病。

防治方法　选用野生番茄为砧木进行嫁接栽培。及时中耕培土，早搭架。农事操作要在田间露水干后进行。发现病株及时拔除深埋或烧毁，并用生石灰对病穴进行消毒。

种子消毒：可用55℃温水浸种15分钟，或进行干热灭菌，将干种子放在烘箱中，在70℃下保温72小时或者在80℃下保温24小时，或用浓度为200mg/L的农用硫酸链霉素浸种2小时，或用1.05%次氯酸钠浸种20～40分钟。浸种后用清水冲洗掉药液，催芽播种。

定植前用4 000倍液的新植霉素浸苗10～12小时。在番茄定植后，每隔7～10天喷1次保护性杀菌剂进行保护防治。

发病初期，可采用72%农用硫酸链霉素可溶性粉剂3 000倍液、100万单位新植霉素可溶性粉剂3 000倍液、47%春雷霉素・氧化亚铜可湿性粉剂600倍液、20%二氯异氰尿酸钠可湿性粉剂2 000倍液、20%噻森铜悬浮剂400倍液、30%壬菌铜微乳剂330倍液、88%水合霉素可溶性粉剂1 500倍液、50%氯溴异氰尿酸可溶性粉剂1 500倍液，隔5～7天喷1次，连续喷2～3次。

11．番茄细菌性髓部坏死病

症　　状　主要为害茎和分枝，叶、果也可被害。初病期植株上中部叶片开始失水萎蔫（图14－67），部分复叶的少数小叶片边缘褪绿。与此同时，茎部长出凸起的不定根，尚无明显的病变。后在长出凸起的不定根的上、下方，出现褐色至黑褐色斑块，病斑表皮质硬（图14－68）。纵剖病茎，可见髓部发生病变，病变部分超过茎外表变褐的长度，呈褐色至黑褐色；茎外表褐变处的髓部先坏死，干缩中空，并逐渐向茎上下延伸（图14－69）。

病　　原　*Pseudomonas corrugata* 称皱纹假单胞菌，属细菌。具多根极生鞭毛。

发生规律　病菌随病残体在土壤中越冬。病菌借助雨水、灌溉水传播，农事操作也能传播病菌。病菌主要由伤口侵入。棚栽番茄于3月下旬初见发病，至4月番茄青果生长期发病重。露地樱

图14－67　番茄细菌性髓部坏死田间症状

图14－68　番茄细菌性髓部坏死病病茎

图14－69　番茄细菌性髓部坏死病病茎纵剖面

桃番茄于6月上旬青果生长期发病。病菌在夜温低、湿度大的条件下繁殖较快，雨季最易发病。偏施氮肥，茎柔嫩，植株易受病菌侵染而发病。一般4～6月遇低夜温或高湿天气，容易发病。连作地、排水不良、氮肥过量的地块发病重。

防治方法　加强水肥管理，高垄覆盖地膜栽培。合理施肥，施足粪肥，增施磷、钾肥，不要偏施、过施氮肥，保持植株生长健壮。合理浇水，雨后及时排水，防止田间积水，避免田间湿气滞留。保护地栽培时注意降低棚室内空气湿度，浇水后及时排出湿气。清洁田园，发现病叶及时摘除，收获后清洁田园，深翻土壤。

发病前至发病初期，可采用72%农用硫酸链霉素可溶性粉剂2 000～3 000倍液、20%叶枯唑可湿性粉剂500～800倍液、20%噻森铜悬浮剂600倍液、88%水合霉素可溶性粉剂1 500倍液、3%中生菌素可湿性粉剂600～1 000倍液，隔5～7天喷1次，连续喷2～3次。

12. 番茄茎基腐病

症　　状　茎基腐病多在进入结果期时发病，仅为害茎基部（图14－70）。发病初期，茎基部皮层外部无明显病变，而后茎基部皮层逐渐变为淡褐色至黑褐色，绕茎基部一圈（图14－71），病部失水变干缩。纵剖病茎基部，可见木质部变为暗褐色。病部以上叶片变黄，萎蔫。后期叶片变为黄褐色，枯死多残留在枝上不脱落。根部及根系不腐烂。后期，病部表面常形成黑褐色大小不一的菌核，有别于早疫病。

病　　原　*Rhizoctonia solani*称立枯丝核菌，属半知菌亚门真菌。

发生规律　主要以菌丝体或菌核在土中或病残体中越冬。病菌在土壤中腐生性较强，可存活2～3年。条件适宜时，菌核萌发，产生菌丝侵染幼苗。病菌在田间由雨水、灌溉水、带菌农具、堆肥传播，形成反复侵染。在多阴雨天气、地面过湿、通风透光不良、茎基部皮层受伤等情况下，容易发病。

图14-70　番茄茎基腐病受害植株

图14-71　番茄茎基腐病受害茎基部

防治方法　适期育苗，并加强苗床管理。及时通风降湿，注意防病和炼苗，避免弱苗、病苗或苗龄过长。清除棚内病残体及杂草。增施有机肥，改善土壤结构。施用腐熟的有机肥作底肥，增施磷、钾肥。种植不可过密，雨后及时排除积水，及时清除病株集中烧毁。

深翻土壤，搞好土壤消毒。每亩用20%多菌灵3kg、70%敌磺钠1kg、40%五氯硝基苯与福美双1∶1混拌细土12.5kg，配成药土，播前把1/3的药土撒入畦面播种，播后将剩余药土盖种，防止土壤带菌。

幼苗发病前，可用75%百菌清可湿性粉剂600倍液、50%福美双可湿性粉剂500倍液等药剂均匀喷雾。

定植后至成株期发病，可在发病初期（图14-72），选用40%拌种双粉剂2～3kg/亩，拌适量细土，施于病株茎基部，覆盖病部。也可用75%百菌清可湿性粉剂600倍液+40%拌种双粉剂800倍液、20%甲基立枯磷乳油1 200倍液、70%甲基硫菌灵可湿性粉剂500倍液+50%腐霉利可湿性粉剂1 000倍混合后喷淋。还可用40%五氯硝基苯粉剂200倍液+50%福美双可湿性粉剂200倍液涂抹发病茎基部。

图14-72　番茄茎基腐病发病初期症状

13. 番茄煤污病

症　　状　主要为害叶片、叶柄及茎。叶片染病背面生淡黄绿色近圆形或不定形病斑，边缘不明显，斑面上生褐色绒毛状霉（图14-73），即病菌分生孢子梗及分生孢子。霉层扩展迅速，可覆盖整个叶背，叶正面出现淡色至黄色周缘不明显的斑块，后期病斑褐色，发病严重的，病叶枯萎，叶柄或茎也常长出褐色毛状霉层（图14－74）。

图14－73 番茄媒污病病叶

图14－74 番茄媒污病病果

病 原 *Cercospora fuligena* 称煤污假尾孢，属半知菌亚门真菌。

发生规律 病菌在土壤内及植物残体上越冬，环境条件适宜时产生分生孢子，借风雨及蚜虫、白粉虱等传播、蔓延。光照弱、湿度大的棚室发病重，多从植株下部叶片开始发病。高温高湿，遇雨或连阴雨天气，特别是阵雨转晴，或气温高、田间湿度大，易导致病害流行。

防治方法 保护地栽培时，注意改变棚室小气候，提高其透光性和保温性。露地栽培时，注意雨后及时排水，防止湿气滞留。及时防治蚜虫、温室白粉虱等害虫。

发病初期，及时喷洒50%甲基硫菌灵·硫磺悬浮剂800倍液、50%苯菌灵可湿性粉剂1 000倍液、40%多菌灵胶悬剂600倍液、25%甲霜灵可湿性粉剂500倍液、10%苯醚甲环唑水分散粒剂2 000倍液、40%多硫悬浮剂800倍液、70%甲基硫菌灵可湿性粉剂500倍液，每隔7天左右喷药1次，视病情防治2～3次。采收前3天停止用药。

14. 番茄黑斑病

症 状 番茄黑斑病各地均有发生，有时为害较重。主要为害果实、叶片和茎，接近成熟的果实最易发病。果实染病时，果面上产生一个或几个病斑（图14－75），大小不等，圆形或椭圆形，灰褐色或淡褐色，稍凹陷，边缘整齐。湿度大时病斑上生出黑褐色霉状物。后期病果腐烂。

图14－75 番茄黑斑病果实症状

病　　原　*Alternaria tomato* 为番茄链格孢菌，属半知菌亚门真菌。

发生规律　病菌以菌丝体或分生孢子随病残体在土壤中越冬。田间病菌靠分生孢子传播、初侵染和再侵染，依靠气流传播，从伤口侵入致病。病菌腐生性较强，通常是在植株生长衰弱、抵抗力降低时才侵染，而且多从伤口侵入。病菌喜温暖湿润环境，在23～25℃，相对湿度85%以上的条件下容易发病。故高温多雨的年份和季节有利于发病。种植地低洼、管理粗放、肥水不足、植株生长衰弱的易发病。

防治方法　采用高垄并覆地膜栽培，密度要适宜。加强水肥管理，施足粪肥，适时追肥，注意氮、磷、钾肥的配合，均匀浇水，防止湿度过大，合理留果，保持植株健壮，防止早衰，这样可减轻病害。及时发现并摘除病果，带到田外深埋。适时采收，精细采收。收获后彻底清除病残体，并随之深翻土壤。

种子消毒：播前种子消毒用55℃热水浸种15分钟，也可用种子重量0.3%的50%福美双或40%灭菌丹可湿性粉剂拌种。

药剂防治：及早喷药，坐果后喷50%异菌脲可湿性粉剂1 000～1 500倍液+75%百菌清可湿性粉剂600倍液、70%代森锰锌可湿性粉剂500倍液+64%恶霜灵·代森锰锌可湿性粉剂500倍液、40%克菌丹可湿性粉剂400倍液、70%氢氧化铜悬浮剂800倍液等药剂，间隔7～15天1次，连施2～3次，前密后疏，喷匀喷足。

15. 番茄圆纹病

症　　状　主要为害叶片，发病初时产生淡褐色至灰褐色斑点，逐渐扩展成圆形或近圆形病斑，褐色，病斑稍具轮纹，但轮纹平滑（图14－76和图14－77）。后期病斑上生不明显小黑点。病重时叶片早枯。果实发病（图14－78），先出现淡褐色凹陷斑，后转为褐色，扩大发展可达果面的1/3，病斑不软腐，稍有收缩干皱，斑上有轮纹，湿度大时，有白色霉层生成，后期病斑呈黑褐色，病斑下果肉紫褐色。

图14－76　番茄圆纹病为害叶片正面症状

图14－77　番茄圆纹病为害叶片背面症状

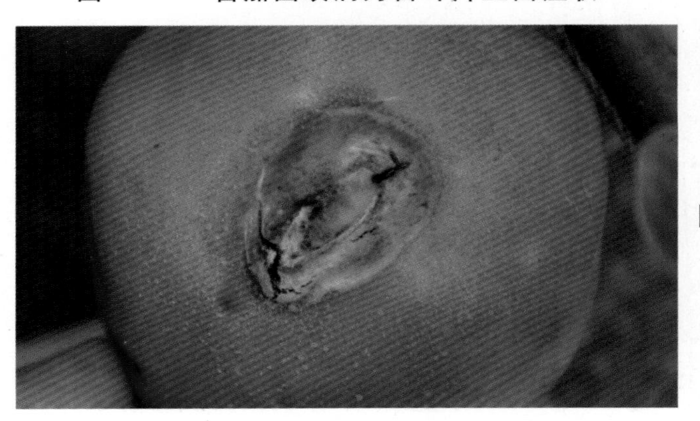

图14－78　番茄圆纹病病果

病　　原　*Phoma destructiva*称实腐茎点霉，属半知菌亚门真菌。

发生规律　病菌以分生孢子器随病残体在土壤中越冬。翌年分生孢子器散出分生孢子引起初侵染，植株发病后病部又产生分生孢子，借风雨传播，不断再侵染。温度20～23℃，85%以上相对湿度适于发病。植株衰弱时发病重。

防治方法　发病地与非茄科蔬菜进行2～3年轮作。施足基肥，及时追肥。盛果期叶面喷施叶面肥，防止植株早衰。适当控制灌水，防止地面过湿，株间滞留湿气。保护地做好放风排湿。及时摘除初发病株病叶并深埋。收获后彻底清除田间病残株，并随之深翻土壤。

发病初期（图14－79）及时进行药剂防治，可用70%甲基硫菌灵可湿性粉剂800倍液、77%氢氧化铜可湿性粉剂500倍液、75%百菌清可湿性粉剂500倍液、40%多硫悬浮剂500倍液、50%琥胶肥酸铜可湿性粉剂450倍液，每10 天喷药1次，连续防治2次即可。

图14－79　番茄圆纹病为害叶片田间症状

16. 番茄灰叶斑病

症　　状　只为害叶片（图14－80），发病初期叶面布满暗绿色圆形或近圆形的小斑点，后沿叶面向四周扩大，呈不规则形，中部逐渐褪绿，变为灰白色至灰褐色。病斑稍凹陷，极薄，后期易破裂、穿孔。

图14－80　番茄灰叶斑病为害叶片正、背面症状

病　　原　*Stemphylium solani* 称茄匐柄霉，属半知菌亚门真菌。

发生规律　病菌可随病残体在土壤中越冬或潜伏在种子上越冬。翌年温湿度适宜时产生分生孢子进行初侵染。分生孢子借助风雨传播，温暖潮湿的阴雨天及结露持续时间长是发病的重要条件。一般土壤肥力不足，植株生长衰弱的情况下发病重。

防治方法　加强管理，增施有机肥及磷钾肥。喷洒叶面肥，增强植株抗病力。消灭侵染源，收获后及时清除病残体，集中焚烧。

发病初期，喷洒75%百菌清可湿性粉剂600倍液、40%克菌丹可湿性粉剂500倍液、77%氢氧化铜可湿性粉剂400～500倍液，间隔7天左右1次，连喷2～3次。

17. 番茄茎枯病

症　　状　主要为害茎和果实，也可为害叶和叶柄。茎部出现伤口易染病，病斑初呈椭圆形或梭形、褐色、凹陷溃疡斑，后沿茎向上下扩展到整株，严重的病部变为深褐色干腐状（图14－81）。果实染病，初为灰白色小斑块，后随病斑扩大凹陷，颜色变深变暗，在发病部位长出黑霉，引起果腐。为害叶片时在叶面产生不规则褐斑，病斑继续扩展，致叶缘卷曲，最后叶片干枯或整株枯死。

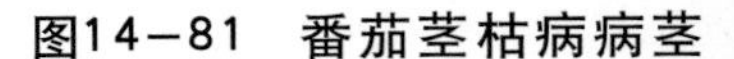

图14－81　番茄茎枯病病茎

病　　原　*Alternaria alternata* 称链格孢，属半知菌亚门真菌。分生孢子梗簇生，暗褐色；分生孢子倒棒状或圆筒状，淡黄色，具纵隔1～6个。

发生规律　病菌随病残体在土壤中越冬，借风、雨传播蔓延，由伤口侵入。高湿多雨或多露时易发病。

防治方法　收获后及时清洁田园，清除病残体，并集中销毁。

发病初期，喷洒50%异菌脲可湿性粉剂1 000倍液+70%代森锰锌可湿性粉剂400倍液、70%乙膦·锰锌可湿性粉剂500倍液+75%百菌清可湿性粉剂600倍液、58%甲霜灵·锰锌可湿性粉剂500倍液、64%恶霜灵·代森锰锌可湿性粉剂400倍液等药剂。

18. 番茄褐色根腐病

症　　状　为害茎基部或根部。植株顶端茎叶萎蔫，不久萎蔫茎叶的小叶变色，从叶缘呈脱水状。挖出病株可见根系变褐（图14－82），侧根、细根腐烂脱落，主根表皮木栓化，表面有小的龟裂，并伴生许多小黑粒点。严重时，病根明显肿胀，变粗，似松树根。后期病株整株变褐、枯死。

图14－82　番茄褐色根腐病病根

病　　原　*Pyrenochaeta lycopersici*称番茄辣壳孢，属半知菌亚门真菌。分生孢子器球形，褐色至暗褐色；分生孢子梗无色，基部分枝，多数分隔；分生孢子单孢无色，椭圆形或圆柱形。

发生规律　病菌以菌丝体和分生孢子器随病残体在土壤中越冬。病残体混入粪肥，粪肥未充分腐熟时也可能带菌。翌年病菌产生分生孢子，分生孢子借雨水、灌溉水传播，从根部或茎基部伤口侵入。土壤黏重、重茬地、地下害虫为害严重的地块发病重。

防治方法　种植较抗病品种，培育无病壮苗。高垄栽培，密度适宜。精细定植，减少伤根。与非茄科蔬菜进行2年轮作。施用充分腐熟的粪肥。适当控制灌水，严禁大水漫灌。收秧后彻底清除病残体，尤其是残存在土壤中的病残体。

苗床选用新土，或用50%多菌灵或70%甲基硫菌灵可湿性粉剂10g/m^2，对细干土4～5kg，作为播种前的垫土（1/3）和播种后的盖土（2/3）。

发病初期用10%双效灵水剂200液、70%甲基硫菌灵可湿性粉剂400倍液、70%敌磺钠可溶性粉剂600倍液，喷布植株茎基部及周围表土，也可用上述药液灌根。

19. 番茄细菌性软腐病

症　　状　主要为害茎和果实。茎发病多出现在生长期，近地面茎部先出现水渍状污绿色斑块，后为扩大的圆形或不规则形褐斑，病斑周围显浅色窄晕环，病部微隆起。导致髓部腐烂，终致茎枝干缩中空，病茎枝上端的叶片变色、萎垂。果实感病主要在成熟期，多自果实的虫伤、日灼伤处开始发病。初期病斑为圆形褪绿小白点，继变为污褐色斑。随果实着色，扩展到全果，但外皮仍保持完整，内部果肉腐烂水溶，有恶臭味（图14－83）。

图14－83　番茄细菌性软腐病病果

病　　原　*Erwinia carotovora* subsp. *carotovora* 称胡萝卜软腐欧氏杆菌胡萝卜致病型，属细菌。

发生规律　病菌随病残体在土壤中越冬，借雨水、灌溉水及昆虫传播，由伤口侵入，伤口多时发病重。病菌侵入后，分泌果胶酶溶解中胶层，导致细胞解离，细胞内水分外溢，而引起病部组织腐烂。雨水、露水对病菌传播、侵入具有重要作用。种植地连作、地势低洼、土质黏重、雨后积水或大水漫灌均易诱发本病，久旱遇大雨也可加重发病，伤口多，易发病。

防治方法　避免连作，收获后及早清理病残物烧毁和深翻晒土，整治排灌系统，高畦深沟。有条件的地方，结合防治绵疫病、晚疫病等病害，进行地膜覆盖栽培。勿施用未充分腐熟的粪肥，浅灌勤灌，严防大水漫灌或串灌。整枝打杈，避免阴雨天或露水未干时进行，做好果实遮蔽防止日灼。防治害虫蛀果。

发病初期，可采用72%农用硫酸链霉素可溶性粉剂1 500～3 000倍液、88%水合霉素可溶性粉剂1 500倍液、3%中生菌素可湿性粉剂800～1 000倍液、50%氯溴异氰尿酸可溶性粉剂1 000倍液、20%噻菌铜悬浮剂500～800倍液，隔5～7天喷1次，连续喷2～3次。

20. 番茄绵疫病

症　　状　主要为害未成熟果实。先在近果顶或果肩部出现表面光滑的淡褐色斑，有时长有少许白霉，后逐渐形成同心轮纹状斑，渐变为深褐色，皮下果肉也变褐（图14－84）。湿度大时，病部长出白色霉状物，病果多保持原状，不软化、易脱落。

病　　原　*Phytophthora parasitica* 称寄生疫霉、*P.capsici* 称辣椒疫霉、*P.melongenae* 称茄疫霉，3种均属鞭毛菌亚门真菌。

图14-84 番茄绵疫病病果

发生规律 病菌均以卵孢子或厚垣孢子随病残体遗落在土中存活越冬，借助雨水或灌溉水传播，成为翌年病害初侵染源，发病后病部产生的孢子囊和游动孢子作为再次侵染。低洼地、土质黏重地块发病重。高温多雨的7～8月，连阴雨后转晴，可迅速蔓延，常造成暴发性为害。

防治方法 选择地势高、排水良好、土质偏砂的地块。定植前精细整地，沟渠通畅，做到深开沟、高培土、降低土壤含水量；及时整枝打杈，摘掉老叶、使果实四周空气流通。采用地膜覆盖栽培，避免病原菌通过灌溉水或雨水反溅到植株下部叶片或果实上。及时摘除病果、深埋或烧毁。

发病初期，开始喷洒40%三乙膦酸铝可湿性粉剂200倍液、58%甲霜灵·锰锌可湿性粉剂500倍液、64%杀毒矾（恶霜灵·锰锌）可湿性粉剂500倍液、72.2%霜霉威水剂800倍液、70%乙膦·锰锌可湿性粉剂500倍液、60%琥·乙膦铝可湿性粉剂500倍液，重点保护果穗，适当兼顾地面，喷药后6小时内遇雨要补喷。

21. 番茄疮痂病

症　　状 主要为害茎、叶和果实。叶片受害，初在叶背出现水浸状小斑，逐渐扩展近圆形或连结成不规则形黄褐色病斑，粗糙不平，病斑周围有褪绿晕圈，后期干枯质脆。茎部先出现水浸状褪绿斑点，后上下扩展呈长椭圆形，中央稍凹陷的黑褐色病斑；病果表面出现水浸状褪绿斑点，逐渐扩展，初期有油浸亮光，后呈黄褐色或黑褐色木栓化、近圆形粗糙枯死斑，易落果（图14-85）。

图14-85 番茄疮痂病病果

病　　原 *Xanthomonas campestris* pv.*vesicatoria* 称野油菜黄单胞菌辣椒斑点病致病型，属细菌。菌体短杆状，两端钝圆。

发生规律 病菌随病残体在田间或附着种子上越冬，翌年借风雨、昆虫传播到叶、茎或果实上，从伤口或气孔侵入为害。高温、高湿、阴雨天发病重，管理粗放，虫害重或暴风雨造成伤口多，利于发病。

防治方法 重病田实行2～3年轮作。加强管理，及时整枝打杈，适时防虫。

种子消毒：种子用1%次氯酸钠溶液浸种20～30分钟，再用清水冲洗干净后按常规浸种法浸种催芽播种；或种子经55℃温水浸15分钟移入冷水中冷却浸4～6小时后催芽。

发病初期，可采用72%农用硫酸链霉素可溶性粉剂2 000倍液、100万单位新植霉素可溶性粉剂2 000倍液、3%中生菌素可湿性粉剂800倍液，隔5～7天喷1次，连续喷2～3次。

22. 番茄绵腐病

图14-86　番茄绵腐病病果

症　　状　主要为害果实，多为近地面果实发病，尤其是发生生理裂果的成熟果实最易染病。果实发病后产生水浸状、淡褐色病斑，迅速扩展，果实软化、发酵，有时病部表皮开裂，其上密生白色霉层（图14-86）。

病　　原　*Pythium aphanidermatum*称瓜果腐霉菌，属鞭毛菌亚门真菌。

发生规律　病菌以卵孢子形式在土壤中越冬，也可以菌丝体在土壤中营腐生生活。借雨水、灌溉水传播，侵染接近地面的果实，引发病害。高温（30℃最适）、高湿（空气相对湿度>95%）有利于病菌的繁殖和侵染，种植地连作、地势低洼或土质黏重、排水不良时，易诱发本病。

防治方法　高垄覆地膜栽培。平整土地，防止灌水或雨后地面积水。小水勤灌，均匀灌水，防止产生生理性裂果。及时整枝、搭架，适度打掉底部老叶，增强通风透光，降低田间湿度。

病害发生初期，可用25%甲霜灵可湿性粉剂800倍液、72.2%霜霉威水剂500～800倍液、64%恶霜灵·代森锰锌可湿性粉剂500倍液、10%氰霜唑悬浮剂1 000倍液、58%甲霜灵·锰锌可湿性粉剂600～800倍液、72%霜脲氰·代森锰锌可湿性粉剂500～800倍液喷施，间隔7～10天喷1次，防效良好。

23. 番茄青枯病

症　　状　青枯病是一种会导致全株萎蔫的细菌性病害，多在开花结果期开始发病。先是顶端叶片萎蔫下垂，后下部叶片凋萎，中部叶片最后凋萎。发病初期，病株白天萎蔫，傍晚复原，病叶叶色变浅。发病后，如气温较低，连阴雨或土壤含水量较高时，病株可持续1周后枯死，但叶片仍保持绿色或稍淡，故称青枯病（图14-87）。病茎表皮粗糙，茎中下部增生不定根，湿度大时，可见初为水浸状后变褐色的斑块，病茎维管束变为褐色，横切病茎，用手挤压，切面上维管束溢出白色菌液，这是本病与枯萎病和黄萎病区分的重要特征。

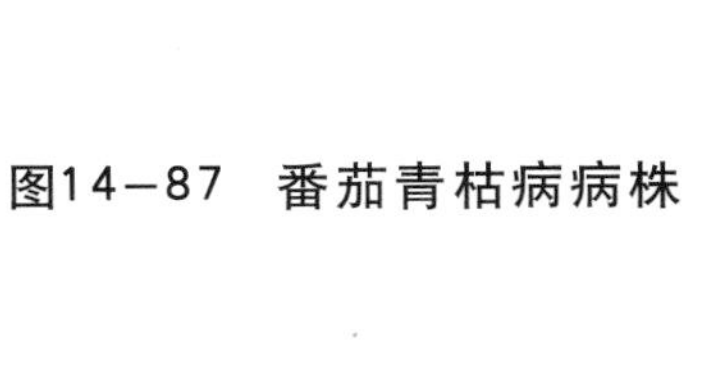
图14-87　番茄青枯病病株

病　　原　*Ralstonia solanacearum* 称假单胞杆状细菌，属细菌。

发生规律　病菌主要随病残体留在田间越冬，成为该病主要初侵染源。该菌主要通过雨水和灌溉水传播，果及肥料也可带菌，病菌从根部或茎基部伤口侵入，在植株体内的维管束组织中扩展，造成导管堵塞及细胞中毒致叶片萎蔫。高温高湿有利于发病。植株生长不良，久雨或大雨后转晴发病重。一般连阴雨或降大雨后暴晴，土温随气温急剧回升会引致病害流行。

防治方法　实行与十字花科或禾本科作物4年以上轮作。合理施用氮肥，增施钾肥，施用充分腐熟的有机肥或草木灰。培育壮苗，发病重的地块可采用嫁接防病。采用高垄栽培，避免大水漫灌。及时清除病株并烧毁，然后在病穴处撒生石灰消毒。

在发病初期可采用72%农用硫酸链霉素可溶性粉剂1 500～3 000倍液、88%水合霉素可溶性粉剂1 500倍液、3%中生菌素可湿性粉剂800～1 000倍液、50%氯溴异氰尿酸可溶性粉剂1 000倍液，隔5～7天喷1次，连续喷2～3次。

24. 番茄褐斑病

症　　状　主要为害叶片，亦可为害叶柄、茎和果实。叶片受害（图14－88），呈近圆形或椭圆形灰褐色病斑，边缘明显，中间凹陷变薄，有光亮，叶背更明显。病斑多而密似芝麻点。在高湿条件下，长出黑褐色的霉状物。果实受害，病斑圆形或不规则形初呈光滑水渍状，后扩大呈深褐色，生有黑褐色霉状物。茎、果梗受害，病斑凹陷，灰褐色，大小不一，潮湿时，也长出黑褐色霉状物。

图14－88　番茄褐斑病病叶

病　　原　*Helminthosporium carposapeum* 称番茄长蠕孢，属半知菌亚门真菌。菌丝无色至淡褐色；分生孢子梗细长，丛生，淡褐色；分生孢子长圆筒形或棍棒形，淡黄褐色，着生于孢子梗顶部呈链状。

发生规律　病菌主要以菌丝体随病残体遗留土中越冬，为翌年的初侵染病原。越冬菌丝体在条件适宜时，产生大量分生孢子，借助风雨或灌溉水传播，由寄主气孔侵入。初侵发病后病部产生的分生孢子，为当年再侵染病原。一般土壤黏重，地势低洼，连雨积水，植株密度大，通风透光性差，光照不足，生长势弱，均容易诱发此病。5月开始零星发病，6～7月为发病盛期。

防治方法　采取高垄栽培，疏通排水沟，防止雨后积水。施足底肥，合理密植，及时整枝，增强田间通风透光，促进植株发育，提高抗逆性。田间摘除病叶病果，集中高温腐沤，减少再侵染菌源；采收结束后，清除遗留地面的残株败叶。

发病初期选喷75%百菌清可湿性粉剂600倍液、65%代森锌可湿性粉剂500倍液、70%甲基硫菌灵可湿性粉剂600倍液、77%氢氧化铜可湿性粉剂500倍液、25%络氨铜水剂500倍液、72%霜脲氰・代森锰锌可湿性粉剂500倍液、25%咪鲜胺乳油1 000倍液等，间隔7～10天喷1次，连喷2～3次。

25. 番茄炭疽病

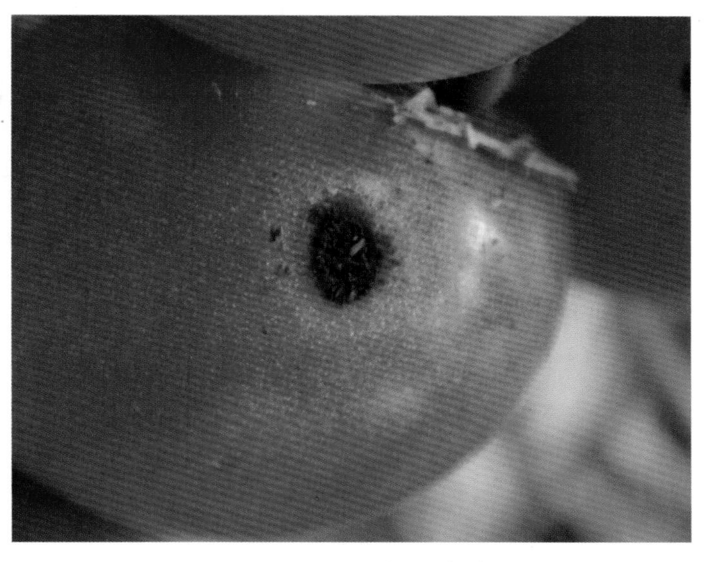

图14-89　番茄炭疽病病果

症　　状　病菌具有潜伏侵染特性，未着色的果实染病后并不显出症状，直至果实成熟时才表现症状。发病初期果实表面产生水浸状透明小斑点，很快扩展成圆形或近圆形病斑，黑色，稍微凹陷，略具同心轮纹，其上密生小黑点，即病菌分生孢子盘（图14-89）。湿度大时，潮湿时斑面密生针头大朱红色液质小点。后期果实腐烂、脱落。

病　　原　*Colletotrlichum coccodes* 称番茄刺盘孢，属半知菌亚门真菌。分生孢子盘浅盘状，有黑褐色的刺状刚毛，弯曲；分生孢子梗栅状排列；分生孢子长圆形，两端钝圆，无色，单胞。

发生规律　病菌随病残体在土壤中越冬，也可潜伏在种子上，发芽后直接侵染幼苗。借风雨或灌溉水传播蔓延，由伤口或直接穿透表皮侵入。低温、多雨、多露、重雾利于发病；重茬地，地势低洼，排水不良易发病；成熟果易发病。

防治方法　使用无病种子，播种前进行种子消毒，用55℃温水浸种15分钟。保护地栽培时避免高温、高湿条件出现，露地栽培时注意雨后及时排水。及时清除病残果。

绿果期就要开始进行药剂防治，可喷洒80%炭疽福美可湿性粉剂（福美双·福美锌）800倍液、25%溴菌腈可湿性粉剂500倍液、70%甲基硫菌灵可湿性粉剂1 000倍液+75%百菌清可湿性粉剂600倍液、80%代森锰锌可湿性粉剂500倍液+50%咪鲜胺锰盐可湿性粉剂1 000倍液等药剂，每7天喷药1次，连续防治2～3次。

26. 番茄黄萎病

症　　状　多发生于番茄生长中后期，最初下部叶片萎蔫、上卷，叶缘及叶脉间的叶肉组织黄褐色，上部幼叶以小叶脉为中心变黄，形成明显的楔形黄斑，以后逐渐扩大到整个叶片，最后病叶变褐枯死，但叶柄的绿色仍可保持较长的时间。发病重的结果小或不能结果。剖开病株茎部，导管变褐色，根部导管变色部明显（图14-90）。

图14-90　番茄黄萎病病茎

病　　原 *Verticillium dahliae*称大丽轮枝孢，属半知菌亚门真菌。菌丝体无色或褐色；分生孢子梗直立，有1～5个轮枝层；分生孢子卵圆形或椭圆形，单胞，无色透明。

发生规律 病菌以菌丝体、微菌核随病残体在土壤中越冬并长期存活， 借风雨、流水或农具传播。气温低，定植时根部有伤口易发病，地势低洼、灌水不当，连作地发病重。

防治方法 培育嫁接苗，可减轻病害。发病田与非茄科作物进行4年轮作，与葱蒜类蔬菜轮作或与粮食作物轮作效果好。

苗期或定植前，用70%甲基硫菌灵可湿性粉剂600～700倍液、20%甲基立枯磷乳油、70%敌磺钠可溶性粉剂500倍液、50%琥胶肥酸铜可湿性粉剂350倍液灌根，每株灌300～500ml，间隔5天后再灌1次。

27. 番茄菌核病

症　　状 主要为害叶片、果实和茎。叶片受害多从叶缘开始，病部起初呈水浸状，淡绿色，湿度大时长出少量白霉，后病斑颜色转为灰褐色，蔓延速度快，致全叶腐烂枯死（图14－91）。果实及果柄染病，始于果柄（图14－92），并向果面蔓延，致未成熟果实似水烫过（图14－93），受害果实上可产生白霉（图14－94），后在霉层上可产生黑色菌核（图14－95）。茎染病多由叶片蔓延所致，病斑灰白色稍凹陷，边缘水浸状，病部表面往往生白霉，霉层聚集后，在茎表面生黑色菌核，后期表皮纵裂，严重时植株枯死（图14－96）。病害后期髓部形成大量的菌核（图14－97）。

图14－91　番茄菌核病病叶

图14－92　番茄菌核病为害果柄症状

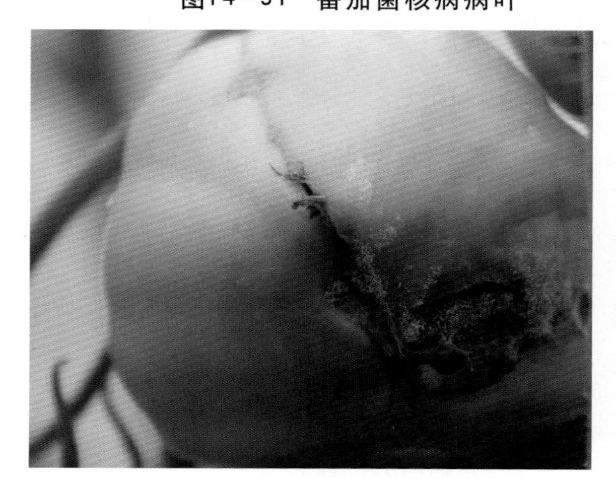

图14－93　番茄菌核病为害果实症状

图14－94 番茄菌核病病果上的白色菌丝

图14－95 番茄菌核病病果上的黑色菌核

图14－96 番茄菌核病病茎

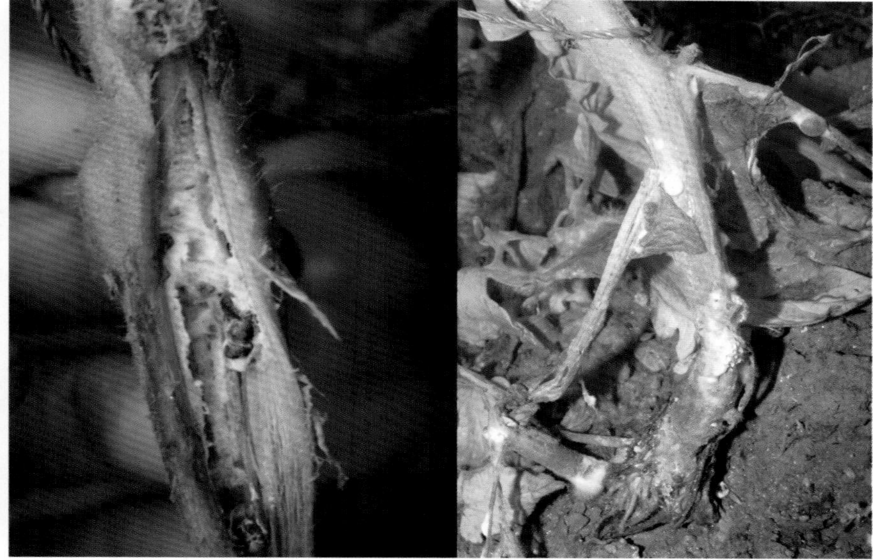

图14－97 番茄菌核病茎部菌核

病　原 *Sclerotinia sclerotiorum* 称核盘孢，属子囊菌亚门真菌。菌核球形鼠粪状；子囊盘杯状，浅棕色；子囊圆筒形或棍棒状；子囊孢子圆形或梭形，单胞，无色。

发生规律 以菌核在土中或混在种子中越冬或越夏。落入土中的菌核能存活1～3年，是此病主要初侵染源。菌核抗逆力很强，温度18～22℃，在有光照及高湿的条件下，菌核萌发产生子囊盘，再放射出子囊孢子，借风雨传播。菌核也可随种苗或病残体传播蔓延。湿度是子囊孢子萌发和菌丝生长的限制因子，相对湿度高于85%子囊孢子方可萌发，也利于菌丝生长发育。此病在早春或晚秋保护地容易发生和流行。

防治方法 深翻10cm，使菌核不能萌发。实行轮作，培育无病苗。及时摘除老叶、病叶，清除田间杂草，注意通风排湿，降低田间湿度，减少病害传播蔓延。

苗床消毒：用50%腐霉利或25%乙霉威可湿性粉剂8g/m^2，加10kg细土播种时下铺（1/3）上盖（2/3）。

在发病初期，先摘除病残体并销毁，然后再喷洒40%菌核净可湿性粉剂500倍液、50%乙烯菌核利可湿性粉剂1 000～1 500倍液、50%腐霉利可湿性粉剂1 500倍液、50%异菌脲可湿性粉剂1 500倍液、50%苯菌灵可湿性粉剂1 500倍液、43%戊唑醇悬浮剂3 000倍液、20%甲基立枯磷乳油1 000倍液，间隔7～10天喷1次，连续防治3～4次。番茄菌核病植株田间受害症状（图14－98）。

棚室可采用烟雾法或粉尘法施药，于发病初期，用10%腐霉利烟剂250～300g/亩熏一夜，也可于傍晚喷撒5%百菌清粉尘剂、10%氟吗啉粉尘剂1kg/亩，间隔7～9天再喷撒1次。

图14－98 番茄菌核病为害植株田间症状

28. 番茄白绢病

症　状 主要为害茎基部或根部。病部初呈暗褐色水浸状斑，表面生白色绢丝状菌丝体（图14－99），集结成束，向茎上部延伸，致植株叶色变淡，菌丝自病茎基部向四周地面呈辐射状扩展，侵染与地面接触的果实，致病果软腐，表面产出白色绢丝状物，后菌丝纠结成菌核（图14－100），致茎部皮层腐烂，露出木质部，或在腐烂部上方长出不定根，终致全株萎蔫枯死。

图14－99 番茄白绢病为害茎基部症状

病　原 *Sclerotium rolfsii* 称齐整小核菌，属半知菌亚门真菌。有性阶段为*Pellicularia rolfsii* 称白绢薄膜革菌，属担子菌亚门真菌。菌丝无色，具隔膜；小菌核黄褐色圆形或椭圆形。担子无色，单胞，棍棒状。

发生规律 病菌以菌核或菌丝遗留在土中或病残体上越冬。菌核抗逆性强。菌核萌发后产生菌丝，从根部或近地表茎基部侵入，形成中心病株，后在病部表面生白色绢丝状菌丝体及圆形小菌核，再向四周扩散。菌丝不耐干燥。在田间，病菌主要通过雨水、灌溉水、肥料及农事操作等传播蔓延。病菌在高温高湿且有充足空气的条件下发育良好，故疏松的砂壤土发病较多。

防治方法 发病重的菜地应与禾本科作物轮作，有条件的水旱轮作效果更好。深耕土地，把病菌翻到土壤下层，可减少该病发生。在菌核形成前，拔除病株，病穴撒石灰消毒。施用充分腐熟的有机肥。

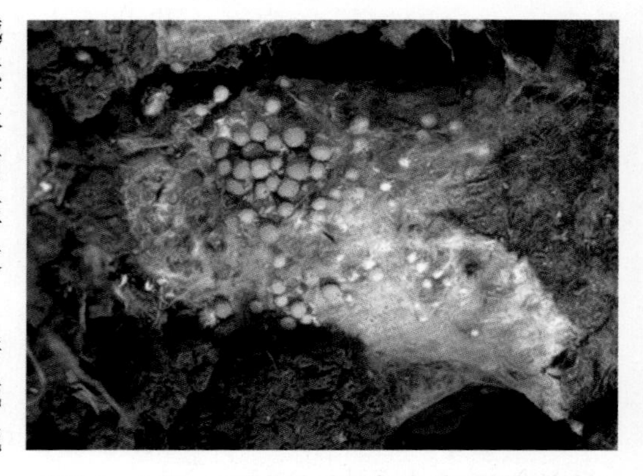

图14－100 番茄白绢病为害后期菌核

苗床处理：每平方米苗床可用40%五氯硝基苯可湿性粉剂10g加细干土500g混匀后，播种时底部先垫1/3药土，另2/3药土覆盖在种子上面。

发病初期，20%甲基立枯磷乳油800倍液、36%甲基硫菌灵悬浮剂500倍液、50%异菌脲可湿性粉剂1 000倍液、50%腐霉利可湿性粉剂1 000倍液灌穴或淋施茎基部，间隔7～10天再施1次。

二、番茄各生育期病虫害防治技术

番茄周年种植，各地生产条件和管理方式不同，一定要结合本地情况分析总结病虫害的发生情况，制定病虫害的防治计划，适时进行田间调查，及时采取防治措施，有效控制病虫的为害。

（一） 番茄苗期病虫害防治技术

在番茄幼苗期（图14－101），有些病害严重影响出苗或小苗的正常生长，如猝倒病、立枯病、炭疽病、灰霉病、晚疫病等；也有一些病害，是通过种子传播的，如菌核病、黄萎病、枯萎病、早疫病等；另外，如病毒病等也可以在苗期发生，有时也有一些地下害虫为害。因此，播种期、幼苗期是防治病虫害、培育壮苗、保证生产的一个重要时期，生产上经常使用多种杀菌剂、杀虫剂、除草剂、植物激素等混用。

图14－101 番茄苗期生长情况

对于苗床，可以结合建床，进行土壤药剂处理。选择药剂时要针对本地情况，调查发病种类，参考前文介绍，可选用如下药剂：

福尔马林消毒：在播种2周前进行，每平方米用30ml福尔马林，加水2～4kg，喷浇在床土上，用塑料膜覆盖4～5天，除去覆盖物，耙平土地，放气2周后播种；或用70%甲基托布津可湿性粉剂与50%福美双可湿性粉剂1∶1混合，每平方米施药8g，或用25%甲霜灵可湿性粉剂4g加70%代森锰锌可湿性粉剂5g或50%福美双可湿性粉剂5g，掺细土4～5kg，待苗床平整、浇水后，将1/3的药土撒于地表，播种后再把剩余的药土覆盖在种子上面。对于大棚也可以用硫磺熏蒸，开棚放风后播种。

种子处理：常用药剂有0.4%的50%多菌灵或50%克菌丹可湿性粉剂、72.2%霜霉威水剂800倍液、25%甲霜灵可湿性粉剂800倍液+50%福美双可湿性粉剂800倍液，对于病毒病较重的田块可以混用10%磷酸三钠溶液浸种，一般浸30～50分钟，捞出用清水浸3～4小时催芽，最好在播种前以黄腐酸盐拌种。

对于经常发生地下害虫、根结线虫病较重的地块可采用0.5%阿维菌素颗粒剂3～4kg、10%噻唑磷颗粒剂2kg，加入高效土壤菌虫通杀处理剂2kg与20kg细土充分拌匀，撒施混土处理。

为了促使幼苗生长，可以在幼苗灌根或喷洒农药时，与一些杀菌剂混合喷洒植宝素7 500～8 000倍液，或20%宁南霉素水剂400倍液，或爱多收6 000～8 000倍液，或黄腐酸盐1 000～3 000倍液，或磷酸二氢钾0.1～0.2%等。为使幼苗矮壮，防止幼苗徒长，可以喷洒15%多效唑可湿性粉剂1 500倍液，以幼苗2～3片真叶时施药为宜，使用时。定要严格把握最适药量，如果用多效唑、矮壮素过多，可以少量喷洒赤霉素，以恢复生长。

（二）番茄开花坐果期病虫害防治技术

移植缓苗后到开花结果期（图14－102），植株生长旺盛，多种病害开始侵染，部分害虫开始发生，一般该期是喷药保护、预防病虫的关键时期，也是使用植物激素、微肥，调控生长，保证早熟与丰产的最佳时期，生产上需要多种农药混合使用。

图14－102　番茄开花坐果期生长情况

这一时期经常发生的病害有病毒病、早疫病、晚疫病、炭疽病等。施药重点是使用好保护剂，预防病害的发生。常用的保护剂有70%代森锰锌可湿性粉剂800～1 200倍液、75%百菌清可湿性粉剂500～600倍液、27%无毒高脂膜乳剂100～200倍液、65%代森锌可湿性粉剂600～800倍液、50%福美双可湿性粉剂500～800倍液。对于大棚还可以用10%百菌清烟剂800～1 000g/亩，熏一夜。也可以使用一些保护剂与治疗剂的复配制剂，如40%多硫悬浮剂500～600倍液、64%恶霜·锰锌可湿性粉剂500倍液，每隔7～15天喷1次。本期为预防病害，提高植物抗病性，也可以喷施1.5%植病灵乳剂1 000倍液，对于旱情较重、蚜虫发生较多的田块，还可以配合使用黄腐酸盐1 000～3 000倍液。

本期害虫也时有发生，可以在使用杀菌剂时混用一些杀虫剂，番茄上主要有蚜虫，可以用20%氰戊菊酯乳油3 000～4 000 倍液、50%抗蚜威可湿性粉剂2 000～3 000倍液、70%灭蚜松乳油1 000～1 400倍液，2.5%溴氰菊酯乳油、10%氯氰菊酯乳油2 500～3 000倍液、10%吡虫啉可湿性粉剂3 000～5 000倍液喷雾防治。

为了保证幼苗生长健壮，尽早开花结果可以混合使用些植物激素。当番茄出现徒长时，可以在5～7片真叶时喷施15%多效唑可湿性粉剂1 500～1 800倍液，每亩用药液量30～40kg；能抑制顶端生长，集中开花，早熟增产；使用0.01%芸薹素内酯乳剂10 000倍液，可促进幼苗粗壮，叶色浓绿，提高抗病性。这一时期可以使用的植物叶面肥有丰登植物生长素800～1 500倍液、植宝素7 000～9 000倍液、思肥营养精500～1 000倍液、喷施宝10 000倍液、叶面宝8 000～12 000倍液、翠竹脾植物生长剂10 000～12 000倍液。

（三）番茄结果期病虫害防治技术

番茄进入开花结果期（图14-103），长势开始变弱，生理性落花落果现象普遍，加上多种病虫的为害，直接影响着果实的产量与品质。为了确保丰收，生产上经常使用多种类型农药，合理混用较为重要。

图14-103 番茄开花结果期生长情况

番茄进入开花结果期以后，许多病害开始发生流行。青枯病、病毒病、黄枯萎病、灰霉病、菌核病、早疫病、晚疫病等时常严重发生。对于青枯、病毒、黄枯萎病混合严重发生时，可以用10%双效灵水剂300～500倍液、14%络氨铜水剂300～500倍液、30%琥胶肥酸铜悬浮剂500～600倍液、50%多菌灵可湿性粉剂600～800倍液、2%宁南霉素水剂400倍液，并配以黄腐酸盐1 000～3 000倍液灌根，每株灌药液30～400ml，或喷雾处理，每亩用药液40～50kg。

当灰霉病、菌核病、早疫病等混合发生时，可以使用50%腐霉利可湿性粉剂1 000～1 500倍液、50%异菌脲可湿性粉剂1 000～2 000倍液+70%甲基硫菌灵可湿性粉剂800～1 000倍液、10%苯醚甲环唑水分散粒剂1 000倍液、50%多菌灵可湿性粉剂1 000倍液+50%乙霉威可湿性粉剂1 000～1 500倍液等，并混以保护剂，如70%代森锰锌可湿性粉剂500～700倍液、75%百菌清可湿性粉剂800～1 000倍液等，均一喷雾，隔7～10天喷1次；对于大棚可以用10%腐霉利烟剂200～300g/亩、45%百菌清烟剂200～300g/亩，二者连续使用或轮换使用，每次熏上一夜。对于番茄晚疫病发生较重的田块，结合其他病害的预防，可以使用64%杀毒矾（恶霜灵·代森锰锌）可湿性粉剂400～600倍液、72.2%霜霉威水剂800倍液、40%甲霜·铜可湿性粉剂700～800倍液、60%甲霜·铜·铝可湿性粉剂600～800倍液、58%甲霜灵·锰锌可湿性粉剂800～1 000倍液等。

为防止由生理性病害、灰霉病为害等造成的落花落果，可以用2，4-D 10～25mg/kg或防落素15～30mg/kg加50%腐霉利可湿性粉剂800～1 000倍液加75%百菌清可湿性粉剂800～1 000倍液，也可以加入少量磷酸二氢钾浸花，每朵花浸一次，效果较为理想。但要注意不能触及枝、叶，特别是幼芽，也要避免重复点花。

对于番茄，可以在果实转色时，用40%乙烯利400倍液涂抹果实，或转色果实采摘后用40%乙烯利200倍液蘸果。从而提高早期产量，尽快投放市场。

三、茄果蔬菜田杂草防治技术原色图解

茄科蔬菜有茄子、辣椒、番茄等。以栽培方式，可分为露地栽培、地膜覆盖栽培与保护地（塑料大棚等）栽培。这几种蔬菜多采用育苗移栽的栽培方式，主要在移栽后和直播田采用化学除草。

由于各地菜田土壤、气候和耕作方式等方面差异较大，田间杂草种类较多，主要有马唐、狗尾草、牛筋草、千金子、马齿苋、藜、小藜、反枝苋、铁苋等。杂草的萌发与生长，受环境条件影响很大，萌发出苗时间较长，先后不整齐。近年来地膜覆盖、保护地栽培在全国茄果类蔬菜栽培中发展较快，杂草的发生情况也发生了很大的变化。生产中应根据情况，采用适宜的除草剂种类和施药方法。

（一）茄果蔬菜育苗田（畦）或直播田杂草防治

茄果蔬菜苗床或覆膜直播田墒情较好肥水充足，有利于杂草的发生，如不及时进行杂草防治，将严重影响幼苗生长。同时，地膜覆盖后田间白天温度较高，昼夜温差较大，苗瘦弱，对除草剂的耐药性较差，易产生药害，应注意选择除草剂品种和施药方法。

在茄果蔬菜播后芽前（图14－104），用33%二甲戊乐灵乳油50～75ml/亩，或用20%萘丙酰草胺乳油75～120ml/亩、72%异丙甲草胺乳油50～75ml/亩、72%异丙草胺乳油50～75ml/亩，对水40kg，均匀喷施，可以有效防治多种一年生禾本科杂草和部分阔叶杂草。药量过大、田间过湿，特别是遇到持续低温多雨条件下会影响蔬菜发芽出苗；严重时可能会出现药害现象。

对于田间禾本科杂草和阔叶杂草发生都比较多的田块，为了进一步提高除草效果和对作物的安全性，也可以用33%二甲戊乐灵乳油40～50ml/亩、20%萘丙酰草胺乳油75～100ml/亩、72%异丙甲草胺乳油50～60ml/亩、72%异丙草胺乳油50～60ml/亩，加上24%乙氧氟草醚乳油10～20ml/亩、25%恶草酮乳油75～100ml/亩，对水40kg，均匀喷施，可以有效防治多种一年生禾本科杂草和阔叶杂草。乙氧氟草醚与恶草酮为触杀性芽前封闭除草剂，要求施药均匀，药量过大时会有药害。

图14－104　茄子和辣椒育苗田及杂草为害情况

（二）茄果蔬菜移栽田杂草防治

茄果蔬菜多为育苗移栽，封闭性除草剂一次施药基本上可以保持整个生长季节没有杂草为害。一般于移栽前喷施土壤封闭性除草剂，移栽时尽量不要翻动土层或尽量少翻动土层。因为移栽后的大田生育时期较长，同时，较大的茄果菜苗对封闭性除草剂具有一定的耐药性，可以适当加大剂量以保证除草效果，施药时按40kg/亩水量配成药液均匀喷施土表。

可于移栽前1～3天喷施土壤封闭性除草剂（图14－105），移栽时尽量不要翻动土层或尽量少翻动土层。可以用33%二甲戊乐灵乳油150～200ml/亩、20%萘丙酰草胺乳油200～300ml/亩、50%乙草胺乳油150～200ml/亩、72%异丙甲草胺乳油175～250ml/亩、72%异丙草胺乳油175～250ml/亩，对水40kg，均匀喷施。

对于一些老蔬菜田，特别是长期施用除草剂的蔬菜田，马唐、狗尾草、牛筋草、铁苋、马齿苋等一年生禾本科杂草和阔叶杂草发生都比较多，可以用33%二甲戊乐灵乳油100～150ml/亩、20%萘丙酰草胺乳油200～250ml/亩、50%乙草胺乳油100～150ml/亩、72%异丙甲草胺乳油150～200ml/亩、72%异丙草胺乳油150～200ml/亩，加上50%扑草净可湿性粉剂100～150g/亩或24%乙氧氟草醚乳油20～30ml/亩，对水40kg均匀喷施，可以有效防治多种一年生禾本科杂草和阔叶杂草。生产中应均匀施药，不宜随便改动配比，否则易发生药害。

图14－105　番茄和茄子移栽田

（三）茄果蔬菜田生长期杂草防治

对于前期未能采取封闭除草或化学除草失败的茄果蔬菜田，应在田间杂草基本出苗、且杂草处于幼苗期时及时施药防治。

茄果蔬菜田防治一年生禾本科杂草（图14－106），如稗、狗尾草、牛筋草等，应在禾本科杂草3～5叶期，可以用5%精喹禾灵乳油50～75ml/亩、10.8%高效吡氟氯禾灵乳油20～40ml/亩、10%喔草酯乳油40～80ml/亩、15%精吡氟禾草灵乳油40～60ml/亩、10%精恶唑禾草灵乳油50～75ml/亩、12.5%稀禾啶乳油 50～75ml/亩、24%烯草酮乳油20～40ml/亩，对水30kg，均匀喷施，可以有效防治多种禾本科杂草。该类药剂没有封闭除草效果，施药不宜过早，特别是在禾本科杂草未出苗时施药没有效果。

部分辣椒和番茄田（图14－107），在生长中后期，田间有马唐、狗尾草、马齿苋、藜、苋等杂草，可以用5%精喹禾灵乳油50ml/亩+48%苯达松水剂150ml/亩、10.8%高效吡氟氯禾灵乳油20ml/亩+25%三氟羧草醚水剂50ml/亩、5%精喹禾灵乳油50ml/亩+ 24%乳氟禾草灵乳油20ml/亩，对水30kg定向喷施，施药时要戴上防护罩，切忌将药液喷施到茎叶上，否则会发生严重的药害；同时，为了达到杀草和封闭双重功能，还可加入50%乙草胺乳油150～200ml/亩、72%异丙甲草胺乳油150～250ml/亩、50%异丙草胺乳油150～250ml/亩、或33%二甲戊乐灵乳油150～250ml/亩，对水30kg，均匀喷施，施药时视草情、墒情确定用药量。

图14－106　辣椒田禾本科杂草发生情况

图14－107　辣椒中后期禾本科杂草和阔叶杂草混合发生较轻的情况

第十五章 茄子病虫害原色图解

一、茄子病害

1．茄子绵疫病

症　　状　幼苗期茎基部呈水浸状，发展很快，常引发猝倒，致使幼苗枯死（图15－1）。成株期叶片感病，产生水浸状不规则形病斑，具有轮纹，褐色或紫褐色，潮湿时病斑上长出少量白霉。茎部受害呈水浸状缢缩（图15－2），有时折断，并长有白霉。果实受害最重，开始出现水浸状圆形斑点，稍凹陷，黑褐色。病部果肉呈黑褐色腐烂状，在高湿条件下病部表面长有白色絮状菌丝，病果易脱落或干瘪收缩成僵果（图15－3）。

图15－1　茄子绵疫病为害幼苗茎部情况

图15－2　茄子绵疫病为害茎部情况

图15－3　茄子绵疫病为害果实情况

病　　原 *Phytophthora parasitica*称寄生疫霉，属鞭毛菌亚门真菌（图15–4）。菌丝无色，无隔。孢囊梗大都不分枝，基部有不规则弯曲或短的分枝。孢子囊单胞，圆形，顶端有乳头状凸起。卵孢子圆形，壁厚，表面光滑，无色至黄褐色。

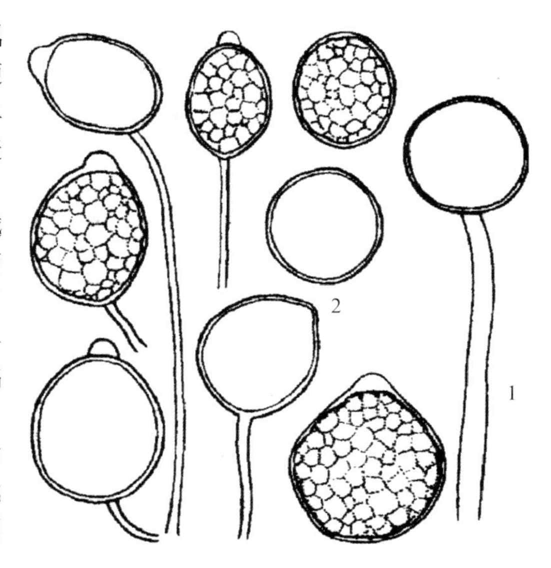

图15–4 茄子绵疫病病菌
1、分生孢子梗 2、分生孢子

发生规律 以卵孢子在土壤中病株残留组织上越冬。卵孢子经雨水溅到植株体上后直接侵入表皮。借雨水或灌溉水传播，使病害扩大蔓延。茄子盛果期7～8月间，降雨早，次数多，雨量大，且连续阴雨，则发病早而重。地势低洼、排水不良、土壤黏重、管理粗放、偏施氮肥、过度密植、连茬栽培等，也会加剧病害蔓延。

防治方法 与非茄科、葫芦科作物实行2年以上轮作。选择高燥地块种植茄子，深翻土地。采用高畦栽培，雨后及时排除积水。施足腐熟有机肥，预防高温高湿。增施磷、钾肥，及时整枝，适时采收，发现病果、病叶及时摘除，集中深埋。

防治时期要早，重点保护植株下部茄果。可喷75%百菌清可湿性粉剂500～800倍液+58%甲霜灵·锰锌可湿性粉剂500～800倍液、50%烯酰吗啉锰锌可湿性粉剂500～800倍液、72%霜脲·锰锌可湿性粉剂800～1 000倍液、52.5%抑快净（腈菌唑+霜脲氰）水分散粒剂1 000～2 000倍液、72.2%霜霉威水剂500倍液、25%甲霜灵可湿性粉剂500倍液、50%甲霜·铜可湿性粉剂500～800倍液、40%三乙膦酸铝可湿性粉剂250倍液、30%琥胶肥酸铜悬浮剂400倍液、64%恶霜·锰锌可湿性粉剂400倍液+70%代森锰锌可湿性粉剂600～800倍液等。喷药要均匀周到，重点保护茄子果实。一般每隔7天左右喷1次，连喷2～3次。茄子绵疫病田间发病症状（图15–5）。

图15–5 茄子绵疫病为害田间症状

2. 茄子褐纹病

症　　状　幼苗受害，茎基部出现凹陷褐色病斑（图15–6），上生黑色小粒点，造成幼苗猝倒或立枯。成株期受害，先在下部叶片上出现苍白色圆形斑点，而后扩大为近圆形，边缘褐色，中间浅褐色或灰白色，有轮纹，后期病斑上轮生大量小黑点（图15–7）。茎部产生水浸状梭形病斑，其上散生小黑点，后期表皮开裂，露出木质部，易折断。果实表面产生椭圆形凹陷斑（图15–8），深褐色，并不断扩大，其上布满同心轮纹状排列的小黑点，天气潮湿时病果极易腐烂，病果脱落或干腐。

图15–6　茄子褐纹病为害幼苗茎部症状

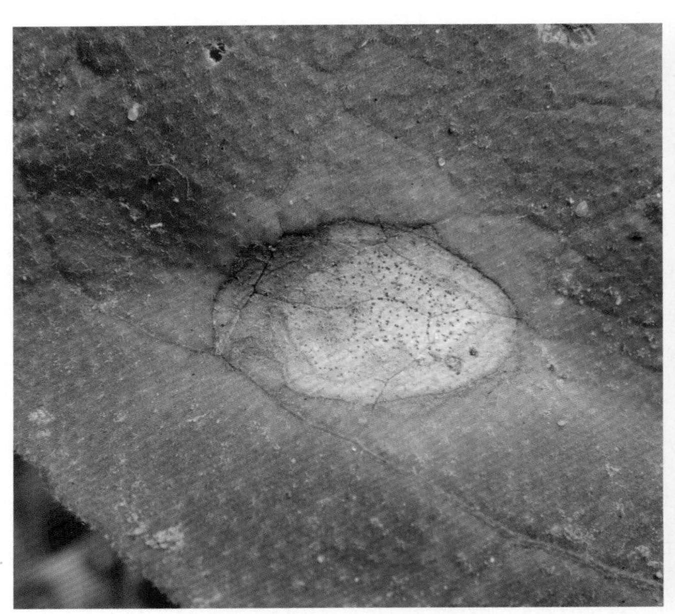

图15–7　茄子褐纹病为害叶片症状

图15–8　茄子褐纹病为害果实症状

病　　原　*Phomopsis vexans* 称茄褐纹拟点霉，属半知菌亚门真菌（图15–9）。分生孢子器寄生在寄主表皮下，球形，孔口凸出，黑色。分生孢子有两种，在叶片上分生孢子椭圆形，单胞，无色，内有两个油球；在茎秆上线形，单胞，无色，稍弯曲。

发生规律　以菌丝体和分生孢子器在土表病残体上越冬。通过风雨、昆虫及农事操作进行传播和重复侵染。北方7～8月为发病期。相对湿度高于80%，连续阴雨，高温高湿条件下病害容易流行。植株生长衰弱，多年连作，通风不良、土壤黏重、排水不良、管理粗放、幼苗瘦弱、偏施氮肥时发病严重。

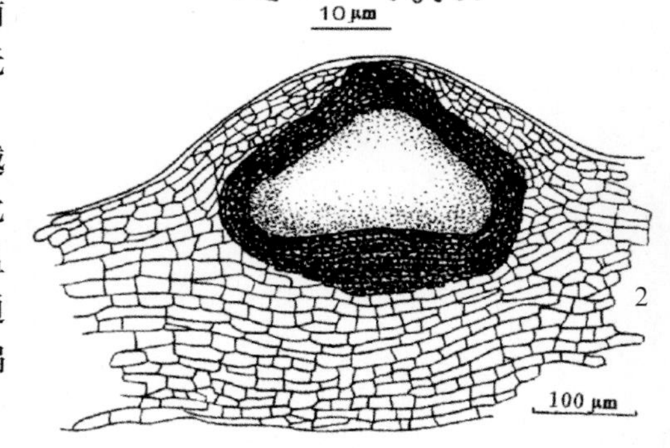

图15–9　茄子褐纹病病菌
1.分生孢子　2.分生孢子器

防治方法　选用抗病品种，一般长茄比圆茄抗病，青茄比紫茄抗病。尽可能早播种，早定植，使茄子生育期提前，要多施腐熟优质有机肥，及时追肥，提高植株抗性。夏季高温干旱，适宜在傍晚浇水，以降低地温。雨季及时排水，防止地面积水，以保护根系。适时采收，发现病叶、病果及时摘除。

药剂浸种：用80%乙蒜素乳油1 000倍液浸种30分钟，0.1%硫酸铜溶液浸种5分钟，或0.1%升汞浸5分钟，或1%高锰酸钾液浸30分钟，或300倍福尔马林液浸15分钟，浸种后捞出，用清水反复冲洗后催芽播种。

药剂拌种：用50%苯菌灵可湿性粉剂和50%福美双可湿性粉剂各一份与干细土3份混匀后，用种子重量的0.1%拌种。

苗期或定植前喷70%甲基硫菌灵可湿性粉剂500～800倍液1～2次。发病前或始病期喷施70%代森锰锌可湿性粉剂600～800倍液、40%氟硅唑乳油3 000～4 000倍液、70%甲基硫菌灵可湿性粉剂600～1 000倍液、75%百菌清可湿性粉剂+70%甲基硫菌灵可湿性粉剂（1：1）1 000～1 500倍液、30%氧氯化铜悬浮剂+70%代森锰锌可湿性粉剂（1：1，即混即喷）1 000倍液、40%三唑酮·多菌灵可湿性粉剂1 000倍液、2%春雷霉素可湿性粉剂300～400倍液、77%氢氧化铜可湿性粉剂800倍液、40%百菌清可湿性粉剂600倍液+70%丙森锌可湿性粉剂600倍液、50%苯菌灵可湿性粉剂1 000倍液，间隔7～15天1次，连喷2～3次或更多，前密后疏，交替喷施。

进入结果期开始喷洒70%代森锰锌可湿性粉剂500倍液、50%苯菌灵可湿性粉剂800倍液、75%百菌清可湿性粉剂600倍液，每隔7～10天喷1次，连喷2～3次。

在温室大棚内可采用10%百菌清烟剂或20%腐霉利烟剂，或10%百菌清加20%腐霉利混合烟剂，每亩用药300～400g，每隔5～7天熏1次，共2～3次。

3. 茄子黄萎病

症　　状　坐果后发病最重。发病初期叶片边缘和叶脉间褪绿变黄，逐渐发展到全叶。晴天的中午病叶发生萎蔫（图15－10），下午或夜间天气凉时恢复正常，以后渐渐不能恢复正常，病叶由黄变褐，严重时病叶全部脱落，茎部维管束变成褐色（图15－11），有时全株发病，有时半边发病，植株明显矮化（图15－12）。

图15－10　茄子黄萎病为害植株症状

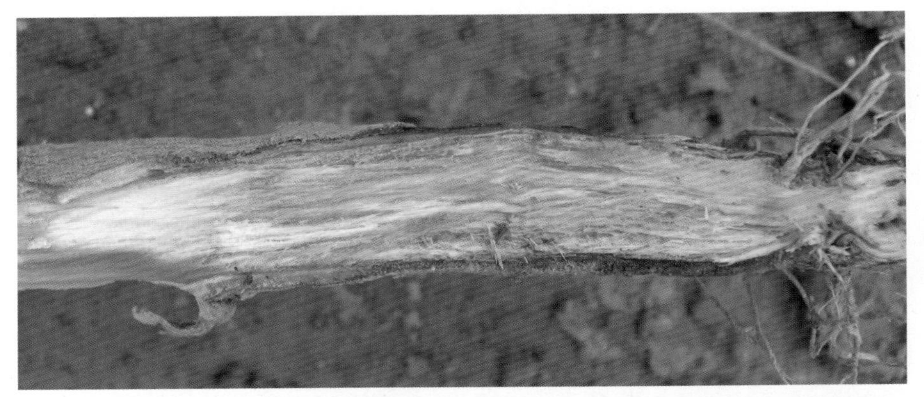

图15－11　茄子黄萎病维管束褐变症状

图15－12　茄子黄萎病为害田间症状

病　　原　*Verticillium dahliae*称大丽轮枝孢，属半知菌亚门真菌（图15－13）。菌丝体初无色，老熟时变褐色，有隔膜。分生孢子梗无色纤细，基部略膨大。分生孢子单胞，无色，椭圆形。

发生规律　病菌随病残体在土壤中或附在种子上越冬，成为翌年的初侵染源。病菌在土壤中可活6～8年。借风、雨、流水、人畜、农具传播发病，病菌当年不重复侵染。一般气温低，定植时根部形成伤口愈合慢，利于病菌侵入，茄子定植至开花期，日温低于15℃，持续时间长，植株发病重，地势低洼，施用未腐熟肥料，灌水不当，连作地块，发病重。

防治方法　施用充分腐熟有机肥料，茄子座果后，适时追施三元素复合肥2～3次。培育壮苗、适时定植，合理灌水及中耕，保持土表湿润不龟裂为宜。雨后或灌水后要及时中耕。前期中耕为增加土温，可稍深些；后期中耕以保墒防裂为目的，要浅、要细，尽量少伤根。

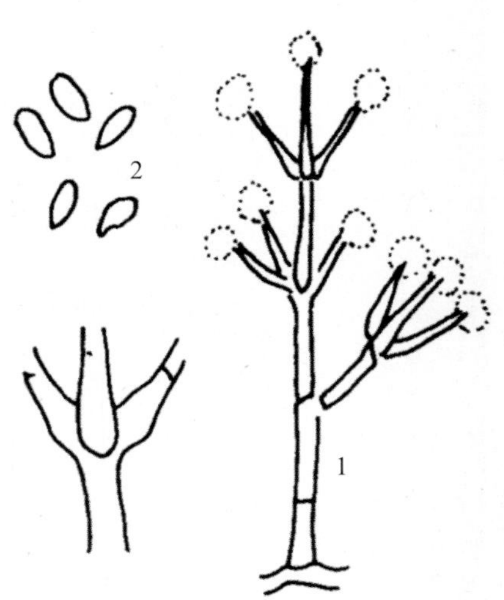

图15－13　茄子黄萎病病菌
1.分生孢子梗　2.分生孢子

种子处理：可用50%多菌灵可湿性粉剂500倍液浸种2小时，或用种子量0.2%的80%福美双或50%克菌丹拌种，效果也很好。

药剂处理土壤：在整地时每亩撒施70%敌磺钠可溶性粉剂3～5kg或多·地混剂2kg（50%多菌灵可湿性粉剂1份+20%地茂散0.5份混合而成），耙入土中消毒。

定植时，茄苗可用0.1%苯菌灵药液浸苗30分钟，定植后用50%多菌灵可湿性粉剂500～1 000倍液灌根，每株灌药液300ml，有良好的防治效果。施用50%硫菌灵可湿性粉剂500倍液或70%敌磺钠可溶性粉剂500倍液也有效。

在茄子黄萎病发病前，可采用10%双效灵水剂300倍液+1.05%氮苷·硫酸铜水剂300～500倍液+88%水合霉素可溶性粉剂800～1 000倍液、0.5%葡聚烯糖粉剂500～800倍液+30%琥胶肥酸铜悬浮剂500～800倍液、0.5%菇类蛋白多糖水剂300～500倍液+20%噻菌铜悬浮剂500～800倍液、70%甲基硫菌灵可湿性粉剂800～1 000倍液+70%敌磺钠可溶性粉剂300～500倍液、5%水杨菌胺可湿性粉剂300～500倍液+2%氨基寡糖素水剂500～600倍液、50%甲基立枯磷可湿性粉剂800～1 000倍液，对水灌根防治，隔5～7天喷1次，连续2～3次。

发病后及时拔除病株烧毁，并撒上石灰。对健康株用上述药剂预防。

4. 茄子枯萎病

症　　状　发病初期，病株叶片自下而上逐渐变黄枯萎（图15－14），病症多出现在下部叶片，叶脉变黄，最后整个叶片枯黄，叶片不脱落（图15－15）。剖开病茎维管束呈褐色（图15－16）。

图15－14　茄子枯萎病为害初期症状

图15－15　茄子枯萎病为害后期症状

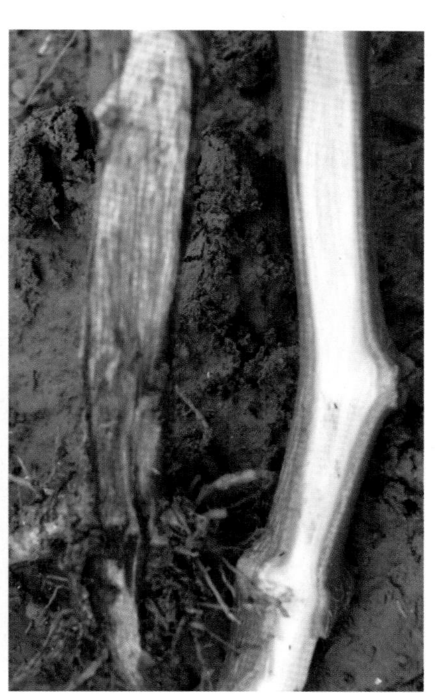

图15－16　茄子枯萎病维管束褐变比较症状

病　　原　*Fusarium oxysporum* f.sp.*melorgenae*称尖孢镰孢菌茄子专化型，属半知菌亚门真菌。

发生规律　以菌丝体或厚垣孢子随病残体在土壤中或黏附在种子上越冬，可营腐生生活。病菌借助水流、灌溉水或雨水溅射而传播，从伤口或幼根侵入。连作地、土壤低洼潮湿、土温高、氧气不足，根活力降低或根部伤口多，施用未腐熟的土杂肥等，皆易诱发病害。

防治方法　与非茄科蔬菜实行3年以上轮作。积极防治地下害虫，避免根系出现伤口。适时、精细定植，适量控制浇水，加强中耕，促进根部伤口愈合。

发病初期，可用50%多菌灵可湿性粉剂500倍液、50%苯菌灵可湿性粉剂1 000倍液、20%甲基立枯磷乳油800～1 000倍液、5%菌毒清水剂400倍液、15%恶霉灵水剂1 000倍液灌根，每株200ml；或36%甲基硫菌灵悬浮剂500倍液、10%双效灵水剂或12.5%增效多菌灵可溶性粉剂200倍液灌根，每株灌100ml，间隔7～10天1次，连防3～4次。

5. 茄子病毒病

症　　状　茄子病毒病近年来发生较重，以保护地最为常见。其症状类型复杂，常见的有花叶坏死型、花叶斑驳型等。上部新叶呈黄绿相间的斑驳（图15－17至图15－19），发病重时叶片皱缩，叶面有疱斑（图15－20）。叶面有时有紫褐色坏死斑，叶背表现更明显。

病　　原　包括TMV（烟草花叶病毒）、CMV（黄瓜花叶病毒）、BBWV（蚕豆萎蔫病毒）、PVX（马铃薯X病毒）。

图15－17　茄子病毒病褪绿症状

图15－18　茄子病毒病皱叶症状

图15－19　茄子病毒病花叶症状

图15－20　茄子病毒病皱缩症状

发生规律　病毒由接触摩擦（TMV）传毒和蚜虫传毒（CMV）。高温干旱、蚜虫量大、管理粗放、田间杂草多发病重。发病高峰出现在6～8月高温季节（图15－21）。

防治方法　建立无病留种田，选用不带病毒的种子。

播种前进行种子消毒，可用10%的磷酸三钠溶液浸种20分钟，而后用清水洗净后再播种。或将种子用冷水浸泡4～6小时，再用2%宁南霉素水剂600倍液浸10分钟，捞出直接播种。

病毒病目前尚无理想的治疗药剂。可用20%盐酸吗啉胍・乙酸铜可湿性粉剂500倍液、0.5%菇类蛋白多糖水剂300倍液、5%菌毒清水剂200～300倍液、2%宁南霉素水剂400倍液等药剂喷雾。每隔5～7天喷1次，连续2～3次。

图15－21　茄子病毒病为害田间症状

6．茄子灰霉病

症　　状　发生于成株期，花、叶片、茎枝和果实均可受害，尤其以门茄和对茄受害最重。在花器和果实上产生水浸状褐色病斑，扩大后呈暗褐色，凹陷腐烂，表面产生不规则轮纹状的灰色霉层（图15－22至图15－23）。叶片发病，多在叶缘处先形成水浸状浅褐色病斑，扩展后呈圆形或椭圆形，褐色并带有浅褐色轮纹的大型病斑，湿度大时病斑上密布灰色霉层。发病后期，如果条件适宜，病斑连片，致使整个叶片干枯。茎和果（图15－24至图15－25）染病，初生水浸状不规则形病斑，灰白色或褐色，病斑可绕茎枝一周，其上部枝叶萎蔫枯死，病部表面密生灰白色霉状物。

图15－22　茄子灰霉病为害幼苗叶片症状

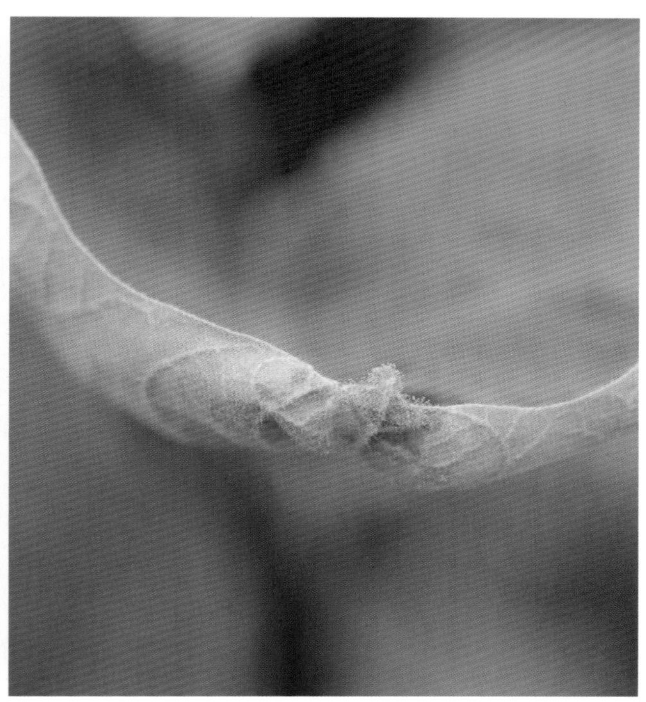

图15－23　茄子灰霉病为害成株叶片症状

图15-24 茄子灰霉病为害花器症状

图15-25 茄子灰霉病为害果实症状

病　　原 *Botrytis cinerea* 称灰葡萄孢，属半知菌亚门真菌。分生孢子梗单生或丛生，浅褐色，有隔膜，基部略膨大，顶端具1～2次分枝，分枝顶端产生小柄，其上着生大量分生孢子。分生孢子圆形至椭圆形，单细胞，近无色。

发生规律 病菌以菌丝体或分生孢子随病残体在土壤中越冬，也可以菌核的形式在土壤中越冬，成为次年的初侵染源。发病组织上产生分生孢子，随气流、浇水、农事操作等传播蔓延，形成再侵染。多在开花后侵染花瓣，再侵入果实引发病害，也能由果蒂部侵入。茄子灰霉病菌喜低温高湿。持续的较高的空气相对湿度是造成灰霉病发生和蔓延的主导因素。光照不足，气温较低(16～20℃)，湿度大，结露持续时间长，非常适合灰霉病的发生。所以，春季如遇连续阴雨天气，气温偏低，温室大棚放风不及时，湿度大，灰霉病便容易流行。植株长势衰弱时病情加重。

防治方法 施用充分腐熟的优质有机肥，增施磷、钾肥，以提高植株抗病能力。采用高畦栽培，覆盖地膜，以降低温室大棚及大田湿度，阻挡土壤中病菌向地上部传播。注意清洁田园，当灰霉病零星发生时，立即摘除病果、病叶，带出田外或温室大棚外集中做深埋处理。

花期，用药可结合使用防落素等激素蘸花保果操作，在配制好的防落素、2，4-D、保果宁等激素溶液中按0.5%的比例加入50%腐霉利可湿性粉剂、50%异菌脲可湿性粉剂、40%嘧霉胺悬浮剂；或在蘸花（浸沾整朵花）的药液中加入2.5%咯菌腈悬浮剂200倍液处理茄子花朵，对茄子果实灰霉病有较好的防治效果，对花的安全性极好，不会影响坐果。

发病初期，可采用50%腐霉利可湿性粉剂1 000～1 500倍液、2%丙烷脒水剂1 000～1 500倍液+2.5%咯菌腈悬浮剂1 000～1 500倍液、50%异菌脲悬浮剂1 000～1 500倍液、50%多·福·乙可湿性粉剂800～1 000倍液、50%嘧菌环胺水分散性粒剂1 000～1 500倍液、50%烟酰胺水分散粒剂1 000～1 500倍液、40%嘧霉胺悬浮剂1 000～1 500倍液、25%啶菌恶唑乳油1 000～2 000倍液，隔5～7天喷1次，连续2～3次。

7. 茄子早疫病

症　　状 主要为害叶片。病斑圆形或近圆形，边缘褐色，中部灰白色，具有同心轮纹（图15-26、图15-27）。湿度大时，病部长出微细的灰黑色霉状物，后期病斑中部脆裂，发病严重时病叶脱落。

图15-26　茄子早疫病为害幼苗叶片症状

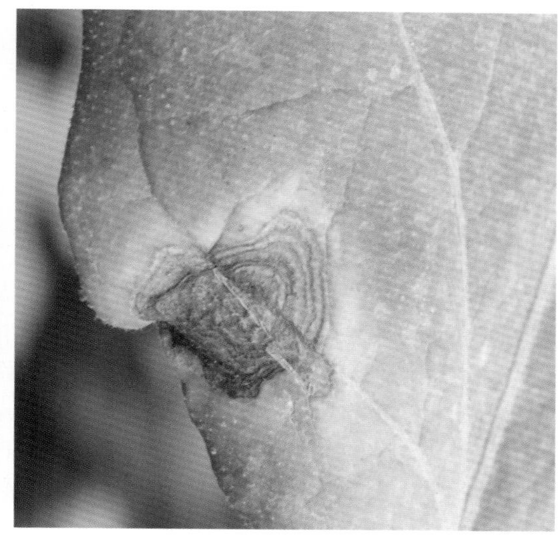

图15-27　茄子早疫病为害成株叶片症状

病　　原　*Alternaria solani* 称茄链格孢，属半知菌亚门真菌。分生孢子梗单生或丛生，圆柱形，有1～5个隔膜。分生孢子，长棍棒状，黄褐色，有6～12个横隔膜，0～3个纵隔膜。

发生规律　病菌以菌丝体在病残体内或潜伏在种皮下越冬。苗期和成株期均可发病。发生较常见，为害不大。

防治方法　清除病残体，实行3年以上轮作。

种子消毒：55℃温水浸15分钟后，立即移入冷水中冷却，然后再催芽播种。

发病初期，喷50%苯菌灵可湿性粉剂800倍液、70%代森锰锌可湿性粉剂400倍液+58%甲霜灵·锰锌可湿性粉剂600倍液、64%恶霜·锰锌可湿性粉剂400倍液、50%克菌丹可湿性粉剂450倍液、40%灭菌丹可湿性粉剂400倍液等药剂，每7天喷1次，连续喷2～3次。

8．茄子褐色圆星病

症　　状　叶片上病斑圆形或近圆形，初期病斑褐色或红褐色，病斑扩展后，中央褪为灰褐色（图15-28），病斑中部有时破裂，边缘仍为褐色或红褐色，病斑上可见灰色霉层，即病原菌的繁殖体。为害严重时，病斑连片，叶片易破碎或早落。

图15-28　茄子褐色圆星病为害叶片症状

病　　原　*Cercospora solani-melongenae* 称茄尾孢，属半知菌亚门真菌（图15-29）。分生孢子梗丛生，暗褐色，直或稍弯，0～1个隔膜。分生孢子鞭状，倒棍棒状或圆柱状，淡色，直或稍弯，有1～10个隔膜。

发生规律　以分生孢子或菌丝块在被害部越冬，翌年在菌丝块上产出分生孢子，借气流或雨水溅射传播蔓延。温暖多湿的天气或低洼潮湿、株间郁闭易发病。品种间抗性有差异。

防治方法　加强肥水管理，合理密植，雨季及时排除田间积水。增施磷钾肥，提高植株抗病能力。

及时喷药预防，发病初期开始喷洒75%百菌清可湿性粉剂800倍液+70%甲基硫菌灵可湿性粉剂800倍液、50%多菌灵可湿性粉剂800倍液+70%代森锰锌可湿性粉剂800液、40%多·硫悬浮剂600倍液、50%苯菌灵可湿性粉剂1 500倍液等药剂。由于茄子叶片表皮毛多，为增加药液附着性，药液中应加入0.1%～0.2%的洗衣粉。每7天喷药1次，连续防治2～3次。

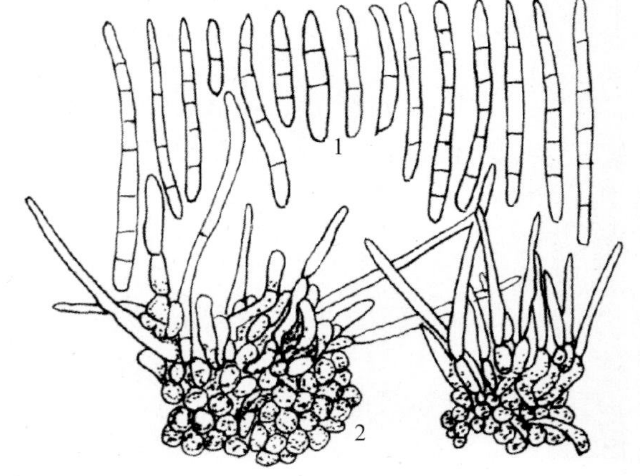

图15-29　茄子褐色圆星病病菌
1.分生孢子 2.子座及分生孢子梗

9. 茄子黑枯病

症　　状　茄子叶、茎、果实均可感染黑枯病。叶染病，初生灰紫黑色圆形小点，后扩大成圆形或不规则形病斑，周缘紫黑色，内部浅些，有时形成轮纹，导致早期落叶（图15-30）。

图15-30　茄子黑枯病为害初期、后期叶片症状

病　　原　*Corynespora melongenae* 称茄棒孢菌，属半知菌亚门真菌。

发生规律　以菌丝体或分生孢子附在寄主的茎、叶、果或种子上越冬，成为翌年初侵染源。此菌在6～30℃均能发育，发病适温20～25℃。

防治方法　播种前用55℃温水浸种15分钟，再进行一般浸种后催芽。加强田间管理，苗床要注意放风，田间切忌灌水过量，雨季要注意排水降湿。

发病初期，可采用25%咪鲜胺乳油800～1 000倍液、10%苯醚甲环唑水分散粒剂1 500倍液、40%氟硅唑乳油3 000～5 000倍液，隔5～7天防治1次，连续防治2～3次。

10. 茄子叶霉病

症　　状　主要为害叶片和果实。叶片染病初期，出现边缘不明显的褪绿斑点，病斑背面长有灰绿色霉层，致使叶片过早脱落（图15-31、图15-32）。果实染病，病部呈黑色，革质，多果柄蔓延下来，果实呈现白色斑块，成熟果实的病斑为黄色，下陷，后期逐渐变为黑色，最后果实成为僵果。

图15－31　茄子叶霉病为害叶片初期症状

图15－32　茄子叶霉病为害叶片中期症状

病　　原　*Fulvia fulva* 称褐孢霉菌，属半知菌亚门真菌（图15－33）。分生孢子梗成束从气孔伸出，稍有分枝，初无色，后呈褐色，有1～10个隔膜，节部稍膨大。分生孢子长椭圆形，初无色，单胞，后变褐色，中间长出1个隔膜，成为2个细胞。

发生规律　病菌以菌丝体或菌丝块在病残体内越冬，也可以分生孢子附着于种子表面或菌丝潜伏于种皮越冬。第二年从田间病残体上越冬后的菌丝体产生分生孢子，通过气流传播，引起初次侵染。另外，播种带病的种子也可引起田间初次发病。田间发病后，在适宜的环境条件下会产生大量的分生孢子，造成再侵染。温室内空气流通不良，湿度过大，常诱致病害的严重发生。阴雨天气或光照弱有利于病菌孢子的萌发和侵染。定植过密，株间郁闭，田间有白粉虱为害等易诱发此病。

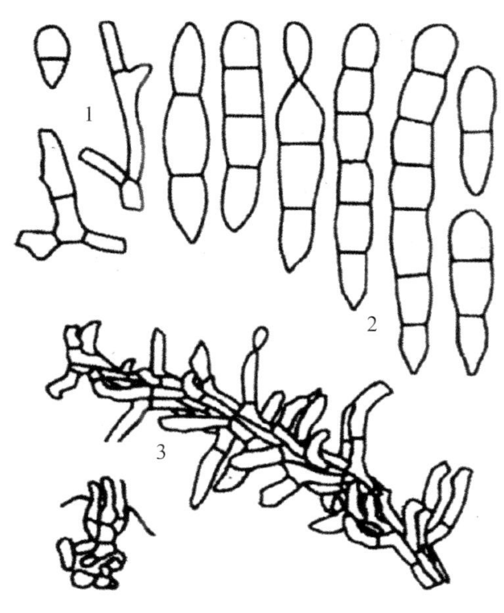

图15－33　茄子叶霉病病菌
1.分生孢子梗　2.分生孢子
3.分生孢子产生构造

防治方法　收获后及时清除病残体，集中深埋或烧毁。栽植密度应适宜，雨后及时排水，降低田间湿度。

发病前至发病初期，可采用50%腐霉利可湿性粉剂1 000倍液、50%异菌脲可湿性粉剂1 000倍液、40%嘧霉胺可湿性粉剂1 000倍液、47%春雷霉素·氧化亚铜可湿性粉剂1 000倍液、2%武夷菌素水剂100～150倍液、40%氟硅唑乳油4 000倍液、30%氟菌唑可湿性粉剂1 500倍液、50%咪鲜胺锰络化合物1 500倍液、50%苯菌灵可湿性粉剂1 000倍液，隔5～7天防治1次，连续防治2～3次。

11．茄子根腐病

症　　状　主要侵染茄子根部和茎基部。幼苗染病，幼苗萎蔫，根部变褐腐烂（图15－34）。成株期染病，发病初期，植株叶片白天萎蔫（图15－35），早晚尚可恢复，随病情发展，叶片恢复能力降低，最后失去恢复能力。根、茎基部表皮变为褐色，继而根系腐烂（图15－36），木质部外露，植株枯萎死亡。

图15－34　茄子根腐病为害幼苗症状

图15－35　茄子根腐病为害成株萎蔫症状

图15－36　茄子根腐病根部腐烂症状

病　　原　*Fusarium solani* 称腐皮镰孢，属半知菌亚门真菌。

发生规律　病菌厚垣孢子在土壤中能够存活5年以上，成为主要侵染来源。病菌从植株根部伤口侵入，借雨水或灌溉水传播蔓延。高温高湿的条件有利于发病，连作地、低洼地及黏土地发病严重。

防治方法　有条件的地方可与十字花科蔬菜、葱蒜类蔬菜实行2～3年轮作。实行高畦栽培，高畦栽培可避免雨后或灌溉后根系长期浸泡在水里，并可提高地温，促进根系发育，提高抗病力。降低土壤湿度，雨后要及时排除田间积水，避免土壤过湿。

用50%多菌灵可湿性粉剂、50%苯菌灵可湿性粉剂与适量细土拌匀，在定植前均匀撒入定植穴中。

发病初期用药液灌根，一般每株灌药液0.2～0.3kg，每7～10天灌1次，连续灌2～3次。常用的灌根药剂有3%恶霉·甲霜水剂500倍液、50%苯菌灵可湿性粉剂800倍液、70%甲基硫菌灵可湿性粉剂500～800倍液等。

12. 茄子赤星病

症　　状　赤星病主要为害叶片。发病初期叶片褪绿，产生苍白色至灰褐色小斑点，后扩展成中心暗褐色至红褐色、边缘褐色的圆形斑（图15－37），其上丛生很多黑色小点，即病菌的分生孢子器。

图15－37　茄子赤星病为害叶片症状

病　　原　*Septoria melongenae*称茄壳针孢，属半知菌亚门真菌。分生孢子器黑色扁球形，埋生；分生孢子无色多胞，细状或圆筒形，弯曲。

发生规律　病菌以菌丝体和分生孢子的形式随病残体留在土壤中越冬，翌年春季条件适宜时产生分生孢子，借风雨传播蔓延，引起初侵染和再侵染。温暖潮湿，连阴雨天气多的年份或地区易发病。

防治方法　实行2～3年以上轮作。选用早熟品种，可避开发病盛期，培育壮苗，施足基肥，促进早长早发，把茄子的采收盛期提前到病害流行季节之前。从无病茄子上采种。

种子消毒：播种前进行种子消毒，用55℃温水浸种15分钟，稍晾后播种，或采用50%苯菌灵可湿性粉剂和50%福美双粉剂各1份，细土3份混匀后，按种子重量0.3%混合物拌种。

苗床消毒：苗床需每年换新土，播种时，每平方米用50%多菌灵可湿性粉剂10g，或用50%五氯・福美双粉剂8～10g拌细土2kg制成药土，取1/3撒在畦面，然后播种，播种后将其余药土覆盖在种子上面，即“下铺上盖”，使种子夹在药土中间，效果很好。

结果后开始喷洒75%百菌清可湿性粉剂600倍液+40%甲霜铜可湿性粉剂600～700倍液、58%甲霜灵・锰锌可湿性粉剂500倍液、64%恶霜・锰锌可湿性粉剂500倍液、70%乙膦・锰锌可湿性粉剂500倍液、50%苯菌灵可湿性粉剂1 000倍液、77%氢氧化铜可湿性粉剂800倍液，每隔7天喷药1次，连喷2～3次。

13. 茄子猝倒病

症　　状　该病是茄科蔬菜幼苗期最常见的一种病害。染病幼苗近地面处的嫩茎出现淡褐色、不定形的水渍状病斑，病部很快缢缩，幼苗倒伏，此时子叶尚保持青绿，潮湿时病部或土面会长出稀疏的白色绵絮状物，幼苗逐渐干枯死亡。田间常成片发病（图15-38）。

病　　原　*Pythium aphanidermatum*称瓜果腐霉菌，属鞭毛菌亚门真菌。菌丝体丝状，无分隔，菌丝上产生不规则形、瓣状或卵圆形的孢子囊。孢子囊萌发产生有双鞭毛的游动孢子。病菌的有性繁殖产生圆球形、厚壁的卵孢子。

图15-38　茄子猝倒病苗床症状

发生规律　病苗上可产生孢子囊和游动孢子，借雨水、灌溉水传播。土温较低（低于16℃）时发病迅速。土壤含水量较高时极易诱发此病，光照不足，幼苗长势弱，抗病力下降，也易发病。幼苗子叶中养分快耗尽而新根尚未扎实之前，幼苗营养供应紧张，抗病力最弱，如果此时遇到低温高湿环境会突发此病。

防治方法　苗床要整平、床土松细。肥料要充分腐熟，并撒施均匀。苗床内温度应控制在20～30℃，地温保持在16℃以上，注意提高地温，降低土壤湿度，防止出现10℃以下的低温和高湿环境。缺水时可在晴天喷洒，切忌大水漫灌。及时检查苗床，发现病苗立即拔除。床土过湿时，可撒不带病菌的干松的营养土，以控制症状蔓延。

床土消毒：每平方米苗床用95%恶霉灵原药1g，对水成3 000倍液喷洒苗床。也可按每平方米苗床用30%多・福可湿性粉剂4g，或用50%拌种双粉剂7g，或用35%福・甲可湿性粉剂2～3g拌细土15～20kg，拌匀，播种时下铺上盖，将种子夹在药土中间，防治效果明显。

若经常发生猝倒病的菜地可用35%甲霜灵拌种剂，按种子重量0.2%～0.3%的用药量拌种后播种。

育苗棚、室的温湿度较适于发病。可选喷58%甲霜灵·锰锌可湿性粉剂500倍液、64%恶霜·锰锌可湿性粉剂500倍液，在发病前每7～8天喷1次药，至真叶长出、幼茎木栓化为止。

发病初期喷洒72.2%霜霉威水剂400倍液+70%代森锰锌可湿性粉剂500倍液、15%恶霉灵水剂1 000倍液+65%代森锌可湿性粉剂800～1 000倍液等药剂，每平方米苗床用配好的药液200～300ml，每隔7～10天喷1次，连续喷2～3次。喷药后，可撒干土或草木灰降低苗床土层湿度。

14. 茄子立枯病

症　　状　苗期发病，一般多发生于育苗的中后期，在病苗的茎基部生有椭圆形暗褐色病斑，严重时病斑扩展绕茎一周，失水后病部逐渐凹陷，干腐缢缩，初期大苗白天萎蔫夜间恢复，后期茎叶萎垂枯死（图15－39至图15－40）。病苗枯死立而不倒，故称立枯病。潮湿时生淡褐色蛛丝状的霉层，拨起病苗丝状物与土坷垃相连。

图15－39　茄子立枯病苗床症状

图15－40　茄子立枯病幼苗根部症状

病　　原　*Rhizoctonia solani* 称立枯丝核菌，属半知菌亚门真菌。

发生规律　以菌丝体或菌核在土壤中越冬，且可在土壤中腐生2～3年。菌丝能直接侵入寄主，通过流水、农具传播。播种过密、间苗不及时、湿度过高易诱发本病。病菌发育适温为17～28℃，最适宜温度为24℃左右，在12℃以下、30℃以上时受抑制。

防治方法　提倡用营养钵育苗，使用腐熟的有机肥。春季育苗，播种后一般不浇水，可采用撒施细湿土的方法保持土壤湿度，若湿度过高可撒施草木灰降湿，注意提高地温。夏季育苗可采取遮阴措施，防止出现高温高湿条件。苗期喷0.1%～0.2%磷酸二氢钾，可增强抗病能力。

土壤处理：用40%拌种双可湿性粉剂，每平方米8g，处理方法同猝倒病防治的土壤处理。

药剂拌种：用种子重量0.2%的40%拌种双可湿性粉剂，或50%多菌灵可湿性粉剂拌种。

发病前至发病初期，可采用30%苯醚甲·丙环乳油3 000～3 500倍液、20%灭锈胺悬浮剂800～1 000倍液、20%氟酰胺可湿性粉剂600～800倍液、30%恶霉·甲霜水剂400～600倍液、20%甲基立枯磷乳油800～1 200倍液、70%甲基硫菌灵可湿性粉剂600～800倍液、5%井冈霉素水剂1 000～1 500倍液，隔5～7天喷1次，连续喷2～3次。

15. 茄子炭疽病

症　　状　主要为害果实，以近成熟和成熟果实发病为多。果实发病，初时在果实表面产生近圆形、椭圆形或不规则形黑褐色、稍凹陷的病斑（图15－41）。病斑不断扩大，或病斑汇合可形成大型病斑，有时扩及半个果实。后期病部表面密生黑色小点，潮湿时溢出赭红色黏质物。病部皮下的果肉微呈褐色，干腐状，严重时可导致整个果实腐烂。

图15-41　茄子炭疽病为害果实症状

病　　原　*Colletotrichum capsici* 称辣椒刺盘孢，属半知菌亚门真菌。分生孢子盘中混生有黑色刚毛，刺毛状。分生孢子新月形，单胞无色。

发生规律　病菌以菌丝体和分生孢子盘随病残体在土壤中越冬，也可以分生孢子附着在种子表面越冬。翌年由越冬分生孢子盘产生分生孢子，借雨水溅射传播至植株下部果实上引起发病，播种的带菌种子萌发时就可侵染幼苗使之发病。果实发病后，病部产生大量分生孢子，借风、雨、昆虫传播或摘果时人为传播，进行反复再侵染。温暖高湿环境下易于发病，病害多在7～8月发生和流行。植株郁闭，采摘不及时，地势低洼，雨后地面积水，氮肥过多时发病重。

防治方法　使用无病种子，发病地与非茄科蔬菜进行2～3年轮作。培育壮苗，适时定植，避免植株定植过密。合理施肥，避免偏施氮肥，增施磷、钾肥。适时适量灌水，雨后及时排水。

发病初期用药防治，可用40%氟硅唑乳油4 000倍液、70%甲基硫菌灵可湿性粉剂600～800倍液、80%炭疽福美可湿性粉剂800倍液（福美双·福美锌）、50%咪鲜胺锰络化合物可湿性粉剂800倍液、25%腈菌唑悬浮剂1 000倍液、25%溴菌腈可湿性粉剂500倍液等药剂喷雾防治，间隔7～15天1次，连喷2～3次，前密后疏，交替喷施。

16．茄子白粉病

症　　状　主要为害叶片。叶面初现不定形褪绿小黄斑，相应的叶背面则出现不定形白色小霉斑，边缘界限不明晰，细视之，可见霉斑近乎放射状扩展（图15-42）。随着病情的进一步发展，霉斑数量增多，斑面上粉状物日益明显而呈白粉斑，粉斑相互连合成白粉状斑块，严重时叶片正反面均可被粉状物所覆盖，外观好像被撒上一薄层面粉。

图15-42　茄子白粉病为害叶片症状

病　　原　*Sphaerotheca fuliginea* 称单丝壳白粉菌，属子囊菌亚门真菌。分生孢子串生在直立的分生孢子梗上。闭囊壳扁球形，暗褐色，表面生5～10根丝状附属丝，褐色，有隔膜。子囊扁椭圆形或近球形，无色透明。

发生规律　病菌以闭囊壳在温室蔬菜上或土壤中越冬，借风和雨水传播。在高温高湿或干旱环境条件下易发生，发病适温20～25℃，相对湿度25%～85%，但是以高湿条件下发病重。

防治方法　合理密植，避免过量施用氮肥，增施磷钾肥，防止徒长。注意通风透光，降低空气湿度。

发病前至发病初期，可采用6%氯苯嘧啶醇可湿性粉剂1 000～1 500倍液、12.5%烯唑醇可湿性粉剂2 000～4 000倍液、24%唑菌腈悬浮剂5 000倍液、12.5%腈菌唑乳油2 000～3 000倍液、2%宁南霉素水剂200～400倍液、2%嘧啶核苷类抗生素水剂150～300倍液、2%武夷菌素水剂300倍液、62.25%腈菌唑·代森锰锌可湿性粉剂600～700倍液、20%福·腈可湿性粉剂1 000～ 2 000倍液，隔5～7天喷1次，连续喷2～3次。

二、茄子虫害

1. 茄二十八星瓢虫

为害特点 茄二十八星瓢虫（*Henosepilachna vigintioctopunctata*）主要为害茄子叶片、果实。成虫和若虫在叶背面剥食叶肉，形成许多独特的不规则的半透明的细凹纹，有时也会将叶吃成空洞或仅留叶脉（图15－43）。严重时整株死亡。被害果实常开裂，内部组织僵硬且有苦味，产量和品质下降（图15－44）。

图15－43 茄二十八星瓢虫为害叶片状

图15－44 茄二十八星瓢虫为害果实状

形态特征 成虫体半球形，赤褐色，体表密生黄褐色细毛。前胸背板前缘凹陷，中央有一较大的剑状斑纹，两侧各有2个黑色小斑。两鞘翅上各有14个黑斑，鞘翅基部3个黑斑，后方的4个黑斑在一条直线上。两鞘翅会合处的黑斑不互相接触（图15－45）。卵纵立，鲜黄色，有纵纹。幼虫体淡黄褐色，长椭圆状，背面隆起，各节具黑色枝刺（图15－46）。蛹椭圆形，淡黄色，背面有稀疏细毛及黑色斑纹。

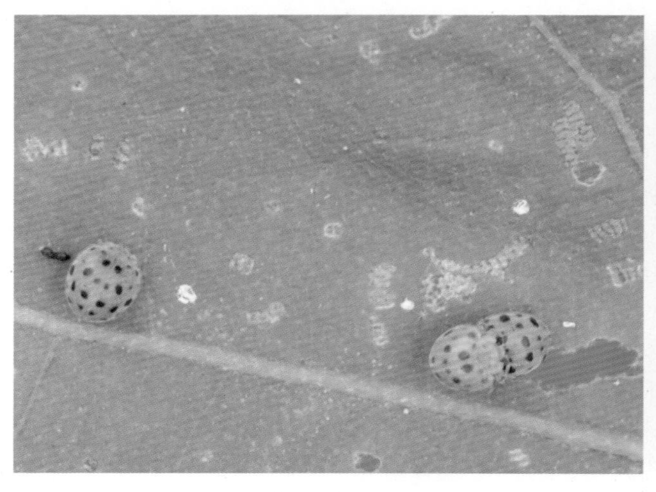

图15－45 茄二十八星瓢虫成虫

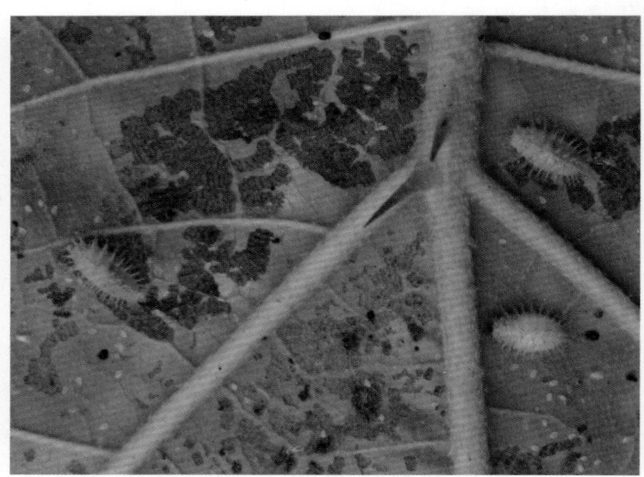

图15－46 茄二十八星瓢虫幼虫

发生规律 该虫在华北一年发生2代，江南地区4代，以成虫群集越冬。一般于5月开始活动，为害马铃薯或苗床中的茄子、番茄、青椒等。6月上中旬为产卵盛期，6月下旬至7月上旬为第1代幼虫为害期，7月中下旬为化蛹盛期，7月底或8月初为第1代成虫羽化盛期，8月中旬为第2代幼虫为害盛期，8月下旬开始化蛹，羽化的成虫自9月中旬开始寻求越冬场所，10月上旬开始越冬。

防治方法 消灭植株残体、杂草等处的越冬虫源，人工摘除卵块。

要抓住幼虫分散前的时机施药，可用90%敌百虫晶体1 000倍液、50%杀虫环可湿性粉剂1 000倍液、20%甲氰菊酯乳油1 200倍液、2.5%溴氰菊酯乳油3 000倍液、2.5%氯氟氰菊酯乳油4 000倍液、48%毒死蜱乳油1 500倍液、75%硫双威可湿性粉剂1 000倍液、30%多噻烷乳油500倍液、5%顺式氰戊菊酯乳油1 500倍液、5.7%氟氯氰菊酯乳油2 500倍液、10%联苯菊酯乳油2 000倍液、5%啶虫隆乳油1 500倍液、40%菊・杀乳油2 000倍液、40%菊・马乳油2 000～3 000倍液、4.5%高效氯氰菊酯乳油3 000～3 500倍液等药剂喷雾，隔7～10天喷1次，共喷2～3次。

2. 茄黄斑螟

为害特点 茄黄斑螟（*Leucinodes orbonalis*）是我国南方地区茄子的重要害虫，也能为害马铃薯、龙葵、豆类等作物。主要分布在我国台湾省及华南、华中、华东、西南地区。

形态特征 成虫体、翅均为白色，前翅具4个明显的黄色大斑纹，翅基部黄褐色，中室与后缘之间呈现一个红色三角形纹，翅顶角下方有一个黑色眼形斑。后翅中室具一小黑点，并有明显的暗色后横线，外缘有2个浅黄斑。栖息时翅伸展，腹部翘起，腹部两侧节间毛束直立（图15－47）。卵外形似水饺，有稀疏刻点；初产时乳白色，孵化前灰黑色。幼虫多呈粉红色，低龄期黄白色；头及前胸背板黑褐色，背线褐色，腹末端黑色（图15－48）。蛹浅黄褐色。蛹茧坚韧，初结茧时为白色，后逐渐加深为深褐色或棕红色。

图15－47 茄黄斑螟成虫

图15－48 茄黄斑螟幼虫

发生规律 每年发生4～5代，以老熟幼虫结茧在残株枝杈上及土表缝隙处越冬。翌年3月越冬幼虫开始化蛹，5月上旬至6月上旬越冬代羽化结束，5月开始出现幼虫为害，7～9月为害最重，尤以8月中下旬为害秋茄最重。成虫白天不活动，多躲在阴暗处。夜间活动极为活泼，可高飞，成虫趋光性不强，具趋嫩性。卵散产于茄株的上、中部嫩叶背面。幼虫为害蕾、花，并蛀食嫩茎、嫩梢及果实，引起枯梢、落花、落果及果实腐烂。秋季多蛀害茄果，一个茄子内可有3～5头幼虫；夏季茄果虽受害轻，但花蕾、嫩梢受害重，可造成早期减产。

防治方法 及时剪除被害植株嫩梢及果实；茄子收获后，要清洁菜园，及时处理残株败叶，以减少虫源。

幼虫孵化始盛期，可选用5%丁烯氟虫腈悬浮剂2 500倍液、48%毒死蜱乳油1 000倍液、20%氰戊菊酯乳油2 000倍液、21%增效氰・马乳油3 000倍液、10%菊・马乳油1 500倍液、15%茚虫威悬浮剂3 000倍液等，喷雾防治。

3. 茶黄螨

为害特点 茶黄螨（*Polyphagotarsonemus latus*）以刺吸式口器吸取植物汁液为害。可为害叶片、新梢、花蕾和果实。叶片受害后，变厚变小变硬，叶反面茶锈色，油渍状，叶缘向背面卷曲，嫩茎呈锈色，梢颈端枯死，花蕾畸形，不能开花。果实受害后，果面黄褐色粗糙，果皮龟裂，种子外落，严重时呈馒头开花状（图15－49）。

形态特征 雌螨体躯阔卵形，腹部末端平截，淡黄色至橙黄色，半透明，有光泽。身体分节不明显，体背部有1条纵向白带。足较短，4对，第4对足纤细，其跗节末端有端毛和亚端毛。腹部后足体部有4对刚毛。假气门器官向后端扩展。雄螨近六角形，腹部末端圆锥形。前足体3～4对刚毛，腹面后足体有4对刚毛。足较长而粗壮，第三、第四对足的基节相连，第四对足胫跗节细长，向内侧弯曲，远端1/3处有1根特别长的鞭毛，爪退化为钮扣状。卵椭圆形，无色透明。卵表面有纵向排列的5～6行白色瘤状突起。幼螨近椭圆形，淡绿色。足3对，体背有1条白色纵带，腹末端有1对刚毛。若螨是一静止阶段，外面罩有幼螨的表皮。

发生规律 每年可发生几十代，主要在棚室中的植株上或在土壤中越冬。棚室中全年均有发生，而露地菜则以6～9月受害较重。生长迅速，在18～20℃条件下，7～10天可发育1代，在28～30℃下，4～5天发生1代。生长的最适温度为16～23℃，相对湿度为80%～90%。以两性生殖为主，也可进行孤雌生殖，但未受精的卵孵化率低，且均为雄性。单雌产卵量为百余粒，卵多散产于嫩叶背面和果实的凹陷处。成螨活动能力强，靠爬迁或自然力扩散蔓延。大雨对其有冲刷作用。

防治方法 加强田间管理。

在发生初期，可用15%哒螨灵乳油3 000倍液、5%唑螨酯悬浮剂3 000倍液、10%溴虫腈乳油3 000倍液、1.8%阿维菌素乳油4 000倍液、20%甲氰菊酯乳油1 500倍液、20%三唑锡悬浮剂2 000倍等。为提高防治效果，可在药液中混加增效剂或洗衣粉等，并采用淋洗式喷药。

图15－49 茶黄螨为害茄子症状

三、茄子各生育期病虫害防治技术

（一） 茄子育苗至幼苗期病虫害防治技术

在茄子苗期（图15－50），有些病害严重影响出苗或小苗的正常生长，如猝倒病、立枯病、炭疽病、灰霉病、绵疫病等；也有一些病害，是通过种子传播的，如菌核病、黄萎病、枯萎病、褐纹病、炭疽病等；另外，如病毒病等也可以在苗期发生，有时也有一些地下害虫为害。因此，播种期、小苗期是防治病虫草害、培育壮苗、保证生产的一个重要时期，生产上经常使用多种杀菌剂、杀虫剂、除草剂、植物激素等混用。

图15-50　茄子育苗至幼苗期栽培情况

对于育苗田，可以结合平整土地，进行土壤药剂处理。选择药剂时要针对本地情况，调查发病种类，参考前文介绍，可选用如下药剂：

以福尔马林消毒，在播种2周前进行，每平方米用30ml福尔马林，加水2～4kg，喷浇在床土上，用塑料膜覆盖4～5天，除去覆盖物，耙平土地，放气2周后播种；或用70%五氯硝基苯与50%福美双1∶1混合，每平方米施药8g，或用25%甲霜灵可湿性粉剂4g+70%代森锰锌5g或50%福美双可湿粉5g，掺细土4～5kg，待苗床平整、浇水后，将1／3的药土撒于地表，播种后再把剩余的药土覆盖在种子上面。对于大棚也可以用硫磺熏蒸，开棚凉风后播种。

种子处理：常用药剂有0.4%的50%多菌灵可湿性粉剂或70%甲基硫菌灵可湿性粉剂，或加上72.2%霜霉威水剂800倍液、25%甲霜灵可湿性粉剂800倍液+50%福美双可湿性粉剂800倍液，或0.3%的多·福合剂，对于病毒病较重的田块可以混用10%磷酸三钠溶液浸种，一般浸30～50分钟，捞出催芽，最好在播种前以黄腐酸盐拌种。

对于地下害虫、根结线虫病较重的地块可采用0.5%阿维菌素颗粒剂3～4kg、或10%噻唑磷颗粒剂2kg/亩，加入高效土壤菌虫通杀处理剂2kg/亩与20kg细土充分拌匀，撒施混土处理。

为了促使小苗健壮出苗生长，可以在小苗灌根或喷洒农药时，与一些叶面肥混合，喷洒植宝素7 500～8 000倍液，或爱多收6 000～8 000倍液，或黄腐酸盐1 000～3 000倍液、磷酸二氢钾0.1～0.2%等。为使小苗矮壮，防止小苗徒长，可以结合喷施15%多效唑1 500倍液，以小苗3～5片真叶时施药为宜，使用时一定要严格把握最适药量，如果用多效唑，可以少量喷洒赤霉素，以恢复生长。

（二） 茄子生长期病虫害防治技术

移植缓苗后到开花坐果期（图15-51），茄子生长旺盛，多种病害开始侵染，部分病虫开始发生，一般说该期是喷药保护、预防病虫的关键时期，也是使用植物激素、微肥，调控生长，保证早熟与丰产的最佳时期，生产上需要多种农药混合使用。

图15-51 茄子生长期情况

这一时期经常发生的病害有病毒病、褐纹病等。施药重点是使用好保护剂，预防病害的发生。常用的保护剂有70%代森锰锌可湿性粉剂600～800倍液、75%百菌清可湿性粉剂600～800倍液、65%代森锌可湿性粉剂600～800倍液、50%福美双可湿性粉剂500～800倍液。对于大棚还可以用10%百菌清烟剂，每亩800～1 000g，熏一夜。也可以使用一些保护剂与治疗剂的复配制剂，如40%多·硫悬浮剂500～600倍液、70%甲基硫菌灵可湿性粉剂800～900倍液，每隔7～15天喷1次。本期为预防病害，提高植物抗病性，也可以喷施1.5%植病灵乳剂1 000倍液，对于旱情较重、蚜虫发生较多的田块，还可以配合使用黄腐酸盐1 000～3 000倍液。

本期害虫主要有二十八星瓢虫，可喷施90%晶体敌百虫1 000倍液、20%甲氰菊酯乳油1 200倍液、2.5%溴氰菊酯乳油3 000倍液、48%毒死蜱乳油1 500倍液、75%硫双威可湿性粉剂1 000倍液、30%多噻烷乳油500倍液、5%顺式氰戊菊酯乳油1 500倍液、5.7%氟氯氰菊酯乳油2 500倍液、10%联苯菊酯乳油 2 000倍液、5%啶虫隆乳油1 500倍液、5%抑太保乳油1 000倍液等药剂喷雾，隔7～10天喷1次，共喷2～3次。

为了保证茄子生长健壮，尽早开花结果可以混合使用些植物激素，当茄子出现徒长时，可以在5～7片真叶时喷施15%多效唑1 500～1 800倍液，每亩用药液量30～40kg，能抑制顶端生长，集中开花，早熟增产；使用0.01%芸薹素内酯10 000倍，可促进幼苗粗壮，叶色浓绿，提高抗病性。这一时期可以使用的植物叶面肥有丰登植物生长素800～1 500倍液、植宝素7 000～9 000倍液、思肥营养精500～1 000倍液、喷施宝10 000倍液、叶面宝8 000～12 000倍液。

（三） 茄子开花结果期病虫害防治技术

茄子进入开花结果期（图15-52），长势开始变弱，生理性落花落果现象普遍，加上多种病虫的为害，直接影响着果实的产量与品质。为了确保丰收，生产上经常使用多种类型农药，合理混用较为重要。下面具体介绍一些适于复配、防治有关病虫的适宜药剂。

图15-52　茄子开花结果期情况

茄子进入开花结果期以后，许多病害开始发生流行。病毒病、黄萎病、枯萎病、灰霉病、菌核病、褐纹病、绵疫病等时常严重发生。要及时的施药防治。对于病毒、黄枯萎病混合严重发生时，可以用10%双效灵水剂300～500倍液、14%络氨铜水剂300～500倍液、30%琥胶肥酸铜悬浮剂500～600倍液、50%多菌灵可湿性粉剂600～800倍、1.5%植病灵乳剂1 000倍液，并配以黄腐酸盐1 000～3 000倍液灌根，每株灌药液300～400ml，或喷雾处理，每亩用药液40～50kg。当灰霉病、菌核病、炭疽病、褐纹病等混合发生时，可以使用50%腐霉利可湿性粉剂1 000～1 500倍液、50%异菌脲可湿性粉剂1 000～2 000倍液、50%多菌灵可湿性粉剂500倍液+50%乙霉威可湿性粉剂1 000～1 500倍液等，并混以保护剂，如70%代森锰锌可湿性粉剂800～1 000倍液、75%百菌清可湿性粉剂600～800倍液等，均匀喷雾，隔7～10天喷1次；对于大棚可以用10%腐霉利烟剂每亩200～300g、45%百菌清烟剂每亩200～300g，二者连续使用或轮换使用，每次熏上一夜。对于绵疫病发生较重的田块，结合其他病害的预防，可以使用64%恶霜·锰锌可湿性粉剂400～600倍液、72.2%霜霉威水剂800倍液、40%甲霜·铜可湿性粉剂700～800倍液、60%甲霜·铜·铝可湿性粉剂600～800倍液、58%甲霜·灵锰锌可湿性粉剂800～1 000倍液等。

为防止由生理性病害、灰霉病为害等造成的落花落果，可以用防落素15～30mg/kg或2，4-D 10～25mg/kg加50%腐霉利可湿性粉剂300～500倍液加75%百菌清可湿性粉剂800～1 000倍液，也可以加入少量磷酸二氢钾浸花，每朵花浸一次，效果较为理想。但要注意不能触及枝、叶，特别是幼芽，也要避免重复点花。

这一时期，为了保证后期健壮生长，多结优质果实，可以混合喷施些叶面肥，如农乐2 000～3 000倍液，或翠竹植物生长剂8 000～10 000倍液，或植物多效生长素3 000～4 000倍液，或叶面宝8 000～10 000倍液等，于开花结果期喷洒，隔1周再喷一次，可以收到较好效果。

这时期害虫主要有棉铃虫、烟青虫、茶黄螨、斑须蝽等，可参考前文的介绍，以适宜的药剂、适当的方法与杀菌剂混合，并现配现用。

第十六章　辣椒病虫害原色图解

一、辣椒病害

1．辣椒病毒病

症　　状　最常见的有两种类型，一为斑驳花叶型（图16－1至图16－2），植株矮化，叶片呈黄绿相间的斑驳花叶，叶脉上有时有褐色坏死斑点，主茎和枝条上有褐色坏死条斑，以致整株死亡。二为叶片畸形和丛枝型，叶片畸形丛生，叶脉褪绿，出现斑驳，花叶，叶片增厚，变窄呈线状（图16－3），茎节间缩短，有时枝条丛生，后期植物矮化，果实上呈现深绿和浅绿相间的花斑（图16－4），有疣状凸起，病果畸形，易脱落。

图16－1　辣椒病毒病病叶花叶型

图16－2　辣椒病毒病病叶斑驳型

图16－3　辣椒病毒病病叶皱缩型

图16－4　辣椒病毒病病果坏死型

病　　原 主要有Cucumber mosaic virus，CMV称黄瓜花叶病毒；Potato virus X，PVX称马铃薯X病毒；Tobacco mosaic virus，TMV称烟草花叶病毒；Potato virus Y，PVY称马铃薯Y病毒等。

发生规律 黄瓜花叶病毒在多年生宿根植物或杂草上越冬，靠迁飞的蚜虫传播。烟草花叶病毒在病残体和多种作物上越冬，种子也可带毒。通过摩擦接触传播。在高温、强光、干旱及有蚜虫为害情况下容易发病。5月底和6月上旬为病毒病易感期。果实膨大期缺水干旱，土壤中缺钙、钾等元素，易发病。

防治方法 采用高畦、双行密植法，覆盖地膜，以促进辣椒根系发育。未覆盖地膜者，生长前期要多中耕，少浇水，以提高地温，增强植株抗性。夏季高温干旱，傍晚浇水，降低地温。雨季及时排水，防止地面积水，以保护根系。

种子消毒：一般要用0.1%的高锰酸钾或10%磷酸三钠溶液浸泡种子20分钟，然后再催芽、播种。

育苗期间注意防治蚜虫，尤其是越冬辣椒，育苗时正值高温季节，蚜虫活动频繁，进行银灰色塑料薄膜避蚜育苗，即利用银灰色对蚜虫的忌避性，在育苗床边铺银灰色塑料薄膜。分苗和定植前，分别喷洒1次0.1%～0.3%硫酸锌溶液，防治病毒病。

发现虫情及时防治可采用10%吡虫啉可湿性粉剂1 500～3 000倍液、3%啶虫脒乳油2 000～3 000倍液、10%氯噻啉可湿性粉剂2 000～3 000倍液、10%烯啶虫胺水剂4 000～5 000倍液、10%吡丙·吡虫啉悬浮剂1 000～1 500倍液，视虫情防治2～3次。

发病初期，喷洒20%盐酸吗啉胍·乙酸铜可湿性粉剂500倍液、0.5%菇类蛋白多糖水剂300倍液、20%盐酸吗啉胍可湿性粉剂400～600倍液、2%宁南霉素水剂400倍液、3.95%三氮唑核苷可湿性粉剂700倍液、5%菌毒清水剂200～300液。间隔5～7天喷1次，共喷3～5次。辣椒病毒病田间受害症状（图16-5）。

图16-5　辣椒病毒病田间受害症状

2. 辣椒疫病

症　状　疫病是辣椒的一种毁灭性病害，苗期和成株期均可发病。幼苗茎基部呈水浸状暗褐色，而后枯萎死亡（图16-6）。成株发病时，病叶上有淡绿色近圆形斑点（图16-7），扩大后边缘呈黄绿色，中间暗褐色，湿度大时可见白霉，叶片软腐脱落。病茎有水浸斑，逐渐扩展成黑褐色条斑，病部易缢缩，植株折倒（图16-8）。病果的果蒂部有水浸状暗绿斑，潮湿时长有白色霉状物，病部呈褐色腐烂，干燥后成为褐色僵果（图16-9）。

图16-6　辣椒疫病为害幼苗症状

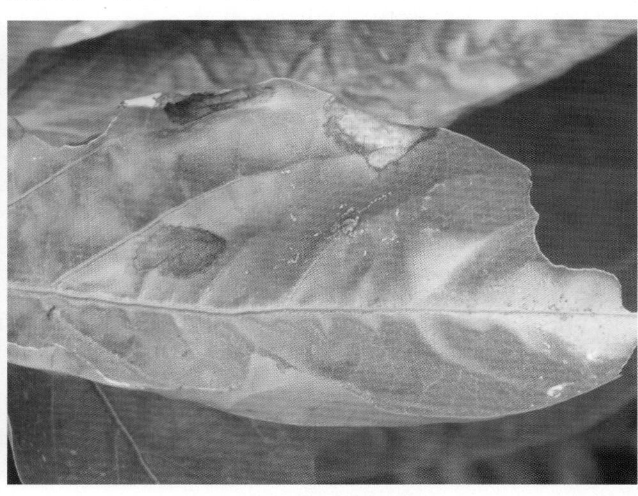

图16-7　辣椒疫病病叶

图16-8　辣椒疫病病茎

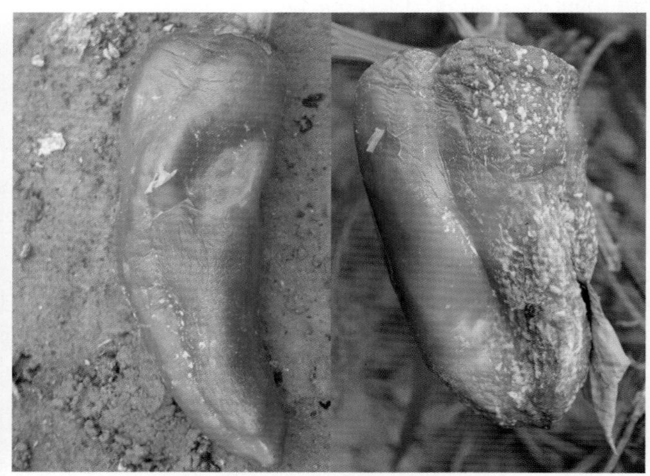

图16-9　辣椒疫病病果

病　原　*Phytophthora capsici* 称辣椒疫霉菌，属鞭毛菌亚门真菌（图16-10）。孢囊梗丝状，分枝顶端生孢子囊，孢子囊卵圆形，顶端有乳头状突起，萌发时释放出许多游动孢子。卵孢子圆球形，淡黄色。厚垣孢子球形，单胞，黄色，壁厚平滑。

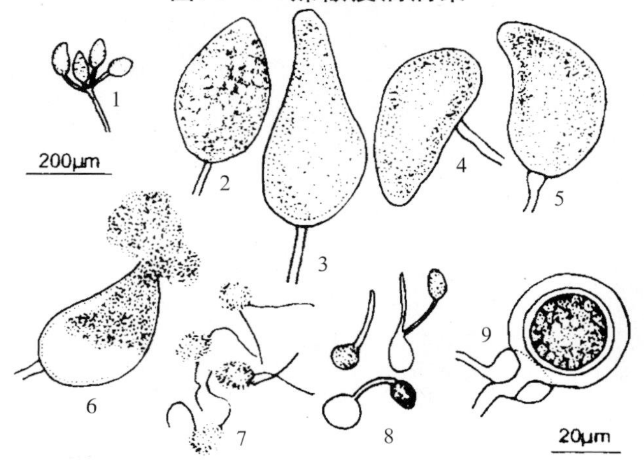

图16-10　辣椒疫病病菌

1.孢子梗和孢子囊　2～5.孢子囊
6.孢子囊释放游动孢子　7.游动孢子
8.休眠孢子萌发　9.藏卵器

发生规律　病菌随病残体在土壤中及种子上越冬，翌年借雨水、灌溉水或农事活动传到茎基部及近地面果实上发病。病部产生孢子囊，经风雨、气流重复侵染。露地辣椒5月上旬开始发病，6月上旬遇到高温高湿或雨后暴晴天气发病快而重。易积水的菜地，定植过密，通风透光不良发病重。

防治方法　实行轮作，深耕晒地，清除田间病残体。施足底肥，合理密植，采用高畦或高垄栽培方式，及时排除积水。发现病株后立即拔除，带到田外深埋。保护地栽培时要注意避免出现高温高湿环境。

种子消毒：用55℃温水浸种15分钟，或用种子重量0.3%的58%甲霜灵·锰锌粉剂拌种后播种，或用1%硫酸铜液浸种5分钟，取出拌少量石灰或草木灰中和酸度。

幼苗发病期（图16-11），可选用75%百菌清可湿性粉剂800倍液+70%乙膦铝锰锌可湿性粉剂500～600倍液、65%代森铵可湿性粉剂800倍液，每7天左右喷雾1次。

图16-11　辣椒疫病育苗期受害症状

定植缓苗后特别是雨季之前，应预防用药，用10%氰霜唑悬浮剂2 000倍液喷施，间隔10天喷1次，连喷2次。

发病初期，喷施25%甲霜灵可湿性粉剂750倍液、64%恶霜·锰锌可湿性粉剂500倍液、90%乙膦铝可湿性粉剂800倍液+高锰酸钾1 000倍液、50%甲霜·铜可湿性粉剂600倍液、77%氢氧化铜可湿性粉剂700倍液、70%乙膦·锰锌可湿性粉剂500倍液、72.2%霜霉威水剂600～800倍液、58%甲霜灵·锰锌可湿性粉剂400～500倍液喷施，注意各种药剂交替使用，每隔5～7天喷1次，连喷2～3次。尤其要注意雨后立即喷药。辣椒疫病成株期田间受害症状（图16-12）。

图16-12　辣椒疫病成株期田间受害症状

3．辣椒疮痂病

症　状　可为害叶片、茎蔓、果实及果梗。幼苗期发病，先在子叶上产生银白色小斑点，进而呈水浸状，最后发展为暗色凹陷斑（图16−13）。成株期叶片上初生水浸状黄绿色小斑（图16−14），扩大后边缘稍隆起，呈疮痂状，中央稍凹陷，严重的病叶，叶缘、叶尖变黄干枯，破裂，最后脱落。果梗（图16−15）茎蔓（图16−16）上病斑为水浸状不规则条斑，以后中暗褐色，隆起，纵裂，呈疮痂状。果实上的病斑为暗褐色隆起的小点，或呈泡疹状，逐渐扩大为黑色疮痂（图16−17），潮湿时，疮痂中间有菌液溢出。

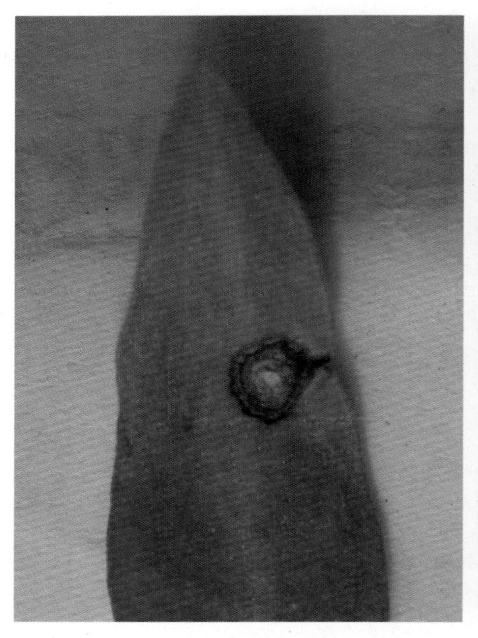

图16−13　辣椒疮痂病为害幼苗症状

图16−14　辣椒疮痂病为害成株叶片症状

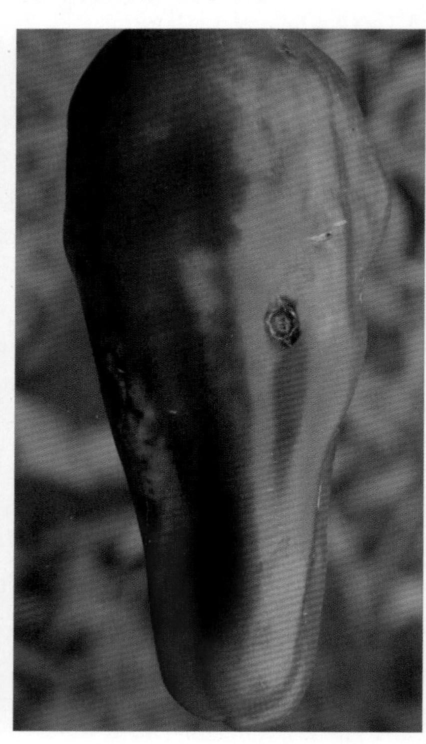

图16−15　辣椒疮痂病为害果梗症状　图16−16　辣椒疮痂病病茎　图16−17　辣椒疮痂病病果

病　原 *Xanthomonas campestris* pv.*vesicatoria* 属细菌，称野油菜黄单胞辣椒斑点病致病型。菌体杆状，两端钝圆，具极生单鞭毛，能游动（图16−18）。菌体排列链状，有荚膜，革兰氏阴性，好气。

发生规律 病原细菌主要在种子表面越冬，也可随病残体在田间越冬。旺长期易发生，病菌从叶片上的气孔侵入，在潮湿情况下，病斑上产生的灰白色菌脓借雨水飞溅及昆虫作近距离传播。高温多湿条件时病害发生严重，多发生于7～8月，尤其在暴风雨过后，容易形成发病高峰。

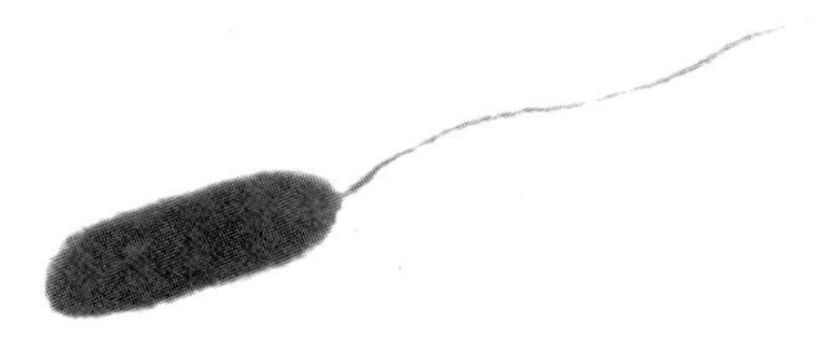

图16−18 辣椒疮痂病病原菌

防治方法 结合深耕，以促进病残体腐烂分解，加速病菌死亡；定植以后注意中耕松土，促进根系发育，雨后注意排水。

种子消毒：播种前先把种子在清水中预浸10～12小时后，再用1%硫酸铜溶液浸5分钟，捞出后播种。也可以先在55℃温水中浸种15分钟，再进行一般浸种，然后催芽播种。

发病初期和降雨后及时喷洒农药，可采用72%农用链霉素可溶性粉剂 1 000～2 000倍液、88%水合霉素可溶性粉剂1 000～2 000倍液、90%新植霉素可溶性粉剂1 000～2 000倍液、2%多抗霉素可湿性粉剂800～1 000倍液、50%氯溴异氰尿酸可溶性粉剂800～1 000倍液、47%春雷霉素・氧氯亚铜可湿性粉剂400～600倍液、3%中生菌素可湿性粉剂800～1 500倍液、2%春雷霉素水剂500～800倍液，隔5～7天喷1次，连续喷2～3次。

4. 辣椒炭疽病

症　状 主要为害果实，也可为害叶片。叶片被害时，初为水渍状褪绿斑点，渐成圆形病斑，中央灰白，长有轮纹状排列的黑色小粒点，边缘褐色（图16−19）。果实被害时（图16−20），病斑长圆形或不规则形、凹陷、呈褐色水渍状，有不规则形隆起，呈轮纹状排列的黑色小粒点，湿度大时，边缘出现浸润圈，干燥时病斑干缩呈羊皮纸状，易破裂。

图16−19 辣椒炭疽病病叶

图16−20 辣椒炭疽病病果

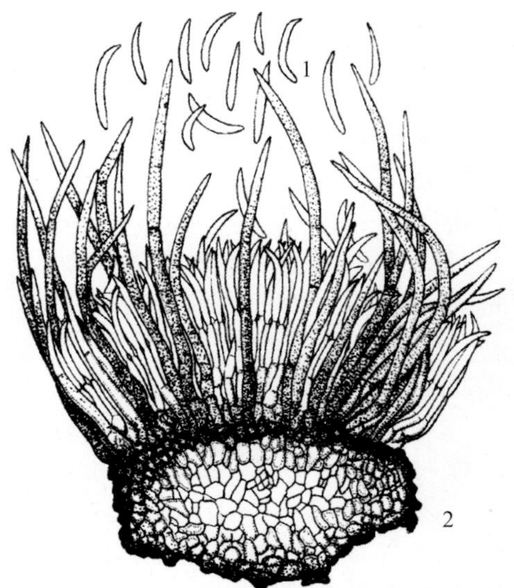

图16－21　辣椒炭疽病病菌
1.分生孢子　　2.分生孢子盘

病　　原　*Colletotrichum capisci* 称辣椒刺盘孢，属半知菌亚门真菌（图16－21）。辣椒刺盘孢分生孢子盘周生暗褐色刚毛，有2～4隔膜，分生孢子梗圆柱形，无色，单胞。

发生规律　以菌丝体潜伏于种子内，或以分生孢子附着于种子表面，或以拟菌核和分生孢子盘在病株残体上越冬。翌年产生分生孢子，借助风雨传播，由寄主伤口和表皮直接侵入，借助气流、昆虫、育苗和农事操作传播并在田间反复侵染。露地栽培时，多从6月上中旬进入结果期后开始发病。高温多雨或高温高湿、积水过多、田间郁闭、长势衰弱、密度过大、氮肥过多发生较重。

防治方法　定植前深翻土地，多施优质腐熟有机肥，增施磷、钾肥，提高植株抗病能力。避免栽植过密，采用高畦栽培、地膜覆盖，促进辣椒根系生长。未盖地膜的，生长前期要多中耕，少浇水，以提高地温，增强植株抗性。夏季高温干旱，适宜傍晚浇水，降低地温。雨季及时排水，防止地面积水，以保护根系。适时采收，发现病果及时摘除。

选播无病种子和进行种子消毒：可用55℃温水浸种15分钟，一般浸种6～8小时后催芽播种。也可用冷水浸种10～12小时后，再用1%硫酸铜溶液浸种5分钟，取出后加上适量消石灰或草木灰拌种，立即播种。或用50%多菌灵可湿性粉剂500倍液浸种1小时，清水冲洗，催芽播种。也可播种前用占种子重量0.3%的福美双或50%克菌丹可湿性粉剂拌种。

辣椒苗期发病前注意施用保护剂。一般可以用75%百菌清可湿性粉剂600～800倍液、70%代森锰锌可湿性粉剂600～800倍液、65%代森锌可湿性粉剂500倍液、50%代森铵水剂800倍液、70%丙森锌可湿性粉剂600～800倍液等喷雾；温室内还可以用45%百菌清烟剂200g/亩，按包装分放5～6处，傍晚闭棚，由棚、室从里向外逐次点燃后，次日早晨打开棚、室，进行正常田间作业。5～10天施药1次，视发病情况而定。

发病初期摘除病叶病果，而后喷药，可喷75%百菌清可湿性粉剂600倍液+50%多菌灵可湿性粉剂500倍液、70%代森锰锌可湿性粉剂500～800倍液+70%甲基硫菌灵可湿性粉剂800倍液。磷酸二氢钾防治辣椒落叶效果明显，可每亩用磷酸二氢钾120～150g，加清水40～50kg叶面喷施，选择在晴天下午 4～5时后，用喷雾器均匀将叶面正反喷湿即可。

病情较重时，可以用50%腐霉利可湿性粉剂800～1 000倍液、50%异菌脲可湿性粉剂800～1 500倍液、25%嘧菌酯悬浮剂1 500倍液、30%醚菌酯悬浮剂2 000～3 000倍液、10%苯醚甲环唑水分散粒剂1 000～1 500倍液、40%腈菌唑水分散粒剂6 000～7 000倍液、25%丙环唑乳油1 500～2 000倍液、25%咪鲜胺乳油500～1 000倍液、30%氟菌唑可湿性粉剂2 000倍液，连续施药2次可以控制病情。

5. 辣椒枯萎病

症　　状　辣椒枯萎病是整株系统感染病害。初期与地面接触的茎基部皮层呈水浸状腐烂，地上部茎叶迅速凋萎（图16－22）。有时病情只在茎的一侧发展，形成条状坏死区，后期全株枯死（图16－23）。地下根系呈水浸状软腐，纵剖茎基部，可见维管束变为褐色。湿度大时，病部常产生白色或蓝绿色的霉状物。

病　　原　*Fusarium oxysporum* f.sp. *vasinfectum* 称辣椒镰孢霉，属半知菌亚门真菌。大型分生孢子镰刀形，多有3个隔膜；小型分生孢子多为单细胞，卵圆形；厚垣孢子单细胞，近圆形。

发生规律　以厚垣孢子在土壤中越冬。通过灌溉水传播，从茎基部或根部的伤口、根毛侵入，致使叶片枯萎，田间积水，偏施氮肥的地块发病重。在适宜条件下，发病后15天即有死株出现，潮湿，特别是雨后积水条件下发病重。

图16−22　辣椒枯萎病为害幼苗症状

图16−23　辣椒枯萎病为害田间症状

防治方法　选择排水良好的壤土或砂壤土地块栽培，避免大水漫灌，雨后及时排水。加强田间管理与非茄科作物轮作。

苗期或定植前喷施50%多菌灵可湿性粉剂600～700倍液、70%甲基硫菌灵可湿性粉剂800～1 500倍液。或定植前用70%敌磺钠可溶性粉剂100倍进行土壤消毒；移栽时用70%敌磺钠可溶性粉剂800倍或25.9%硫酸四氨络合锌水剂600倍液浸根10～15分钟后移栽。定植后浇水时每亩加入硫酸铜1.5～2.0kg。

发病前至发病初期，可采用50%琥胶肥酸铜可湿性粉剂400倍液、50%氯溴异氰尿酸可溶性粉剂1 000倍液、35%福·甲可湿性粉剂800倍液、10%多抗霉素可湿性粉剂600倍液+70%甲基硫菌灵可湿性粉剂500倍液60%多菌灵盐酸盐可溶性粉剂600倍液+50%菌毒清水剂200～300倍液、80%乙蒜素乳油2 000倍液，隔5～7天喷1次，连续喷2～3次。

6. 辣椒灰霉病

症　　状　可侵染幼苗及成株，幼苗染病时子叶变黄，而幼茎缢缩（图16−24），病部易折断，致使幼苗枯死。成株染病，叶片呈“V”字形褐色病斑，湿度大时生有灰色霉状物（图16−25）。茎染病时，出现水浸状不规则条斑，逐渐变为灰白色或褐色，病斑绕茎一周，其上端枝叶萎蔫死亡，潮湿时其上长有霉状物，状如枯萎病。花器或果实染病，呈水浸状，有时病部密生灰色霉层。

图16−24　辣椒灰霉病为害幼苗茎部症状

图16-25　辣椒灰霉病为害叶片正、背面症状

病　原　*Botrytis cinerea*称灰葡萄孢菌，属半知菌亚门真菌（图16-26）。分生孢子梗丛生，褐色，有隔，顶部有分枝，上着生分生孢子。分生孢子圆形，单胞，无色。

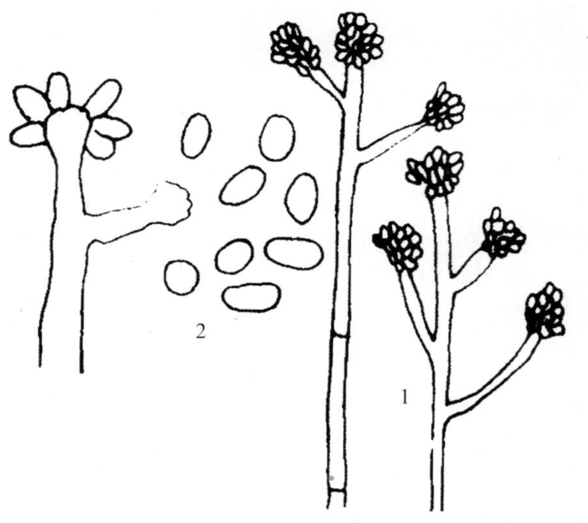

图16-26　辣椒灰霉病病菌
1.分生孢子梗　2.分生孢子

发生规律　以菌核遗留在土壤中，或以菌丝、分生孢子在病残体上越冬，在田间借助气流、雨水及农事操作传播蔓延。一般12月至来年5月连续湿度90%以上的多湿状态易发病。病菌较喜低温、高湿、弱光条件。棚室内春季连阴天，气温低，湿度大时易发病。光照充足对该病蔓延有抑制作用。

防治方法　保护地栽培时，应采用高畦栽培，并覆盖地膜，以提高地温，降低湿度。发病初期适当控水。发病后及时摘除感病花器病果、病叶和侧枝，集中烧毁或深埋。

辣椒苗期发病前注意施用保护剂。一般地块可以用75%百菌清可湿性粉剂600～800倍液、70%代森锰锌可湿性粉剂600～800倍液、65%代森锌可湿性粉剂500倍液、50%代森铵水剂800倍液、70%丙森锌可湿性粉剂600～800倍液等；温室内可以用定型熏蒸剂45%百菌清烟剂200g/亩、10%腐霉利烟雾剂 250g/亩，按包装分放5～6处，傍晚闭棚，由棚、室里面向外逐次点燃后，次日早晨打开棚、室，进行正常田间作业。5～10天施药1次，视发病情况而定。也可用5%百菌清粉尘剂或10%腐霉利粉尘剂喷粉1kg/亩。每隔7～10天防治1次，连续3～4次。

发病初期（图16-27），一般在门椒开花时为防治适期，可喷洒50%腐霉利可湿性粉剂1 000倍液+70%代森锰锌可湿性粉剂800倍液、50%异菌脲可湿性粉剂1 000～1 500倍液+50%福美双可湿性粉剂600倍液、40%嘧霉胺悬浮剂1 000倍液+75%百菌清可湿性粉剂600倍液，每隔7天左右喷1次，连喷3～4次。

病情较普遍时，可施用50%腐霉利可湿性粉剂1 000倍液、50%异菌脲可湿性粉剂1 000～1 500倍液、50%乙烯菌核利可湿性粉剂1 000倍液、65%硫菌·霉威（甲基硫菌灵·乙霉威）可湿性粉剂1 000～1 500倍液、50%多·霉威可湿性粉剂800倍液、40%嘧霉胺悬浮剂800倍液、40%菌核净可湿性粉剂500倍液，每隔5天左右喷1次，连喷1～2次。

图16-27　辣椒灰霉病为害幼苗叶片症状

7. 辣椒软腐病

症　　状　主要为害果实，果实染病，初生水渍状暗绿色斑（图16-28），迅速扩展，整个果皮变白绿色，软腐，果实内部组织腐烂，病果呈一大水泡状（图16-29）。果皮破裂后，内部液体流出，仅存皱缩的表皮。有时病斑可不达全果，病部表皮皱缩，边缘稍凹陷，病健交界处有一不明显的绿缘。病果可脱落或失水以后仅留下灰白色果皮僵化挂于枝上，软腐病果有异味（图16-30）。

图16-28　辣椒软腐病为害果实初期症状

图16-29　辣椒软腐病为害果实后期症状

病　　原　*Erwinia carotovora* subsp.*carotovora* 称胡萝卜软腐欧氏菌，属细菌。菌体杆状，周生2～8根鞭毛，不产生芽孢，无荚膜，革兰氏染色阴性。

发生规律　病菌随病株残体在土壤中越冬，通过风、雨和昆虫传播，从伤口侵入，湿度大时病害重。6～8月阴天多雨，天气闷热时，病害容易流行。重茬地、排水不良、种植过密、蛀食性害虫为害严重时发病加重。

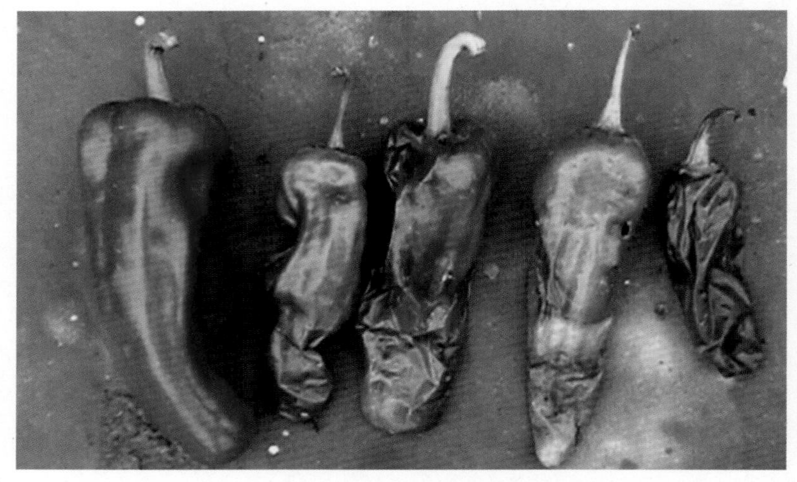

图16−30　辣椒软腐病病健果对照

防治方法　培育壮苗，适时定植，合理密植，进行地膜覆盖。雨后要及时排出田间积水，及时摘除病果并携出田外深埋。保护地栽培时要注意通风，降低空气湿度。

积极防治蛀果害虫，可用2.5%氟氯氰菊酯乳油1 000～2 000倍液、4.5%高效氯氰菊酯乳油1 000～1 500倍液、5%啶虫隆乳油1 000～1 500倍液、5%氟虫脲乳油1 000～2 000倍液、5%氟铃脲乳油1 000～2 000倍液、50%丁醚脲可湿性粉剂1 000～2 000倍液、10%溴氰菊酯乳油1 000倍液、20%氰戊菊酯乳油1 000～2 000倍液等药剂喷雾。

发病前或雨后及时喷药，可选用新植霉素2 000倍液、50%氯溴异氰尿酸可溶性粉剂1 200倍液、50%琥胶肥酸铜可湿性粉剂500倍液、88%水合霉素可溶性粉剂1 500倍液、72%农用链霉素可溶性粉剂1 000～2 000倍液，均匀喷施。

8. 辣椒黑霉病

症　　状　主要为害果实，一般先从果实顶部发病（图16−31），也可从果面开始发病（图16−32）。发病初期病部颜色变浅，无光泽，果面逐渐收缩，后期病部有茂密的黑绿色霉层（图16−33）。

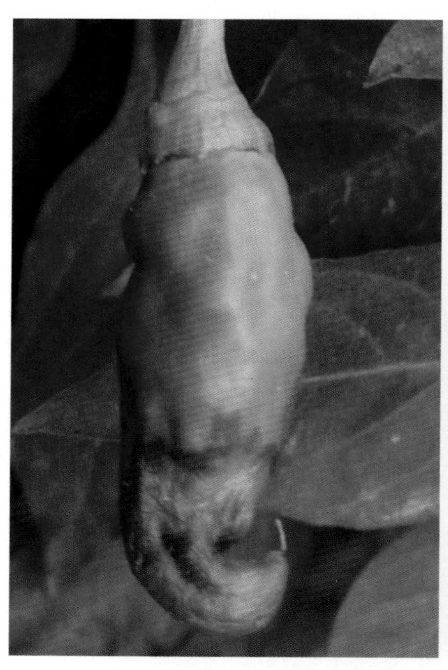

图16−31　辣椒黑霉病为害果脐初期症状

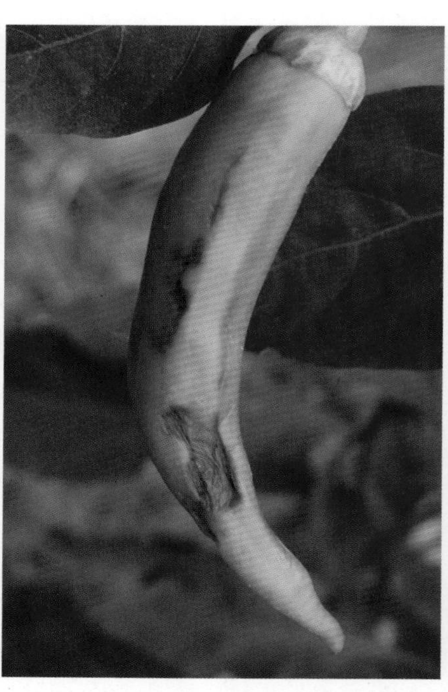

图16−32　辣椒黑霉病为害果面初期症状

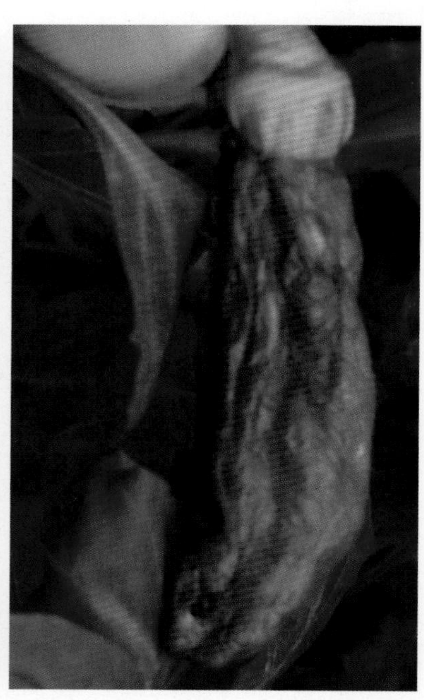

图16−33　辣椒黑霉病为害果实后期症状

病　　原　*Stemphylium botryosum* 称匍柄霉，属半知菌亚门真菌。

发生规律　病菌随病残体在土壤中越冬，翌年产生分生孢子进行再侵染。病菌喜高温、高湿条件，多在果实即将成熟或成熟时发病。湿度高时叶片也会发病。

防治方法　在发病前期，可以用50%琥胶肥酸铜可湿性粉剂500倍液、14%络氨铜水剂300倍液、75%百菌清可湿性粉剂600倍液+50%苯菌灵可湿性粉剂500倍液、70%代森锰锌可湿性粉剂500～800倍液+70%甲基硫菌灵可湿性粉剂800倍液、50%腐霉利可湿性粉剂1 000倍液+70%代森锰锌可湿性粉剂800倍液、50%异菌脲可湿性粉剂1 000～1 500倍液+50%福美双可湿性粉剂600倍液，每隔7天左右喷1次，连喷1～3次。

9. 辣椒黑斑病

症　　状　主要侵染果实，发病初期果实表面的病斑呈淡褐色，椭圆形或不规则形，稍凹（图16−34），后期病部密生黑色霉层。发病重时，一个果实上生有几个病斑，或病斑连片愈合成更大的病斑，其上密生黑色霉层（图16−35）。

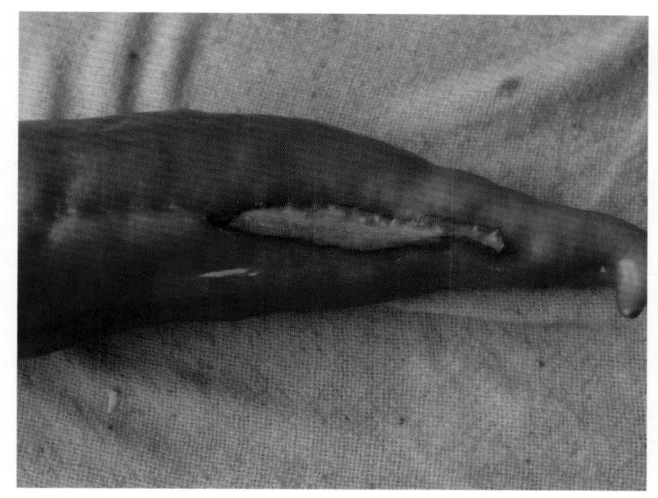

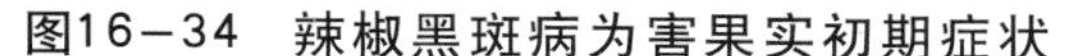

图16−34　辣椒黑斑病为害果实初期症状

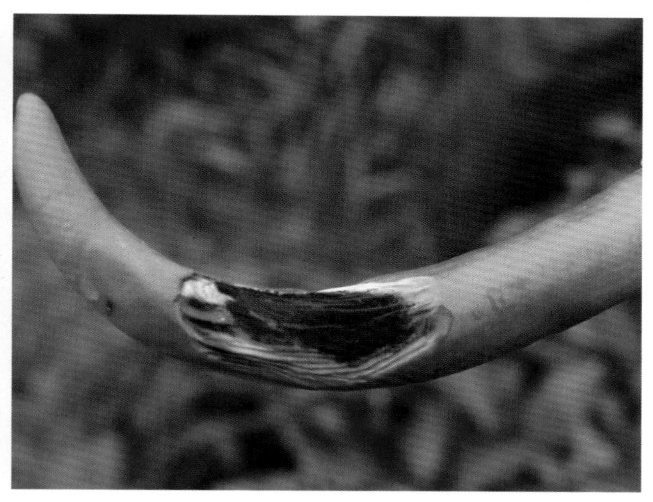

图16−35　辣椒黑斑病为害果实后期症状

病　　原　*Alternaria alternata* 称链格孢，属半知菌亚门真菌。分生孢子梗束生，褐色，不分枝；分生孢子鞭状，褐色或青褐色，3～6个串生，有纵隔膜1～2个，横隔膜3～4个，横隔处有缢缩现象。

发生规律　病菌以菌丝体随病残体在土壤中越冬，或以分生孢子在病组织外，或附着在种子表面越冬，条件适宜时为害果实引起发病。病部产生分生孢子借风雨传播，进行再侵染。病菌多由伤口侵入，果实被阳光灼伤所形成的伤口最易被病菌利用，成为主要侵入场所。病菌喜高温、高湿条件，温度在23～26℃，相对湿度80%以上条件有利于发病。

防治方法　进行地膜覆盖栽培，栽培密度要适宜。加强肥水管理，促进植株健壮生长。防治其他病虫害，减少日烧果产生，防止黑斑病病菌借机侵染。及时摘除病果。收获后彻底清除田间病残体并深翻土壤。

发病前，可以用70%代森锰锌可湿性粉剂500倍液、40%克菌丹可湿性粉剂400倍液，每隔7天左右喷1次。

发病初期，可喷洒10%苯醚甲环唑水分散粒剂1 500倍液+75%百菌清可湿性粉剂600倍液、50%腐霉利可湿性粉剂1 000倍液+70%代森锰锌可湿性粉剂800倍液、50%异菌脲可湿性粉剂1 000～1 500倍液+50%福美双可湿性粉剂600倍液，每隔7天左右喷1次，连喷3～4次。

10. 辣椒早疫病

症　　状　主要为害叶片和茎。叶上病斑呈圆形，黑褐色，有同心轮纹（图16−36），潮湿时有黑色霉层。茎受害，有褐色凹陷椭圆形的轮纹斑，表面生有黑霉。多在辣椒幼苗3～5叶期发生，引起叶尖和顶芽腐烂，形成无顶苗，或向下蔓延，烂至苗床土面（图16－37至16－38）。

图16－36 辣椒早疫病为害幼苗叶片状

图16－37 幼苗受害后期症状

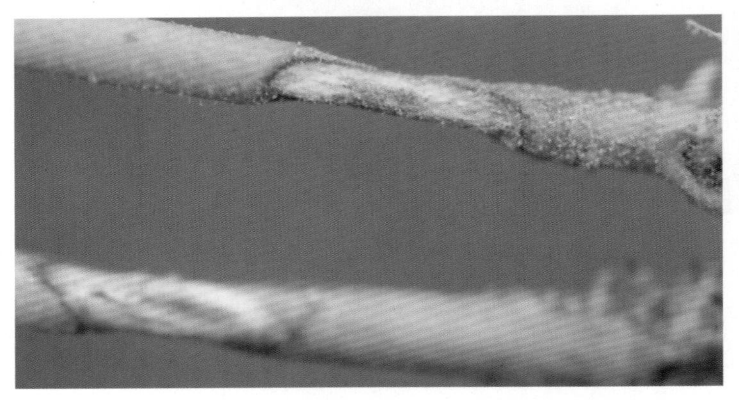

图16－38 辣椒早疫病为害根茎部症状

病　　原 *Alternaria solani* 称茄链格孢，属半知菌亚门真菌（图16－39）。分生孢子梗单生或丛生，暗褐色，有3～6个隔膜。分生孢子串生，倒棍棒状，有横隔膜2～6个，纵隔膜0～5个，黄褐色，喙较长，无色透明，有0～2个隔膜。

发生规律 病菌随病株残体在土壤中或在种子上越冬。翌春由风、雨、昆虫传播，从植株的气孔、表皮或伤口侵入。在26～28℃的高温，空气相对湿度85%以上时易发病流行。北方炎夏多雨季节，保护地内通风不良时发病严重。

防治方法 选用抗病品种。在无病区或无病植株上留种，防止种子带菌。带菌种子可用55℃温汤浸种15分钟。实行2年以上的轮作。在无病区育苗，或用无土育苗技术，防止秧苗带病。有病苗床，可用药剂消毒，方法同猝倒病。加强田间管理，适当灌水，雨季及时排水，降低田间湿度；保护地加强通风，适当降低温、湿度。

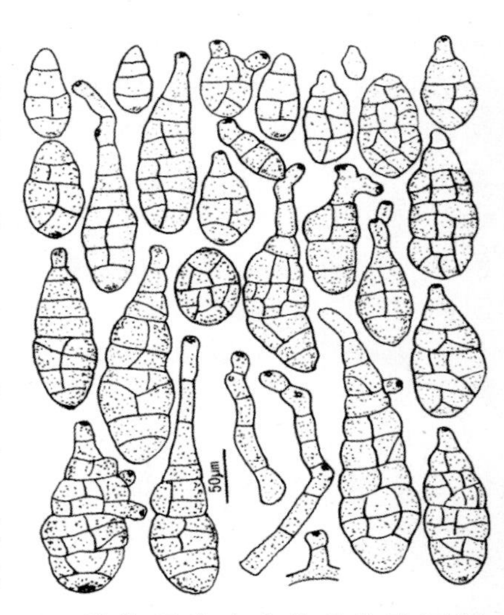

图16－39 辣椒早疫病病菌分生孢子梗和分生孢子

发病前，可以用70%代森锰锌可湿性粉剂500倍液、75%百菌清可湿性粉剂700倍液、40%克菌丹可湿性粉剂400倍液，每隔7天左右喷1次。棚室栽培时，可在发病前对棚室进行熏蒸，用45%百菌清烟剂或10%腐霉利烟剂，每亩每次200～250g，闭棚熏烟一夜。

发病初期，可喷洒10%苯醚甲环唑水分散粒剂1 000倍液+75%百菌清可湿性粉剂600～800倍液、50%异菌脲可湿性粉剂1 000～1 500倍液+70%代森锰锌可湿性粉剂500～800倍液、70%甲基硫菌灵可湿性粉剂800倍液+70%代森锰锌可湿性粉剂800倍液、50%腐霉利可湿性粉剂1 000倍液+70%代森锰锌可湿性粉剂800倍液、50%乙烯菌核利可湿性粉剂1 000倍液+70%代森锰锌可湿性粉剂800倍液、65%硫菌・霉威（甲基硫菌灵・乙霉威）可湿性粉剂1 000～1 500倍液+70%代森锰锌可湿性粉剂800倍液、50%多・霉威可湿性粉剂800倍液+70%代森锰锌可湿性粉剂800倍液、40%嘧霉胺可湿性粉剂600倍液+70%代森锰锌可湿性粉剂800倍液，每隔7天左右喷1次，连喷3～4次。

发病较普遍时（图16−40），可喷洒50%异菌脲可湿性粉剂600～800倍液、50%腐霉利可湿性粉剂600倍液、50%乙烯菌核利800倍液、65%硫菌・霉威可湿性粉剂（甲基硫菌灵・乙霉威）可湿性粉剂600～800倍液、50%多・霉威可湿性粉剂800倍液、40%嘧霉胺悬浮剂600倍液，每隔7天左右喷1次，连喷1～2次。

图16−40　辣椒早疫病为害较重时症状

11．辣椒褐斑病

症　　状　主要为害叶片（图16−41），在叶片上形成圆形或近圆形病斑，发病初期病斑呈褐色，随病斑发展逐渐变为灰褐色，表面稍隆起，周缘有黄色晕圈，病斑中央有一个浅灰色中心，四周黑褐色，严重时病叶变黄脱落。

图16−41　辣椒褐斑病为害叶片正、背面症状

病　　原　*Cercospora capsici* 称辣椒尾孢菌，属半知菌亚门真菌（图16－42）。分生孢子梗2～20根束生，榄褐色。尖端色较淡，无分枝，具1～3个隔膜；分生孢子无色。

发生规律　病菌可在种子上越冬，或以菌丝体在蔬菜病残体上，或以菌丝在病叶上越冬，成为翌年初侵染源。病害常开始于苗床中。生长发育适温20～25℃，高温高湿持续时间长，有利于该病发生和蔓延。

防治方法　采收后彻底清除病残株及落叶，集中烧毁；与非茄科蔬菜实行2年以上轮作。

种子消毒：播种前用55～60℃温水浸种15分钟，或用50%多菌灵可湿性粉剂500倍液浸种20分钟后冲净催芽。亦用种子重量0.3%的50%多菌灵拌种。

保护地栽培时，定植前用烟雾剂熏蒸棚室，杀死棚内残留病菌。生产上常用硫磺熏蒸消毒，每100m³空间用硫磺0.25kg、锯末0.5kg混合后分几堆点燃熏蒸1夜。

发病初期，可喷洒50%多·霉威可湿性粉剂500～800倍液+75%百菌清可湿性粉剂600～800倍液、70%甲基硫菌灵800倍液+70%代森锰锌可湿性粉剂800倍液、50%异菌脲可湿性粉剂1 000～1 500倍液+70%代森锰锌可湿性粉剂500～800倍液，每隔7天左右喷1次，连喷3～4次。

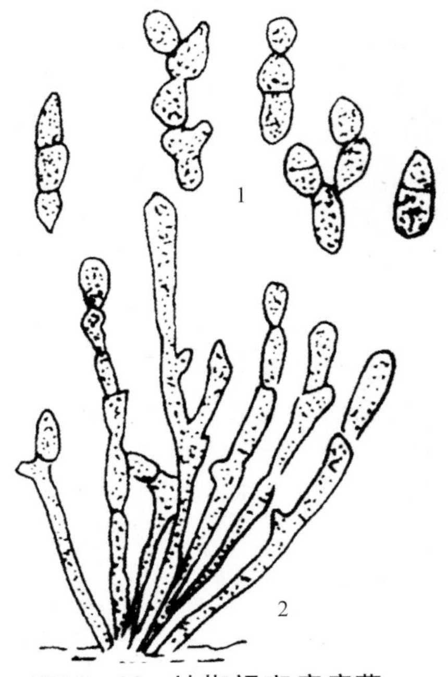

图16－42　辣椒褐斑病病菌

1.分生孢子　2.分生孢子梗

普遍发病时，可喷洒50%烟酰胺水分散粒剂1 500倍液、50%异菌脲可湿性粉剂600～800倍液、50%腐霉利可湿性粉剂600倍液、40%嘧霉胺悬浮剂800倍液，每隔7天左右喷1次，连喷1～2次。

12. 辣椒立枯病

症　　状　立枯病是辣椒苗期的主要病害之一，小苗和大苗均能发病，但一般多发生在育苗的中后期。发病时病苗茎基部产生椭圆形暗褐色病斑，早期病苗白天萎蔫，夜间恢复，随后病斑逐渐凹陷，并扩大绕茎1周，有的木质部暴露在外，最后病茎收缩、植株死亡（图16－43）。

病　　原　*Rhizoctonia solani* 称立枯丝核菌，属半知菌亚门真菌。

发生规律　以菌丝体或菌核残留在土壤和病残体中越冬，一般在土壤中能存活2～3年。菌丝能直接侵入寄主，也可通过雨水、流水、农具、带菌农家肥等传播蔓延。病部可见蛛丝状褐色霉层。病菌生长适温17～28℃，播种过密、间苗不及时，造成通风不良，湿度过高易诱发本病。

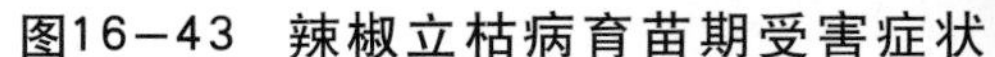

图16－43　辣椒立枯病育苗期受害症状

防治方法　加强苗床管理：注意合理放风，防止苗床或育苗盘高温高湿条件出现。苗期管理：苗期喷洒0.1%～0.2%磷酸二氢钾，增强抗病力。苗期防治：如果苗床只单独发现立枯病，可用50%甲基硫菌灵，并混入等量的50%福美双可湿性粉剂或40%拌种双可湿性粉剂防治。

发病初期，可用3%恶霉・甲霜水剂600倍液、5%井冈霉素水剂1 500倍液、15%恶霉灵水剂450倍液、50%腐霉利可湿性粉剂1 500倍液+70%代森锰锌可湿性粉剂500倍液均匀喷施。每隔7～10天喷1次，酌情防治2～3次。遇雨时，雨后应补喷。

13. 辣椒根腐病

症　　状　辣椒根腐病有多种表现症状，但通常病部仅局限于根部和茎基部。植株发育不良，较矮小。后期病株白天萎蔫，傍晚至次日清晨尚可恢复，反复多日后植株枯死（图16－44）。病株茎基部及根部皮层变为褐色至深褐色，呈湿腐状（图16－45）。最后病部缢缩、腐烂，皮层易剥离，露出暗褐色的木质部。

病　　原　*Fusarium solani* 称腐皮镰孢菌，属半知菌亚门真菌。

发生规律　以菌丝体和厚垣孢子在发病组织或遗落土中的病残体上越冬，病菌的厚垣孢子可在土中存活5～6年甚至更长。翌年产生分生孢子，借雨水溅射传播，从伤口侵入致病，发病部位不断产生分生孢子进行再侵染，分生孢子可借雨水或灌溉水传播蔓延。阴湿多雨、地势低洼，发病严重。早春和初夏阴雨连绵、高温、高湿、昼暖夜凉的天气有利发病。种植地低洼积水，田间郁闭高湿，茎节受蝼蛄为害伤口多，或施用未充分腐熟的土杂肥，会加重病情。

防治方法　施用充分腐熟的有机肥，与豆科、禾本科作物进行3～5年轮作。采取高畦（垄）栽培，避免大水漫灌，雨后及时排水，防止田间积水。灌水和雨后及时中耕松土，增强土壤通透性，促进根部伤口愈合和根系发育。

种子处理：可用55℃温水浸种15分钟后进入一般浸种，然后催芽播种；也可用次氯酸钠浸种。浸种前先用0.2%～0.5%的碱液清洗种子，再用清水浸种8～12小时，捞出后置入配好的1%次氯酸钠溶液中浸5～10分钟，冲洗干净后催芽播种。

发病初期，喷洒或浇灌50%甲基硫菌灵・硫磺悬乳剂800倍液、3%恶霉・甲霜水剂500倍液、70%甲基硫菌灵可湿性粉剂500倍液、10%双效灵水剂200～300倍液、75%敌磺钠可溶性粉剂800倍液，间隔10天左右喷1次，连续2～3次。采果前3天停止用药。

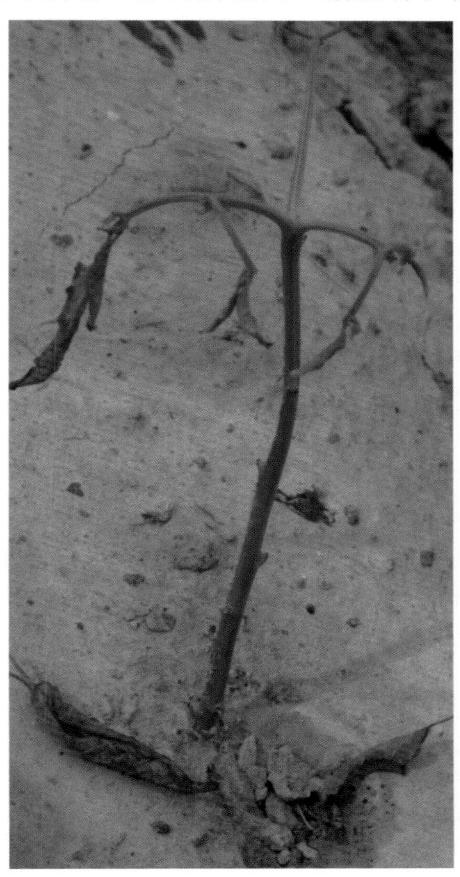

图16－44　辣椒根腐病病株

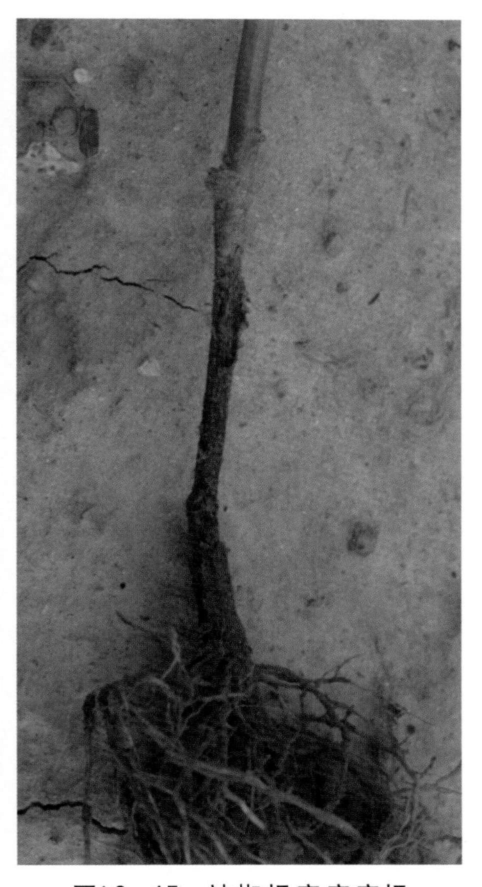

图16－45　辣椒根腐病病根

14. 辣椒细菌性叶斑病

症　　状　主要为害叶片，成株叶片发病，初呈黄绿色不规则小斑点，扩大后变为红褐色、深褐色至铁锈色病斑，病斑膜质，大小不等（图16-46）。病健部交界明显。扩展速度很快，严重时植株大部分叶片脱落。病健交界处明显，但不隆起，区别于辣椒疮痂病。

病　　原　*Pseudomonas syringae* pv. *aptata* 称丁香假单胞杆菌致病变种，属细菌。菌体短杆状，两端钝圆，具1～3根单极生或双极生鞭毛。

发生规律　病菌在病残体上越冬，借风雨或灌溉水传播，从叶片伤口处侵入。东北及华北通常6月开始发生，当气温在25～28℃，空气相对湿度在90%以上的7～8月高温多雨季节易流行。9月份气温降低，病害蔓延停止。地势地洼，管理不善，肥料缺乏，植株衰弱或偏施氮肥而使植株延长，发病严重。

图16-46　辣椒细菌性叶斑病病叶

防治方法　避免连作，与非茄科蔬菜轮作2～3年。前茬蔬菜收获后及时彻底地清除病菌残留体，结合深耕晒垡，促使病菌残留体腐解，加速病菌死亡。采用高垄或高畦栽培，覆盖地膜。雨季注意排水，避免大水漫灌。收获后及时清除病残体或及时深翻。

种子消毒：播前用种子重量0.3%的50%琥胶肥酸铜可湿性粉剂或70%敌磺钠可溶性粉剂或其他杀菌剂拌种。

发病前至发病初期可采用72%农用硫酸链霉素可溶性粉剂2 000～4 000倍液、88%水合霉素可溶性粉剂600～1 000倍液、20%叶枯唑可湿性粉剂600～800倍液、20%噻森铜悬浮剂500～700倍液，隔5～7天喷1次，连续喷2～3次。

15. 辣椒猝倒病

症　　状　主要为害幼苗，幼苗子叶期或真叶尚未展开之前，是幼苗最易感病的关键时期。幼苗出土后，在近地面茎基部出现水渍状病斑，随即变黄、缢缩、凹陷，叶子还未调萎即猝倒，用手轻提极易从病斑处脱落，地面潮湿时病部可见白色棉毛状霉层（图16-47）。

图16-47　辣椒猝倒病为害苗床症状

病　原 *Pythium aphanidermatum* 称瓜果腐霉，属鞭毛菌亚门真菌。菌丝无隔膜；孢子囊呈姜瓣状或裂瓣状，生于菌丝顶端或中间。老熟菌丝上产生藏卵器和雄器，藏卵器内有一个卵孢子。

发生规律 该病属土传性病害，病菌在土壤或病残体过冬，病原菌潜伏在种子内部。病菌借雨水、灌溉水传播。土温较低（低于15～16℃）时发病迅速，土壤湿度高，光照不足，幼苗长势弱，抗病力下降易发病。在幼苗子叶中养分快耗尽而新根尚未扎实之前，由于营养供应紧张，造成抗病力减弱，如果此时遇寒流或连续低温阴雨（雪）天气，而苗床保温不好，会突发此病。猝倒病多在幼苗长出1～2片真叶前发生，3片真叶后发病较少。

防治方法 与非茄科作物实行2～3年轮作；苗床应选择地势高燥、避风向阳、排灌方便、土壤肥沃、透气性好的无病地块。为防止苗床带入病菌，应施用腐熟的农家肥。

苗床处理：也可按每平方米苗床30%多·福可湿性粉剂4g、50%拌种双粉剂7g、35%福·甲可湿性粉剂2～3g、25%甲霜灵可湿性粉剂9g加细土15～20kg，拌匀，播种时下铺上盖，将种子夹在药土中间，防效明显。

种子消毒：用40%福尔马林100倍液浸种30分钟后冲洗干净后催芽播种，以缩短种子在土壤中的时间。

发现病株后及时处理病叶、病株，并全面喷药保护。发病初期喷洒72.2%霜霉威水剂400倍液、64%杀毒矾（恶霜·锰锌）可湿性粉剂500倍液、58%甲霜灵·锰锌可湿性粉剂、50%甲霜铜可湿性粉剂800倍液、15%恶霉灵水剂800倍液、70%代森锰锌可湿性粉剂500倍液，间隔7～10天喷1次，连续2～3次。

16. 辣椒叶枯病

症　状 在苗期及成株期均可发生，主要为害叶片，有时为害叶柄及茎。叶片发病初呈散生的褐色小点，迅速扩大后为圆形或不规则形病斑，中间灰白色，边缘暗褐色，病斑中央坏死处常脱落穿孔，病叶易脱落（图16－48）。病害一般由下部向上扩展，病斑越多，落叶越严重，严重时整株叶片脱光成秃枝。

病　原 *Stemphylium solani* 称茄匐柄霉，属半知菌亚门真菌。菌丝无色，具隔，分枝；分生孢子梗褐色，具隔，顶端稍膨大，单生或丛生；分生孢子褐色，壁砖状分隔，拟椭圆形，顶端无喙状细胞，中部横隔处稍缢缩。

发生规律 病菌以菌丝体或分生孢子随病株残体遗落在土中或附着在种子上越冬，借气流再传播。6月中下旬为发病高峰期，高温高湿，通风不良，偏施氮肥，植株前期生长过旺，田间积水等条件下易发病。

防治方法 实行轮作，及时清除病残体。培养壮苗，应使用腐熟的有机肥配制营养土，育苗过程中注意通风，严格控制苗床的温湿度。加强管理，合理施用氮肥，增施磷钾肥，定植后注意中耕松土，雨季及时排水。

图16－48 辣椒叶枯病病叶

发病初期，喷洒50%甲霜灵可湿性粉剂600倍液、68.75%恶唑·锰锌水分散粒剂800倍液、50%苯菌灵可湿性粉剂1 000倍液、70%甲基硫菌灵可湿性粉剂600倍液、40%氟硅唑乳油4 000~6 000倍液、50%退菌特可湿性粉剂（福美双·福美锌·福美甲胂）500~1 000倍液、66.8%丙森·异丙菌胺可湿性粉剂700倍液，每7天喷1次，连喷2~3次。

17. 辣椒白粉病

症　　状　主要为害叶片，初期在叶片的正面或背面长出圆形白粉状霉斑（图16−49），逐渐扩大，不久连成一片。发病后期整个叶片布满白粉，后变为灰白色，叶片背面发病更重些。染病部位的白粉状物即病菌分生孢子梗及分生孢子。

图16−49　辣椒白粉病病叶

病　　原　*Leveillula taurica* 称内丝白粉菌，属子囊菌亚门真菌。无性阶段为*Oidiopsis taurica* 称辣椒拟粉孢霉，属半知菌亚门真菌。分生孢子梗散生，从气孔伸出，无色、细长。分生孢子单生，单胞无色，透明，倒棒状或烛焰形。

发生规律　病菌可在温室内存活和越冬，越冬后产生分生孢子，借气流传播。一般以生长中后期发病较多，露地多在8月中下旬至9月上旬天气干旱时易流行。

防治方法　选用抗病品种。选择地势较高、通风、排水良好地种植。增施磷、钾肥，生长期避免氮肥过多。

发病初期，可采用12.5%腈菌唑乳油2 000~3 000倍液、20%福·腈可湿性粉剂1 000~2 000倍液、25%嘧菌酯悬浮剂1 500~2 500倍液、50%醚菌酯干悬浮剂3 000~4 000倍液、2%宁南霉素水剂200~400倍液、2%武夷菌素水剂200~500倍液+80%代森锰锌可湿性粉剂800~1 000倍液、25%吡唑醚菌酯乳油1 000~3 000倍液、5%烯肟菌胺乳油800~1 500倍液，隔5~7天喷1次，连续喷2~3次。

18.辣椒白星病

症　　状　主要为害叶片，苗期、成株期均可发病。病斑初期表现为圆形或近圆形边缘呈深褐色的小斑点，稍隆起，中央白色或灰白色（图16−50）；后期病斑上散生黑色小点，即病菌分生孢子器，有时病斑穿孔，发病严重时叶片脱落。

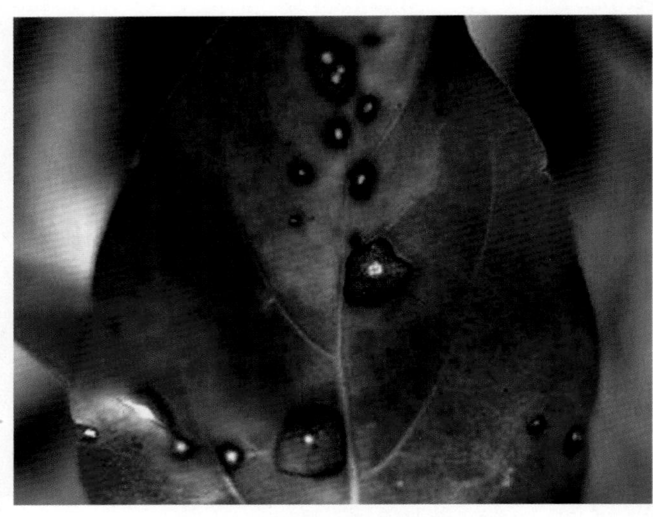

图16−50　辣椒白星病病叶

病　　原　*Phyllosticta capsici* 称辣椒叶点霉，属半知菌亚门。分生孢子器黑褐色，近球形，孢子器内生卵圆形、单胞、无色的分生孢子。

发生规律　病菌以分生孢子在病残体上或种子上越冬。翌年条件适宜时侵染叶片并繁殖，借助风雨传播，进行再侵染。此病在高温、高湿条件下易发生。

防治方法　收获后及时清除病残体，集中烧毁，减少初侵染来源。施用充分腐熟的有机肥，注意增施磷、钾肥。

发病初期，喷洒50%琥胶肥酸铜可湿性粉剂500倍液、14%络氨铜水剂300倍液、77%氢氧化铜可湿性微粒粉剂500倍液、75%百菌清可湿性粉剂600倍液+58%甲霜灵·锰锌可湿性粉剂500倍液、50%异菌脲可湿性粉剂1 500倍液、50%腐霉利可湿性粉剂1 500倍液，每7～10天喷1次，连续喷2～3次。

19. 辣椒绵腐病

症　　状　幼苗发病，茎基部缢缩，幼苗倒地而死。成株期主要为害果实。果实发病，发病初期产生水浸状斑点，随病情发展迅速扩展成褐色水浸状大型病斑，重时病部可延及半个甚至整个果实，呈湿腐状，潮湿时病部长出白色絮状霉层（图16-51）。

病　　原　*Pythium aphanidermatum* 称瓜果腐霉，属鞭毛菌亚门真菌，菌丝丝状，无隔膜；孢囊梗无色，丝状；孢子囊顶生，单胞，卵圆形；厚垣孢子黄色、单胞、球形，壁厚、平滑；卵孢子球形。

发生规律　病菌以卵孢子在土壤中越冬，也可以菌丝体在土中营腐生生活。病菌随雨水或灌溉水传播，由伤口或穿透表皮直接侵入。病菌在能很好发育，夏季遇雨水多或连续阴雨天气，病害就易发生和发展。

图16-51　辣椒绵腐病病果

防治方法　选择地势高、地下水位低，排水良好的地做苗床，播前一次灌足底水，出苗后尽量不浇水，不宜大水漫灌。育苗畦（床）及时放风、降湿，严防幼苗徒长染病。密度要适宜，及时适度摘除植株下部老叶，改善株间通风透光条件。果实成熟及时采收，尤其是近地面果实要早采收。发现病果及时摘除、深埋或烧毁。

床土消毒：每平方米苗床施用50%拌种双粉剂7g、40%五氯硝基苯粉剂9g、25%甲霜灵可湿性粉剂9g对细土4～5kg拌匀，施药前先把苗床底水打好，且一次浇透，一般17～20cm深，水渗下后，取1/3充分拌匀的药土撒在畦面上，播种后再把其余2/3药土覆盖在种子上面，即上覆下垫。

苗床发病初期，可用25%甲霜灵可湿性粉剂800倍液、40%乙膦铝可湿性粉剂250倍液、77%氢氧化铜悬浮剂800倍液、72.2%霜霉威水剂400倍液、58%甲霜·锰锌水分散粒剂800倍液，每平方米喷淋对好的药液200～300ml。

二、辣椒虫害

茶黄螨

为害特点　茶黄螨（*Polyphagotarsonemuslatus*）以刺吸式口器吸取植物汁液为害。可为害叶片、新梢、花蕾和果实。叶片受害后，变厚变小变硬，叶反面茶锈色，油渍状，叶缘向背面卷曲，嫩茎呈锈色，梢颈端枯死，花蕾畸形，不能开花。果实受害后，果面黄褐色粗糙，果皮龟裂，种子外露，严重时呈馒头开花状（图16-52）。

形态特征 雌螨体躯阔卵形，腹部末端平截，淡黄色至橙黄色，半透明，有光泽（图16-53）。身体分节不明显，体背部有1条纵向白带。足较短，4对，第4对足纤细，其跗节末端有端毛和亚端毛。腹部后足体部有4对刚毛。假气门器官向远端扩展。雄螨近六角形，腹部末端圆锥形。前足体3～4对刚毛，腹面后足体有4对刚毛。足较长而粗壮，第三、第四对足的基节相连，第四对足胫跗节细长，向内侧弯曲，远端1/3处有1根特别长的鞭毛，爪退化为钮扣状。卵椭圆形，无色透明。卵表面有纵向排列的5～6行白色瘤状突起。幼螨近椭圆形，淡绿色。足3对，体背有1条白色纵带，腹末端有1对刚毛。若螨是一静止阶段，外面罩有幼螨的表皮。

发生规律和防治方法 参见茄子虫害茶黄螨。

图16-52 茶黄螨为害症状

图16-53 茶黄螨雌体

第十七章　马铃薯病虫害原色图解

一、马铃薯病害

1. 马铃薯晚疫病

分布为害　各地普遍发生，为害严重。晚疫病以往多在保护地发生，但近几年特别多雨年份一年四季都能发生，发生严重时，叶片萎蔫（图17-1），整株死亡。

图17-1　马铃薯晚疫病为害叶片情况

症　　状　多从下部叶片开始，叶尖或叶缘产生近圆形或不定形病斑（图17-2），水渍状，绿褐色小斑点，边缘有灰绿色晕环，边缘分界不明晰，湿度大时外缘出现一圈白霉。天气干燥时病部变褐干枯，如薄纸状，质脆易裂。叶柄染病，多形成不规则褐色条斑，严重发病的植株叶片萎垂、卷曲，终致全株黑腐。块茎染病，表面呈现黑褐色大斑块，皮下薯肉亦呈褐色，逐渐扩大腐烂。

图17-2　马铃薯晚疫病为害叶片症状

病　　原　*Phytophthora infestans* 称致病疫霉，属鞭毛菌亚门真菌（图17-3）。病菌菌丝无色无隔、较细多核，孢囊梗无色，3～5根成丛从气孔伸出，顶生孢子囊卵形或近圆形。

发生规律　病菌以菌丝体在病薯内越冬、越夏，成为田间初侵染源，带菌种薯及遗留土中的病薯萌芽时，病菌即开始活动，逐步向植株地上茎叶发展，成为中心病株。其上产生孢子囊，经气流传播进行再侵染，也可随雨水进入土壤，通过伤口，皮孔和芽眼侵入块茎，以菌丝体在块茎内越冬（图17-4）。一般空气潮湿，温暖多雾，或经常阴雨的条件下，最易发病。7～9月，降雨次数多，病害发生重。马铃薯开花前后，阴雨连绵，气温不低于10℃，相对湿度在75%以上时，以中心病株出现作为病害流行的预兆。

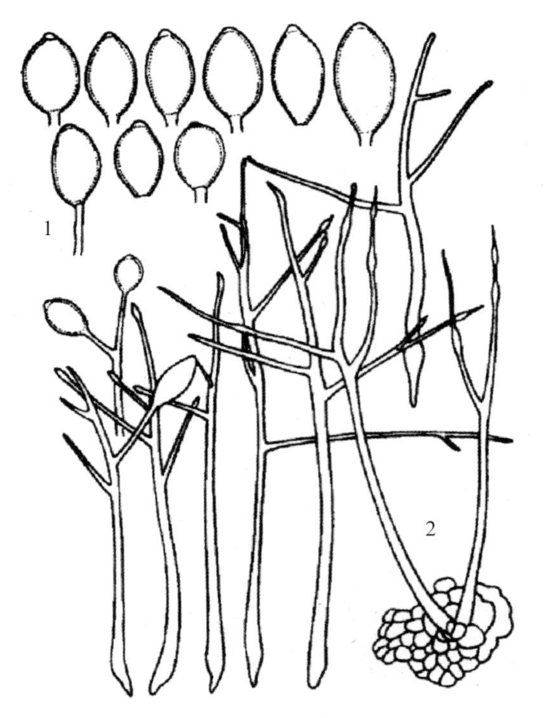

图17−3 马铃薯晚疫病病菌
1.孢子囊 2.孢子囊梗

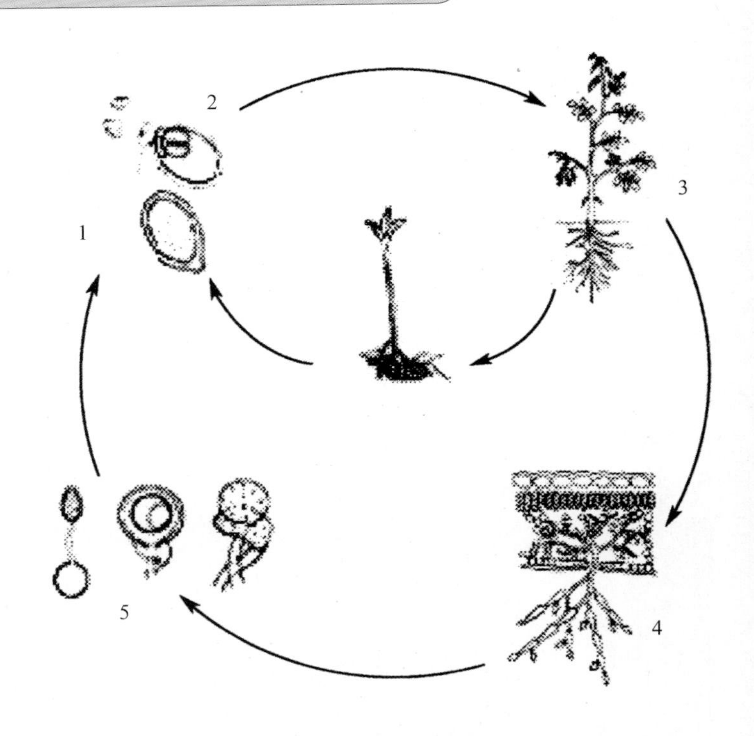

图17−4 马铃薯晚疫病病害循环
1.孢子囊 2.孢子囊萌发 3.染病植株
4.孢子囊及孢子囊梗 5.孢子囊、雄器和藏卵器

防治方法 选择地势高燥、排灌方便的地块种植，合理密植。合理施用氮肥，增施钾肥。切忌大水漫灌，雨后及时排水。加强通风透光，保护地栽培时要及时放风，避免植株叶面结露或出现水膜，以减轻发病程度。

田间出现发病中心时（图17−5），及时施药防治。可用70%乙膦·锰锌可湿性粉剂500倍液、72.2%霜霉威水剂800倍液、50%福美双可湿性粉剂500倍液、75%百菌清可湿性粉剂700倍液、25%甲霜灵可湿性粉剂600倍液、20%苯霜灵乳油300倍液、50%甲霜·铜可湿性粉剂600～700倍液、40%三乙膦酸铝可湿性粉剂200～250倍液、64%恶霜·锰锌可湿性粉剂400倍液、70%甲霜·铝·铜可湿性粉剂800倍液、72%霜脲·锰锌可湿性粉剂750倍液、2%嘧啶核苷类抗生素水剂150倍液+70%代森锰锌可湿性粉剂500倍液、77%氢氧化铜悬浮剂600倍液、2%武夷菌素水剂150～200倍液，每隔5～7天喷1次，连喷2～3次。

图17−5 马铃薯晚疫病田间症状

2. 马铃薯早疫病

分布为害　早疫病在露地、保护地均可发生，北京、河北、山西等海拔较高的地区发生严重。

症　　状　多从下部老叶开始，叶片病斑近圆形，黑褐色，有同心轮纹（图17−6），潮湿时斑面出现黑霉。发生严重时，病斑互相连合成黑色斑块，致叶片干枯脱落。块茎染病，表面出现暗褐色近圆形至不定形病斑，稍凹陷，边缘明显，病斑下薯肉组织亦变成褐色干腐。

图17−6　马铃薯早疫病为害叶片正、背面症状

病　　原　*Alternaria solani* 称茄链格孢，属半知菌亚门真菌（图17−7）。菌丝丝状有隔膜。分生孢子梗单生或簇生，圆筒形，有1～7个隔膜，暗褐色，顶生分生孢子。分生孢子长棍棒状，顶端有细长的嘴胞，黄褐色，具纵横隔膜。

发生规律　以分生孢子和菌丝体在土壤或种薯上越冬，借风雨传播，从气孔、皮孔、伤口或表皮侵入，引起发病。病菌可在田间进行多次再侵染。老叶一般先发病，幼嫩叶片衰老后才发病。高温多雨特别是高湿是诱发本病的重要因素，重茬地、低洼地、瘠薄地、浇水过多或通风不良地块发病较重。

防治方法　施足腐熟的有机底肥，合理密植。露地栽培时，注意雨后及时排水。早期及时摘除病叶，带出田外集中销毁。拉秧后及时清除田间残余植株、落叶。大棚内要注意保温和通风。早期发现病叶、病株应及时摘除。

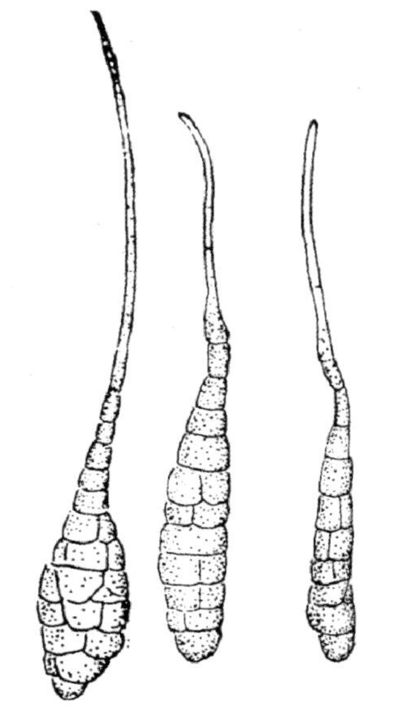

图17−7　马铃薯早疫病菌

图17-8　马铃薯早疫病田间为害症状

发病初期开始用药，可喷洒50%腐霉利可湿性粉剂2 000倍液、50%异菌脲可湿性粉剂1 000～1 500倍液、65%抗霉威可湿性粉剂1 000～1 500倍液、70%甲基硫菌灵可湿性粉剂500倍液、50%乙烯菌核利可湿性粉剂1 000倍液、50%多·霉灵（多菌灵+乙霉威）1 500倍液+70%代森锰锌可湿性粉剂500倍液、65%甲霉灵（甲基硫菌灵+乙霉威）1 500倍液、2%武夷菌素水剂150倍液喷雾。为防止产生抗药性，提高防效，提倡轮换交替或复配使用。每7天喷1次，连喷2～3次。马铃薯早疫病田间为害症状（图17-8）。

3. 马铃薯环腐病

症　状　本病属细菌性维管束病害，全株侵染。地上部染病分枯斑和萎蔫两种类型。枯斑型多在植株基部复叶的顶上先发病，叶尖和叶缘及叶脉呈绿色，叶肉为黄绿或灰绿色，具明显斑驳，且叶尖干枯或向内纵卷，病情向上扩展，致全株枯死；萎蔫型初期则从顶端复叶开始萎蔫，叶缘稍内卷，似缺水状（图17-9），病情向下扩展，全株叶片开始褪绿，内卷下垂，终致植株倒伏枯死。块茎发病切开可见维管束变为乳黄色至黑褐色（图17-10），皮层内现环形或弧形坏死部。

图17-9　马铃薯环腐病为害地上部萎蔫症状

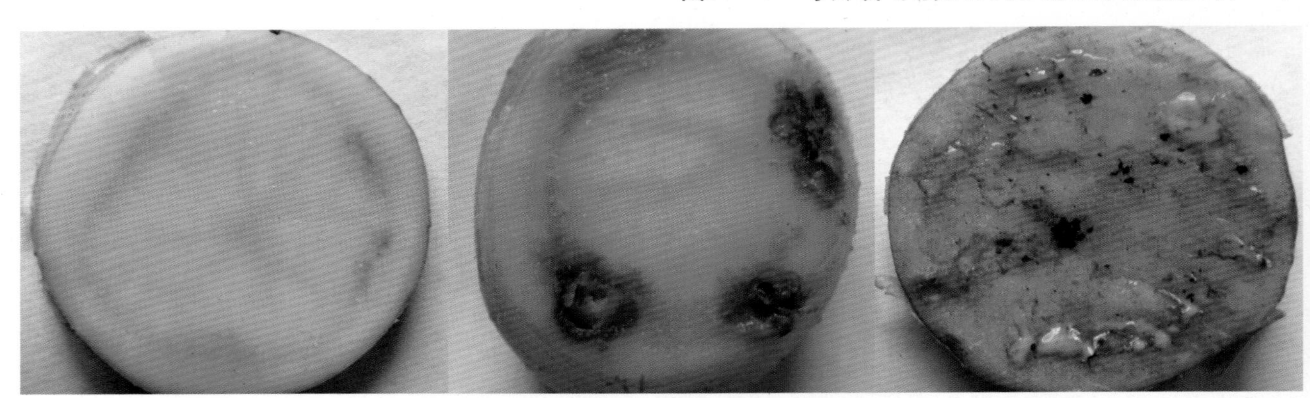

图17-10　马铃薯环腐病为害薯块症状

病　　原　*Clavibacter michigcrnense* subsp.*sepedonicun* 称密执安棒杆菌马铃薯环腐致病变种，属细菌。菌体短杆状，无鞭毛，单生或偶而成双，不形成荚膜及芽孢，好气性，革兰氏染色阳性。

发生规律　病原细菌在种薯中越冬，也可随病残体在土壤中越冬，成为翌年初侵染源。病薯播下后，一部分出土的病芽病菌沿维管束上升至茎中部或沿茎进入新结薯块而致病。病菌通过切刀带菌传染。在田间通过伤口侵入，借助雨水或灌溉水传播。

防治方法 建立无病留种田，尽可能采用整薯播种。结合中耕培土，及时拔除病株，携出田外集中处理。病株穴处撒生石灰消毒。

播前汰除病薯，把种薯先放在室内堆放5～6天，进行晾种，不断剔除烂薯，使田间环腐病大为减少。此外用50mg/kg硫酸铜、36%甲基硫菌灵悬浮剂800倍液、50%多菌灵可湿性粉剂500倍液浸泡种薯10分钟有较好效果。

切块种植，切刀应用75%酒精消毒，薯块用50%多菌灵可湿性粉剂800～1 000倍浸种5分钟，或80%乙蒜素乳油1 500倍液、新植霉素2 000倍液、47%加瑞农（春雷霉素+氧氯化铜）可湿性粉剂500倍液浸种10分钟。尽可能采用整薯播种，有条件可利用杂交实生苗。

4. 马铃薯病毒病

分布为害 马铃薯病毒病是马铃薯生产上最严重的病害之一，遍布于世界各产区，此病在我国普遍发生，除了一些高海拔冷凉山区发生较轻外，已成为我国马铃薯减产的主要原因，其中尤以河西及中部地区发生最重，受害轻的减产30%，一般减产60%，严重的高达80%以上。

症　　状 普通花叶型（图17－11）：叶片沿叶脉出现深绿色与淡黄色相间的轻花叶斑驳，叶片稍有缩小和一定程度的皱缩。有些品种仅表现轻花叶，有的品种植株显著矮化，全株发生坏死性叶斑，整个植株自上而下枯死，块茎变小，内部有坏死斑。重花叶型：发病初期叶片出现斑驳花叶或有枯斑，后期发展为叶脉坏死，严重时沿叶柄蔓延到主茎上出现褐色条斑，叶片全部坏死并萎蔫，但不脱落，有些品种无坏死，但植株矮小，茎叶变脆，叶片为花叶症状并聚生成丛。皱缩花叶型（图17－12）：条斑花叶与普遍花叶复合侵染症状为皱缩花叶，叶片变小，顶端严重皱缩，植株显著矮小，呈绣球状，不开花，多早期枯死，块茎极小。黄化卷叶型（图17－13）：病株叶缘向上翻卷，叶片黄绿色，严重时叶片卷成筒，但不表现皱缩，叶质厚而脆，易折断。重病株矮小，个别的早期枯死。

图17－11 马铃薯病毒病普通花叶型症状

图17－12 马铃薯病毒病皱缩花叶型症状

图17－13 马铃薯病毒病黄化卷叶型症状

病　　原　马铃薯X病毒（Potato virus X，PVX），马铃薯S病毒（Potato virus S，PVS），马铃薯A病毒（Potato virus A，PVA），马铃薯Y病毒（Potato virus Y，PVY），马铃薯卷叶病毒（Potato leafroll virus，PLV）。

发生规律　马铃薯普通花叶病：主要靠汁液摩擦传毒，切刀、农机具、衣物和动物皮毛均可成为传毒的介体。据报道，特殊的蚱蜢和绿丛螽斯能传毒，菟丝子、马铃薯癌肿病菌也能传毒，种子偶有带毒现象，蚜虫不能传毒，初次侵染来源主要是带毒种薯，病毒还可在一些杂草体内及栽培作物（番茄等）上越冬，成为初次侵染来源。马铃薯重花叶病：可通过汁液摩擦传毒，还可通过约15种蚜虫以非持久方式传播，主要是桃蚜，另外有马铃薯长管蚜、棉蚜等。初侵染来源除带病种薯外，一些带病植物也是初侵来源。马铃薯黄化卷叶病：不能由汁液传染，可由十几种蚜虫传播，其中以桃蚜为主，蚜虫传毒是持久性的，循回期在半天以上，可终身带毒，但不能卵传。菟丝子也可传毒，初侵染主要来源是带病薯块。马铃薯的多种病毒都可由蚜虫传播，有利于蚜虫生长、发育、繁殖的环境条件，就有利病害的发生。

防治方法　采用无毒种薯，在无霜期短的地区，可将正常的春播推迟到夏播（6月下旬至7月上中旬播种）；在无霜期长的地区，一年种两茬马铃薯，即春秋两季播种，以秋播马铃薯作种用及早拔除病株；实行精耕细作，高垄栽培，及时培土；避免偏施过施氮肥，增施磷钾肥；注意中耕除草；控制浇水，严防大水漫灌。

热处理可使卷叶病毒失去活性，种薯在35℃的温度下处理56天或36℃下处理39天，可除去种薯内所带病毒，采用变温处理，特别是处理切块比整薯更有效。

出苗前后及时防治蚜虫。整个生长期间在5月上旬、5月下旬分2次喷50%抗蚜威可湿性粉剂2 000～3 000倍液、10%吡虫啉可湿性粉剂1 500倍液、20%氰戊菊酯乳油6 000倍液、25%溴氰菊酯乳油3 000倍液进行防治，均可取得较好的防治效果。

发病初期，喷洒0.5%菇类蛋白多糖水剂300倍液、20%盐酸吗啉胍·乙酸铜可湿性粉剂500倍液、5%菌毒清水剂500倍液、1.5%植病灵乳剂1 000倍液、2%宁南霉素水剂250倍液、3.95%三氮唑核苷水剂600倍液等。

5. 马铃薯疮痂病

症　　状　主要侵染块茎，先在表皮产生浅棕褐色的小突起，然后形成直径约0.5cm的圆斑，并在病斑表面形成凸起型或凹陷型硬痂。病斑仅限于表皮，不深入薯内（图17－14至图17－15）。

病　　原　*Streptomyces scabies* 称疮痂链霉菌，*S. acidiscabies* 称酸疮痂链霉菌，均属于细菌。

发生规律　病菌在土壤中腐生，或在病薯上越冬。从皮孔和伤口侵入后染病。酸性的砂壤土发病重。雨量多、夏季较凉爽的年份易发病。

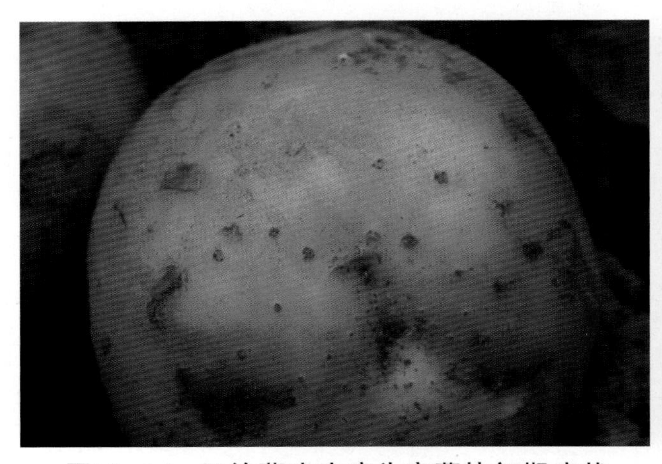

图17－14　马铃薯疮痂病为害薯块初期症状

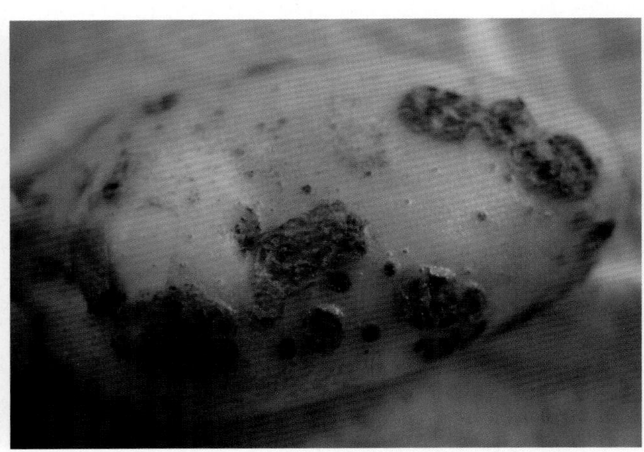

图17－15　马铃薯疮痂病为害薯块后期症状

防治方法　除萝卜等根菜类外，与其他作物都可轮作。增施充分腐熟的有机肥，也有防病作用。选择保水性好的土地种植，特别是秋马铃薯应加强水分管理，保持土壤湿润，可减轻发病。施用酸性肥料以提高土壤酸度。避免用过量的石灰。

选用无病薯块留种，种薯用40%福尔马林200倍液浸种2小时，浸种后再切成块，否则容易发生药害。0.2%福尔马林溶液浸种1～2小时，晾干后再播种。

秋收后摊晒块茎，剔除病烂薯，喷洒50%多菌灵可湿性粉剂800倍液，晾干入窖，可防烂窖；春季要晒种催芽，淘汰病、烂薯，可有效减少病害的发生。

6．马铃薯炭疽病

症　　状　主要为害叶片，在叶片上形成近圆形或不定形的赤褐色至褐色坏死斑，后转变为灰褐色，边缘明显，相互汇合形成大的坏死斑（图17−16）。为害严重时也可侵染茎块，引起植株萎蔫和茎块腐烂（图17−17）。

图17−16　马铃薯炭疽病为害叶片情况

图17−17　马铃薯炭疽病田间受害症状

病　　原　*Colletotrichum coccodes* 称球炭疽菌，属半知菌亚门真菌。在寄主上形成球形至不规则形黑色菌核。分生孢子盘黑褐色聚生在菌核上，刚毛黑褐色硬，顶端较尖，有隔膜1～3个，聚生在分生孢子盘中央。分生孢子梗圆筒形，有时稍弯或有分枝，偶生隔膜，无色或浅褐色。分生孢子圆柱形，单胞无色，内含物颗粒状。

发生规律　主要以菌丝体在种子里或病残体上越冬，翌春产生分生孢子，借雨水飞溅传播蔓延。孢子萌发产生芽管，经伤口或直接侵入。生长后期，病斑上产生的粉红色黏稠物内含大量分生孢子，通过雨水溅射传到健薯上，进行再侵染。高温、高湿条件下发病重。

防治方法　及时清除病残体。避免高温高湿条件出现。

发病初期，可用36%甲基硫菌灵悬浮剂500倍液、50%多·硫悬浮剂500倍液、25%溴菌腈可湿性粉剂800倍液、80%炭疽福美（福美双·福美锌）可湿性粉剂800倍液+75%百菌清可湿性粉剂1 000倍液等药剂均匀喷施。

7．马铃薯叶枯病

分布为害　叶枯病在部分地区发生分布，通常病株率5%～10%，对生产无明显影响，少数地块发病较重。病株达30%以上，部分叶片因病枯死，轻度影响产量。

症　　状　主要为害叶片，多是生长中后期下部衰老叶片先发病，从靠近叶缘或叶尖处侵染。初形成绿褐色坏死斑点（图17−18），以后逐渐发展成近圆形至“V”字形灰褐色至红褐色大型坏死斑，具不明显轮纹，外缘常褪绿黄化，最后致病叶坏死枯焦（图17−19），有时可在病斑上产生少许暗褐色小点，即病菌的分生孢子器。有时可侵染茎蔓，形成不定形灰褐色坏死斑，后期在病部可产生褐色小粒点。

图17-18 马铃薯叶枯病为害叶片初期症状

图17-19 马铃薯叶枯病为害叶片后期症状

病　　原 *Macrophomina phaseoli* 称大茎点菌，属半知菌亚门真菌。病菌在叶片上不常产生分生孢子器。分生孢子器近球形，散生于寄主表皮下，有孔口。分生孢子长椭圆形至近圆筒形，单胞，无色。微菌核，其表面光滑，近圆形。

发生规律 病菌以菌核或以菌丝随病残组织在土壤中越冬，也可在其他寄主残体上越冬。条件适宜时通过雨水把地面病菌冲溅到叶片或茎蔓上引起发病。以后在病部产生菌核或分生孢子器借雨水扩散，进行再侵染。温暖高湿有利于发病。土壤贫瘠、管理粗放、种植过密、植株生长衰弱的地块发病较重。

防治方法 选择较肥沃的地块种植，掌握适宜的种植密度。增施有机肥，适当配合施用磷、钾肥。生长期加强管理，适时浇水和追肥，防止植株早衰。

必要时进行药剂防治，发病初期选用70%甲基硫菌灵可湿性粉剂600倍液、50%异菌脲可湿性粉剂1 000倍液+80%代森锰锌可湿性粉剂800倍液、40%多·硫悬浮剂400倍液、45%噻菌灵悬浮剂1 000倍液喷雾。马铃薯叶枯病为害田间症状（图17-20）。

图17-20 马铃薯叶枯病田间受害症状

8. 马铃薯黑胫病

分布为害 马铃薯黑胫病又称黑脚病，在东北、西北、华北地区均有发生。近年来，南方和西南栽培区有加重趋势，多雨年份可造成严重减产，不但造成缺苗断垄，而且引起贮藏期的烂窖。

症　　状 主要侵染根茎部和薯块，整个生育期均可发病。受害植株的茎呈现一种典型的黑褐色腐烂。幼苗发病，植株矮小，节间缩短，叶片上卷，叶色褪绿，茎基部组织变黑腐烂（图17-21）。早期病株萎蔫枯死（图17-22），不结薯。发病晚和轻的植株，只有部分枝叶发病，病症不明显。块茎发病始于脐部，可以向茎上方扩展几厘米或扩展至全茎，病部黑褐色，横切可见维管束呈黑褐色。用手压挤皮肉不分离，湿度大时，薯块黑褐色腐烂发臭，区别于青枯病等。

图17-21 马铃薯黑胫病黑根症状

图17-22 马铃薯黑胫病地上部分萎蔫

病　原 *Erwinia carotovora* subsp. *atrosepeica* 为胡萝卜软腐欧文氏细菌马铃薯黑胫病亚种，属欧氏杆菌属中造成软腐的一个低温类型。菌体杆状，单细胞，极少双连，周生鞭毛能运动，革兰氏染色阴性，无荚膜、芽孢。

发生规律 病菌在块茎或在田间未完全腐烂的病薯上越冬。带病种薯是主要传播源。线虫、根蛆、雨水、灌溉水等也可传播。发病适温为23～27℃，高温、高湿有利于发病。在土壤黏重、排水不良、植株生长不良、伤口多时易发病。

防治方法 选用抗病品种，选择地势高、排水良好的地块种植，播种、耕地、除草和收获期都要避免损伤种薯，及时拔除病株，减少病害扩大传播。清除病株残体，避免昆虫从侵染源传播欧氏杆菌。注意农具和容器的清洁，必要时用次氯酸钠和漂白粉或福尔马林消毒处理，防止传染。施磷、钾肥料，提高抗病力。适时早播，促使早出苗。

选用无病种薯，建立无病留种田，生产健康种薯。种薯切块时淘汰病薯。切刀可用沸水消毒；或把刀浸在5%石碳酸液或0.1%度米芬液中消毒。种薯用0.01%～0.05%的溴硝丙二醇溶液浸15～20分钟，或用0.05%～0.1%的春雷霉素溶液浸种30分钟，或用0.2%高锰酸钾溶液浸种20～30分钟。捞出晾干用以播种。

种薯入窖前要严格挑选，先在温度为10～13℃的通风条件放置10天左右，入窖后要加强管理，贮藏期间也要加强通风换气，窖温控制在1～4℃，防止窖温过高、湿度过大。

可在发病初期，用72%农用链霉素可溶性粉剂2 000倍液、45%代森铵水剂500倍液等药剂浇穴。

9. 马铃薯癌肿病

症　状 主要发生于植株地下部分，如茎基部、匍匐茎和块茎，尤以块茎受害最重。病菌侵入寄主，刺激细胞组织增生，长出畸形、粗糙、疏松的肿瘤（图17-23）。肿瘤大小不一，小的只出现一块隆起；大的可覆盖半个至整个薯块。肿瘤形状，有的圆形，有的形成交织的分枝状，极似菜花。肿瘤初期乳白色，逐渐变成粉红色或褐色，最后变黑褐色，腐烂。地上部症状，植株矮化，分枝增多，在腋芽、枝尖、幼芽处均可长出卷叶状癌组织，叶背面出现无叶柄、叶脉的畸形小叶，主茎下部变粗，质脆呈畸形，尖端的花序色淡和顶部叶片褪绿。

图17-23 马铃薯癌种病病薯块

病　原 *Synchytrium endobioticum* 称内生集壶菌，属鞭毛菌亚门真菌。孢子囊堆近球形，内含若干个孢子囊。孢子囊球形，锈褐色，壁具脊突，萌发时释放出游动孢子或合子。游动孢子具单鞭毛，球形或洋梨形；合子具双鞭毛，形状如游动孢子，但较大。

发生规律 病菌以休眠孢子囊随癌肿病组织在土壤中越冬，癌肿病组织腐烂后释放出的休眠孢子囊到土壤中。翌年在温、湿度条件合适时，休眠孢子囊萌发游动孢子。癌肿病菌喜低温、高湿条件。灌溉或下雨之后，土壤水分短期饱和是夏孢子囊和休眠孢子囊萌发、游动孢子释放和侵入的重要条件。气候凉爽，雨日频繁，雾多，日照少，土壤湿度大，土壤偏酸性等，适于癌肿病菌活动为害。

防治方法 严格执行检疫，进行疫情普查，划定疫区。癌肿病只为害马铃薯，因此病区可进行轮作。加强栽培管理，勤中耕，施用净粪，增施磷、钾肥，施用有拮抗作用的放线菌，均能减轻发病。新发病轻微的地块，见病株及时挖出并集中烧毁。

药剂防治。苗期可用40%三乙膦酸铝可湿性粉剂300倍液灌根，或苗期、蕾期喷施40%三乙膦酸铝可湿性粉剂300倍液，有一定的防治效果。

二、马铃薯虫害

马铃薯瓢虫

分布为害 马铃薯瓢虫（*Henosepilachna vigintioctomaculata*）国内分布普遍，以北方较多。马铃薯瓢虫以成虫、幼虫取食寄主植物的叶片，也可为害果实和嫩茎。被害叶片仅残留上表皮及叶脉，形成许多不规则的透明斑，后变褐色、枯萎（图17－24）。

图17－24 马铃薯瓢虫为害叶片症状

形态特征 成虫：体半球形，赤褐色，体表密生黄褐色细毛，前胸背板中央有一个黑色、心脏形斑纹，其两侧各有黑色斑点2个，有时合成1个；两鞘翅上各有大小不等的黑斑14个，每鞘翅基部3个黑斑后方的4个黑斑不在一条直线上，两翅合缝处有1对或2对黑斑相连（图17－25）。卵：弹头形，初产时鲜黄色，后变成黄褐色，卵块中的卵粒排列较松散。幼虫：老熟幼虫体纺锤形，中部膨大，两端较细，背面隆起；淡黄褐色，体表生有整齐的黑色枝刺，各分枝刺毛也是黑色（图17－26）。蛹：椭圆形，淡黄色，全体被有棕色细毛，背面有较深的黑色斑纹。

图17－25 马铃薯瓢虫成虫

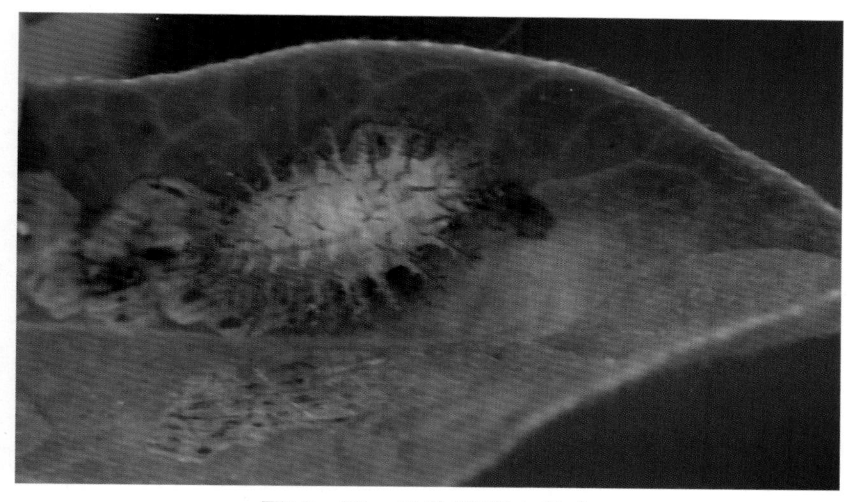

图17－26　马铃薯瓢虫幼虫

发生规律　在东北、华北一年发生1～2代，在南方一年发生3～6代，各地均以成虫群集在背风向阳的石缝内、树皮下、墙缝及篱笆等处越冬。越冬成虫于翌年春5月开始活动，先在附近的杂草、小树上栖息，5～6天后陆续转移到马铃薯及苗床中的茄子、番茄、青椒上为害。6月下旬至7月上旬为第1代幼虫严重为害时期，8月中旬为第2代幼虫严重为害时期，10月上旬成虫开始越冬。成虫早晚静伏，取食和产卵都在白天，以上午10时至下午4时最活跃，午前多在叶背取食，下午4时后转向叶面取食；晴天气温高时飞翔力最强，阴雨天很少活动；成虫有假死性，受惊后落地不动并可分泌黄色黏臭液；成虫产卵于叶片背面，直立成块。幼虫有4龄，夜间孵化，初孵幼虫群集于叶背取食为害，2龄后逐渐分散为害。成虫、幼虫都有残食同种卵的习性。幼虫老熟后，多在植株基部的茎上或叶背化蛹，也有在附近杂草、地面上化蛹的。

防治方法　人工捕捉杀成虫：利用成虫假死习性，用盆盛接，拍打植株使之坠落。消灭植株残体、杂草等处的越冬虫源，人工摘除卵块，雌虫产卵集中成群，颜色鲜艳，极易发现。

药剂防治：要抓住幼虫分散前的时机施药，可用90%敌百虫晶体1 000倍液、50%杀虫环可湿性粉剂1 000倍液、20%甲氰菊酯乳油1 200倍液、2.5%溴氰菊酯乳油3 000倍液、48%毒死蜱乳油800倍液、75%硫双威可湿性粉剂1 000倍液、2.5%氟氯氰菊酯乳油2 000倍液、10%联苯菊酯乳油2 000倍液、5%啶虫隆乳油1 500倍液、40%菊·杀乳油2 000倍液、40%菊·马乳油2 000～3 000倍液、4.5%高效氯氰菊酯乳油3 000～3 500倍液等药剂喷雾，隔7～10天喷1次，连续喷2～3次。

第十八章 胡萝卜病虫草害原色图解

一、胡萝卜病害

1. 胡萝卜黑斑病

症　　状　叶片受害多从叶尖或叶缘侵入，出现不规则形深褐色至黑色斑，周围组织略褪色，湿度大时病斑上长出黑色霉层，发生严重时，病斑融合，叶缘上卷，叶片早枯（图18－1）。茎染病，病斑长圆形黑褐色、稍凹陷。

图18－1　胡萝卜黑斑病为害叶片症状

病　　原　*Alternaria dauci* 称胡萝卜链格孢，属半知菌亚门真菌。分生孢子梗短且色深。分生孢子倒棍棒形，壁砖状分隔，具横隔膜5～11个，纵隔膜1～3个。

发生规律　以菌丝或分生孢子在种子或病残体上越冬，成为翌年初侵染源。通过气流传播蔓延。雨季，植株长势弱发病重，发病后遇天气干旱利于症状显现。

防治方法　从无病株上采种，做到单收单藏。实行2年以上轮作。增施底肥。

种子消毒：播种前用种子重量0.3%的50%福美双可湿性粉剂、40%拌种双粉剂、70%代森锰锌可湿性粉剂、75%百菌清可湿性粉剂、50%异菌脲可湿性粉剂拌种。

发病初期，开始喷洒80%代森锰锌可湿性粉剂600～800倍液、75%百菌清可湿性粉剂600倍液+50%异菌脲可湿性粉剂1 500倍液、40%克菌丹可湿性粉剂400倍液等药剂，间隔10天喷1次，连续防治3～4次。

2. 胡萝卜细菌性软腐病

症　　状　主要为害肉质根。地下部肉质根多从近地表根头部发病，以后逐渐向下蔓延扩大，病斑形状不定，周缘明显或不明显，褐色，水浸状湿腐（图18－2）。地上部茎叶在慢性发病时，黄化后逐渐萎蔫；急性发病时，则整株突然萎蔫干枯。随病部扩展，肉质根组织变灰褐色软化腐烂，外溢黏稠汁液，散发出臭味。严重时整个肉质根腐烂（图18－3）。

病　　原　*Erwinia carotovora* pv. *carotovora* 称胡萝卜软腐欧文氏菌胡萝卜软腐致病型，属细菌。

发生规律　病菌在病根组织内或随病残体遗落在土壤中，或在未腐熟的土杂肥内存活越冬。借灌溉水及雨水溅射传播，主要由伤口侵入。高温、多雨、低洼排水不良地发病重。特别是暴风雨后，或土壤长期干旱突灌大水，易造成伤口，会加重发病。地下害虫多，发病也重。

防治方法　可参考大白菜细菌性软腐病。

图18-2　胡萝卜细菌性软腐病为害茎基部症状

图18-3　胡萝卜细菌性软腐病为害肉质根症状

3. 胡萝卜黑腐病

症　　状　主要为害肉质根、叶片、叶柄及茎。叶片上病斑暗褐色，严重时叶片枯死。叶柄上病斑长条状。茎上病斑多为梭形至长条形，边缘不明显（图18-4）。湿度大时病斑表面密生黑色霉层（图18-5）。肉质根上形成不规则形或圆形稍凹陷黑色斑，严重时深达内部，使肉质根变黑腐烂。

图18-4　胡萝卜黑腐病为害茎部症状

图18-5 胡萝卜黑腐病为害叶柄后期症状

病　原　*Alternaria radicina*称胡萝卜黑腐链格孢菌，属半知菌亚门真菌。分生孢子梗褐色单生或数根束生，膝曲状，深棕色。分生孢子深褐色，串生，卵形或椭圆形至倒棒状，无喙。

发生规律　以菌丝体或分生孢子随病残体残留在土表越冬，生长期分生孢子借风雨传播，进行再侵染，扩大为害。秋播胡萝卜，9～10月在肉质根开始膨大期间，病菌从伤口侵入。秋季及初冬天气温暖、多雨、多雾湿度大及植株过密时有利于发病，在生长中、后期，肉质根膨大过程中，如地下害虫为害严重，也有利于发病。

防治方法　从无病株上采种，做到单收单藏。实行2年以上轮作。增施底肥，促其生长健壮，增强抗病力。

种子消毒：播种前用种子重量0.3%的50%福美双可湿性粉剂、40%拌种双粉剂、70%代森锰锌可湿性粉剂、75%百菌清可湿性粉剂、50%异菌脲可湿性粉剂拌种。

发病初期，开始喷洒70%代森锰锌可湿性粉剂400倍液+40%灭菌丹可湿性粉剂300倍液、40%克菌丹可湿性粉剂300～400倍液、50%腐霉利可湿性粉剂1 500倍液、50%异菌脲可湿性粉剂1 500倍液，间隔10天喷1次，连续防治3～4次。

4. 胡萝卜白粉病

症　状　下部叶片的叶背和叶柄生成白色或灰白色粉状斑点，不久，叶表面和叶柄表面布满灰白色霉层，并波及上叶（图18-6）。严重时，下部叶片变黄而枯萎，叶片和叶柄上出现小黑点（子囊壳）。

图18-6　胡萝卜白粉病为害叶片症状

病　原　*Erysiphe heracle*　称白粉菌，属子囊菌亚门真菌。

发生规律　病菌在温室蔬菜上或土壤中越冬，借风和雨水传播。在高温高湿或干旱环境条件下易发生，发病适温20～25℃，相对湿度25%～85%，但是以高湿条件下发病重。春播栽培发生于6～7月，夏播栽培发生于10～11月。

防治方法　合理密植，避免过量施用氮肥，增施磷、钾肥，防止徒长。注意通风透光，降低空气湿度。

种子消毒：用55℃温水浸种15分钟或用15%三唑酮可湿性粉剂拌种后再播种。

发病初期，可用15%三唑酮可湿性粉剂1 500～2 000倍液、70%甲基硫菌灵可湿性粉剂800倍液、40%多·硫悬浮剂500倍液、2%武夷霉素水剂200倍液、2%嘧啶核苷类抗生素水剂200倍液、12%松脂酸铜乳油600倍液、10%苯醚甲环唑可湿性粉剂3 000蓓液、40%氟硅唑乳油6 000～8 000倍液、25%咪鲜胺乳油2 000倍液、50%咪鲜胺锰盐可湿性粉剂2 000倍液等，间隔7～10天喷药1次，连续喷2～3次。

5. 胡萝卜根结线虫病

症　状　发病轻时，地上部无明显症状。发病重时，拔起植株，细观根部，可见肉质根变小、畸形，须根很多，其上有许多葫芦状根结（图18-7）。地上部表现生长不良、矮小，黄化、萎蔫，似缺肥水或枯萎病症状。严重时植株枯死。

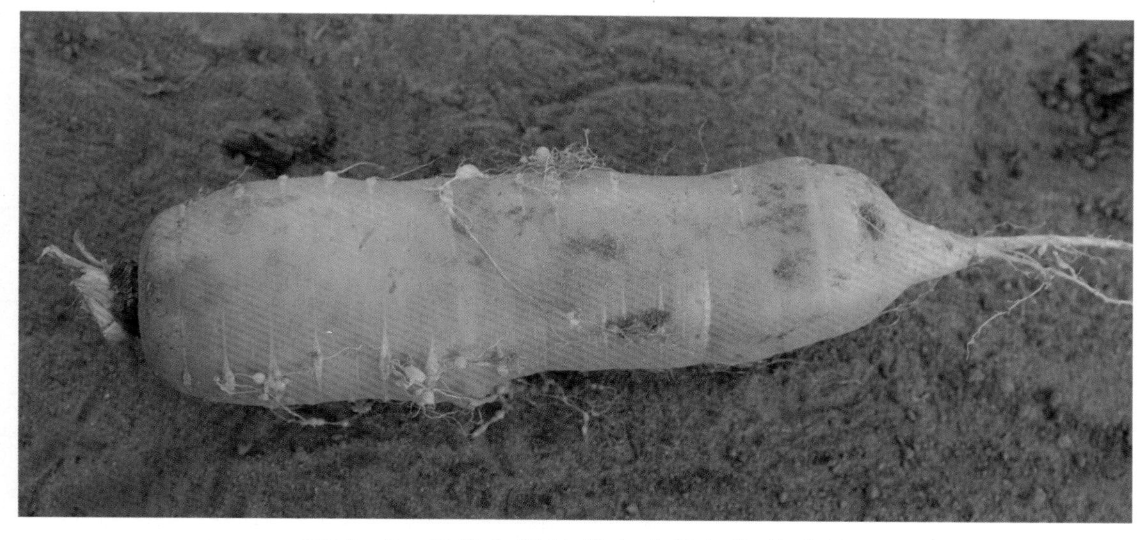

图18－7 胡萝卜根结线虫病根部根结症状

病 原 *Meloidogyne incognita* 属南方根结线虫。病原线虫雌雄异形，幼虫细长蠕虫状。雄成虫线状，尾端稍圆，无色透明。雌成虫梨形，埋生于寄主组织内。

发生规律 常以卵囊和根组织中的卵或2龄幼虫随病残体遗留土壤中越冬，翌年条件适宜时，越冬卵孵化为幼虫，继续发育并侵入寄主，刺激根部细胞增生，形成根结。病原成虫传播靠病土及灌溉水。地势高、干燥、土壤质地疏松、盐分低的土壤适宜线虫活动，有利于发病，连作地发病重。

防治方法 合理轮作，病田彻底处理病残体，集中烧毁或深埋。根结线虫多分布在3～9cm表土层，深翻可减轻为害。

在播种时，条施10%克线磷颗粒剂5kg/亩。生长期间，可用40%灭线磷乳油、50%辛硫磷乳油1 000倍液、1.8%阿维菌素乳油2 000～3 000倍液灌根，并应加强田间管理。合理施肥或灌水以增强寄主抵抗力。

二、胡萝卜生理性病害

1. 胡萝卜裂根

症 状 胡萝卜裂根多发生在肉质根生长后期。裂根多数是沿肉质根纵向开裂，形成深浅不一的裂口（图18－8）。也有在靠近叶柄基部横向开裂或在根头部形成放射状的开裂。裂根影响胡萝卜的商品价值，而且裂根还容易腐烂，不耐贮存。

病 因 胡萝卜裂根由于肉质根在生长后期发生周皮层，周皮层发生一定程度的木质化，收获过迟导致肉质根一旦再生长即可膨裂产生裂根。此外，土壤水分与裂根关系也很大。如肉质根生长前期水分充足，生长量大，随后遇干燥，生长受抑制，以后又遇多湿时，在肉质根尚小时也会引起裂根；反之，有时前期干燥，后期多湿，也会引起肉质根开裂。

防治方法 防止胡萝卜肉质根开裂，重要的是保持土壤潮湿，防止干燥，或忽湿忽干。适时收获，也可明显减少裂根。

图18－8 胡萝卜裂根症状

2. 胡萝卜畸形根

症　　状　胡萝卜的畸形根常见有扁根、分杈根（图18－9）、凹陷根等。

病　　因　扁根：由于胡萝卜膨大期缺水，引起 密度较大的地块的地下根纵、横向膨大不均衡所致。分杈根：是由于胡萝卜的地下主根受伤引起，转化为若干分枝，经过生长膨大后形成。凹陷根：由于胡萝卜生长过程中，旁边有小石头等坚硬物限制了局部地下根向外膨大所致。

防治方法　种植时，行距保持15cm，株距不小于11cm。而且在胡萝卜地下根直径长至0.6cm左右时，及时浇足膨根水。及时清除土壤中所不能降解的杂物。每亩用50%的辛硫磷乳油0.5～1kg，对水200～300kg，沿垄均匀浇灌播完种的畦面，以防地下害虫为害；施有机肥时，必须充分腐熟后施用，以免未腐熟的肥料在发酵过程中烧伤胡萝卜主根。

图18－9　胡萝卜分杈根症状

三、胡萝卜田杂草防治技术

胡萝卜苗期生长缓慢，多在高温多雨的夏天或秋天播种，容易遭受草害，防治稍不及时，就会造成损失。人工锄草费时、费工，也不彻底。如遇阴雨天，只能任其生长，严重影响胡萝卜的产量和品质。化学除草是伞形花科蔬菜栽培中的一项重要措施。综合各地情况，胡萝卜田杂草主要有马唐、牛筋草、稗草、狗尾草、马齿苋、反枝苋、铁苋、绿苋、小藜、香附子等20多种，大部分是一年生杂草。胡萝卜多为田间撒播，密度较高，生产中主要采用芽前土壤处理，必要时也可以采用苗后茎叶处理。

（一）胡萝卜田播种期杂草防治

胡萝卜多为田间撒播，生产上常见的有两种种植方式，即播后浅混土、人工镇压。在选用除草剂时务必注意。胡萝卜田播种期进行化学除草可用下列方法(图18－10)。

针对胡萝卜出苗慢、出苗晚，易于出现草、苗共长现象，可以在胡萝卜播种前施药，进行土壤处理，可以防治多种一年生禾本科杂草和阔叶杂草。可于播前5～7天，施用下列除草剂：

48%氟乐灵乳油100～150ml/亩；

48%地乐胺乳油100～150ml/亩；

对水40kg，均匀喷施。施药后及时混土2～5cm，该药易于挥发，混土不及时会降低药效。该类药剂比较适合于墒情较差时土壤封闭处理。但在冷凉、潮湿天气时施药易于产生药害，应慎用。

图18-10 胡萝卜播种施药方式

胡萝卜多为田间撒播，密度较高，生产中主要采用播后芽前土壤处理。播种时应适当深播、浅混土，可以用的除草剂品种如下：

33%二甲戊乐灵乳油150～200ml/亩；

50%乙草胺乳油100～150ml/亩；

72%异丙甲草胺乳油150～200ml/亩；

72%异丙草胺乳油150～200ml/亩；

96%精异丙甲草胺(金都尔)乳油60～80ml/亩；

对水40kg，均匀喷施，可以有效防治多种一年生禾本科杂草和部分阔叶杂草。药量过大、田间过湿，特别是遇到持续低温多雨条件下会影响发芽出苗。严重时，可能会出现缺苗断垄现象。

为了进一步提高除草效果和对作物的安全性，特别是为了防治铁苋、马齿苋等部分阔叶杂草时，也可以用下列除草剂或配方：

20%双甲胺草磷乳油250～375ml/亩；

33%二甲戊乐灵乳油100～150ml/亩+50%扑草净可湿性粉剂50～75g/亩；

50%乙草胺乳油75～100ml/亩+50%扑草净可湿性粉剂50～75g/亩；

72%异丙甲草胺乳油100～150ml/亩+50%扑草净可湿性粉剂50～75g/亩；

72%异丙草胺乳油100～150ml/亩+50%扑草净可湿性粉剂50～75g/亩；

33%二甲戊乐灵乳油100～150ml/亩+24%乙氧氟草醚乳油10～20ml/亩；
50%乙草胺乳油75～100ml/亩+24%乙氧氟草醚乳油10～20ml/亩；
72%异丙甲草胺乳油100～150ml/亩+24%乙氧氟草醚乳油10～20ml/亩；
72%异丙草胺乳油100～150ml/亩+24%乙氧氟草醚乳油10～20ml/亩；
33%二甲戊乐灵乳油100～150ml/亩+25%恶草酮乳油75～100ml/亩；
50%乙草胺乳油75～100ml/亩+25%恶草酮乳油75～100ml/亩；
72%异丙甲草胺乳油100～150ml/亩+25%恶草酮乳油75～100ml/亩；
72%异丙草胺乳油100～150ml/亩+25%恶草酮乳油75～100ml/亩；

对水40kg，均匀喷施，可以有效防治多种一年生禾本科杂草和阔叶杂草。对于播种后镇压地块不宜施用，应在播种后浅混土或覆薄土，种子裸露时沾上药液易发生药害。

（二）胡萝卜田生长期杂草防治

对于前期未能采取化学除草或化学除草失败的伞形花科蔬菜田，应在田间杂草基本出苗、且杂草处于幼苗期时及时施药防治。

对于前期未能有效除草的田块，应在田间禾本科杂草基本出苗(图18-11)，且在禾本科杂草3～5叶期及时施药，可以用下列除草剂：

10%精喹禾灵乳油40～60ml/亩；
10.8%高效氟吡甲禾灵乳油20～40ml/亩；
10%喔草酯乳油40～80ml/亩；
15%精吡氟禾草灵乳油40～60ml/亩；
10%精恶唑禾草灵乳油50～75ml/亩；
12.5%稀禾啶乳油50～75ml/亩；
24%烯草酮乳油20～40ml/亩；

图18-11　胡萝卜田禾本科杂草发生情况

对水30kg，均匀喷施，可以有效防治多种禾本科杂草。该类药剂没有封闭除草效果，施药不宜过早，特别是在禾本科杂草未出苗时施药没有效果。

第十九章　芹菜病害原色图解

一、芹菜病害

1. 芹菜斑枯病

症　　状　主要为害叶片，叶柄和茎也可受害。叶片发病，从下部的老叶开始，初为淡褐色油渍状小斑点，后期逐渐扩大，中部呈褐色坏死，外缘多为深红褐色且明显，中间散生少量小黑点（图19-1）。病斑外常具一圈黄色晕环。叶柄或茎部发病，病斑初为水渍状小点，褐色，后扩展为长圆形淡褐色稍凹陷的病斑，中部散生黑色小点（图19-2）。严重时叶枯，茎秆腐烂。

图19-1　芹菜斑枯病为害叶片症状

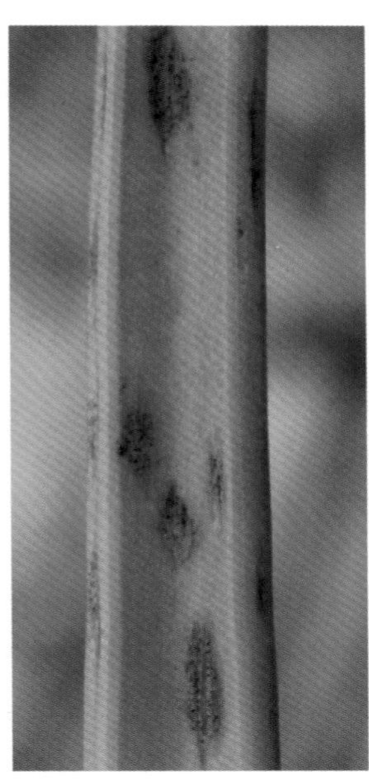

图19-2　芹菜斑枯病为害茎部症状

病　　原　*Septoria apiicola* 称芹菜壳针孢菌，属半知菌亚门真菌（图19-3）。分生孢子器球形，生于寄主表皮下，大斑型多散生，孔口直径较小，小斑型多丛生，孔口直径较大。分生孢子针形，无色透明，直或微弯，顶端稍尖，基部略钝，0～7个分隔，多为3个。

发生规律　以菌丝体潜伏在种皮内或在病残体及病株上越冬。条件适宜时产生分生孢子侵染幼苗，或通过风、雨、农事操作传播，进行初次侵染。从气孔或直接透过表皮侵入。常发生于6月至晚秋多雨时期，尤其以梅雨季节为多。生长期多阴雨或昼夜温差大，夜间结露多、时间长或大雾等发病严重。

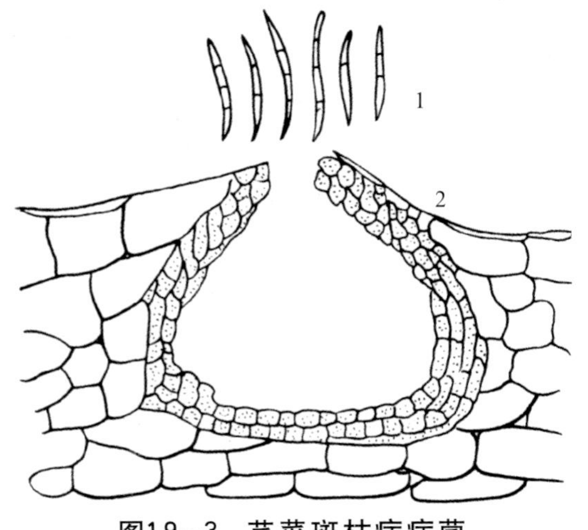

图19-3　芹菜斑枯病病菌
1.分生孢子　2.分生孢子器

防治方法 生长期加强管理，增施底肥，适时追肥，雨后及时排水。保护地注意通风排湿，减少夜间结露，禁止大水漫灌。收获后彻底清除田间病残落叶，发病初期及时清除病叶、病茎等，带到田外集中沤肥或深埋销毁，以减少菌源。

种子处理：可用55℃温水浸种15分钟，边浸边搅拌，其后用凉水冷却，待晾干后播种。或用2%嘧啶核苷类抗生素水剂100倍液浸种4～6小时。

发病初期（图19－4），可选用40%氟硅唑乳油4 000～6 000倍液、10%苯醚甲环唑水分散粒剂2 000～3 000倍液、50%敌菌灵可湿性粉剂500倍液、50%异菌脲可湿性粉剂1 000倍液、45%噻菌灵悬浮剂1 000倍液、40%多·硫悬浮剂500倍液、70%丙森锌可湿性粉剂800倍液+2%嘧啶核苷类抗生素水剂100倍液、75%百菌清可湿性粉剂600倍液+70%甲基硫菌灵可湿性粉剂800倍液、80%代森锌可湿性粉剂600倍液、50%代森铵水剂1 000倍液喷雾防治。7～10天喷1次，连喷2～3次。

保护地选用45%百菌清烟剂250g/亩熏烟，或喷撒5%百菌清粉尘剂1kg/亩。

图19－4 芹菜斑枯病为害叶片初期症状

2. 芹菜早疫病

分布为害 早疫病分布广泛，发生普遍，保护地、露地均有发生。一般病株率10%～20%，严重时发病率高达60%～100%，病株多数叶片因病坏死甚至全株枯死，显著影响产量与品质。

症　状 主要为害叶片、叶柄和茎。发病初期，叶片上出现黄绿色水浸状病斑，扩大后为圆形或不规则形，褐色，内部病组织多呈薄纸状，周缘深褐色，稍隆起，外围有黄色晕圈（图19－5）。严重时病斑扩大汇合成斑块，终致叶片枯死。茎或叶柄上病斑椭圆形，暗褐色，稍凹陷（图19－6）。发病严重的全株倒伏。

图19－5 芹菜早疫病为害叶片症状

图19－6 芹菜早疫病为害茎部症状

病　　原 *Cercospora apii* 称芹菜尾孢霉，属半知菌亚门真菌（图19-7）。子实体叶两面生，子座较小，暗褐色，分生孢子梗束生，褐色，顶端色淡，近截形，多不分枝，多具膝状弯曲，其上孢痕明显。分生孢子无色，鞭状，正直或略弯，顶端较尖，向下逐渐膨大，基部近截形。

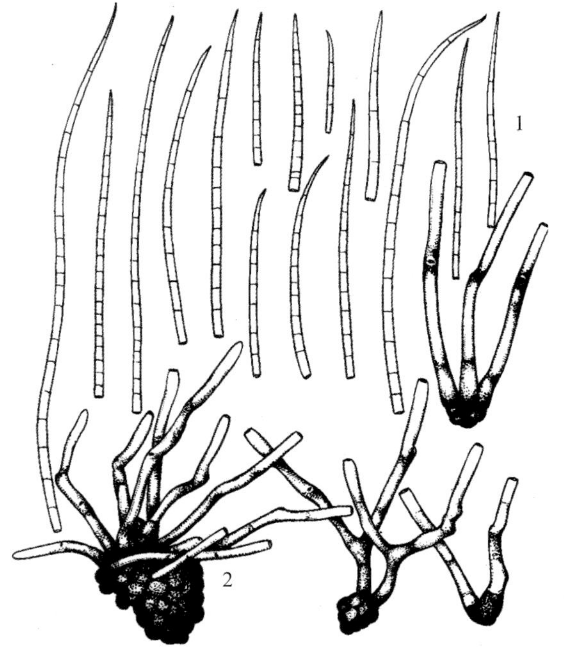

图19-7　芹菜早疫病病菌
1.分生孢子　2.子座及分生孢子梗

发生规律 以菌丝体随种子、病残体或在保护地内越冬。春季条件适宜时产生分生孢子，通过气流、雨水或浇水及农事操作传播。由气孔或直接穿透表皮侵入，春夏季多雨或梅雨期间多雨发病重，秋季多雨、多雾发病重。

防治方法 适当密植，合理灌溉，降低田间湿度，收获后及时清洁田园病残体。

种子处理：用50℃温水浸种30分钟，也可用种子重量0.4%的70%代森锰锌可湿性粉剂拌种。

发病初期（图19-8），喷洒80%代森锰锌可湿性粉剂600倍液、77%氢氧化铜可湿性微粒粉剂500倍液、50%敌菌灵可湿性粉剂500倍液、70%甲基硫菌灵可湿性粉剂600倍液、50%乙烯菌核利可湿性粉剂1 000倍液、60%氯苯嘧啶醇可湿性粉剂1 500倍液、75%百菌清可湿性粉剂600倍液、40%多·硫悬浮剂500倍液、2%嘧啶核苷类抗生素水剂200倍液、47%加瑞农（春雷霉素＋氧氯化铜）可湿性粉剂500倍液喷雾。每隔7天左右喷1次药，连喷2～3次。

保护地条件下，可选用5%百菌清粉尘剂1kg/亩，或用45%百菌清烟剂每次250g/亩熏烟。或用6.5%甲霉灵（甲基硫菌灵＋乙霉威）粉尘剂，或5%异菌脲粉尘剂1kg/亩喷粉。

图19-8　芹菜早疫病为害幼苗田间症状

3. 芹菜菌核病

症　　状　为害芹菜茎、叶。受害部初呈褐色水浸状，湿度大时形成软腐（图19－9），表面生出白色菌丝（图19－10），后形成鼠粪状黑色菌核（图19－11）。

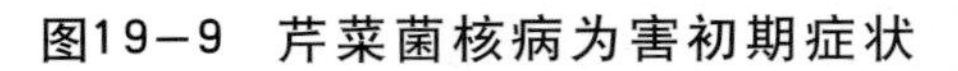

图19－9　芹菜菌核病为害初期症状

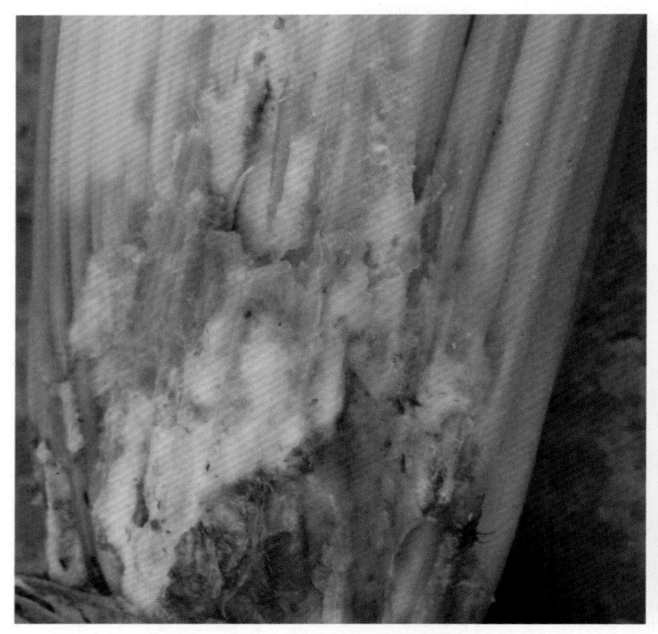

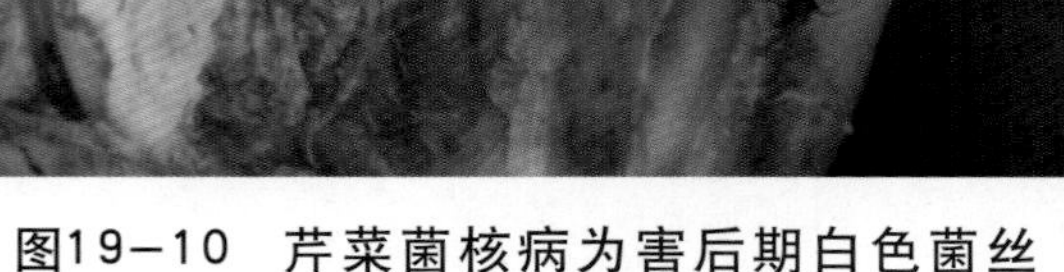

图19－10　芹菜菌核病为害后期白色菌丝

图19－11　芹菜菌核病为害后期黑色菌核

病　　原　*Sclerotinia sclerotiorum* 称核盘菌，属子囊菌亚门真菌。由菌核生出1～9个盘状子囊盘，初为淡黄褐色，后变褐色，生有很多平等排列的子囊及侧丝。子囊椭圆形或棍棒形，无色。子囊孢子单胞，椭圆形，排成一行。

发生规律　以菌核在土壤中或混在种子中越冬，成为翌年初侵染源，子囊孢子借风雨传播，侵染老叶，田间再侵染多通过菌丝进行，菌丝的侵染和蔓延有两个途径：一是脱落的带病菌组织与叶片、茎接触菌丝蔓延。二是病叶与健叶、茎秆直接接触，病叶上的菌丝直接蔓延使其发病。菌核萌发温度范围5～20℃，15℃最适，相对湿度85%以上，利于该病发生和流行。

防治方法　实行3年轮作。收获后及时深翻或灌水浸泡或闭棚7～10天，利用高温杀灭表层菌核。采用地膜覆盖，阻挡子囊盘出土，减轻发病。

从无病株上选留种子或播前用10%盐水选种，除去菌核后再用清水冲洗干净，晾干播种。

发病初期，先清除病株，开始喷洒50%异菌脲可湿性粉剂1 000～1 500倍液、70%甲基硫菌灵可湿性粉剂600倍液、50%腐霉利可湿性粉剂1 500倍液、50%乙烯菌核利可湿性粉剂800～1 000倍液、40%嘧霉胺悬浮剂800倍液、50%苯菌灵可湿性粉剂1 500倍液、45%噻菌灵悬浮剂800～1 000倍液，每7～10天喷1次，连续喷2～3次。

在大棚内采用10%腐霉利烟雾剂、45%的百菌清烟雾剂250g/亩；3%噻菌灵烟剂300～400g/亩，于傍晚大棚密闭时点放烟剂。隔7～10天防治1次，并与其他方法交替连续防治2～3次。芹菜菌核病田间受害症状（图19－12）。

图19－12　芹菜菌核病田间为害症状

4. 芹菜软腐病

症　　状　主要发生于叶柄基部。叶柄基部先出现水浸状、淡褐色纺锤形或不规则形的凹陷斑（图19－13），后迅速向内部发展，湿度大时，病部扩展成湿腐状，变黑发臭（图19－14），薄壁细胞组织解体，仅剩下维管束。

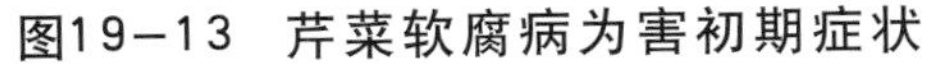

图19－13　芹菜软腐病为害初期症状

图19－14　芹菜软腐病为害后期症状

病　　原　*Erwinia carotovora* pv. *carotovora* 称胡萝卜软腐欧氏杆菌胡萝卜软腐致病型，属细菌。

发生规律　病原细菌随病残体在土壤中或留种株或保护地的植株上越冬，借雨水或灌溉水、昆虫传播，从伤口侵入。芹菜成株期至采收期易感病。春、夏、秋季温度高，多雨时发病重。地势低洼、排水不良、种植过密、氮肥施用过多发病重。

防治方法 病田避免连作，换种豆类、麦类、水稻等作物。清除田间病残体，精细翻耕整地，暴晒土壤，促进病残体分解。避免因早播造成的感病阶段与雨季相遇。

发病初期是防治的关键时期，有效药剂有0.5%氨基寡糖素水剂600～800倍液、2%春雷霉素可湿性粉剂400～500倍液、72%农用链霉素可溶性粉剂3 000～4 000倍液、3%中生菌素可湿性粉剂500～800倍液、77%氢氧化铜悬浮剂1 000倍液、50%代森铵水剂700倍液、20%喹菌酮水剂1 000倍液、50%琥胶肥酸铜可湿性粉剂1 000倍液，药剂宜交替施用，间隔7～10天喷1次，连续喷2～3次。重点喷洒病株基部及地表，使药液流入菜心效果为好。芹菜软腐病为害严重时情况（图19－15）。

图19－15 芹菜软腐病田间为害症状

5. 芹菜灰霉病

症　　状 苗期发病，多从幼苗根茎部发病，呈水浸状坏死斑，表面密生灰色霉层。成株期发病，多从植株的心叶或下部有伤口的叶片、叶柄或枯黄衰弱外叶先发病，初为水浸状，后病部软化、腐烂或萎蔫，病部长出灰色霉层（图19－16至图19－17）。

病　　原 *Botrytis cinerea* 称灰葡萄孢，属半知菌亚门真菌。

发生规律 以菌核在土壤中或以菌丝及分生孢子在病残体上越冬或越夏。翌春条件适宜时菌核萌发，产生菌丝体和分生孢子梗及分生孢子。借气流、雨水或露珠及农事操作进行传播，从伤口或衰老的器官及枯死的组织上侵入，棚室内从12月至翌年5月，气温20℃左右，相对湿度持续90%以上的多湿状态易发病。

图19－16 芹菜灰霉病为害叶片症状

防治方法　发现病株及时采摘病叶。实行2年以上轮作。增施底肥，促其生长健壮，增强抗病力。

发病初期，采用烟雾法或粉尘法，烟雾法可以用10%腐霉利烟剂200~250g/亩、45%百菌清烟剂250g/亩，熏3~4小时。粉尘法于傍晚喷撒10%氟吗啉粉尘剂、5%百菌清粉尘剂、10%杀霉灵粉尘剂1kg/亩，隔9~11天防治1次，连续防治2~3次。

发病初期，可以喷洒50%异菌脲可湿性粉剂1 000~1 500倍液、65%抗霉威可湿性粉剂1 000~1 500倍液、50%克菌灵可湿性粉剂1 000倍液、50%乙烯菌核利可湿性粉剂1 000倍液、50%多霉灵（多菌灵+乙霉威）1 500倍液+70%代森锰锌可湿性粉剂500倍液、2%武夷菌素水剂150倍液喷雾。为防止产生抗药性提高防效，提倡轮换交替或复配使用。每7天喷1次，连喷喷2~3次。

图19-17　芹菜灰霉病为害田间症状

6．芹菜病毒病

症　　状　为系统性病害。全株发病，病叶表现为明脉（图19-18）和黄绿相间的斑驳，并出现褐色枯死斑或病叶上出现黄色病斑，全株黄化。严重时，卷曲，植株矮化，心叶节间缩短，叶片皱缩畸形（图19-19），扭曲甚至枯死。

图19-18　芹菜病毒病为害叶片正面、背面症状

病　　原　主要由黄瓜花叶病毒(CMV) 和芹菜花叶病毒(Celery mosaic virus, CeMV)侵染引起。

发生规律　病毒在温室蔬菜，越冬芹菜及杂草等植株上越冬。病毒在田间主要通过蚜虫传播，也可通过人工操作接触摩擦传毒。春季5～6月和秋季10～11月发病较重。栽培管理条件差，干旱、蚜虫数量多发病重，夏季高温易发病。

图19－19　芹菜病毒病叶片皱缩症状

防治方法　加强水肥管理，提高植株抗病力，以减轻为害。春季栽培时，采取早育苗，简易覆盖或棚室栽培，以提早收获。高温干旱时期应搭棚遮阳。定植时剔除病苗。

在发病初期，可用0.5%菇类蛋白多糖水剂300倍液、1.5%植病灵水剂1 000倍液、20%盐酸吗啉胍·乙酸铜可湿性粉剂500倍液、5%菌毒清水剂500倍液、3%三氮唑核苷水剂500倍液、2%宁南霉素水剂200～300倍液等药剂喷雾。每隔5～7天喷1次，连续喷2～3次。

7. 芹菜黑腐病

症　　状　主要为害根茎部和叶柄基部，多在近地面处染病，有时也侵染根。染病后受害部位先变为灰褐色，扩展后变成暗绿色至黑褐色（图19－20），后破裂露出皮下染病组织变黑腐烂，尤以根冠部易腐烂，叶下垂，呈枯萎状，腐烂处很少向上或向下扩展，病部生出许多小黑点，即病原菌的分生孢子器。严重时叶腐烂脱落。

图19－20　芹菜黑腐病茎基部受害症状

病　　原　*Phoma apiicola* 称芹菜点霉，属半知菌亚门真菌。

发生规律　主要以菌丝附在病残体或种子上越冬。翌年播种带病的种子，长出幼苗即猝倒枯死，病部产生分生孢子借风雨或灌溉水传播，孢子萌发后产生芽管从寄主表皮侵入进行再侵染。生产上移栽病苗易引起该病流行。病菌生长发育和分生孢子萌发温度为5～30℃，最适温度为16～18℃。

防治方法　选用抗病品种。实行2～3年轮作。开好排水沟，避免畦沟积水。采用遮阳网覆盖。

发病初期，开始喷洒56%氧化亚铜水分散粒剂800倍液、50%甲基硫菌灵·硫磺悬浮剂800倍液、50%多菌灵磺酸盐可湿性粉剂500～800倍液、50%苯菌灵可湿性粉剂1 000倍液、30%氧氯化铜悬浮剂800倍液、75%百菌清可湿性粉剂700～800倍液、70%代森锰锌可湿性粉剂500倍稀释液，间隔7～10天喷1次，连续2～3次。

大棚内可用45%百菌清烟雾剂250g/亩，于傍晚关闭大棚进行熏烟。

二、芹菜田杂草防治技术

芹菜是大面积种植的商品蔬菜，市场全年供应，由于露地栽培的直播芹菜田苗期生长期长，田间杂草发生多，生长快，杂草为害严重。而人工除草劳动强度大，用工多(每亩用工约占种植管理用工的50%以上)，幼苗期人工拔草不仅费时费工，还会损伤秧苗根系而影响成活率。芹菜田除草已成为菜农迫切需要解决的问题。芹菜田杂草有200多种，造成为害的主要杂草有牛筋草、马唐、稗草、马齿苋、反枝苋、绿苋、藜、小藜、碎米莎草、香附子等20多种，大多属一年生春秋季发生型杂草，发生期在3月上旬至10月下旬。

直播芹菜为密植类蔬菜，杂草为害主要在苗期，中后期芹菜茎叶密生，杂草生长缓慢或不能生长，因此，在防治策略上用高效、低毒杀草谱广的优良土壤处理剂，在播后苗前一次用药，就能控制直播芹菜田苗期草害。露地栽培的直播芹菜以春秋两茬为主，播种期分别在4月下旬至5月上旬和7月上旬至8月上旬。早茬春芹播种时一般5cm地温已在16℃以上，秋茬芹菜播种时5cm地温高达25℃，且芹菜为湿生蔬菜，苗期生育期在30～45天，生长缓慢，与杂草发生期吻合，因此，苗期草害严重。育苗移栽田，施用除草剂相对方便，封闭性除草剂一次施药可以保持整个生长季节没有杂草为害。生产中应根据情况，选用适宜的除草剂种类和施药方法。

（一）　芹菜育苗田或直播田杂草防治

芹菜苗床或直播田墒情较好、肥水充足，有利于杂草的发生，如不及时进行杂草防治，将严重影响幼苗生长(图19−21)。芹菜播种密度较高，生产中主要采用芽前土壤处理，播种时应适当深播、浅混土。

针对芹菜出苗慢、出苗晚，易于出现草苗共长现象，可以在芹菜播种前施药，进行土壤处理，可以防治多种一年生禾本科杂草和阔叶杂草。可于播前5～7天，施用下列除草剂：

图19−21 芹菜育苗田杂草生长情况

48%氟乐灵乳油100～150ml/亩；
48%地乐胺乳油100～150ml/亩；
50%乙草胺乳油75～100ml/亩；
72%异丙甲草胺乳油100～150ml/亩；

96%精异丙甲草胺乳油40～50ml/亩；

对水40kg，均匀喷施。施药后及时混土2～5cm，特别是氟乐灵、地乐胺易于挥发，混土不及时会降低药效。但在冷凉、潮湿天气时施药易于产生药害，应慎用。

在芹菜播种后应适当混土或覆薄土，勿让种子外露，播后苗前施药，可以用下列除草剂：

33%二甲戊乐灵乳油150～200ml/亩；

50%乙草胺乳油100～150ml/亩；

72%异丙甲草胺乳油150～200ml/亩；

96%精异丙甲草胺乳油40～50ml/亩；

72%异丙草胺乳油150～200ml/亩；

对水40kg，均匀喷施，可以有效防治多种一年生禾本科杂草和部分阔叶杂草。药量过大、田间过湿，特别是遇到持续低温多雨条件时会影响发芽出苗。严重时，可能会出现缺苗断垄现象。

为了进一步提高除草效果和对作物的安全性，特别是为了防治铁苋、马齿苋等部分阔叶杂草时，在芹菜播种后应适当混土或覆薄土，勿让种子外露，播后苗前施药，可以用下列除草剂配方：

33%二甲戊乐灵乳油100～150ml/亩+50%扑草净可湿性粉剂50～75g/亩；

50%乙草胺乳油75～100ml/亩+50%扑草净可湿性粉剂50～75g/亩；

72%异丙甲草胺乳油100～150ml/亩+50%扑草净可湿性粉剂50～75g/亩；

96%精异丙甲草胺乳油40～50ml/亩+50%扑草净可湿性粉剂50～75g/亩；

72%异丙草胺乳油100～150ml/亩+50%扑草净可湿性粉剂50～75g/亩；

33%二甲戊乐灵乳油100～150ml/亩+24%乙氧氟草醚乳油10～20ml/亩；

50%乙草胺乳油75～100ml/亩+24%乙氧氟草醚乳油10～20ml/亩；

72%异丙甲草胺乳油100～150ml/亩+24%乙氧氟草醚乳油10～20ml/亩；

96%精异丙甲草胺乳油40～50ml/亩+24%乙氧氟草醚乳油10～20ml/亩；

72%异丙草胺乳油100～150ml/亩+24%乙氧氟草醚乳油10～20ml/亩；

33%二甲戊乐灵乳油100～150ml/亩+25%恶草酮乳油75～100ml/亩；

50%乙草胺乳油75～100ml/亩+25%恶草酮乳油75～100ml/亩；

72%异丙甲草胺乳油100～150ml/亩+25%恶草酮乳油75～100ml/亩；

96%精异丙甲草胺乳油40～50ml/亩+25%恶草酮乳油75～100ml/亩；

72%异丙草胺乳油100～150ml/亩+25%恶草酮乳油75～100ml/亩；

20%双甲胺草膦乳油250～375ml/亩+25%恶草酮乳油75～100ml/亩；

对水40kg，均匀喷施，可以有效防治多种一年生禾本科杂草和阔叶杂草。应在播种后浅混土或覆薄土，种子裸露时沾上药液易发生药害。

（二） 芹菜移栽田杂草防治

育苗移栽是芹菜的重要栽培方式(图19-22)，生产上宜采用封闭性除草剂，一次施药保持整个生长季节没有杂草为害。可在整地后移栽前喷施土壤封闭除草剂，移栽时尽量不要翻动土层或尽量少翻动土层。可以用下列除草剂：

33%二甲戊乐灵乳油100～150ml/亩；

50%乙草胺乳油75～100ml/亩；

72%异丙甲草胺乳油100～150ml/亩；

72%异丙草胺乳油100～150ml/亩；

对水40kg，均匀喷施。

图19—22　芹菜移栽田

对于一些老菜田，特别是长期施用除草剂的芹菜田，马唐、狗尾草、牛筋草、铁苋、马齿苋等一年生禾本科杂草和阔叶杂草发生都比较多，可以用下列除草剂配方：

33%二甲戊乐灵乳油100～200ml/亩+50%扑草净可湿性粉剂50～75g/亩；

50%乙草胺乳油100～150ml/亩+50%扑草净可湿性粉剂50～75g/亩；

72%异丙甲草胺乳油150～200ml/亩+50%扑草净可湿性粉剂50～75g/亩；

96%精异丙甲草胺乳油40～60ml/亩+50%扑草净可湿性粉剂50～75g/亩；

72%异丙草胺乳油150～200ml/亩+50%扑草净可湿性粉剂50～75g/亩；

33%二甲戊乐灵乳油100～200ml/亩+24%乙氧氟草醚乳油20～30ml/亩；

50%乙草胺乳油100～150ml/亩+24%乙氧氟草醚乳油20～30ml/亩；

72%异丙甲草胺乳油150～200ml/亩+24%乙氧氟草醚乳油20～30ml/亩；

96%精异丙甲草胺乳油40～60ml/亩+24%乙氧氟草醚乳油20～30ml/亩；

72%异丙草胺乳油150～200ml/亩+24%乙氧氟草醚乳油20～30ml/亩；

33%二甲戊乐灵乳油100～200ml/亩+25%恶草酮乳油75～100ml/亩；

50%乙草胺乳油100～150ml/亩+25%恶草酮乳油75～100ml/亩；

72%异丙甲草胺乳油150～200ml/亩+25%恶草酮乳油75～100ml/亩；

96%精异丙甲草胺乳油40～60ml/亩+25%恶草酮乳油75～100ml/亩；

72%异丙草胺乳油150～200ml/亩+25%恶草酮乳油75～100ml/亩；

20%双甲胺草膦乳油250～375ml/亩+25%恶草酮乳油75～100ml/亩；

对水40kg，均匀喷施，可以有效防治多种一年生禾本科杂草和阔叶杂草。生产中应均匀施药，不宜随便改动配比，否则易发生药害。施药后轻轻踩动，尽量不要松动土层，以免影响封闭效果。

图19-23　芹菜生长期禾本科杂草发生情况

（三）　芹菜生长期杂草防治

对于前期未能采取化学除草或化学除草失败的芹菜田，应在田间禾本科杂草基本出苗，且杂草处于幼苗期时(图19-23)及时施药防治。可以用下列除草剂：

10%精喹禾灵乳油40～60ml/亩；

10.8%高效氟吡甲禾灵乳油20～40ml/亩；

10%喔草酯乳油40～80ml/亩；

15%精吡氟禾草灵乳油40～60ml/亩；

10%精恶唑禾草灵乳油50～75ml/亩；

12.5%稀禾啶乳油50～75ml/亩；

24%烯草酮乳油20～40ml/亩；

对水30kg，均匀喷施，可以有效防治多种禾本科杂草。该类药剂没有封闭除草效果，施药不宜过早，特别是在禾本科杂草未出苗时，施药没有效果。

第二十章 菜豆、豇豆病虫害原色图解

一、菜豆、豇豆病害

1. 菜豆、豇豆枯萎病

分布为害 枯萎病是菜豆、豇豆重要的土传病害，全国各地均有发生，20世纪70年代以来日渐加重，造成大片死秧。

症　　状 根系发育不良，根部皮层腐烂，新根少或没有，容易拔起。剖开根、茎部或茎部皮层剥离，可见到维管束变黄褐色至黑褐色。一般进入花期后，病株先呈萎蔫状，开始早晚可恢复正常，后期枯死。地上部症状，下部叶片先变黄，然后逐渐向上发展。叶脉两侧变为黄色至黄褐色，叶脉呈褐色，严重时，全叶枯焦脱落（图20－1）。

图20－1 枯萎病为害植株及维管束褐变症状

病　　原 *Fusarium oxysporum* f.sp. *phaseoli* 称豆尖镰刀孢，属半知菌亚门真菌（图20－2）。子座和菌丝初为白色，后为褐色，棉絮状。分生孢子有两种，大型分生孢子无色，圆筒形至纺锤形或镰刀形，顶端细胞尖细，基部细胞有小突起，多具2～3个隔膜；小型分生孢子无色，卵形或椭圆形，单胞；厚垣孢子无色或黄褐色，球形，单生或串生。

发生规律 以菌丝体在病残体、土壤和带菌肥料中越冬，种子也能带菌。成为翌年初侵染源。通过伤口或根毛顶端细胞侵入，主要靠水流进行短距离传播，扩大为害。春播菜豆一般在6月中旬，7月上旬为发病高峰期。低洼地、肥料不足，又缺磷钾肥，土质黏重，土壤偏酸和施未腐熟肥料时发病重。

防治方法 施足不带菌的经过充分腐熟的优质有机肥，增施磷、钾肥。低洼地可采取高垄或半高垄地膜覆盖栽培，防止大水漫灌，雨后及时排水，田间不能积水。

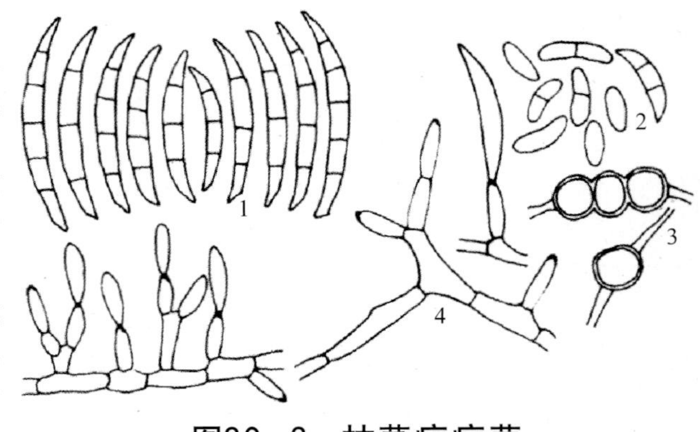

图20-2 枯萎病病菌

1.大型分生孢子 2.小型分生孢子 3.厚垣孢子 4.产孢细胞

种子处理：用种子重量0.5%的50%多菌灵可湿性粉剂拌种，或用种子重量0.3%的50%福美双可湿性粉剂拌种。

药剂灌根：田间发现有个别病株时，马上灌药液防治，可用50%多菌灵可湿性粉剂500～600倍液、70%甲基硫菌灵可湿性粉剂600～800倍液灌根。

发生普遍时，也可用65%甲基硫菌灵·乙霉威可湿性粉剂700～800倍液、60%敌菌灵可湿性粉剂600倍液+50%苯菌灵可湿性粉剂1 000倍液、12.5%治萎灵水剂200～300倍液、20%甲基立枯磷乳油1 200倍液、10%双效灵水剂250倍液、50%琥胶肥酸铜可湿性粉剂400倍液等药剂喷洒茎基部或灌根，每株灌200ml稀释药液，7～10天后再灌1次。

2. 菜豆、豇豆锈病

分布为害 锈病是菜豆、豇豆生长中后期的重要病害，全国各地均有发生，发病严重时可达100%，严重影响品质。

症　　状 主要为害叶片，严重时也可为害茎、蔓、叶柄及荚。叶片染病，初现褪绿小黄斑，后中央稍凸起，呈黄褐色近圆形疱斑，周围有黄色晕圈，后表皮破裂，散出红褐色粉末，即夏孢子。四周生紫黑色疱斑，即冬孢子堆。后期叶片布满锈褐色病斑，叶片枯黄脱落（图20-3）。茎染病，症状与叶片相似。荚染病形成凸出表皮疱斑，表皮破裂后，散出褐色粉状物。

图20-3 锈病为害叶片症状

病　　原 *Uromyces appendiculatus*称疣顶单胞锈菌，属担子菌亚门真菌（图20-4）。夏孢子单胞，椭圆至长圆或卵圆形，浅黄或橘黄色，表面有稀疏微刺，具芽孔1～3个。冬孢子单胞，长圆至椭圆形，褐色，顶端有较透明乳突，下端具无色透明长柄，孢壁深褐色，表面光滑。

发生规律　以冬孢子在病残体上越冬，温暖地区以夏孢子越冬。翌春冬孢子萌发时产生担子和担孢子，借气流传播，从叶片气孔直接侵入。华北地区主要发生在夏秋两季，长江中下游地区发病盛期在5～10月，华南在区发病盛期在4～7月。进入开花结荚期，气温20℃左右，高湿，昼夜温差大及结露持续时间长此病易流行，秋播豆类及连作地发病重。夏季高温、多雨时发病重。

防治方法　春播宜早，清洁田园，深翻土壤，采用配方施肥技术，适当密植，及时整枝，雨后及时排水。

发病前，可喷施50%多菌灵可湿性粉剂500倍液、75%百菌清可湿性粉剂600倍液、80%代森锰锌可湿性粉剂800倍液等药剂预防。

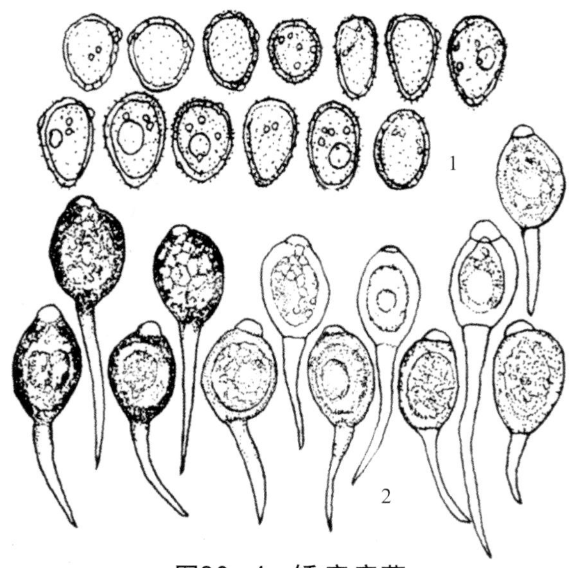

图20－4　锈病病菌
1.夏孢子　2.冬孢子

发病初期，喷洒15%三唑酮可湿性粉剂1 000～1 500倍液、50%萎锈灵乳油800倍液、25%丙环唑乳油1 000倍液、12.5%烯唑醇可湿性粉剂1 000～2 000倍液、40%氟硅唑乳油4 000倍液、25%丙环唑乳油2 000倍液＋15%三唑酮可湿性粉剂2 000倍液、70%代森锰锌可湿性粉剂1 000倍液＋15%三唑酮可湿性粉剂2 000倍液等药剂，间隔7～10天喷1次，连喷2～3次，均匀喷雾。

3. 菜豆、豇豆炭疽病

分布为害　炭疽病是豆科蔬菜生产中的重要病害，国内各产区均有发生，特别是潮湿多雨的地区，为害严重。

症　　状　整个生育期都可以发病，叶、茎、荚、种子都可被侵染。幼苗发病，子叶上出现红褐色近圆形病斑，边缘隆起，内部凹陷。叶片病斑发生在叶面上，后扩展成多角形小斑，红褐色，边缘颜色较深，后期易破裂（图20－5）。叶柄和茎上的病斑与子叶上的病斑相似（图20－6），叶柄受害后，可造成叶片萎蔫。豆荚上最初产生褐色小点，圆形或长圆形，中间黑褐色或黑色，边缘淡褐色至粉红色（图20－7）。潮湿时，常溢出粉红色黏稠物。

图20－5　菜豆炭疽病为害叶片症状

图20-6　菜豆炭疽病为害茎蔓症状

图20-7　菜豆炭疽病为害豆荚症状

病　原　*Colletotrichum lindemuthianum* 称豆刺盘孢，属半知菌亚门真菌（图20-8）。分生孢子盘黑色，圆形或近圆形。分生孢子梗短小，单胞，无色。分生孢子圆形或卵圆形，单胞，无色，两端较圆，或一端稍狭，孢子内含1～2个近透明的油滴。

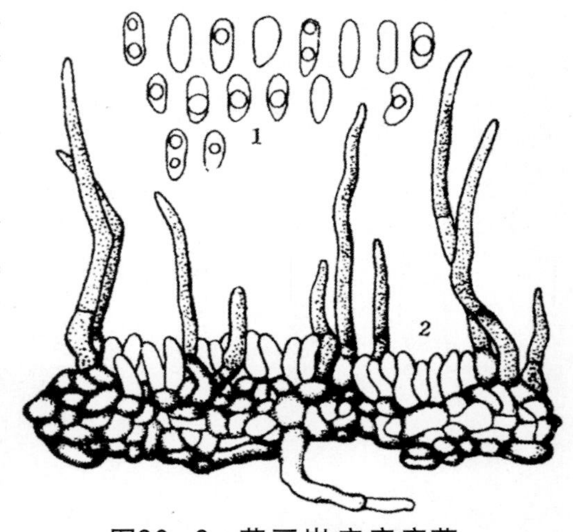

图20-8　菜豆炭疽病病菌
1.分生孢子　2.分生孢子盘

发生规律　以菌丝体潜伏在病残体、种子内和附在种子上越冬，播种带菌种子，幼苗即可染病，借雨水、昆虫传播。翌春产生分生孢子，通过雨水飞溅进行初侵染，从伤口或直接侵入，并进行再侵染。长江中下游地区发病盛期为4～5月，8月中下旬至11月上旬，秋季闷热多雨发病重。气温较低、湿度高、地势低洼、通风不良、栽培过密、土壤黏重、氮肥过量等因素会加重病情。

防治方法　深翻土地，增施磷、钾肥，及时拔除田间病苗，雨后及时中耕，施肥后培土，注意排涝，降低土壤含水量。进行地膜覆盖栽培，可防止或减轻土壤病菌传播，降低空气湿度。

种子处理：播种前用40%福尔马林200倍液；50%代森铵水剂 400倍液浸种1小时，捞出用清水洗净晾干待播。或用种子重量0.3%的50%多菌灵可湿性粉剂、40%三唑酮·多菌灵可湿性粉剂、50%福美双可湿性粉剂拌种后播种。

发病前，可用75%百菌清可湿性粉剂600倍液、50%多菌灵可湿性粉剂500倍液、70%代森锰锌可湿性粉剂500倍液、50%福美双可湿性粉剂500倍液、70%甲基硫菌灵可湿性粉剂500倍液等药剂喷雾，预防保护。

发病初期，可用80%炭疽福美可湿性粉剂（福美双·福美锌）1 000倍液、65%代森锌可湿性粉剂500倍液、25%咪鲜胺乳油1 000倍液、10%苯醚甲环唑水分散粒剂2 000倍液、50%腐霉利可湿性粉剂700～800倍液、65%甲基硫菌灵·乙霉威可湿性粉剂700～800倍液、50%咪鲜胺锰络化合物可湿性粉剂1 000倍液、40%拌种双可湿性粉剂400～500倍液喷雾防治，间隔5～7天喷1次，连喷2～3次。喷药要周到，特别注意叶背面，喷药后遇雨应及时补喷，施药时注意保护剂与治疗剂间的混用和轮用。

4. 菜豆、豇豆细菌性疫病

分布为害　细菌性疫病是豆科蔬菜常见病害。东北各省、河南、湖北、湖南、江苏、浙江等省均有发生。

症　　状　苗期和成株期均可染病，主要侵染叶、茎蔓、豆荚和种子。幼苗期：子叶呈红褐色溃疡状，或在叶柄基部产生水浸状斑，扩大后为红褐色，病斑绕茎扩展，幼苗即折断干枯。成株期：叶片染病，始于叶尖或叶缘，初呈暗绿色油渍状小斑点，后扩展为不规则形褐斑，周围有黄色晕圈（图20-9），湿度大时，溢出黄色菌脓，严重时病斑相互融合，以致全叶枯凋，病部脆硬易破，最后叶片干枯。茎蔓染病，初生油浸状小斑，稍凹陷，红褐色，绕茎一周后，致上部茎叶枯萎。豆荚染病，初生暗绿色油渍状小斑，后扩大为稍凹陷的圆形至不规则形褐斑，严重时豆荚皱缩（图20-10）。

图20-9　细菌性疫病为害叶片症状

图20-10　细菌性疫病为害豆荚症状

病　　原　*Xanthomonas campestris* pv. *phoseoli* 称野油菜黄单胞菌菜豆致病型，属细菌（图20-11）。菌体短杆状，极生1根鞭毛，有荚膜，革兰氏染色阴性。

发生规律　病原细菌在种子内或黏附在种皮上越冬，借风、雨、昆虫传播，从气孔、水孔、虫口侵入。主要发病盛期在4～11月。早春温度高、多雨时发病重，秋季多雨、多露发病重。栽培管理不当，大水漫灌，或肥力不足或偏施氮肥，造成长势差或徒长，皆易加重发病。

图20-11　细菌性疫病病菌

防治方法 收获后清除病残体，深翻土壤，合理密植，增加植株通风透光度，避免田间积水，不可大水漫灌。

种子处理：可用72%农用硫酸链霉素可溶性粉剂500倍液浸种12小时，或用88%水合霉素水剂1 000倍液浸种10～15分钟，洗净后播种。

发病初期，喷洒14%络氨铜水剂300倍液、50%氯溴异氰尿酸可溶性粉剂1 200倍液、53.8%氢氧化铜干悬浮剂1 000倍液、72%农用硫酸链霉素可溶性粉剂2 000～3 000倍液、50%琥胶肥酸铜可湿性粉剂500倍液、30%氧氯化铜悬浮剂500倍液、12%松脂酸铜乳油500倍液、3%中生菌素可湿性粉剂600倍液、47%春雷霉素·氧氯化铜可湿性粉剂700倍液等药剂，间隔7～10天喷1次，连喷2～3次。

5．菜豆、豇豆病毒病

症　　状 主要表现在叶片上，嫩叶初呈明脉、失绿或皱缩，新长出的嫩叶呈花叶。浓绿色部分凸起或凹下呈袋状，叶片向下弯曲。有些品种感病后变为畸形。病株矮缩或不矮缩，开花迟或落花（图20－12至图20－16）。

图20－12　病毒病花叶症状

图20－13　病毒病皱缩症状

图20－14　病毒病环斑症状

图20−15　病毒病褪绿症状

图20−16　病毒病为害荚果症状

病　　原　常见的有3种，Bean common mosaic virus（BCMV），菜豆普通花叶病毒、Bean yellow mosaic virus（BYMV），菜豆黄花叶病毒、Cucumber mosaic virus（CMV），黄瓜花叶病毒。

发生规律　菜豆普通花叶病毒引起的花叶病主要靠种子传毒，此外也可通过桃蚜、菜缢管蚜、棉蚜及豆蚜等传毒；菜豆黄花叶病毒和黄瓜花叶病毒病病株初侵染源主要来自越冬寄主，在田间也可通过桃蚜和棉蚜传播。土壤中缺肥、菜株生长期干旱，蚜虫发生多，发病重。

防治方法　适期早播早收，避开发病高峰，减少种子带毒率。夏播菜豆宜选择较凉爽地种植，或与小白菜等间、套种，适当密播。苗期进行浅中耕，使土壤通气良好。施肥量要轻，及时搭架引蔓，开花结荚期适量浇水、注意防涝，增强作物抗病力。

蚜虫是病毒病的主要传播媒介，积极防治蚜虫是预防病毒病的有效方法。有条件时可覆盖防虫网。可喷施10%吡虫啉可湿性粉剂1 000倍液等药剂防治蚜虫。

发病初期，可用0.5%菇类蛋白多糖水剂300倍液、20%盐酸吗啉胍·乙酸铜可湿性粉剂500倍液、5%菌毒清水剂200～300倍液、1.5%植病灵乳剂1 000倍液、3%三氮唑核苷水剂500倍液、2%宁南霉素水剂300倍液、10%混合脂肪酸水乳剂100倍液等药剂喷雾。每隔5～7天喷1次，连续施药2～3次。

6. 菜豆、豇豆根腐病

症　　状　主要为害根部和茎基部，病部产生褐色或黑色斑点，病株易拔出，纵剖病根，维管束呈红褐色，病情扩展后向茎部延伸，主根全部染病后，地上部茎叶萎蔫或枯死（图20−17）。湿度大时，病部产生粉红色霉状孢子。

图20—17　根腐病病株及根部症状

病　　原　*Fusarium solani* 称菜豆腐皮镰孢，属半知菌亚门真菌（图20—18）。菌丝具隔膜。分生孢子分大小两型：大型分生孢子无色，纺锤形，具横隔膜3～4个，最多8个；小型分生孢子椭圆形，有时具一个隔；厚垣孢子单生或串生，着生于菌丝顶端或节间。

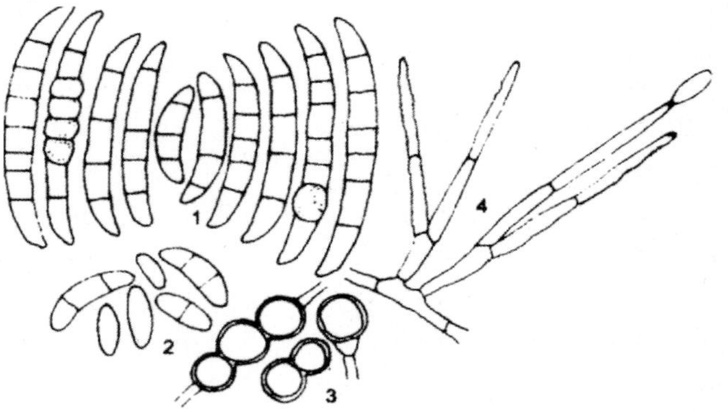

图20—18　根腐病病菌

1.大型分生孢子　2.小型分生孢子

3.厚垣孢子　4.产孢细胞

发生规律　病菌在病残体中存活，腐生性很强，可在土中存活10年或者更长时间。借助农具、雨水和灌溉水进行传播。从根部或茎基部伤口侵入。高温、高湿条件有利于发病，特别是在土壤含水量高时有利于病菌传播和侵入。地下害虫多，根系虫伤多，也有利于病菌侵入，发病重。

防治方法　采用深沟高垄、地膜覆盖栽培，生长期合理运用肥水，不能大水漫灌，浇水后及时浅耕、灭草、培土，以促进发根。注意排除田间积水，及时清除田间病株残体，发现病株及时拔除，并向四周撒石灰消毒。

土壤消毒，苗床消毒可选用50%多菌灵可湿性粉剂、50%苯菌灵可湿性粉剂、70%敌磺钠可溶性粉剂8g/m^2消毒。

病害发生初期，可用50%多菌灵可湿性粉剂500倍液、70%敌磺钠可溶性粉剂800～1 000倍液、20%甲基立枯磷乳油1 200倍液、70%甲基硫菌灵可湿性粉剂1 000倍液、12.5%治萎灵水剂200～300倍液、14%络氨铜水剂300倍液、35%福·甲可湿性粉剂900倍液、60%敌菌灵可湿性粉剂 500～600倍液等药剂灌根，每株灌250ml药液，隔10天再灌1次。

7. 菜豆、豇豆褐斑病

症　　状　叶片正、背面产生近圆形或不规则形褐色斑，边缘赤褐色，外缘有黄色晕圈，后期病斑中部变为灰白色至灰褐色（图20－19），叶背病斑颜色稍深，边缘仍为赤褐色。湿度大时，叶背面病斑产生灰黑色霉状物。

图20－19　褐斑病为害叶片症状

病　　原　*Pseudocercospora cruenta* 称菜豆假尾孢菌，属半知菌亚门真菌。分生孢子器球形，褐色或黄褐色。分生孢子无色，长椭圆形或圆筒形，双细胞。

发生规律　以菌丝体在病残体中越冬，靠气流传播，从植株表皮侵入，种植过密，通风不良，土壤含水量高，偏施氮肥的地块发病重。

防治方法　与非豆类蔬菜实行2年轮作。合理密植，增施钾肥，清洁田园。

发病初期及时喷药防治，可喷75%百菌清可湿性粉剂600倍液+70%甲基硫菌灵可湿性粉剂1 000倍液、50%苯菌灵可湿性粉剂1 000倍液、40%多·硫悬浮剂500倍液，每隔10天1次，连续防治2～3次。

8. 菜豆、豇豆红斑病

症　　状　叶片上的病斑近圆形至不规则形，有时受叶脉限制沿脉扩展，红色或红褐色（图20－20），背面密生灰色霉层。严重的侵染豆荚，形成较大红褐色斑，病斑中心黑褐色，后期密生灰黑色霉层。

病　　原　*Cercospora canescens* 称变灰尾孢，属半知菌亚门真菌。分生孢子梗束生，丝状，末端膝状弯曲，顶部平截，橄榄色。分生孢子线状或近棒状，直或稍弯，近无色，顶端渐细而略尖锐，基部则较宽而钝圆，但脐痕明显，具隔膜5～11个。

发生规律　以菌丝体和分生孢子在种子或病残体中越冬，成为翌年初侵染源。生长季节为害叶片，经分生孢子多次再侵染，病原菌大量积累，遇有适宜条件即流行。高温、高湿有利于该病发生和流行，尤以秋季多雨，连作地发病重。

防治方法　选无病株留种，发病地收获后进行深耕，有条件的实行轮作。

发病初期喷洒，70%甲基硫菌灵可湿性粉剂700倍液+75%百菌清可湿性粉剂700倍液、36%甲基硫菌灵悬浮剂400～500倍液+70%代森锰锌可湿性粉剂800倍液、50%苯菌灵可湿性粉剂1 500倍

图20－20
豇豆红斑病为害叶片症状

液+70%代森锰锌可湿性粉剂800倍液、50%多菌灵可湿性粉剂600倍液+70%代森锰锌可湿性粉剂800倍液，80%炭疽福美可湿性粉剂（福美双·福美锌）800倍液+2%嘧啶核苷类抗生素水剂、2%武夷菌素水剂200倍液+70%代森锰锌可湿性粉剂800倍液、70%甲基硫菌灵可湿性粉剂500倍液+80%炭疽福美（福美双·福美锌）可湿性粉剂400倍液、50%异菌脲可湿性粉剂800倍液＋70%甲基硫菌灵可湿性粉剂600倍液、50%异菌脲可湿性粉剂800倍液＋80%炭疽福美（福美双·福美锌）可湿性粉剂450倍液、25%咪鲜胺乳油1 000倍液+75%百菌清可湿性粉剂700倍液，间隔7天防治1次，连续防治2～3次。

9．菜豆、豇豆白粉病

症　　状　主要侵害叶片，首先在叶背面出现黄褐色斑点，后扩大呈紫褐色斑，其上覆盖一层稀薄的白粉，后期病斑沿叶脉发展，白粉布满全叶(图20－21），严重的叶片背面也可表现症状，导致叶片枯黄，引起大量落叶。

病　　原　*Sphaerotheca astragali* 称菜豆单囊壳，属子囊菌（图20－22）。子囊球形褐色，散生或聚生，附属丝5～7根，丝状，弯曲；子囊卵形至椭圆形。

发生规律　病菌多以菌丝体在多年生植株体内或以闭囊壳在病株残体上越冬，翌年春季产生子囊孢子，进行初侵染。叶片发病后，在感病部位再产生分生孢子，然后以分生孢子进行再侵染，并以此种方式在生长季节反复侵染，至秋后，再产生子囊孢子或以菌丝体越冬。一般情况下，干旱年份或日夜温度差别大而叶面易于结露的年份，发病重。

防治方法　选用抗病品种。收获后及时清除病株残体，集中烧毁或深埋。施用腐熟的有机肥，加强管理，提高抗病能力。

图20－21　白粉病为害叶片症状

发病初期，可采用62.25%腈菌·锰锌可湿性粉剂800～1 000倍液、40%腈菌唑可湿性粉剂3 000～5 000倍液+70%代森锰锌可湿性粉剂800倍液、25%乙嘧酚悬浮剂800～1 000倍液+70%代森联干悬浮剂800倍液、4%嘧啶核苷类抗生素水剂500～800倍液+75%百菌清可湿性粉剂600倍液、2%宁南霉素水剂300～500倍液+70%代森锰锌可湿性粉剂800倍液、12.5%烯唑醇可湿性粉剂2 000～3 000倍液+70%代森锰锌可湿性粉剂800倍液，隔5～7天喷1次，连续喷2～3次。

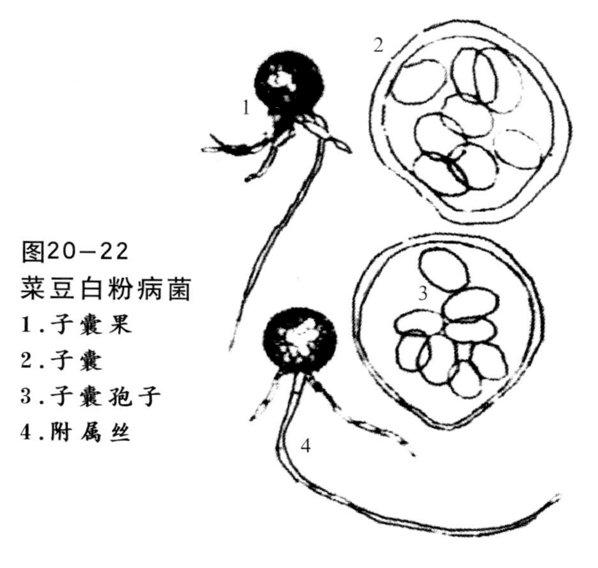

图20－22
菜豆白粉病菌
1.子囊果
2.子囊
3.子囊孢子
4.附属丝

10. 菜豆、豇豆黑斑病

症　状　主要为害叶片，初生针头大的淡黄色斑点，逐渐扩大为圆形、不规则形病斑。病斑边缘齐整，周边带淡黄色，斑面呈褐色至赤褐色，其上遍布暗褐色至黑褐色霉层。病叶前端斑块多，有时连片，造成叶片枯焦（图20－23）。

图20－23　黑斑病为害叶片症状

病　原　*Alternaria atrans*称黑链格孢（图20－24）和*A.longirostrata*称长喙生链格孢（图20－25），均属半知菌亚门真菌。前者分生孢子梗单生或2～3根丛生，淡褐色，顶端色淡，不分枝，基部稍膨大。分生孢子多为单生，呈倒棍棒状，褐色，嘴孢稍长，色淡，不分枝，隔膜有缢缩。长喙生链格孢菌分生孢子梗多3～6根丛生，暗褐色，顶端色淡，不分枝，基部稍膨大。分生孢子串生，少数单生，椭圆形至倒棍棒形，暗褐色，嘴胞无或有，但较短，不分枝，色淡。

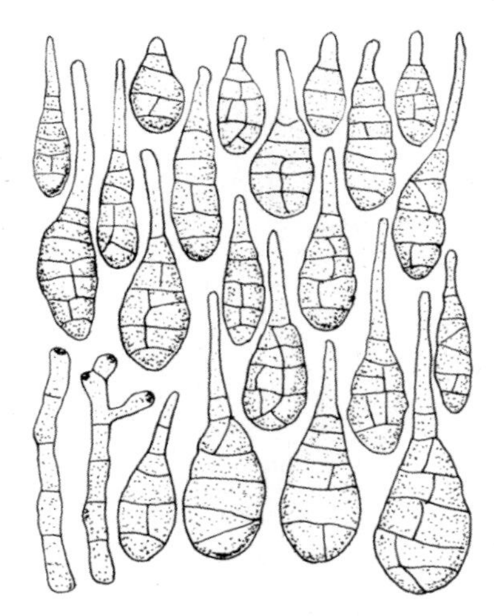

图20-24　黑链格孢分生孢子梗和分生孢子

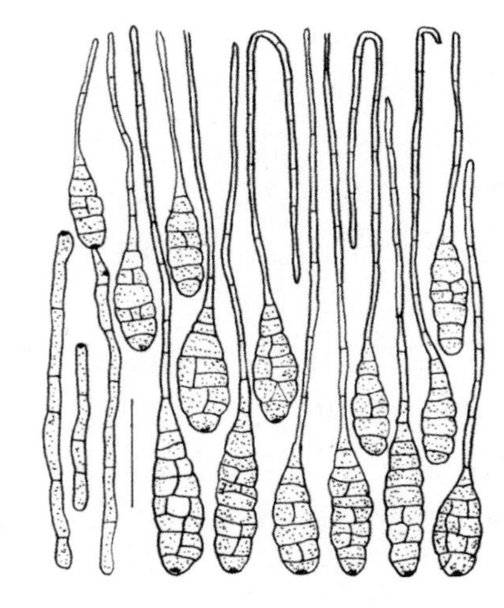

图20-25　长喙链格孢分生孢子梗和分生孢子

发生规律　病菌以菌丝体和分生孢子在病部或随病残体遗落在土中越冬。翌年产生分生孢子借风雨传播，从寄主表皮气孔或直接穿透表皮侵入。在温暖高湿条件下发病较重。秋季多雨、多雾、重露利于病害发生。管理粗放、地块排水不良、肥水缺乏导致植株长势衰弱，密度过大等，均易加重病害。

防治方法　合理密植，高垄栽培，合理施肥，适度灌水，雨后及时排水。保护地注意放风排湿。及时清除病残体，集中销毁，减少菌源。重病地与非豆科植物进行2年以上轮作。

发病初期，可采用50%咪鲜胺锰络化合物可湿性粉剂800～1 500倍液、50%异菌脲可湿性粉剂1 000～1 500倍液、40%腈菌唑水分散粒剂4 000～6 000倍液、10%苯醚甲环唑水分散粒剂1 500倍液、25%溴菌腈可湿性粉剂500～800倍液+75%百菌清可湿性粉剂500～800倍液、12.5%烯唑醇可湿性粉剂3 000～4 000倍液+70%代森锰锌可湿性粉剂500～800倍液、43%戊唑醇悬浮剂3 000～4 000倍液+70%代森联干悬浮剂500～800倍液，隔5～7天防治1次，连续防治2～3次。

11．菜豆细菌性叶斑病

症　　状　主要为害叶片和豆荚。叶片染病，初在叶面上产生红棕色不规则或环形小病斑（图20-26），叶斑边缘明显，叶背面的叶脉颜色变暗，叶斑扩展后病斑中心变成灰色且容易脱落呈穿孔状。豆荚染病，症状与叶片相似，但荚上的病斑较大一些。

病　　原　*Pseudomonas syringae* pv. *syringae* 称丁香假单胞菌丁香致病变种，属细菌。菌体短杆状，具1～4根鞭毛，革兰氏染色阴性。

发生规律　病菌可在种子及病残体上越冬，借风雨、灌溉水传播蔓延。苗期至结荚期阴雨或降雨天气多，雨后易见此病发生和蔓延。

防治方法　严格检疫，防止种子带菌传播蔓延。实行3年以上轮作。加强栽培管理，避免田间湿度过大，减少田间结露条件。

图20-26　菜豆细菌性叶斑病为害叶片症状

种子消毒：用种子重量0.3%的95%敌磺钠原粉或50%福美双拌种消毒。

发病初期，喷洒72%农用硫酸链霉素可溶性粉剂4 000倍液、50%琥胶肥酸铜可湿性粉剂500倍液、14%络氨铜水剂300倍液、50%氯溴异氰尿酸可溶性粉剂1 200倍液、77%氢氧化铜可湿性微粒粉剂500倍液、30%氧氯化铜悬浮剂600倍液、56%氧化亚铜水分散粒剂500～700倍液，从抽蔓上架病害发生前即开始预防，交替喷施，喷匀喷足，间隔7～10天防治1次，连喷2～3次。

12. 豇豆轮纹病

症　　状　主要为害叶片、茎及荚果。叶片初生浓紫色小斑，后扩大为近圆形褐色斑，斑面具明显赤褐色同心轮纹（图20−27），潮湿时生暗色霉状物。茎部初生浓褐色不正形条斑，后绕茎扩展，致病部以上的茎枯死。荚上病斑紫褐色，具轮纹，病斑数量多时荚呈赤褐色。

图20−27　豇豆轮纹病为害叶片症状

病　　原　*Cercospora vignicola* 称豇豆尾孢菌，属半知菌亚门真菌（图20−28）。分生孢子梗丛生，线状，不分枝，暗褐色，具1～7个隔膜。分生孢子倒棍棒状，淡色至淡褐色，具2～12个隔膜。

发生规律　以菌丝体和分生孢子梗随病残体遗落土中越冬或越夏，也可在种子内或黏附在种子表面越冬或越夏。由风雨传播，进行初侵染和再侵染。在南方病菌的分生孢子辗转传播为害，无明显越冬或越夏期。高温多湿的天气及栽植过密，通风差及连作低洼地发病重。

防治方法　重病地于生长季节结束时宜彻底收集病残物烧毁，并深耕晒土，有条件时实行轮作。

种子消毒：用种子重量0.3%的50%多菌灵可湿性粉剂拌种或40%福尔马林200倍液浸种30分钟。

发病初期及早喷洒75%百菌清可湿性粉剂1 000倍液+70%甲基硫菌灵可湿性粉剂1 500倍液、77%氢氧化铜可湿性微粒粉剂500倍液、40%多·硫悬浮剂500倍液、12%松脂酸铜乳油600倍液，间隔7～10天防治1次，连续防治2～3次。

2

1

图20−28　豇豆轮纹病病菌

1.分生孢子梗　2.分生孢子

13. 豇豆立枯病

症　　状　主要为害茎枝蔓及茎基部。患部初现淡褐色椭圆形或梭形小斑，后绕茎蔓扩展，造成茎蔓成段变黄褐色至黄白色干枯，后期患部表面出现散生或聚生的小黑粒（图20−29）。茎基部染病可致苗枯，中上部枝蔓染病导致蔓枯，致植株长势逐渐衰退，影响开花结荚。

图20-29　豇豆立枯病为害幼苗及根部症状

病　　原　*Rhizoctonia solani* 称立枯丝核菌，属半知菌亚门真菌。

发生规律　病菌以菌丝体和分生孢子器随病残体遗落在土中越冬。以分生孢子器内生的分生孢子作为初侵染与再侵染接种体，通过雨水溅射而传播，从茎蔓伤口或表皮侵入致病。高温多雨潮湿天气或种植地通透性差有利于发病，过肥或肥料不足的植株易染病。

防治方法　选择排水良好高燥地块育苗，苗床选用无病土。苗期做好保温工作，防止低温，浇水最好在上午进行。

发病初期，可用70%恶霉灵水剂3 000倍液、30%苯醚甲·丙环唑乳油3 000倍液灌根，可控制立枯病的发生和蔓延。

14. 豇豆角斑病

症　　状　主要为害叶片和豆荚，一般发生在开花期，叶片上产生多角形灰色病斑，大小5~8mm，后变灰褐色至紫褐色，湿度大时叶背簇生灰紫色霉层，豆荚染病，病斑较大，灰褐色至紫褐色，不凹陷，湿度大时也产生霉状物（图20-30）。

图20-30　豇豆角斑病为害豆荚症状

病　　原　*Isariopsis griseola* 称灰拟棒束孢，属半知菌亚门真菌。分生孢子梗无色或淡黄褐色，直立或密集成串，不分枝，弯曲少或无，顶端钝圆有小孢子痕。分生孢子顶生或侧生，圆筒形，倒棍棒形或长梭形，基部钝圆平截，顶部略细，无色至淡褐色，微弯。

发生规律　病菌以菌丝块或分生孢子在种子上越冬，翌年条件适宜时，产生分生孢子为害叶片，病部再产生分生孢子进行再侵染，秋季为害豆荚。豇豆角斑病是高温高湿病害，一般秋季发病重。

防治方法 加强田间管理，适当密植，使田间通风透光，防止湿度过大；增施磷钾肥，提高植株抗病力。收获后及时清除病残体，集中烧毁或深埋，发病初期及时摘除病叶。

发病初期，喷洒80%代森锰锌可湿性粉剂600倍液、75%百菌清可湿性粉剂600倍液、53.8%氢氧化铜干悬浮剂900～1 000倍液、60%琥・乙膦铝可湿性粉剂500倍液、64%恶霜灵・代森锰锌可湿性粉剂500倍液等药剂防治，间隔7～10天防治1次，连续防治2～3次。

15．菜豆、豇豆灰霉病

症　状 茎、叶、花及荚均可染病。苗期子叶受害，呈水浸状变软下垂，后叶缘长出白灰霉层。叶片染病，形成较大的轮纹斑，后期易破裂。茎受害，先在根颈部上产生云纹斑，周缘深褐色，中部淡棕色或浅黄色，干燥时病斑表皮破裂形成纤维状，湿度大时病斑上生灰色霉层。有时也发生在茎蔓分枝处，病部形成凹陷水浸斑，后萎蔫，潮湿时病部密生灰霉。荚果染病先侵染败落的花，后扩展到荚果，病斑初淡褐至褐色后软腐，表面生灰霉（图20－31）。

图20－31 菜豆灰霉病为害豆荚症状

病　原 *Botrytis cinerea*称灰葡萄孢，属半知菌亚门真菌。分生孢子聚生、无色、单胞，两端差异大，状如水滴或西瓜子。孢子梗浅棕色，多隔。

发生规律 以菌丝、菌核或分生孢子越夏或越冬。翌春条件适宜时长出菌丝直接侵入植株，借雨水溅射传播。败落的病花和腐烂的病荚、病叶，如果落在健康部位可引起该部位发病。叶面结露易发病。

防治方法 保护地种植的菜豆，早上要先放风排湿，然后上午闭棚增温，下午放风，透光降湿，多施充分腐熟的有机肥，增施磷钾肥。

发病初期，可喷施50%腐霉利可湿性粉剂1 000～1 500倍液、50%异菌脲可湿性粉剂1 000～1 200倍液、65%甲霉灵（甲基硫菌灵＋乙霉威）可湿性粉剂600～800倍液、2%武夷霉素200倍液、3%多氧清水剂600～900倍液、0.5%氨基寡糖素水剂300倍液、40%菌核净悬浮剂1 200倍液、30%百・霉威可湿性粉剂500倍液、50%多霉灵（多菌灵＋乙霉威）可湿性粉剂600倍液、40%嘧霉胺悬浮剂1 200倍液、50%乙烯菌核利可湿性粉剂1 000～1 500倍液、45%噻菌灵悬浮剂4 000倍液，间隔7天喷1次，连喷3～4次。

二、菜豆、豇豆虫害

豆荚野螟

分　布 豆荚野螟（*Maruca testulalis*）是豆类蔬菜的重要害虫，在我国各地普遍发生。

为害特点 幼虫主要蛀食花器、鲜荚和种子，有时蛀食茎秆、端梢，卷食叶片，造成落荚，产生蛀孔并排出粪便，严重影响品质（图20－32）。

形态特征 成虫体灰褐色（图20－33），触角丝状，黄褐色。前翅暗褐色，中央有两个白色透明斑，后翅白色透明，近外缘处暗褐色，伴有闪光。卵呈椭圆形，极扁。幼虫共5龄，黄绿色至粉红色（图20－34）。蛹黄褐色。

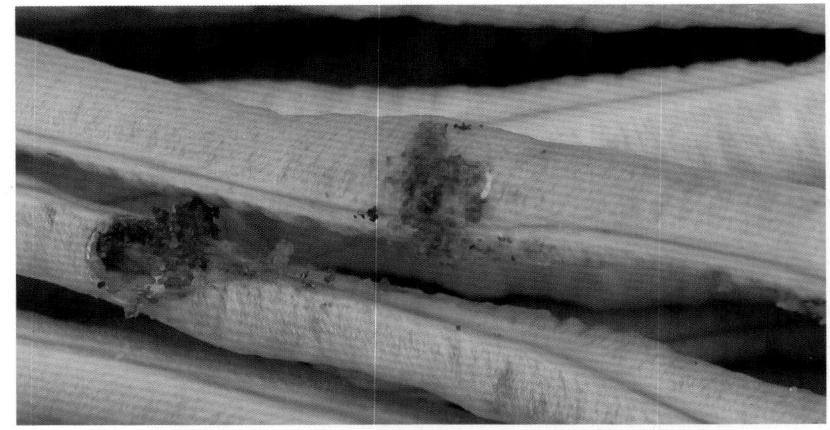

图20－32　豆荚野螟为害豆荚症状

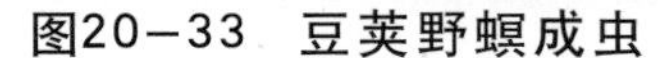

图20－33　豆荚野螟成虫

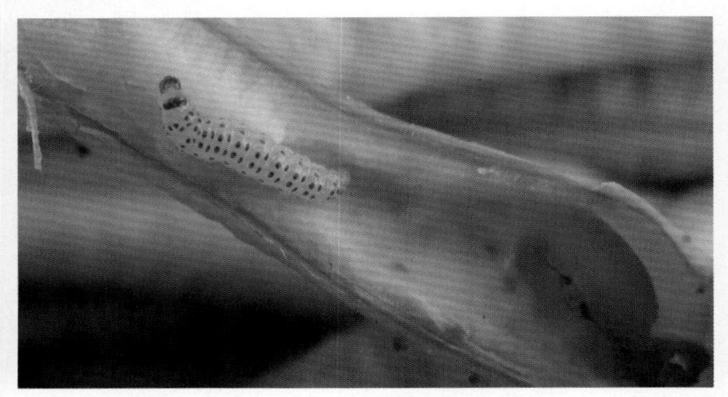

图20－34　豆荚野螟幼虫

发生规律　在西北、华北发生3～4代，华东、华中5～6代。以老熟幼虫或蛹在土中越冬。田间以6月中旬至8月下旬为害最严重。

防治方法　及时清除田间落花、落荚，摘除被蛀豆荚或被害叶片。发现虫情及时防治，可采用0.5%甲氨基阿维菌素苯甲酸盐乳油2 000～3 000倍液+4.5%高效顺式氯氰菊酯乳油1 000～2 000倍液、1%甲氨基阿维菌素苯甲酸盐乳油3 000～4 000倍液、5%丁烯氟虫氰乳油1 000～2 000倍液、200g/L氯虫苯甲酰胺悬浮剂2 500～4 000倍液、1.8%阿维菌素乳油2 000～4 000倍液、20%虫酰肼悬浮剂1 500～3 000倍液、15%茚虫威悬浮剂2 000～3 000倍液、8000IU/mg苏云金杆菌可湿性粉剂1 000倍液叶面喷施，视虫情，连续防治2～3次。

三、豆类蔬菜田杂草防治技术

豆科蔬菜有芸豆(菜豆)、豇豆、扁豆、豌豆、蚕豆、大豆(毛豆)等，豆科蔬菜一年四季均有种植，大多是直播栽培。其中，以芸豆种植最广。豆类蔬菜一般生育期较长，该类菜田适于杂草生长，所以杂草发生量大，为害严重。较易造成为害的有马唐、狗尾草、牛筋草、反枝苋、铁苋、凹头苋、马齿苋、藜、小藜、灰绿藜、稗草、双穗雀稗、鳢肠、龙葵、苍耳、繁缕、早熟禾等。

目前，豆科蔬菜田还没有国家登记生产的专用除草剂；资料报道的除草剂种类较多较乱；农民生产上常用的除草剂种类有二甲戊乐灵、异丙甲草胺、精异丙甲草胺、异丙草胺、扑草净、精喹禾灵、精吡氟禾草灵、高效氟吡甲禾灵，另外还有恶草酮、乙氧氟草醚等，生产中应注意除草剂对豆科蔬菜的安全性；生产中应根据各地情况，采用适宜的除草剂种类和施药方法。

(一)豆类蔬菜田播种期杂草防治

豆科蔬菜，多为大粒种子，大部分采取直播栽培，并且播种亦有一定深度，从播种到出苗一般有5～7天的时间，比较适合施用芽前土壤封闭性除草剂(图20－35)。生产上较多选用播前土壤处理或播后芽前土壤封闭处理。

图20－35 豆类蔬菜田杂草发生情况

在作物播种前施药，进行土壤处理，可以防治多种一年生禾本科杂草和阔叶杂草。可于播前5～7天，施用下列除草剂：

48%氟乐灵乳油100～150ml/亩；

48%地乐胺乳油100～150ml/亩；

对水40kg，均匀喷施。施药后及时混土2～5cm，该药易于挥发，混土不及时会降低药效。该类药剂比较适合于墒情较差时土壤封闭处理，但在冷凉、潮湿天气时，施药易于产生药害，应慎用。

在豆类蔬菜播后芽前，可以选用下列除草剂：

48%甲草胺乳油150～250ml/亩；

33%二甲戊乐灵乳油100～150ml/亩；

50%乙草胺乳油100～200ml/亩；

72%异丙甲草胺乳油150～200ml/亩；

72%异丙草胺乳油150～200ml/亩；

96%精异丙甲草胺(金都尔)乳油40～50ml/亩；

对水40kg，均匀喷施，可以有效防治多种一年生禾本科杂草和部分阔叶杂草。对于覆膜田、低温高湿条件下应适当降低药量。药量过大、田间过湿，特别是遇到持续低温多雨条件下菜苗可能会出现暂时的矮化，多数能恢复正常生长。但严重时，会出现真叶畸形卷缩和死苗现象。

为了进一步提高除草效果和对作物的安全性，特别是为了防治铁苋、马齿苋等部分阔叶杂草时，也可以用下列除草剂：

33%二甲戊乐灵乳油75～100ml/亩+50%扑草净可湿性粉剂50～75g/亩；

50%乙草胺乳油75～100ml/亩+50%扑草净可湿性粉剂50～75g/亩；

72%异丙甲草胺乳油100～150ml/亩+50%扑草净可湿性粉剂50～75g/亩；

72%异丙草胺乳油100～150ml/亩+50%扑草净可湿性粉剂50～75g/亩；

33%二甲戊乐灵乳油75～100ml/亩+24%乙氧氟草醚乳油10～30ml/亩；

50%乙草胺乳油75～100ml/亩+24%乙氧氟草醚乳油10～30ml/亩；

72%异丙甲草胺乳油100～150ml/亩+24%乙氧氟草醚乳油10～30ml/亩；

72%异丙草胺乳油100～150ml/亩+24%乙氧氟草醚乳油10～30ml/亩；

33%二甲戊乐灵乳油75～100ml/亩+25%恶草酮乳油50～75ml/亩；

50%乙草胺乳油75～100ml/亩+25%恶草酮乳油50～75ml/亩；

72%异丙甲草胺乳油100～150ml/亩+25%恶草酮乳油50～75ml/亩；

72%异丙草胺乳油100～150ml/亩+25%恶草酮乳油50～75ml/亩；

对水40kg，均匀喷施，可以有效防治多种一年生禾本科杂草和阔叶杂草。施药时要严格把握施药剂量，否则，会产生严重的药害。

(二)豆类蔬菜田生长期杂草防治

对于前期未能采取化学除草或化学除草失败的豆类蔬菜田，应在田间杂草基本出苗，且杂草处于幼苗期时及时施药防治。

豆类蔬菜田防治一年生禾本科杂草(图20-36)，如马唐、狗尾草、牛筋草等，应在禾本科杂草3～5叶期，可以用下列除草剂：

图20-36 豇豆田禾本科杂草发生情况

5%精喹禾灵乳油50～75ml/亩；

10.8%高效氟吡甲禾灵乳油20～40ml/亩；

15%精吡氟禾草灵乳油40～60ml/亩；

12.5%稀禾啶乳油50～75ml/亩；

24%烯草酮乳油20～40ml/亩；

对水30kg，均匀喷施，可以有效防治多种禾本科杂草。该类药剂没有封闭除草效果，施药不宜过早，特别是在禾本科杂草未出苗时，施药没有效果。杂草较大、杂草密度较高、墒情较差时，适当加大用药量和喷液量；否则，杂草接触不到药液或药量较小，影响除草效果。

在豆类蔬菜田，除草剂应用较多的地块(图20-37)，前期施用芳氧基苯氧基丙酸类、环己烯酮类、乙草胺、异丙甲草胺或二甲戊乐灵等除草剂后，马齿苋、铁苋、打碗花等阔叶杂草或香附子、鸭跖草等恶性杂草发生较多的地块，在马齿苋、铁苋、香附子等基本出齐，且杂草处于幼苗期时应及时施药。可以用下列除草剂：

图20—37　豇豆生长期杂草发生为害情况

25%氟磺胺草醚水剂40～50ml/亩；

48%苯达松水剂100～200ml/亩；

对水30kg，均匀喷施。该类除草剂对杂草主要表现为触杀性除草效果，施药时务必喷施均匀。在豇豆苗期施药，施药时尽量不要喷施到叶片上，以定向喷药为佳，否则可能产生药害。施药时视草情、墒情确定用药量。

部分豆类蔬菜田(图20—38)，发生有马唐、狗尾草、马齿苋等一年生禾本科杂草和阔叶杂草，在豇豆苗期、杂草基本出齐且处于幼苗期时应及时施药，可以用下列除草剂配方：

5%精喹禾灵乳油50ml/亩+48%苯达松水剂150ml/亩；

10.8%高效氟吡甲禾灵乳油20ml/亩+25%氟磺胺草醚乳油50ml/亩；

对水30kg，均匀喷施，施药时视草情、墒情确定用药量。

图20—38　豇豆苗期禾本科杂草和阔叶杂草混合发生较轻的情况

第二十一章 大葱病虫害原色图解

一、大葱病害

1. 大葱霜霉病

症　　状 主要为害叶及花梗，也可侵染洋葱鳞茎。叶片染病（图21－1），从中下部叶片开始，病部以上渐干枯下垂。花梗染病（图21－2），初生黄白色或乳黄色较大侵染斑，纺锤形或椭圆形，其上产生白霉，后期变为淡黄色或暗紫色。假茎染病多破裂，弯曲。鳞茎受害，地上部生长不良，叶色淡，无光泽，叶片畸形或扭曲，植株矮缩，表面产生白色霉层，扩大后软化易折断。

图21－1　大葱霜霉病为害叶片症状

图21－2　大葱霜霉病为害花梗症状

病　　原 *Peronospora schleidenii*称葱霜霉菌，属鞭毛菌亚门真菌。孢囊梗单生或丛生，顶端有3～6次二叉状分枝，无色，无隔膜。孢子囊单胞，卵圆形，淡褐色。卵孢子球形，具厚膜，呈黄褐色。

发生规律 以卵孢子在寄主或种子上或土壤中越冬，翌年条件适宜时萌发，从植株的气孔侵入。借风、雨、昆虫等传播，进行再侵染。一般地势低洼、排水不良、重茬地发病重，阴凉多雨或常有大雾的天气易流行。

防治方法 选择地势高、易排水的地块种植，并与葱类以外的作物实行2～3年轮作。多施充分腐熟的有机质肥，合理密植，及时追肥，适度灌水，严防大水漫灌，雨后及时清沟排渍降湿。

种子处理：用种子重量0.3%的35%甲霜·锰锌拌种，或用55℃温水浸种15分钟，再浸入冷水中，捞出晾干后播种。

发病初期（图21－3），喷洒90%乙膦铝可湿性粉剂400～500倍液、75%百菌清可湿性粉剂600倍液、50%甲霜·铜可湿性粉剂800～1 000倍液、64%恶霜·锰锌可湿性粉剂500倍液、72.2%霜霉威水剂800倍液、70%乙·锰可湿性粉剂500倍液、60%琥·乙膦铝可湿性粉剂500倍液、30%氧氯化铜悬浮剂600倍液，间隔7～10天防治1次，连续防治2～3次。

图21－3 大葱霜霉病为害初期田间症状

2. 大葱紫斑病

症 状 主要为害叶和花梗，叶片和花梗染病（图21－4），初呈水渍状白色小点，后变淡褐色圆形或纺锤形稍凹陷斑，继续扩大呈褐色或暗紫色，周围有黄色晕圈。湿度大时，病部长出同心轮纹状排列的深褐色霉状物，病害严重时，致全叶变黄枯死或折断。鳞茎染病，多发生在鳞茎颈部，造成软腐和皱缩，茎内组织深黄色。

图21－4 大葱紫斑病为害叶片症状

病 原 *Alternaria dauci* f.sp. *porri* 称香葱链格孢，属半知菌亚门真菌。分生孢子梗淡褐色，单生或5～10根束生，有隔膜2～3个，不分枝或分枝少；分生孢子褐色，长棍棒状，具横隔膜5～15个，纵隔膜1～6个；喙孢较长，有时分枝，具隔膜0～7个。

发生规律 以菌丝体在寄主体内或随病残体在土壤中越冬，温暖地区以分生孢子在葱类植物上辗转为害；翌年产出分生孢子，借气流或雨水传播，经气孔、伤口或直接穿透表皮侵入。温暖多湿的夏季发病重。播种过早、种植过密、旱地、旱苗或老苗、缺肥及葱蓟马为害重的田块发病重。

防治方法 收获后及时清洁田园，施足基肥，加强田间管理，雨后及时排水。实行2年以上轮作。适时收获，低温贮藏，防止病害在贮藏期继续蔓延。

选用无病种子，必要时种子用40%福尔马林300倍液浸3小时，浸后及时洗净。鳞茎可用40～45℃温水浸1.5小时消毒。

发病初期（图21－5），喷洒2%嘧啶核苷类抗生素水剂100～200倍液+75%百菌清可湿性粉剂500～600倍液、70%代森锰锌可湿性粉剂800倍液+50%异菌脲可湿性粉剂1500倍液、75%百菌清可湿性粉剂＋70%甲基硫菌灵可湿性粉剂（1∶1）1 000～1 500倍液、30%氧氯化铜可湿性粉剂＋70%代森锰锌可湿性粉剂（1∶1，即混即喷）1 000倍液、40%三唑酮・多菌灵可湿性粉剂1 000倍液、45%三唑酮・福美双可湿性粉剂1 000倍液，间隔7～10天防治1次，连续防治3～4次，均有较好的效果。

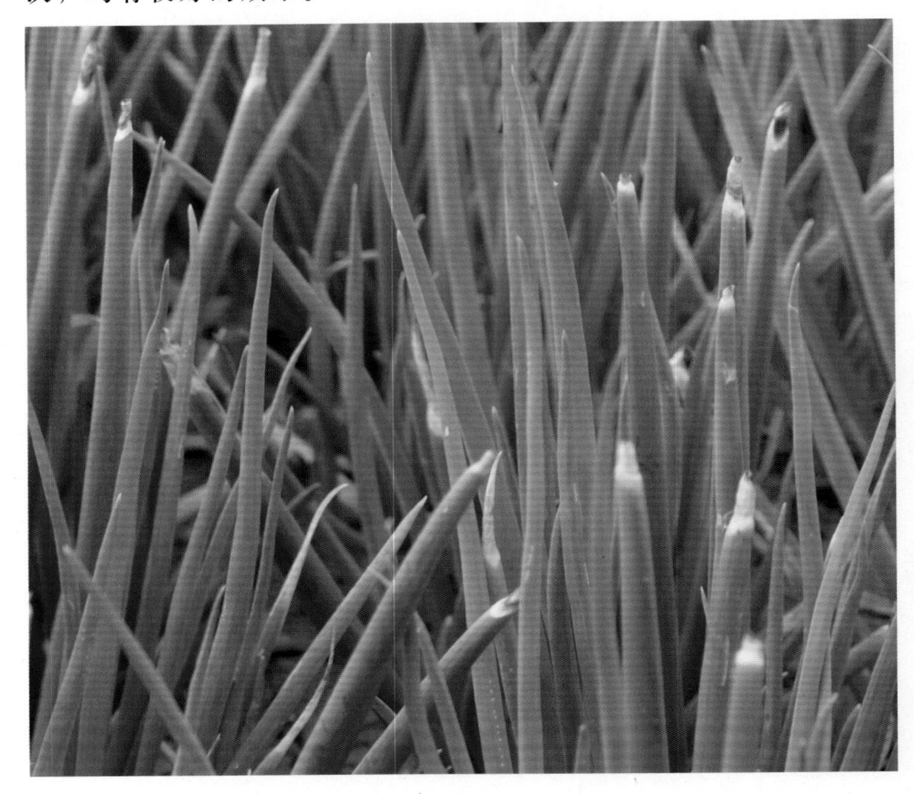

图21－5　大葱紫斑病为害田间症状

3. 大葱灰霉病

症　　状　被害叶片上初生白色至浅灰褐色的小斑点，后斑点逐渐扩大，相互融合成椭圆形眼状梭形大斑（图21－6）。湿度大时，病斑可密生灰褐色绒毛状霉层或霉烂、发黏、发黑。

图21－6　大葱灰霉病为害叶片状

病　　原　*Botrytis squamosa* 称葱鳞葡萄孢，属半知菌亚门真菌。分生孢子梗从叶组织内伸出，密集或丛生，直立，淡灰色至暗褐色，具0～7个分隔，基部稍膨大，分枝处正常或缢缩，分枝末端呈头状膨大，其上着生短而透明的小梗及分生孢子。分生孢子卵圆至梨形，光滑，透明，浅灰至灰褐色。

发生规律　以菌丝、分生孢子或菌核越冬和越夏。翌春条件适宜时，菌核萌发产生菌丝体，又产生分生孢子，或由菌丝、分生孢子随气流、雨水、浇水传播为害。早春低温高湿条件下，发病较重。

防治方法 在病害发生初期应及时采用药剂防治。药剂可选用50%腐霉利可湿性粉剂1 500～2 000倍液、50%异菌脲可湿性粉剂1 000～1 500倍液、50%硫菌灵可湿性粉剂500倍液+70%代森锰锌可湿性粉剂400倍液、40%克菌灵可湿性粉剂600倍液、50%乙烯菌核利可湿性粉剂1 000～1 500倍液喷雾。每隔7～10天喷1次，连喷2～3次。重点喷在新萌发的叶片上及周围土壤上。大葱灰霉病为害较重症状（图21-7）。

图21-7 大葱灰霉病为害田间症状

4. 大葱病毒病

症　　状 叶片上出现长短不一的黄绿相间的斑驳或黄色条斑（图21-8），叶片扭曲变细，叶尖逐渐黄化；发病严重时，生长受抑制或停止生长，植株矮小，叶片黄化无光泽，最后全株萎缩枯死。

病　　原 洋葱矮化病毒（Onion yellow dwarf virus，OYDV），大蒜花叶病毒(Garlic mosaic virus，GMV)及大蒜潜隐病毒(Garliclatent virus，GLV）。

发生规律 病毒主要吸附在鳞茎上或随病残体在田间越冬。在田间主要靠多种蚜虫以非持久性方式或汁液摩擦接种传毒。在有翅蚜虫盛发期发病较重；高温干旱、管理条件差、蚜量大、与葱属植物邻作的发病重。

图21-8 大葱病毒病为害叶片状

防治方法 精选葱秧，剔除病株，不要在葱类采种田或栽植地附近育苗及邻作。增施有机肥，适时追肥，喷施植物生长调节剂，增强抗病力。管理过程中尽量避免接触病株，防止人为传播。及时防除传毒蚜虫和蓟马。

发病初期（图21－9）开始喷洒1.5%植病灵乳剂1 000倍液、20%盐酸吗啉胍·乙酸酮可湿性粉剂500倍液、10%混合脂肪酸水乳剂100倍液，间隔7～10天防治1次，防治2～3次。

图21－9 大葱病毒病田间受害症状

5. 大葱黑斑病

症　　状 主要为害叶和花茎。叶片染病（图21－10）出现褪绿长圆斑，初黄白色，迅速向上下扩展，变为黑褐色，边缘具黄色晕圈，病情扩展，斑与斑连片后仍保持椭圆形，病斑上略现轮纹，层次分明。后期病斑上密生黑短绒层，即病菌分生孢子梗和分生孢子，发病严重的叶片变黄枯死或茎部折断，采种株易发病。

图21－10 大葱黑斑病叶片受害情况

病　　原 *Stemphylium botryosum* 称匐柄霉，属半知菌亚门真菌。有性阶段*Pleospora herbarum*称枯叶格孢腔菌，属子囊菌亚门真菌。匐柄霉的分生孢子梗单生或束生，顶端孢痕明显，褐色。分生孢子着生在梗顶端或分枝上，褐色，两端钝圆，略呈卵圆形，具纵横隔膜，隔膜处缢缩，有时隔斜生，表皮具细刺，无喙孢。枯叶格孢腔菌子囊座近球形，黑色；子囊圆筒形；子囊孢子多胞，椭圆形，具纵隔0～7个，横隔3～7个，黄褐色。

发生规律　病菌以子囊座随病残体在土中越冬，以子囊孢子进行初侵染，靠分生孢子进行再侵染，借气流传播蔓延。在温暖地区，病菌有性阶段不常见。该菌系弱寄生菌，长势弱的植株及冻害或管理不善易发病。

防治方法　及时清除被害叶和花梗。加强田间管理，合理密植，雨后及时排水，提高寄主抗病能力。

发病初期，可采用70%丙森锌可湿性粉剂600～800倍液、50%克菌丹可湿性粉剂400～600倍液、20%唑菌胺酯水分散性粒剂1 000～1 500倍液、50%异菌脲可湿性粉剂1 000～2 000倍液、25%溴菌腈可湿性粉剂500～1 000倍液喷雾，隔5～7天喷1次，连续喷2～3次。

6. 大葱疫病

症　　状　叶片、花梗染病初现青白色不明显斑点，扩大后成为灰白色斑，致叶片枯萎（图21－11）。阴雨连绵或湿度大时，病部长出白色绵毛状霉；天气干燥时，白霉消失，撕开表皮可见绵毛状白色菌丝体。

图21－11　大葱疫病为害叶片症状

病　　原　*Phytophthora nicotianae*称烟草疫霉，属鞭毛菌亚门真菌。孢囊梗由气孔伸出，梗长多为100μm。梗上孢子囊单生，长椭圆形，顶端乳头状凸起明显。卵孢子淡黄色，球形，直径20～22.5μm。厚垣孢子微黄色圆球形。

发生规律　以卵孢子、厚垣孢子或菌丝体在病残体内越冬，翌春产生孢子囊及游动孢子，借风雨传播，孢子萌发后产出芽管，穿透寄主表皮直接侵入，后病部又产生孢子囊进行再侵染，扩大为害。病菌适宜高温高湿的环境，适宜发病的温度为12～36℃，相对湿度在90%以上，最易感病生育期为成株期至采收期。阴雨连绵的雨季易发病；种植密度大、地势低洼、田间积水、植株徒长的田块发病重。

防治方法　彻底清除病残体，减少田间菌源；与非葱蒜类蔬菜实行2年以上轮作。选择排水良好的地块栽植，雨后及时排水，做到合理密植，通风良好；采用配方施肥，增强寄主抗病能力。

图21－12　大葱疫病为害田间症状

发病初期，喷洒60%琥・乙膦铝可湿性粉剂500倍液、70%乙・锰锌可湿性粉剂500倍液、58%甲霜灵・锰锌可湿性粉剂500倍液、72.2%霜霉威水剂800倍液、25%甲霜灵可湿性粉剂600倍液、64%恶霜・锰锌可湿性粉剂600倍液、72%霜脲氰・代森锰锌可湿性粉剂600～800倍液，隔7～10天防治1次，连续防治2～3次。大葱疫病为害田间症状（图21－12）。

7. 大葱锈病

症　　状　主要为害叶、花梗及绿色茎部。发病初期表皮上产出椭圆形稍隆起的橙黄色疱斑，后表皮破裂向外翻，散出橙黄色粉末，即病菌夏孢子堆及夏孢子（图21-13）。秋后疱斑变为黑褐色，破裂时散出暗褐色粉末，即冬孢子堆和冬孢子。

图21-13　大葱锈病为害叶片症状

病　　原　*Puccinia allii* 称葱柄锈菌，属担子菌亚门真菌。

发生规律　北方以冬孢子在病残体上越冬；南方则以夏孢子在葱蒜韭菜等寄主上辗转为害，或在活体上越冬，翌年夏孢子随气流传播进行初侵染和再侵染。夏孢子萌发后从寄主表皮或气孔侵入，潮湿，多雾，露大易发病。气温低、肥料不足及生长不良发病重。

防治方法　加强栽培管理，配方施肥；避免过施氮肥，适时喷施叶面肥；适度浇水，做好清沟排渍降湿，促植株稳生稳长，增强抗病力。

发病初期，喷洒70%代森锰锌可湿性粉剂600倍液＋15%三唑酮可湿性粉剂（2：1）1 000～1 500倍液、95%敌锈钠可湿性粉剂300倍液、50%萎锈灵乳油800倍液、25%丙环唑乳油3 000倍液，间隔10天左右防治1次，连续防治2～3次。

二、葱蒜类蔬菜虫害

葱蒜类蔬菜害虫为害较重的害虫有葱蓟马、葱潜叶蝇、韭蛆、甜菜夜蛾等。

1. 葱蓟马

分　　布　葱蓟马（*Thrips alliorum*）各地均有分布。

为害特点　以成虫和幼虫刺吸心叶，叶片畸形，卷曲，表面弯成舟形。虫口密度高时，叶片皱缩。新叶变狭或呈线状，叶片下表面呈银色光泽，而后渐变为古铜色（图21-14）。

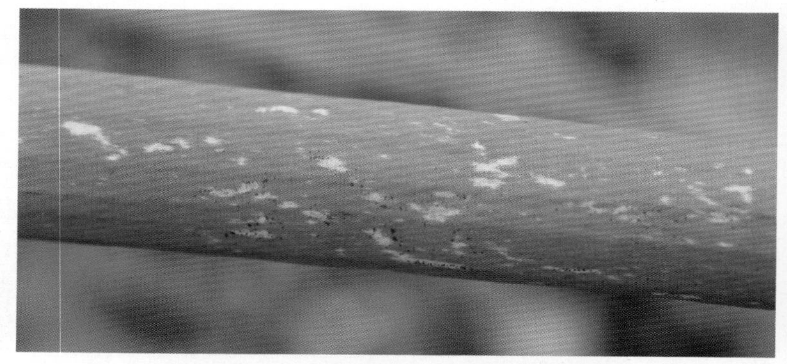

图21-14　葱蓟马为害大葱叶片症状

形态特征　成虫黄白色至深褐色（图21-15），复眼红色，触角7节。翅细长透明，淡黄色。卵初产时肾形，后期逐渐变为卵圆形。幼虫共4龄，体浅黄色或橙黄色。伪蛹：形态与幼虫相似，但翅芽明显，触角伸向头胸部背面。

图21-15　葱蓟马成虫

发生规律 华北地区年发生3～4代，山东6～10代，华南地区20代以上。以成虫越冬为主，也可以若虫在葱、蒜叶鞘内侧、土块下、土缝内或枯枝落叶中越冬。南方地区和保护地内无越冬现象。一年中以4～5月和8～9月发生为害严重。

防治方法 种植前彻底消除田间植株残体，翻地浇水，减少田间虫源。

在幼虫盛发期，用1.8%阿维菌素乳油3 000倍液、4.5%高效氯氰菊酯乳油2 000倍液、3%啶虫脒乳油2 000倍液、10%吡虫啉可湿性粉剂1 500倍液、0.3%印楝素乳油1 000倍液等药剂喷雾防治。用药时适量加入中性洗衣粉或1%洗涤剂，以增强药液的展着性。间隔7～10天用药 1 次，连喷2～3次。

2. 种蝇

分　　布 种蝇（*Delia antiqia*）国内分布于河南、河北、山东、陕西、山西、甘肃、宁夏、辽宁、北京、江苏等地区。

为害特点 以幼虫在地下钻蛀鳞茎部分或地下根茎，造成地下部分腐烂发霉，地上部分萎蔫，叶端枯黄或全株叶片变黄（图21－16）。

图21－16 种蝇为害大葱、大蒜症状

形态特征 成虫前翅基背毛极短小，雄蝇两复眼间额带最狭部分比中单眼狭；后足胫节内下方有一列稀疏而末端不弯曲的短毛。老熟幼虫腹部末端有7对突起，各突起均不分叉（图21－17）。卵圆形，乳白色（图21－18）。

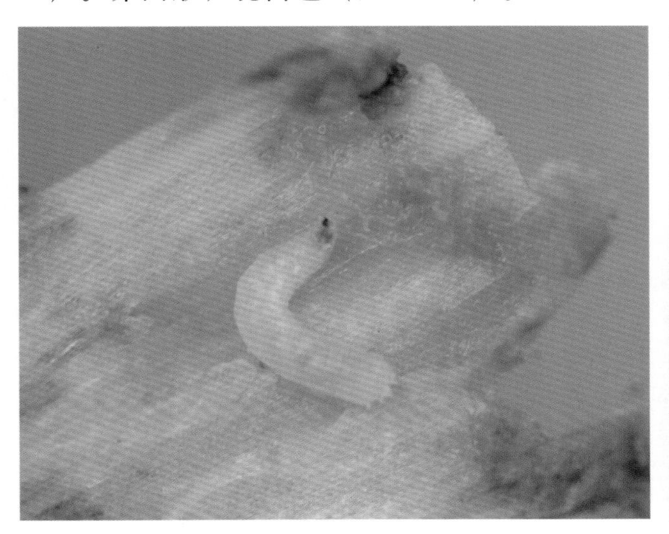

图21－17 种蝇幼虫

图21－18 种蝇卵

发生规律 一年发生2～4代，以围蛹在根际周围土中越冬。成虫于4月初开始羽化，4月下旬至5月初为第1代幼虫为害高峰期，为害较重；5月下旬至6月初为第1代成虫发生盛期；6月上中旬为第2代幼虫为害盛期，为害较轻；6月底，田间大蒜已收获，以蛹在土中越夏；9月初大蒜出苗后第2代成虫陆续羽化，9月底至11月初为第3代幼虫为害期。

防治方法 不施未腐熟发酵的有机肥，大蒜应适期早播，使烂母期与葱蝇越冬代成虫产卵盛期错开。

幼虫为害期，用48%毒死蜱乳油1 000～2 000倍液、1.8%阿维菌素乳油2 000～3 000倍液、50%辛硫磷乳油500～800倍液、90%晶体敌百虫1 000～2 000倍液灌根防治，连续2～3次。

成虫发生期，喷施2.5%溴氰菊酯乳油2 000倍液、20%菊·马乳油3 000倍液、90%晶体敌百虫500倍液、80%敌敌畏乳油600倍液，间隔7天喷1次，连续喷2～3次。

3. 潜叶蝇

分　　布 潜叶蝇（*Liriomyza chinensis*）是葱类常见害虫，主要为害区在黄河流域。

为害特点 幼虫孵出后，即在叶内潜食叶肉，形成灰白色蜿蜒潜道，粪便也排在隧道内，潜道不规则，随虫龄增长而加宽，幼虫在叶组织中的隧道内能自由进退，并在叶筒内外迁移于被害部位，一片筒叶上有多个虫道时，潜道彼此串通，严重时可遍及全叶，致使叶片枯黄（图21－19）。

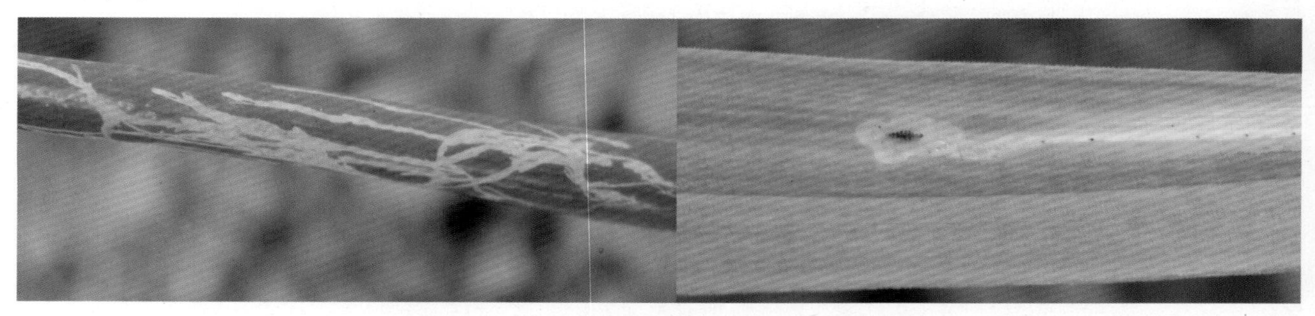

图21－19 潜叶蝇为害大葱、大蒜症状

形态特征 成虫头部黄色，头顶两侧有黑纹，触角黄色，芒褐色。肩部、翅基部及胸背的两侧浅黄色。卵长椭圆形，乳白色。幼虫共3龄，老熟幼虫体淡黄色（图21－20），细长圆筒形的蛆，体壁半透明，绿色。蛹褐色，圆筒形略扁，后端略粗（图21－21）。

图21－20 潜叶蝇幼虫

图21－21 潜叶蝇蛹

发生规律 一年发生5～6代，以蛹在土壤中越冬。翌年4月上中旬羽化，7～8月盛发，为害严重，直至9～10月尚继续为害。10月下旬至11月上旬前后化蛹越冬。

防治方法 清洁田园，摘除为害叶片，收获后彻底清除残枝虫叶。

在5月田间成虫盛发期至低龄幼虫期，用0.9%阿维·印楝乳油1 200～1 500倍液、31%毒死蜱·阿维乳油1 500～2 000倍液、20%阿维·杀单微乳剂1 000～1 500倍液、1.8%阿维菌素乳油2 000～3 000倍液、52.25%毒·氯乳油1 000～2 000倍液、90%杀虫单可湿性粉剂1 000倍液、0.3%印楝素乳油300倍液、10%灭蝇胺乳油500～1 000倍液、48%毒死蜱乳油1 000倍液喷雾，间隔7～10天防治1次，连喷2～3次。

三、葱田杂草防治技术

葱田生育期较长，土壤肥力偏高，温湿度控制较好，杂草为害相当严重(图21－22)。由于各地菜田土壤、气候和耕作方式等方面差异较大，田间杂草种类和为害程度差异较大。葱田主要有马唐、狗尾草、牛筋草、千金子、马齿苋、藜、小藜、灰绿藜、反枝苋、铁苋等。杂草的萌发与生长，受环境条件影响很大，产出苗时间较长，出苗不整齐。

图21－22 葱田杂草为害情况

目前，葱田国家登记生产的除草剂种类和资料报道的除草剂种类较多较乱；生产上常用的除草剂种类有二甲戊乐灵、乙草胺、异丙甲草胺、异丙草胺、扑草净，另外还有恶草酮、乙氧氟草醚等；登记的除草剂品种还有甲草·莠去津等，对葱安全性较差，易于产生药害；生产中应根据各地情况，采用适宜的除草剂种类和施药方法。

（一） 葱育苗田杂草防治

葱苗期较长，苗床肥水大，墒情好，有利于杂草的发生，如不及时地进行杂草防治，将严重影响幼苗生长(图21－23)；应注意选择除草剂品种和施药方法，杂草防治时要以控草、保苗、壮苗为目的；除草剂用量不宜过大；否则，易发生药害，严重影响葱幼苗的生长和发育。

针对葱出苗慢、出苗晚、苗小，易于受杂草为害的现象，可以在葱播种前施药，进行土壤处理，可以防治多种一年生禾本科杂草和阔叶杂草。可于播前5～7天，施用下列除草剂：

48%氟乐灵乳油75～100ml／亩；

48%地乐胺乳油75～100ml／亩；

72%异丙甲草胺乳油75～100ml／亩；

96%精异丙甲草胺乳油30～40ml／亩；

图21－23　葱育苗田杂草生长情况

对水40kg，均匀喷施。施药后及时混土2～5cm，特别是氟乐灵、地乐胺易于挥发，混土不及时会降低药效。但在冷凉、潮湿天气时施药易于产生药害，应慎用。

在葱播种后应适当混土或覆薄土，勿让种子外露，播后苗前施药，可以用下列除草剂：

33%二甲戊乐灵乳油75～100ml/亩；

72%异丙甲草胺乳油75～100ml/亩；

96%精异丙甲草胺乳油30～40ml/亩；

72%异丙草胺乳油75～100ml/亩；

对水40kg，均匀喷施，可以有效防治多种一年生禾本科杂草和部分阔叶杂草。药量过大、田间过湿，特别是遇到持续低温多雨条件下葱出苗缓慢，生长受到抑制，重者葱茎基部肿胀、脆弱、生长受影响，药害严重时会出现畸形苗和死苗现象。

（二）　葱移栽期杂草的防治

葱多为育苗移栽，杂草出土早、密度高，杂草发生为害严重。 在葱栽培定植时进行土壤处理，一次用药就能控制葱整个生育期杂草的为害。一般于移栽前喷施土壤封闭性除草剂，移栽时尽量不要翻动土层或尽量少翻动土层(图21－24)。因为移栽后的大田生育时期较长；同时，较大的葱苗对封闭性除草剂具有一定的耐药性，可以适当加大剂量以保证除草效果。除草剂品种和施药方法如下：

33%二甲戊乐灵乳油150～200ml/亩；

20%敌草胺乳油300～400ml/亩；

50%乙草胺乳油150～200ml/亩；

72%异丙甲草胺乳油175～250ml/亩；

72%异丙草胺乳油175～250ml/亩；

对水40kg，均匀喷施。

对于墒情较差、砂土地，可以用48%氟乐灵乳油150～200ml/亩、48%地乐胺乳油150～200ml/亩，施药后及时混土2～3cm，该药易于挥发，混土不及时会降低药效。

为了进一步提高除草效果和对作物的安全性，特别是为了防治铁苋、马齿苋等部分阔叶杂草时，在洋葱、葱移栽前，可以用下列除草剂配方：

图21-24　葱移栽田生长情况

33%二甲戊乐灵乳油100～150ml/亩+50%扑草净可湿性粉剂50～75g/亩；
50%乙草胺乳油75～100ml/亩+50%扑草净可湿性粉剂50～75g/亩；
72%异丙甲草胺乳油100～150ml/亩+50%扑草净可湿性粉剂50～75g/亩；
96%精异丙甲草胺乳油40～50ml/亩+50%扑草净可湿性粉剂50～75g/亩；
72%异丙草胺乳油100～150ml/亩+50%扑草净可湿性粉剂50～75g/亩；
33%二甲戊乐灵乳油100～150ml/亩+24%乙氧氟草醚乳油10～20ml/亩；
50%乙草胺乳油75～100ml/亩+24%乙氧氟草醚乳油10～20ml/亩；
72%异丙甲草胺乳油100～150ml/亩+24%乙氧氟草醚乳油10～20ml/亩；
96%精异丙甲草胺乳油40～50ml/亩+24%乙氧氟草醚乳油10～20ml/亩；
72%异丙草胺乳油100～150ml/亩+24%乙氧氟草醚乳油10～20ml/亩；
33%二甲戊乐灵乳油100～150ml/亩+25%恶草酮乳油75～100ml/亩；
50%乙草胺乳油75～100ml/亩+25%恶草酮乳油75～100ml/亩；
72%异丙甲草胺乳油100～150ml/亩+25%恶草酮乳油75～100ml/亩；
96%精异丙甲草胺乳油40～50ml/亩+25%恶草酮乳油75～100ml/亩；
72%异丙草胺乳油100～150ml/亩+25%恶草酮乳油75～100ml/亩；
20%双甲胺草磷乳油250～375ml/亩+25%恶草酮乳油75～100ml/亩；

对水40kg，均匀喷施，可以有效防治多种一年生禾本科杂草和阔叶杂草。在移栽后不宜大水漫灌，不要让葱叶沾药，否则易于发生药害。

（三）　葱生长期杂草的防治

对于前期未能采取化学除草或化学除草失败的葱田，应在田间杂草基本出苗，且杂草处于幼苗期时及时施药防治。施药时要结合葱生长情况和杂草种类，正确选择除草剂种类和施药方法。

田间主要是一年生禾本科杂草，如稗、狗尾草、马唐、虎尾草、看麦娘、牛筋草等(图21-25)，应在禾本科杂草3～5叶期，用下列除草剂：

10%精喹禾灵乳油40～80ml/亩；
15%精吡氟禾草灵乳油50～100ml/亩；
12.5%稀禾啶机油乳剂50～100ml/亩；

图21-25　葱生长期禾本科杂草发生为害情况

10.8%高效氟吡甲禾灵乳油20～50ml/亩；

对水25～30kg，配成药液均匀喷洒到杂草茎叶上。在气温较高、雨量较多地区，杂草生长幼嫩，可适当减少用药量；相反，在气候干旱、土壤较干地区，杂草幼苗老化耐药或杂草较大，要适当增加用药量。防治一年生禾本科杂草时，用药量可稍减低；而防治多年生禾本科杂草时，用药量应适当增加。

第二十二章　大蒜病虫害原色图解

一、大蒜病害

据统计，大蒜病害有20多种，其中，为害较重的有叶枯病、锈病、花叶病、紫斑病、菌核病、白腐病等。

1. 大蒜叶枯病

分布为害　叶枯病是大蒜的主要病害，对大蒜产量、质量影响极大，重发生年份，如不及时防治，一般减产20%～30%，严重地块减产30%～50%。

症　　状　主要为害叶或花梗。叶片染病（图22-1），初呈花白色小圆点，后扩大呈不规则形或椭圆形灰白色或灰褐色病斑，其上产生黑色霉状物，发病严重时病叶枯死。花梗染病，易从病部折断，最后在病部散生许多黑色小粒点。

图22-1　大蒜叶枯病叶片受害症状

病　　原　*Pleospora herbarum* 称枯叶格孢腔菌，属子囊菌亚门真菌。无性阶段为 *Stemphylium botryosum* 称匐柄霉，属半知菌亚门真菌（图22-2）。分生孢子梗3～5根丛生，由气孔伸出，稍弯曲，暗色，具4～7个隔膜。分生孢子灰色或暗黄褐色，单生，卵形至椭圆形，表面有疣状小点。子囊壳球形，内生棍棒形的子囊。子囊孢子椭圆形，黄褐色，有纵横分隔。

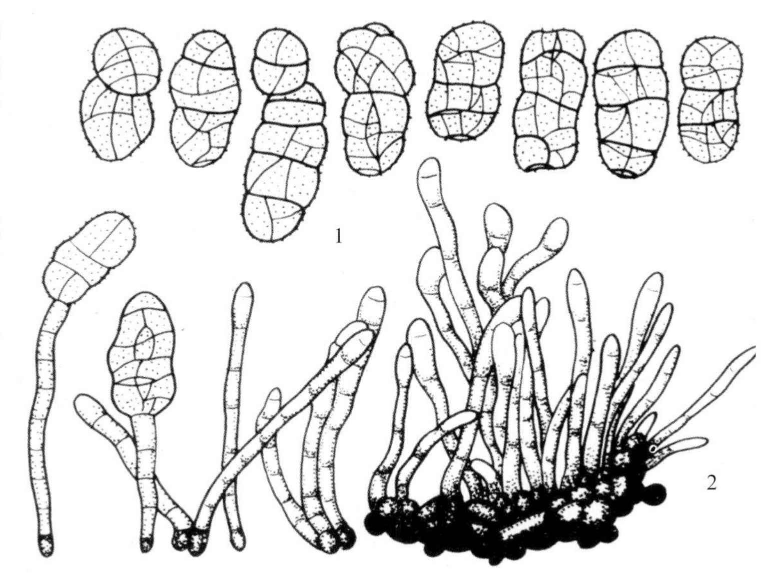

图22-2　大蒜叶枯病病菌
1.分生孢子　2.分生孢子梗

发生规律 以菌丝体或子囊壳随病残体遗落土中越冬，翌年散发出子囊孢子引起初侵染，后病部产出分生孢子进行再侵染。大蒜出苗后，借气流和雨滴飞溅传播侵染发病。如降水偏多，田间湿度过大，病害易于流行。种植时间过早，冬前苗子大，年前发病就较重。

防治方法 提倡收前选株，收时选头，播前选瓣。合理轮作倒茬，能破坏病原菌的生存环境，减少菌源积累。选择地势平坦，土层深厚，耕作层松软，土壤肥力高，保肥、保水性能强的地块。施足基肥，苗期以控为主，适当蹲苗，培育壮苗。后以促为主，抽薹分瓣后加强肥水管理，雨后及时排水，避免大水漫灌，尽量降低田间湿度。

在大蒜叶枯病常发重病区，当大蒜苗期病株率达1%时，防治发病田块；当植株上部病叶率达5%时，应全面喷药防治。药剂可选用77%氢氧化铜可湿性粉剂800倍液、50%腐霉利可湿性粉剂800～1 000倍液、50%异菌脲可湿性粉剂800倍液+70%代森锰锌可湿性粉剂500倍液、75%百菌清可湿性粉剂600倍液+50%琥胶肥酸铜可湿性粉剂500倍液、60%琥·乙膦铝可湿性粉剂500倍液、14%络氨铜水剂300倍液、50%硫菌灵可湿性粉剂500倍液、20%丙硫咪唑悬浮剂1 500倍、65%代森锌可湿性粉剂500倍液、10%苯醚甲环唑水分散粒剂2 500倍液、30%氧氯化铜悬浮剂600～800倍液、50%咪鲜胺锰络化合物可湿性粉剂1 500～2 000倍液喷雾，间隔7～10天喷1次，共喷2～3次，交替施药，效果较好，发病初期注意保护剂和治疗剂混用。

2. 大蒜紫斑病

症　　状 大蒜紫斑病在大田生长期为害叶和花梗，贮藏期为害鳞茎。田间发病多开始于叶尖或花梗中部（图22-3），初呈稍凹陷白色小斑点，中央微紫色，扩大后病斑呈纺锤形或椭圆形黄褐色，甚至紫色，病斑多具有同心轮纹，湿度大时，病部长出黑色霉状物，即病菌分生孢子梗和分生孢子。贮藏期鳞茎染病后颈部变为深黄色或黄褐色软腐状。

图22-3 大蒜紫斑病为害症状

病　原 *Alternaria porri* 称香葱链格孢，属半知菌亚门真菌。分生孢子梗淡褐色，单生或5～10根束生，有隔膜2～3个，不分枝或分枝少，其上着生一个分生孢子；分生孢子褐色，长棍棒状，具横隔膜5～15个，纵隔膜1～6个；嘴孢较长，有时分枝，具隔膜0～7个。

发生规律 病菌以菌丝体附着在寄主或病残体上越冬，翌年产生分生孢子，主要借气流和雨水传播。孢子萌发和侵入时，需要有露珠和雨水，所以阴雨多湿、温暖的夏季发病严重。分生孢子在高湿条件下形成。发病适温25～27℃，低于12℃不发病。一般温暖、多雨或多湿的夏季发病重。

防治方法 实行2年以上轮作。加强田间管理，施足底肥，增强抗病力。选用无病种子，必要时可用40%福尔马林300倍液浸种3小时，浸后及时洗净。适时收获，低温贮藏，防止病害在贮藏期继续蔓延。

大蒜返青时喷洒68.75%恶唑菌酮水分散粒剂1 200倍液进行预防。

在发病初期喷洒75%百菌清可湿性粉剂500～600倍液、50%异菌脲可湿性粉剂1 500倍液、70%代森锰锌可湿性粉剂500倍液+40%灭菌丹可湿性粉剂400倍液、70%甲基硫菌灵可湿性粉剂800倍液，隔7～10天喷1次，连续防治3～4次。大蒜紫斑病为害后期情况（图22-4）。

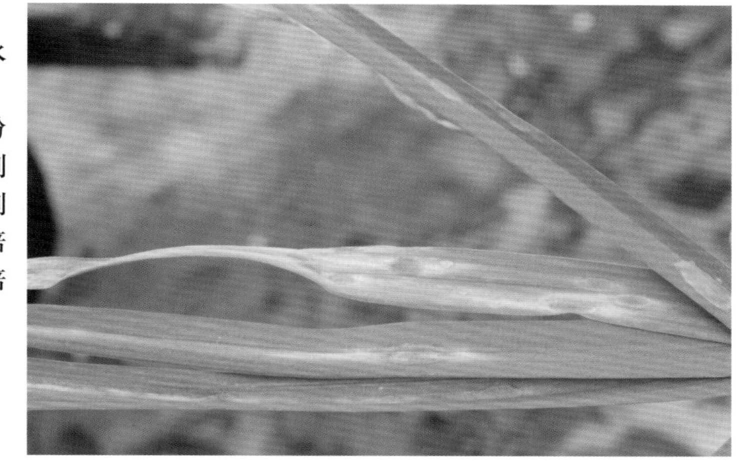

图22-4 大蒜紫斑病发病后期田间受害症状

3. 大蒜锈病

症　状 主要为害叶片和假茎。病部初为椭圆形褪绿斑（图22-5至图22-6），后在表皮下出现圆形或椭圆形稍凸起的夏孢子堆，表皮破裂后散出橙黄色粉状物，即夏孢子；病斑周围有黄色晕圈，发病严重时，病斑连片致全叶黄枯，植株提前枯死。后期在未破裂的夏孢子堆上产出表皮不破裂的黑色冬孢子堆。

图22-5 大蒜锈病为害叶片症状

图22-6 大蒜锈病为害后期症状

病　　原　*Puccinia allii* 称葱柄锈菌，属担子菌亚门真菌。夏孢子单胞，球形或椭圆形，表面有细疣。冬孢子长椭圆形或卵圆形，淡褐色，表面平滑，有1个隔膜和无色的小柄。

发生规律　多以夏孢子在大蒜病组织上越冬。翌年入夏形成多次再侵染，正值蒜头形成或膨大期，为害严重。蒜收获后侵染葱或其他植物，气温高时则以菌丝在病组织内越夏。早春多雨时发病重。

防治方法　加强栽培管理，配方施肥；避免过施氮肥，适时喷施叶面肥；适度用水，做好清沟排渍降湿，促植株稳生稳长，增强抗病力。

发病初期，喷洒15%三唑酮可湿性粉剂2 000～2 500倍液、95%敌锈钠可湿性粉剂300倍液、50%萎锈灵乳油800倍液、25%丙环唑乳油3 000倍液、40%氟硅唑乳油3 000～4 000倍液、45%三唑酮·硫磺悬浮剂800～1 000倍液、70%代森锰锌可湿性粉剂＋15%三唑酮可湿性粉剂（2∶1）2 000～2 500倍液、25%丙环唑乳油4 000倍液＋15%三唑酮可湿性粉剂2 000倍液，间隔7～10天防治1次，连续防治2～3次。

4. 大蒜病毒病

症　　状　发病初期，沿叶脉出现断续黄条点，后变成黄绿相间的条纹，植株矮化，心叶被邻近叶片包住，呈卷曲状畸形，不能伸出（图22-7）。茎部受害，节间缩短，条状花茎状（图22-8）。

病　　原　大蒜花叶病毒（Garlic mosaic virus ，GMV）大蒜潜隐病毒（Garlic latent virus ，GLV），GMV粒体线状，寄主范围窄。

图22-7　大蒜病毒病叶片花叶症状

图22-8　大蒜病毒病假茎受害症状

发生规律　播种带毒鳞茎，出苗后即染病。田间主要通过桃蚜、葱蚜等进行非持久性传毒，以汁液摩擦传毒。管理条件差，蚜虫发生量大及与其他葱属植物连作或邻作发病重。

防治方法 避免与大葱、韭菜等葱属植物邻作或连作，减少田间自然传播。加强大蒜的水肥管理，避免早衰，提高植株抗病力。

在蒜田及周围作物喷洒杀虫剂防治蚜虫，防止病毒的重复感染，此外还可挂银灰膜条避蚜。

发病初期（图22－9），喷洒1.5%植病灵乳剂1 000倍液、20%盐酸吗啉胍·乙酸铜可湿性粉剂500倍液、10%混合脂肪酸水乳剂100倍液、0.5%菇类蛋白多糖水剂250～300倍液，间隔10天左右防治1次，连续防治2～3次。

也可用0.5%菇类蛋白多糖水剂250倍液灌根，每株灌对好的药液50～100ml，隔10～15天灌1次，共灌2～3次，必要时喷淋与灌根结合，效果更好。

图22－9 大蒜病毒病为害田间症状

5. 大蒜菌核病

症　状 该病主要为害大蒜假茎基部和鳞茎，发病初期病部呈水渍状，后来病斑变暗色或灰白色，溃疡腐烂，并发出强烈的蒜臭味。湿度大时，表面长出白色毛状的菌丝。大蒜叶鞘腐烂后，上部叶片萎蔫，逐渐黄化枯死，蒜根须、根盘腐烂，蒜头散瓣。一般在5月上旬左右，病部形成不规则的鼠粪状黑褐色菌核（图22－10至图22－11）。

图22－10 大蒜菌核病病株

图22－11 大蒜菌核病菌核

病　　原　*Sclerotinia allii* 称葱核盘菌，属子囊菌亚门真菌。菌核形成于寄主表皮下，片状至不规则形，萌发时产生4～5个子囊盘。子囊筒状，内含8个子囊孢子。子囊孢子长椭圆形，单胞，无色。

发生规律　主要以菌核遗留在土壤中或混在蒜种和病残体上越夏或越冬。混杂在蒜种和病残体上的菌核则随着播种、施肥落入土中。一般在春季2月下旬以后，土壤中的菌核陆续产生子囊盘，子囊孢子成熟后从子囊中射出，侵入假茎基部形成菌丝体。在其代谢过程中产生果胶酶，溶解寄主细胞的中胶层，使病茎腐烂，以后菌丝体从病部向周边扩展蔓延，最后在病组织上形成菌核，随收获落入土中或留在蒜头上成为第二年的侵染源。病菌喜低温高湿，一般温度在15～20℃、相对湿度在85%以上，有利于菌核的萌发和菌丝的生长、侵入。多数菌核年后萌发，当2月下旬至3月上旬平均气温超过6℃时，土壤中菌核就陆续产生子囊盘，4月上旬气温上升到13～14℃时，形成第一个侵染高峰。春季阴雨天气多常加重病情发展。

防治方法　轮作倒茬。最好种2～3年大蒜轮作一年小麦。选取健康无病的大蒜留种。收获时清除大蒜病株残体，带出田外深埋。适时播种，合理密植，施足底肥。

秋种时选用50%多菌灵粉可湿性粉剂或70%甲基硫菌灵可湿性粉剂，按种子质量的0.3%对水适量均匀喷布种子，闷种5小时，晾干后播种。

春季发病初盛时，一般在3月下旬，用50%腐霉利可湿性粉剂1 500倍液、50%多菌灵可湿性粉剂500倍喷雾防治，施药时重喷茎基部，隔7～10天喷1次，连续防治2～3次。

6. 大蒜白腐病

分布为害　大蒜白腐病是大蒜生长期间最容易发生的病害，特别是在春季发生最严重，发病株率达10%～20%，严重的地块达35%左右。

症　　状　主要为害叶片、叶鞘和鳞茎。叶片发病（图22−12），外叶叶尖条状发黄，逐渐向叶鞘、内叶发展，后期整株发黄枯死。鳞茎发病（图22−13），病部表皮表现水浸状病斑，长有灰白色菌丝层，病部呈白色腐烂，并产生黑色小菌核，鳞茎变黑、腐烂。地下部分靠近须根的地方先发病，病部呈湿润状，后向上发展并产生大量的白色菌丝（图22−14）。

图22−12　大蒜白腐病为害叶片症状

图22−13　大蒜白腐病为害茎基部症状

图22-14　大蒜白腐病为害蒜头症状

病　　原　*Sclerotium cepiuorum*称白腐小核菌，属半知菌亚门真菌。

发生规律　以菌核在土壤中越冬，长出菌丝借灌溉、雨水传播蔓延。低温20℃以下，湿度大于90%时容易流行。病菌生长适宜温度20℃以下，低温高湿发病快而严重，植株生长不良，连作、排水不良，缺肥地块发病重。

防治方法　与非葱、蒜类作物实施3～4年轮作。清洁田园，发现病株，及时挖除。早春追肥，提高蒜株抗病力。

种子处理：蒜种用70%甲基硫菌灵可湿性粉剂或50%多菌灵可湿性粉剂把蒜种处理后再播种。具体方法是将0.5kg药剂对水3～5kg，把50kg蒜种拌匀，晾干后播种，可有效地切断初侵染途径。

发病初期（图22-15），可用50%异菌脲可湿性粉剂1 000倍液、70%甲基硫菌灵可湿性粉剂800倍液、50%腐霉利可湿性粉剂1 000倍灌淋根茎，隔10天左右防治1次，连防1～2次。采收前3天停止用药。

也可用70%甲基硫菌灵可湿性粉剂600倍液、20%甲基立枯磷乳油1 000倍液、50%多菌灵可湿性粉剂500倍液，隔10天左右叶面喷雾1次，防效显著。

贮藏期也可喷洒50%多菌灵可湿性粉剂500倍液、50%异菌脲可湿性粉剂800倍液。隔10天左右防治1次，连防1～2次。

图22-15　大蒜白腐病田间为害症状

二、大蒜各生育期病虫害防治技术

(一)大蒜病虫害综合防治历的制订

大蒜栽培管理过程中，应总结本地大蒜病虫害的发生特点和防治经验，制订病虫害防治计划，适时进行田间调查，及时采取防治措施，有效控制病虫的为害，保证丰产、丰收。

大蒜病虫害的综合防治工作历见下表，各地应根据自己的情况采取具体的防治措施。

表　大蒜田病虫害的综合防治历

生育期	防治时间	主要防治对象	防治措施
播种至幼苗期	10月上旬至11月下旬	地下害虫、病毒病、锈病	土壤处理、药剂拌种
越冬期	12月至次年2月	各种越冬虫卵及病菌	喷施杀菌剂、杀虫剂
返青至抽薹期	3月上旬至4月下旬	花叶病、锈病、叶枯病、菌核病紫斑病、白腐病、种蝇、潜叶蝇	喷施杀菌剂、杀虫剂
成熟期	5月中下旬	锈病、菌核病、炭疽病	喷施杀菌剂、杀虫剂

(二)大蒜播种期病虫害防治技术

播种期是防治病虫害的关键时期。这一时期防治的主要虫害有蛴螬、蝼蛄、金针虫、种蝇等地下害虫，药剂拌种可以减少地下害虫及其他苗期害虫的为害。病毒病主要是靠种子或土壤带菌进行传播的，而且从幼苗期就开始侵染，所以对于这些病害，进行种子处理是最有效的防治措施。还可以通过施用激素和微肥，培育壮苗，增强植株的抗病力。

药剂拌种：可以用50%辛硫磷乳油0.5kg对水20～25kg，拌种250～300kg，或用40%甲基异柳磷乳油0.5kg加水15～20kg，拌种200kg。防治蝼蛄、蛴螬、金针虫、种蝇等地下害虫。

种子处理：蒜种用70%甲基硫菌灵可湿性粉剂或50%多菌灵可湿性粉剂把蒜种处理后再播种。具体方法是将0.5kg药剂对水3～5kg，与50kg蒜种拌匀，晾干后播种，可有效地切断锈病的初侵染途径。

（三）大蒜越冬期病虫害防治技术

这个时期的病虫相对较轻，但在有些年份因气温相对偏高，病毒病、锈病也有发生，可根据情况具体的防治。

（四）大蒜返青至抽薹期病虫害防治技术

在大蒜返青至抽薹期，是病虫为害最为严重（图22－16），要经常调查，及时防治病虫害。其中为害较重的病害有花叶病、锈病、叶枯病、紫斑病、白腐病等。

叶枯病发生初期（图22－17），喷洒50%锰锌·异菌可湿性粉剂1 200～1 600倍液、12.5%咪鲜·腈菌乳油600～800倍液、70%丙森锌可湿性粉剂600倍液、40%氟硅唑乳油4 000倍液、60%腈菌·锰锌可湿性粉剂1 000倍液、12.5%腈菌唑乳油2 000倍液，间隔7～10天防治1次，连续防治3～4次。可兼治紫斑病、锈病等。

花叶病发病初期，喷洒1.5%植病灵乳剂1 000倍液、20%盐酸吗啉胍·乙酸铜可湿性粉剂500倍液、10%混合脂肪酸水乳剂100倍液、0.5%菇类蛋白多糖水剂250～300倍液，隔10天左右防治1次，连续防治2～3次。

图22－16　大蒜返青期至抽薹期病虫为害情况

图22-17　大蒜叶枯病、锈病、紫斑病为害情况

种蝇为害初期，可用40%辛硫磷乳油3 000倍液、48%毒死蜱乳油3 000倍液、5%氟铃脲乳油3 000倍液、90%敌百虫晶体1 000倍液灌根1次。种蝇为害后期（图22-18）。

图22-18　大蒜种蝇为害症状

潜叶蝇为害期（图22-19），可选用48%毒死蜱乳油1 000倍液、25%氰戊菊酯乳油1 000倍液、10%高效氯氰菊酯乳油2 000倍液、0.9%阿维菌素乳油2 000倍液、1%阿维·高氯乳油1 500倍液等喷雾防治，间隔期7～10天防治1次，连续防治2～3次。

图22-19　大蒜潜叶蝇为害症状

（五）大蒜鳞芽膨大至成熟期病虫害防治技术

5月中旬以后，大蒜进入成熟期（图22-20），是大蒜丰产丰收关键时期。该期应加强预测预报，及时防治锈病、叶枯病等病虫害，在防治策略上以治疗为主，具有针对性，确保丰收。

图22-20　大蒜成熟期

三、大蒜田杂草防治技术

大蒜是重要的蔬菜类作物，全国种植面积约几百万亩，除多数城乡小面积栽培外，主要集中在上海嘉定县，江苏省启东、邳州和太仓县，山东省仓山和金乡县，河南省中牟、杞县等地。

大蒜生育期长，叶片窄，杂草长期与大蒜争水、争光、争养分，极大地影响大蒜的产量和级别；特别是地膜覆盖大蒜田，膜下温度和湿度适宜杂草的生长，杂草发生特别严重，常常顶破地膜影响大蒜的正常生长，而且人工除草费工、费时，杂草的为害已经是制约大蒜生产的一个重要因素。

大蒜田杂草种类繁多。据调查，大蒜田杂草有约50种，隶属20科，在不同地区杂草种类和杂草群落不同。大蒜田杂草主要种类有牛繁缕、婆婆纳、猪殃殃、荠菜、播娘蒿、扁蓄、泽漆、刺苋、通泉草、苦荬菜、看麦娘、早熟禾等。在华东地区水稻大蒜轮作田，杂草主要有看麦娘、牛繁缕、猪殃殃、荠菜、泥胡菜等；华北玉米大蒜轮作田，杂草主要有牛繁缕、荠菜、婆婆纳、播娘蒿等。

大蒜田杂草有一年生、越年生和多年生3种类型，以越年生杂草为主。大多数杂草在10～11月出苗，翌年3月返青，4月开花，5～6月成熟，整个生育期与大蒜共生。大蒜地杂草发生早，早秋杂草在大蒜尚未出苗就发生，从种植到收获杂草陆续发生，而且发生量大。在大蒜长达220天的生长期中，杂草分为早秋杂草、晚秋杂草、早春杂草和晚春杂草4期为害。

目前，大蒜田登记生产的除草剂种类和资料报道的除草剂种类较多、较乱；农民生产上常用的除草剂种类有二甲戊乐灵、乙草胺、异丙甲草胺、异丙草胺、扑草净，另外还有恶草酮、乙氧氟草醚等；登记的除草剂品种还有苄嘧·异丙隆、甲草·莠去津、甲·乙·莠等，对大蒜安全性差，易于产生药害；生产中应根据各地情况，采用适宜的除草剂种类和施药方法。

(一)大蒜播种期杂草防治

大蒜播种期温度适宜、墒情较好、土质肥沃，有利于杂草的发生，如不及时进行杂草防治，将严重影响幼苗生长。应注意选择除草剂品种和施药方法。

大蒜播后芽前，是杂草防治最有利的时期(图22-21)，可以用下列除草剂：

33%二甲戊乐灵乳油250～300ml/亩；

50%乙草胺乳油200～300ml/亩；

72%异丙甲草胺乳油250～400ml/亩；

72%异丙草胺乳油250～400ml/亩；

96%精异丙甲草胺乳油60～90ml/亩；

对水40kg，均匀喷施，可以有效防治多种一年生禾本科杂草和部分阔叶杂草。

为了进一步提高除草效果，特别是提高对阔叶杂草的防治效果，也可以用下列除草剂配方：

33%二甲戊乐灵乳油150～200ml/亩+50%扑草净可湿性粉剂50～75g/亩；

50%乙草胺乳油150～200ml/亩+50%扑草净可湿性粉剂50～75g/亩；

72%异丙甲草胺乳油150～200ml/亩+50%扑草净可湿性粉剂50～75g/亩；

96%精异丙甲草胺乳油60～90ml/亩+50%扑草净可湿性粉剂50～75g/亩；

60%丁草胺乳油200～300ml/亩+50%扑草净可湿性粉剂50～75g/亩；

48%甲草胺乳油200～300ml/亩+50%扑草净可湿性粉剂50～75g/亩；

72%异丙草胺乳油150～200ml/亩+50%扑草净可湿性粉剂50～75g/亩；

33%二甲戊乐灵乳油150～200ml/亩+24%乙氧氟草醚乳油20～30ml/亩；

50%乙草胺乳油150～200ml/亩+24%乙氧氟草醚乳油20～30ml/亩；

72%异丙甲草胺乳油150～200ml/亩+24%乙氧氟草醚乳油20～30ml/亩；

96%精异丙甲草胺乳油60～90ml/亩+24%乙氧氟草醚乳油20～30ml/亩；
60%丁草胺乳油200～300ml/亩+24%乙氧氟草醚乳油20～30ml/亩；
48%甲草胺乳油200～300ml/亩+24%乙氧氟草醚乳油20～30ml/亩；
72%异丙草胺乳油150～200ml/亩+24%乙氧氟草醚乳油20～30ml/亩；
33%二甲戊乐灵乳油150～200ml/亩+25%恶草酮乳油100～150ml/亩；
50%乙草胺乳油150～200ml/亩+25%恶草酮乳油100～150ml/亩；
72%异丙甲草胺乳油150～200ml/亩+25%恶草酮乳油100～150ml/亩；
96%精异丙甲草胺乳油60～90ml/亩+25%恶草酮乳油100～150ml/亩；
60%丁草胺乳油200～300ml/亩+25%恶草酮乳油100～150ml/亩；
48%甲草胺乳油200～300ml/亩+25%恶草酮乳油100～150ml/亩；
72%异丙草胺乳油150～200ml/亩+25%恶草酮乳油100～150ml/亩；

图22-21　大蒜种植和杂草发生情况

对水40kg，均匀喷施，可以有效防治多种一年生禾本科杂草和阔叶杂草。生产中有一些大蒜采用露播(图22−22)或苗后施药时，用扑草净、乙氧氟草醚、恶草酮均会发生严重的药害。扑草净施药量不宜过大，否则对大蒜会发生药害。乙氧氟草醚、恶草酮施药后遇雨或施药时土壤过湿，易于对大蒜发生药害。

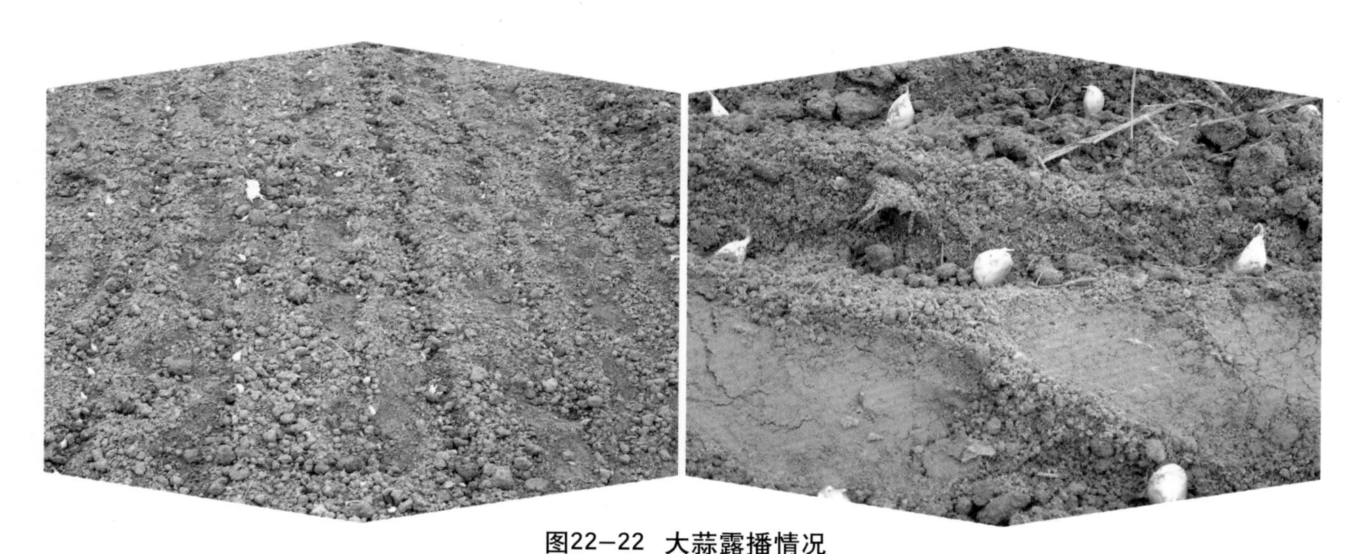

图22−22　大蒜露播情况

(二)大蒜生长期杂草防治

对于禾本科杂草发生较重的地块，如稗草、狗尾草、牛筋草、野燕麦、早熟禾、硬草等，应在禾本科杂草3～5叶期，可以用下列除草剂：

10%精喹禾灵乳油40～60ml/亩；

10.8%高效氟吡甲禾灵乳油20～40ml/亩；

10%喔草酯乳油40～80ml/亩；

15%精吡氟禾草灵乳油40～60ml/亩；

10%精恶唑禾草灵乳油50～75ml/亩；

12.5%稀禾啶乳油50～75ml/亩；

24%烯草酮乳油20～40ml/亩；

对水30kg，均匀喷施，可以有效防治多种禾本科杂草。该类药剂没有封闭除草效果，施药不宜过早，特别是在禾本科杂草未出苗时施药没有效果。视杂草大小调整药量。

第二十三章　韭菜病害原色图解

一、韭菜病害

1．韭菜疫病

症　　状　主要为害叶片、叶鞘、根部和花茎等部位，引起腐烂。叶片多由中、下部开始发病，出现边缘不明显的暗绿色水浸状病斑，扩大后可达到一半以上（图23−1）。病部组织失水后缢缩，呈蜂腰状，叶片黄化萎蔫。花茎受害，产生褐色病斑，后期萎垂（图23−2）。湿度大时病部软腐，上生稀疏的灰白色霉状物。鳞茎受害时呈浅褐色至暗褐色水浸状腐烂，纵切可见内部变褐。根部受害，根毛减少，后变褐腐烂。

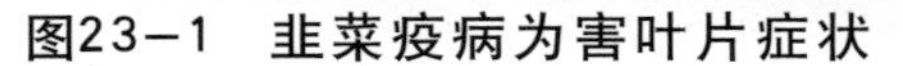

图23−1　韭菜疫病为害叶片症状

图23−2　韭菜疫病为害花茎症状

病　　原　*Phytophthora nicotianae* 称烟草疫霉，属鞭毛菌亚门真菌（图23−3）。孢子梗从气孔伸出，无色，无隔，细长，不分枝。孢子囊倒洋梨形、圆形至卵圆形，偶具乳头状突起。卵孢子球形，淡黄色。

发生规律　菌丝体和厚垣孢子在病株地下部分或在土壤中越冬。翌春条件适宜时产生孢子囊和游动孢子形成初侵染。借风雨和浇水传播蔓延，进行重复侵染。夏季是露地韭菜疫病的主要流行时期，夏季多雨年份常常发生大流行。一般7月下旬至8月上旬为盛发期，以后随降雨减少而流行减缓，10月下旬停止发生。重茬地、老病地、土质黏重、排水不畅的低洼积水地块和大水漫灌地块发病重。

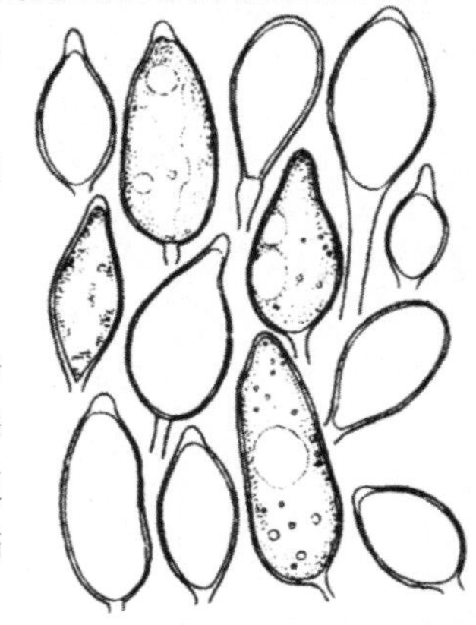

图23−3　韭菜疫病病菌孢子囊

防治方法 重病地块与非葱蒜类蔬菜实行2～3年轮作。合理密植，合理施肥，避免偏施氮肥。生长期雨后及时排除积水。收获后及时彻底清除病残植株，集中深埋或妥善处理。

发病前期，可用75%百菌清可湿性粉剂600倍液、70%代森锰锌可湿性粉剂600～800倍液等药剂预防保护。

图23-4 韭菜疫病为害田间症状

发病初期，可选用69%烯酰吗啉·锰锌可湿性粉剂800～1 000倍液、72.2%霜霉威水剂600～800倍液、72%霜脲·锰锌可湿性粉剂600～800倍液、40%乙膦铝可湿性粉剂250倍液、64%恶霜·锰锌可湿性粉剂500倍液、58%甲霜·锰锌可湿性粉剂500倍液、25%甲霜灵可湿性粉剂600～800倍液、50%烯酰吗啉可湿性粉剂2 000倍液、60%琥·乙膦铝可湿性粉剂500倍液进行喷雾防治，或用上述药剂灌根，每墩灌250ml，间隔7～10天防治1次，连续防治2～3次。韭菜疫病为害严重田间症状（图23-4）。

2. 韭菜灰霉病

症　　状 主要为害叶片。被害叶片上初生白色至浅灰褐色的小斑点，后斑点逐渐扩大，相互融合成椭圆形眼状棱形大斑，直至半叶或全叶腐烂（图23-5）。湿度大时，病斑可密生灰褐色绒毛状霉层或霉烂、发黏、发黑。

图23-5 韭菜灰霉病为害叶片症状

病　原 *Botrytis squamosa* 称葱鳞葡萄孢，属半知菌亚门真菌（图23-6）。分生孢子梗从叶组织内伸出，密集或丛生，直立，淡灰色至暗褐色，具0～7个分隔，基部稍膨大，分枝处正常或缢缩，分枝末端呈头状膨大，其上着生短而透明的小梗及分生孢子。分生孢子卵圆至梨形，光滑，透明，浅灰至灰褐色。

发生规律 以菌丝、分生孢子或菌核越冬和越夏。翌春条件适宜时，菌核萌发产生菌丝体，又产生分生孢子，或由菌丝、分生孢子随气流、雨水、浇水传播为害。早春低温高湿条件下，发病较重。

防治方法 降低湿度，每次收割后不能浇水，可在地面上撒施一薄层草木灰，中耕培土要细致，避免损伤叶片。要及时收割韭菜，其后彻底清除病、残叶，减少菌源。增施腐熟的有机肥，防止偏施氮肥，形成叶片柔嫩易感病。夏季除草、追肥、浇水养好根茬。

在冬、春季节的头刀韭菜株高4～7cm时，二刀韭菜在收割后6～8天时，及时采用药剂防治。药剂可选用50%腐霉利可湿性粉剂1 500～2 000倍液、50%异菌脲可湿性粉剂1 000～1 500倍液、50%硫菌灵可湿性粉剂500倍液+70%代森锰锌可湿性粉剂400倍液、75%百菌清可湿性粉剂500倍液、50%乙烯菌核利可湿性粉剂1 000～1 500倍液喷雾。每隔7～10天喷1次，连喷2～3次。重点喷在新萌发的叶片上及周围土壤上。

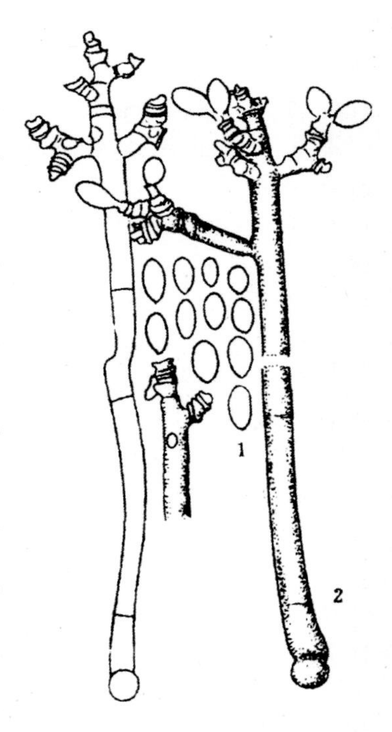

图23-6 韭菜灰霉病病菌
1.分生孢子 2.分生孢子梗

3. 韭菜绵疫病

症　状 染病植株叶片上初现水渍状暗绿色病变，当病斑扩展至半张叶片大小时，叶片变黄下垂软腐。湿度大时病部长出白色棉絮状物（图23-7）；假茎受害后呈浅褐色软腐，叶鞘易脱落，潮湿时病部长出白色稀疏霉层；鳞茎染病时，根盘呈水浸状，后变褐腐烂；根部染病呈暗褐色，难发新根（图23-8）。

图23-7 韭菜绵疫病为害叶片症状

图23-8 韭菜绵疫病为害后期田间症状

病　　原　*Phylophthora cinnamomi* 称樟疫霉，属鞭毛菌亚门真菌。菌丝较直，有大量菌丝膨大体；孢囊梗不分枝。孢子囊卵形至椭圆形，无乳突，顶端平展或稍加厚。游动孢子肾形。休止孢子球形；厚垣孢子球形，顶生。藏卵器球形，雄器矩形，单孢或双胞。卵孢子球形。

发生规律　病菌以卵孢子和厚垣孢子在土壤中或在病株上越冬，翌年卵孢子遇水产生孢子囊和游动孢子，通过灌溉水或雨水传播到韭菜上，长出芽管、产生附着器和侵入丝穿透韭菜表皮进入体内，遇有高温高湿条件，病部产生大量孢子囊，借风雨或灌溉水传播蔓延，进行多次重复侵染。生产上进入雨季开始发病，发病早气温高的年份受害重，遇持续时间长的大暴雨易出现大流行。

防治方法　严格挑选育苗地和栽植地，要求土层深厚肥沃排灌方便、3年内未种过葱属植物的高燥地块，苗床应冬耕施肥，栽植地要求深耕，施用腐熟有机肥，雨后及时排水。幼苗期轻浇勤浇水。夏季雨水多时须控制浇水，定植第二年以后可多次收割，3年以上的韭株要及时剔根培土，防其徒长或倒伏。

发病前期，注意施用保护剂以防止病害侵染发病，可用75%百菌清可湿性粉剂600～800倍液、70%丙森锌可湿性粉剂600～800倍液、70%代森锰锌可湿性粉剂600～800倍液等药剂预防保护。

发病初期，可选用58%甲霜·锰锌可湿性粉剂500倍液、64%恶霜·锰锌可湿性粉剂500倍液、72%霜脲·锰锌可湿性粉剂600～800倍液、60%琥·乙膦铝可湿性粉剂500倍液、69%烯酰吗啉·锰锌可湿性粉剂800～1 000倍液。

发病较重时，可以用72.2%霜霉威水剂600～800倍液、40%乙膦铝可湿性粉剂250倍液、25%甲霜灵可湿性粉剂600～800倍液、50%烯酰吗啉可湿性粉剂2 000倍液进行喷雾防治，或用上述药剂灌根，每墩灌250ml，间隔7～10天防治1次，连续防治2～3次。

4. 韭菜黄叶病

症　　状　病斑从叶尖、叶缘产生向叶中脉扩展的纵向半个叶片变黄或整叶变黄（图23-9），发病初期淡黄褐色，后期变成深黄色水渍状坏死，造成整叶枯死。主要为害韭菜的外叶，心叶很少出现感染。

图23-9　韭菜黄叶病为害初期症状

病　　原　*Erwinia herbicola* var. *ananas* 称草生欧文氏菌菠萝变种，属细菌。菌体短杆状，两端圆，周生鞭毛，革兰氏阴性，厌气条件下能生长。

发生规律　病菌随病残体在土壤中越冬，成为翌年初侵染源，在韭菜田通过灌溉水或雨水飞溅传播，病原细菌主要从伤口侵入，田间低洼易涝、雨日多湿度大易流行。

防治方法　培养壮苗，适时定植，合理密植，浇水不要过量，雨后及时排水，严防湿气滞留。

雨后及时喷洒72%农用硫酸链霉素可溶性粉剂3 000倍液、20%噻菌铜悬浮剂500倍液、86.2%氧化亚铜可湿性粉剂1 000倍液，间隔10天左右防治1次，连续防治2～3次。

二、韭菜生理性病害

韭菜生理性黄叶和干尖

症　　状　生理性黄叶：心叶或外叶褪绿（图23－10），后叶尖开始变成茶褐色，后逐渐枯死，致叶片变白或叶尖枯黄变褐。干尖：叶尖干枯，像失水状（图23－11），后期全叶干枯。

图23－10　韭菜生理性黄叶症状

图23－11　韭菜干尖田间症状

病　　因　病因较复杂，一是长期大量施用粪肥和硫酸铵、过磷酸钙等肥料，易导致土壤酸化，造成酸性为害；二是土壤已经酸化，亚硝酸积累过多，产生亚硝酸气体为害，致叶尖变白枯死；三是棚室栽培韭菜遇有低温冷害或冻害，造成韭菜自尖或烂叶，有时天气连阴骤晴或高温后冷空气突然侵入，叶尖枯黄；四是微量元素过剩或缺乏。

防治方法　选用优良品种和耐风雨品种。施用酵素菌沤制的堆肥，采用配方施肥技术，科学施用硫酸铵、尿素、碳酸氢铵，不宜一次施用过量，提倡喷洒芸薹素内酯植物生长调节剂3 000倍液或10%宝力丰韭菜烂根灵600倍液。加强棚室温湿度管理，棚温不要高于35℃或低于5℃，生产上遇有高温要及时放风、浇水，否则容易发生烧叶。

三、韭菜田杂草防治技术

韭菜苗小生长缓慢，易受杂草为害。田间杂草是韭菜生产的大敌，常与韭菜争水、争肥、争光，播种时杂草常早于韭菜出土，而且生长速度快，形成草欺苗现象；韭菜生长期间，尤其是夏秋季节，更容易出现草荒(图23-12)。而依靠人工除草，往往因为除草不及时，严重影响韭菜生产。

目前，韭菜田国家登记生产的除草剂种类仅有二甲戊乐灵，资料报道的除草剂种类较多、较乱；农民生产上常用的除草剂种类有二甲戊乐灵、乙草胺、异丙甲草胺、异丙草胺、扑草净，另外还有恶草酮、乙氧氟草醚等，生产中应注意除草剂对韭菜的安全性；应根据各地情况，采用适宜的除草剂种类和施药方法。

图23-12　韭菜田杂草发生为害情况

(一)韭菜育苗田杂草防治

韭菜籽的种皮厚，不易吸水，出苗慢，春季播种，一般需要20天才能出苗。而一般杂草则发芽快，生长迅速。育苗韭菜常因前期生长缓慢，受杂草为害程度较重、时间较长，生产上应施用封闭除草剂。

针对韭菜出苗慢、出苗晚，易于受杂草为害的现象，可以在播种前施药，进行土壤处理，可以防治多种一年生禾本科杂草和阔叶杂草。可于播前5～7天，施用下列除草剂：

48%氟乐灵乳油50～100ml/亩；

48%地乐胺乳油50～100ml/亩；

72%异丙甲草胺乳油50～100ml/亩；

96%精异丙甲草胺乳油30～40ml/亩；

对水40kg，均匀喷施。施药后及时混土2～5cm，特别是氟乐灵、地乐胺易于挥发，混土不及时会降低药效。但在冷凉、潮湿天气时施药易于产生药害，应慎用。

在韭菜播种后应适当混土或覆薄土，勿让种子外露，播后苗前施药，可以用下列除草剂：

33%二甲戊乐灵乳油75～100ml/亩；

72%异丙甲草胺乳油75～100ml/亩；

96%精异丙甲草胺乳油30～40ml/亩；

72%异丙草胺乳油75～100ml/亩；

对水40kg，均匀喷施，可以有效防治多种一年生禾本科杂草和部分阔叶杂草。药量过大、田间过湿，特别是遇到持续低温多雨条件下韭菜出苗缓慢，生长受抑制，药害严重时会出现畸形苗和死苗现象。

为了进一步提高除草效果和对作物的安全性；同时，也为了提高对阔叶杂草的防治效果，也可以用：

33%二甲戊乐灵乳油50～75ml/亩+50%扑草净可湿性粉剂50～70g/亩；

20%敌草胺乳油75～100ml/亩+50%扑草净可湿性粉剂50～70g/亩；

72%异丙甲草胺乳油50～75ml/亩+50%扑草净可湿性粉剂50～70g/亩；

72%异丙草胺乳油50～75ml/亩+50%扑草净可湿性粉剂50～70g/亩。

对水40kg，均匀喷施，可以有效防治多种一年生禾本科杂草和阔叶杂草。施药时要严格控制药量，喷施均匀，否则，韭菜叶片黄化，发生不同程度的药害。

(二)韭菜移栽田杂草防治

韭菜移栽田，生产上宜采用封闭性除草剂，可于移栽前、后使用封闭性除草剂，移栽时尽量不要翻动土层或尽量少翻动土层，以移栽后使用为好。可以防治多种一年生禾本科杂草和阔叶杂草。可于移栽前5～7天，施用下列除草剂：

48%氟乐灵乳油100～200ml/亩；

48%地乐胺乳油100～200ml/亩；

72%异丙甲草胺乳油150～200ml/亩；

96%精异丙甲草胺乳油50～80ml/亩；

对水40kg，均匀喷施。施药后及时混土2～5cm，特别是氟乐灵、地乐胺易于挥发，混土不及时会降低药效。

也可以在移栽后施药，以移栽后使用为好。可以用下列除草剂：

33%二甲戊乐灵乳油150～200ml/亩；

20%敌草胺乳油150～200ml/亩；

72%异丙甲草胺乳油100～175ml/亩；

96%精异丙甲草胺乳油50～80ml/亩；

50%乙草胺乳油100～150ml/亩；

对水40kg，均匀喷施。对于墒情较差、砂土地，可以用48%氟乐灵乳油150～200ml/亩、48%地乐胺乳油150～200ml/亩，施药后及时混土2～3cm，该药易于挥发，混土不及时会降低药效。

(三)老根韭菜田杂草防治

老根韭菜比新根韭菜有更强的抗药性，比新播韭菜所适用的除草剂种类要多一些，老根韭菜每收割一刀要喷一次药，但收割后要清除田间杂草并松土，等到韭菜伤口愈合后再用药。

老根韭菜每茬收割后，先松土、人工清除田间大草，待韭菜伤口愈合后长出新叶时浇一次水，然后喷施除草剂(图23-13)。可以用下列除草剂：

33%二甲戊乐灵乳油175ml/亩；

20%敌草胺乳油150～200ml/亩；

对于墒情较差、砂土地，可以用48%氟乐灵乳油150～200ml/亩、48%地乐胺乳油150～200ml/亩，施药后及时混土2～3cm，该药易于挥发，混土不及时会降低药效。

老根韭菜田，对于田间较多禾本科杂草和阔叶杂草混生田块，收割时把刀口入地面深0.5～1cm，收割后及时对杂草喷洒药剂进行封闭处理，可以用下列除草剂配方：

图23–13　韭菜田生长期杂草发生情况

33%二甲戊乐灵乳油50～75ml/亩+50%扑草净可湿性粉剂50～70g/亩；

20%敌草胺乳油75～100ml/亩+50%扑草净可湿性粉剂50～70g/亩；

72%异丙甲草胺乳油50～75ml/亩+50%扑草净可湿性粉剂50～70g/亩；

72%异丙草胺乳油50～75ml/亩+50%扑草净可湿性粉剂50～70g/亩。

33%二甲戊乐灵乳油100～150ml/亩+25%恶草酮乳油75～100ml/亩；

50%乙草胺乳油75～100ml/亩+25%恶草酮乳油75～100ml/亩；

72%异丙甲草胺乳油100～150ml/亩+25%恶草酮乳油75～100ml/亩；

96%精异丙甲草胺乳油40～50ml/亩+25%恶草酮乳油75～100ml/亩；

72%异丙草胺乳油100～150ml/亩+25%恶草酮乳油75～100ml/亩；

对水40kg，均匀喷施，可以有效防治多种一年生禾本科杂草和阔叶杂草。施药时要严格控制药量，喷施均匀；否则，韭菜叶片黄化或斑点性黄斑，发生不同程度的药害，一般加强肥水管理可以恢复生长，施药时一定先试验后推广。

老韭菜田易生长香附子、田旋花、蒲公英等多年生杂草，生产上一般施用的对韭菜生长安全的土壤处理和茎叶处理除草剂，如用来防治老韭菜田的多年生杂草，其作用小、效果差、不除根，而用10%草甘膦水剂1～1.5kg/亩，对水30～40kg，均匀喷洒杂草茎叶，不但能除去地上部杂草的茎叶，而且还能根除地下部杂草的茎根。其施用方法有两种：一是先收割韭菜，收割时把刀口入地面深0.5～1cm，并注意把杂草留下，收割后及时对杂草喷洒药剂作茎叶处理，停5～7天，当杂草茎叶枯黄时，再中耕、施肥、浇水。用此方法除草时，不要把韭菜茬露出地面，以免喷上药剂受到为害。二是在韭菜生长期，用加罩喷头在行间定向喷洒杂草茎叶，喷药时应选在无风天气，以免药剂喷到韭菜叶片上受到为害。草甘膦是灭生性除草剂，科学施用不仅不影响韭菜生长，而且可有效除去地上部杂草的茎叶和地下部杂草的茎根，一般施用1～2次即可根除多年生杂草。该药对韭菜安全性差，一定把握正确的施药方法，生产中最好先试验后大面积施用。

对于韭菜田，田间主要是一年生禾本科杂草，如稗草、狗尾草、野燕麦、马唐、牛筋草等，应在禾本科杂草3～5叶期，用下列除草剂：

10%精喹禾灵乳油40～80ml/亩；

15%精吡氟禾草灵乳油50～100ml/亩；

12.5%稀禾啶机油乳剂50～100ml/亩；

10.8%高效氟吡甲禾灵乳油20～50ml/亩；

对水25～30kg，配成药液均匀喷洒到杂草茎叶。在气温较高、雨量较多地区，杂草生长幼嫩，可适当减少用药量；相反，在气候干旱、土壤较干地区，杂草幼苗老化耐药或杂草较大，要适当增加用药量。防治一年生禾本科杂草时，用药量可稍减低；而防治多年生禾本科杂草时，用药量应适当增加。

第二十四章　菠菜病虫害原色图解

一、菠菜病害

菠菜病害有10多种，其中，为害较重的有菠菜霜霉病、菠菜病毒病、菠菜根结线虫病、菠菜根腐病、菠菜灰霉病等。

1．菠菜霜霉病

症　　状　主要为害叶片。病斑从植株下部向上扩展。病斑初呈淡黄色，扩大后呈不规则形，边缘不明显，叶背病斑上产生灰白色霉层，后变灰紫色（图24−1）。发生严重时，病斑互相连结成片，后期变黄褐色枯斑（图24−2）。湿度大时变褐，腐烂，严重的整株叶片变黄枯死。

图24−1　菠菜霜霉病为害初期叶片正面、背面症状

图24−2　菠菜霜霉病为害后期叶片症状

病　　原 *Peronospora spinaciae* 称菠菜霜霉菌，属鞭毛菌亚门真菌。孢囊梗从气孔伸出，末端小梗短而尖，无色，主轴无隔。孢子囊卵形，顶生，无乳状突，半透明，单胞。卵孢子球形，具厚膜，黄褐色（图24－3）。

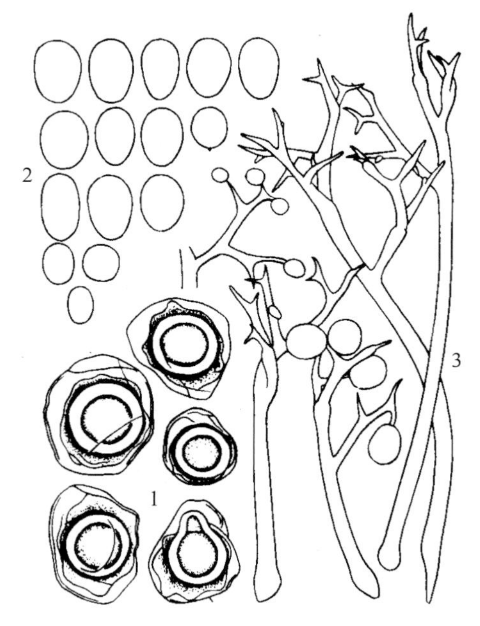

图24－3　菠菜霜霉病病菌
1.卵孢子　2.孢子囊　3.孢子囊梗

发生规律 以菌丝在越冬菜株上和种子上或以卵孢子在病残体内越冬。借气流、雨水、农具、昆虫及农事操作传播蔓延。发病高峰期为春季3～4月和秋季9～12月。种植密度过大、菜田积水及早播发病重。冷凉多雨气候下常暴发成灾。

防治方法 施足基肥，合理密植，适量浇水，雨后及时排水，降低田间湿度。铲除田间和地边杂草。越冬菠菜返青时，田内发现系统侵染的萎缩株，要及时拔除，携出田外烧毁。

种子处理：可用种子重量0.3%的25%甲霜灵可湿性粉剂或种子重量0.4%的50%福美双可湿性粉剂拌种。

发病初期及时喷药防治，可用40%乙膦铝可湿性粉剂300倍液+75%百菌清可湿性粉剂600倍液、64%恶霜·锰锌可湿性粉剂500倍液、25%甲霜灵可湿性粉剂800倍液、72.2%霜霉威可湿性粉剂800倍液、58%甲霜灵·锰锌可湿性粉剂500倍液、72%霜脲·锰锌可湿性粉剂700倍液、69%烯酰吗啉·锰锌可湿性粉剂1 000倍液、70%乙膦·锰锌可湿性粉剂500倍液，50%甲霜·铜可湿性粉剂500～1 000倍液、65%代森锌可湿性剂500倍液、50%烯酰吗啉可湿性粉剂1 500倍液喷雾防治，每隔7天喷1次，连续喷2～3次。农药要交替施用，防止产生抗药性。菠菜霜霉病为害后期田间症状（图24－4）。

图24－4　菠菜霜霉病为害田间症状

2. 菠菜病毒病

症　状　苗期染病，在心叶上表现为明脉或黄绿相间的斑纹，后变为淡绿与浓绿相间的花叶状，严重时心叶扭曲，皱缩、萎缩，病苗矮小。成株期染病，多表现花叶或心叶萎缩，老叶提早枯死脱落或植株卷缩成球状（图24－5至图24－8）。

图24－5　菠菜病毒病为害叶片正面症状

图24－6　菠菜病毒病为害叶片背面症状

图24－7　菠菜病毒病为害叶片皱缩症状

图24－8　菠菜病毒病为害植株症状

病　　原 该病病原为（CMV）黄瓜花叶病毒、（TuMV）芜菁花叶病毒、（BMV）甜菜花叶病毒。

发生规律 病毒在菠菜及菜田杂草上越冬，由桃蚜、萝卜蚜、豆蚜、棉蚜等进行传播。发病盛期一般在3～5月和9～12月。春秋干旱、邻近有黄瓜或萝卜的地块发病较重。早春温暖、春菠菜发病重。秋季播种过早、管理粗放、水分不足、氮肥过多发病重。

防治方法 选择远离黄瓜、萝卜田的地块种植。适期播种，春、秋干旱时注意多浇水，减少发病。彻底清除田间及四周杂草，及时拔除田间病株。施足有机底肥，增施磷、钾肥，增强寄主抗病力。

及时喷洒50%抗蚜威可湿性粉剂1 000～3 000倍液、50%灭蚜松乳油1 500倍液，2.5%溴氰菊酯乳油1 000～2 000倍液等药剂防治蚜虫。

发病初期，喷洒1.5%植病灵乳剂1 000倍液、0.5%菇类蛋白多糖水剂300倍液、20%盐酸吗啉胍可湿性粉剂500倍液、5%菌毒清水剂300倍液，隔10天左右喷1次，喷洒1～3次。

3. 菠菜根结线虫病

症　　状 发病轻时，地上部无明显症状。发病重时，拔起植株，细观根部，可见肉质根变小、畸形，须根很多，其上有许多葫芦状根结（图24－9）。地上部表现生长不良、矮小，黄化、萎蔫，似缺肥水或枯萎病症状（图24－10）。严重时植株枯死（图24－11）。

图24－9 菠菜根结线虫病为害症状

病　　原 *Meloidogyne incognita* 属南方根结线虫。病原线虫雌雄异形，幼虫细长蠕虫状。雄成虫线状，尾端稍圆，无色透明。雌成虫梨形，埋生于寄主组织内。

发生规律 常以卵囊或2龄幼虫随病残体遗留土壤中越冬，翌年条件适宜时，越冬卵孵化为幼虫，继续发育并侵入寄主，刺激根部细胞增生，形成根结。病原线虫传播靠病土、病苗及灌溉水。地势高燥、土壤质地疏松、盐分低的土壤适宜线虫活动，有利于发病，连作地发病重。

防治方法 合理轮作。病田彻底处理病残体，集中烧毁或深埋。根结线虫多分布在3～9cm表土层，深翻可减轻为害。

在播种时，撒施10%克线磷颗粒剂5kg/亩。菠菜生长期间发生线虫，可用48%毒死蜱乳油、50%辛硫磷乳油1 000倍液、1.8%阿维菌素乳油1 000～2 000倍液灌根，并应加强田间管理。合理施肥或灌水以增强寄主抵抗力。

图24－10 菠菜根结线虫病株与健株比较

图24－11　菠菜根结线虫病为害田间症状

4．菠菜根腐病

症　　状　此病主要侵害根部，多从根尖开始侵染，呈褐色坏死，逐渐向上扩展，最终导致根系变褐腐朽。病株地上部由外叶向心叶发展，逐渐褪绿变黄，最后坏死腐烂，重病株明显矮化（图24－12）。

图24－12　菠菜根腐病为害根部症状

病　　原　*Fusarium oxysporum*　称菠菜尖镰孢，属半知菌亚门真菌。病菌分生孢子座常在下端形成，分生孢子梗无色，由菌丝分枝产生。大型分生孢子无色，长镰刀形，两端稍弯曲，多具3个隔膜，小型分生孢子单胞，长椭圆形，无色，单胞。

发生规律　病菌主要以菌丝体、分生孢子及厚垣孢子随病残体在土壤中越冬或越夏。未腐熟粪肥亦可带菌，病菌随雨水、浇水传播，从根部伤口或根尖直接侵入。高温高湿利于发病。土温25～30℃、土壤潮湿、肥料未充分腐熟、地下害虫严重，则发病重，浇水过多或土壤黏重亦发病较重。

防治方法　重病地块实行与葱蒜类、禾本科作物3年以上轮作。施用充分腐熟的有机肥，氮、磷、钾肥配合施用，提倡使用生物菌肥。常发病区采用高畦，严禁大水漫灌，雨后及时排水，防止田间积水。

发病前至发病初期可采用5%丙烯酸·恶霉·甲霜水剂800～1 000倍液、80%多·福·福锌可湿性粉剂500～700倍液、20%二氯异氰尿酸钠可溶性粉剂400～600倍液、20%甲基立枯磷乳油600～800倍液、50%氯溴异氰尿酸可溶性粉剂800～1 000倍液、35%福·甲可湿性粉剂600～800倍液、50%多菌灵可湿性粉剂500～700倍液+70%敌磺钠可溶性粉剂800倍液喷雾，隔5～7天防治1次，连续防治2～3次。

二、菠菜虫害

菠菜潜叶蝇

为害特点　菠菜潜叶蝇（*Pegomya exilis*），幼虫钻入叶片组织内，食害叶肉，残留上、下表皮，出现半透明的泡状隧道，透过表皮可见里面的幼虫及虫粪（图24－13）。

图24－13　菠菜潜叶蝇为害叶片症状

形态特征　成虫为蝇子，头半圆形。雌虫额带宽，黄褐色，腹部较粗，单眼黄色。雄虫额带狭，暗褐色，单眼鲜红色。雌雄虫前翅均黄褐色，其上有各色闪光，翅脉黄色。足的腿节和胫节黄色，附节黑色。卵长椭圆形，白色，表面有不规则纹。幼虫即是蛆，老熟时全体白色或黄白色，多皱纹。蛹为伪蛹，红褐色或黑褐色。

发生规律　在华北每年发生3～4代，以蛹在土中越冬。翌年5月中、下旬越冬代成虫开始羽化主卵，幼虫孵化后很快钻入叶内为害，6月上、中旬是为害盛期。幼虫老熟后脱离叶片入土化蛹，7～9月是第2～3代幼虫期。全年以春季第一代幼虫为害严重。

防治方法　清除田间及周围黎科杂草，减少一部分虫源。秋季耕翻土地，春季精耕细作，杀死田间越冬蛹。

发现虫情及时防治，可采用0.5%甲氨基阿维菌素苯甲酸盐微乳剂2 000～3 000倍液+4.5%高效氯氰菊酯乳油2 000倍液、50%灭蝇胺可湿性粉剂2 000～3 000倍液、3.5%氟腈·溴乳油1 000～2 000倍液，因其世代重叠，要连续防治，视虫情7～10天防治1次。

三、菠菜田杂草防治技术

菠菜是一种重要蔬菜，其栽培方式主要是直播，杂草为害严重。杂草不仅影响菠菜的生长，与其争光、争水、争肥，还滋生病虫害的发生。适时进行化学防除，是搞好田间管理的一项重要技术措施。

目前，菠菜田还没有国家登记生产的专用除草剂品种，资料报道的除草剂种类较多较乱；农民生产上常用的除草剂种类有甲草胺、异丙甲草胺、精异丙甲草胺、二甲戊乐灵、扑草净、精喹禾灵、精吡氟禾草灵、稀禾啶、高效氟吡甲禾灵，另外还有恶草酮、乙氧氟草醚等；生产中应注意除草剂对菠菜的安全性；生产中应根据各地情况，采用适宜的除草剂种类和施药方法，最好先试验后推广应用。

（一）菠菜田播后芽前杂草防治

菠菜直播田墒情较好、土质肥沃，有利于杂草的发生，如不及时进行杂草防治，将严重影响幼苗生长。应注意选择除草剂品种和施药方法。

在菠菜播后芽前(图24−14)，可以用：

33%二甲戊乐灵乳油75～100ml/亩；

20%萘丙酰草胺乳油100～150ml/亩；

72%异丙甲草胺乳油75～120ml/亩；

72%异丙草胺乳油75～100ml/亩。

对水40kg，均匀喷施，可以有效防治多种一年生禾本科杂草和部分阔叶杂草。菠菜种子较小，应在播种后浅混土或覆薄土；药量过大、田间过湿，特别是遇到持续低温多雨条件下会影响蔬菜发芽出苗；严重时，会出现缺苗断垄现象。

图24−14　菠菜田播种和生长情况

（二）菠菜田生长期杂草防治

对于前期未能采取化学除草或化学除草失败的菠菜田，应在田间杂草基本出苗，且杂草处于幼苗期时及时施药防治。

菠菜田防治一年生禾本科杂草(图24−15)，如稗、狗尾草、牛筋草等，应在禾本科杂草3～5叶期，可以用：

10%精喹禾灵乳油40～60ml/亩；

10.8%高效氟吡甲禾灵乳油20～40ml/亩；

10%喔草酯乳油40～80ml/亩；

15%精吡氟禾草灵乳油40～60ml/亩；

10%精恶唑禾草灵乳油50～75ml/亩；

12.5%稀禾定乳油50～75ml/亩；

24%烯草酮乳油20～40ml/亩。

对水30kg，均匀喷施，可以有效防治多种禾本科杂草。该类药剂没有封闭除草效果，施药不宜过早，特别是在禾本科杂草未出苗时，施药没有效果。

图24—15　菠菜生长期田间杂草发生情况

第二十五章　蕹菜病害原色图解

1. 蕹菜白锈病

分布为害　白锈病为蕹菜的主要病害，分布广泛，发生普遍。发病重时病株率可达80%以上，严重影响蕹菜品质。

症　　状　主要为害叶片，也能为害嫩茎和叶柄。叶片受害，叶正面初出现淡黄色至黄绿色斑点，后扩大，边缘不明显（图25-1），逐渐变褐，叶背面形成白色隆起状疱斑，近圆形或不规则形，后期疱斑破裂，散出白色粉状物（图25-2）。病害严重时，病斑密布连片，致叶片畸形或枯黄脱落。叶柄和嫩茎受害，症状与叶片相似。

图25-1　蕹菜白锈病为害叶片正面症状

图25-2　蕹菜白锈病为害叶片背面症状

病　　原　*Albugo ipomoeae-aquaticae* 称蕹菜白锈菌，属鞭毛菌亚门真菌（图25-3）。孢子囊梗棍棒状，无色，不分枝。孢子囊椭圆形至扁椭圆形，无色，串生。藏卵器表面皱缩，淡黄褐色。卵孢子近球形，表面平滑，无色至淡黄色。

发生规律　以卵孢子随病残体在田间越冬，翌春温、湿度适宜时，卵孢子或菌丝产生的孢子囊，借助风雨传播，扩大再侵染。发病部位多在上梢和幼嫩组织，老叶和下部组织不易感染。主要发病盛期在5～10月。春季多雨，秋季持续高温闷热多雨发病重。田间连作、排水不良、种植密度大时发病重。

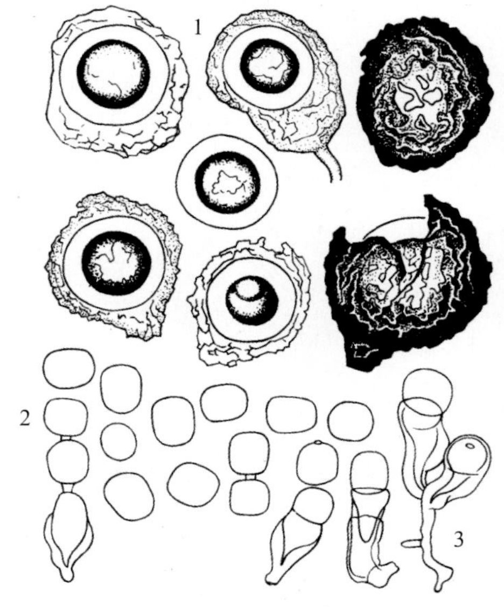

图25-3　蕹菜白锈病病菌
1.卵孢子　2.孢子囊　3.孢子囊梗

防治方法 加强田间通风排水，降低空气湿度。合理增施氮肥，改善田间通透条件，及时采收，防止植株组织过嫩。发现病叶及时摘除，避免或减少越冬菌源。重病地区实行1年以上轮作，最好与非旋花科作物轮作。

发病初期（图25-4）进行药剂防治，可选用50%溶菌灵可湿性粉剂800倍液、69%烯酰吗啉·锰锌可湿性粉剂1 000倍液、72%霜脲·锰锌可湿性粉剂800倍液、58%甲霜灵·锰锌可湿性粉剂500倍液、50%甲霜·铜可湿性粉剂600～700倍液、64%恶霜·锰锌可湿性粉剂500倍液、40%乙膦铝可湿性粉剂250～300倍液、65%代森锌可湿性粉剂500倍液、25%甲霜灵可湿性粉剂800倍液、80%代森锰锌可湿性粉剂800倍液、50%烯酰吗啉可湿性粉剂2 000倍液喷雾，间隔7～15天防治1次，连防治2～3次。

图25-4 蕹菜白锈病为害田间症状

2. 蕹菜轮斑病

分布为害 轮斑病为蕹菜的主要病害，分布广泛，发生普遍。一般病株率10%～40%，重病地高达80%以上，严重影响蕹菜品质。

症　状 主要为害叶片，也可为害叶柄和嫩茎。叶片染病，初期在叶片上产生褐色小斑点，扩大后呈圆形、椭圆形斑，浅褐色至红褐色，具有明显的同心轮纹（图25-5），后期在病斑上产生稀疏小黑点。发病严重时，叶片上多个病斑可汇合成不规则形大斑（图25-6），空气干燥，病斑易破裂穿孔，终致病叶坏死干枯（图25-7至图25-8）。

图25-5 蕹菜轮斑病为害叶片初期症状

图25-6 蕹菜轮斑病为害叶片中期症状

图25-7　蕹菜轮斑病为害叶片后期症状

图25-8　蕹菜轮斑病为害后期田间症状

病　　原　*Phyllosticta ipomoeae*称蕹菜叶点霉，属半知菌亚门真菌。分生孢子器球形至扁球形，器壁膜质。分生孢子卵圆形至肾形，无色，单胞，多具有2个油球。

发生规律　以分生孢子器随病残体在田间越冬。翌春条件适宜时随雨水溅射传播，形成初侵染，后又产生分生孢子进行多次侵染。生长期多阴雨、植株密度大、管理粗放、土壤贫瘠、植株生长衰弱，则病害发生较重。

防治方法　收割完毕后彻底清除病残植株及残体，减少田间菌源。重病地块应与其他蔬菜进行轮作。增施有机肥，注意配合施用磷、钾肥。生长期加强管理，避免田间积水。

发病初期进行药剂防治，可选用40%多·硫悬浮剂400倍液、10%苯醚甲环唑水分散粒剂2 000倍液、40%氟硅唑乳油4 000倍液、30%苯噻硫氰乳油1 500倍液、50%异菌脲可湿性粉剂1 500倍液、70%甲基硫菌灵可湿性粉剂800倍液+45%代森铵水剂1 000倍液、58%甲霜灵·锰锌可湿性粉剂500倍液、50%敌菌灵可湿性粉剂400倍液、45%噻菌灵悬浮剂600倍液+75%百菌清可湿性粉剂600倍液、75%百菌清可湿性粉剂+70%甲基硫菌灵可湿性粉剂(1∶1)1 000～1 500倍液等药剂喷雾，间隔7～10天防治1次，连防2～3次。注意合理混用或轮换用药，配药时加入0.1%洗衣粉或0.3%中性皂或吐温20等黏着剂或展布剂，可提高药效。

3. 蕹菜褐斑病

症　　状　主要为害叶片。叶片染病，初期为黄褐色小点，后扩大成边缘暗褐色、中央灰白至黄褐色、圆形或椭圆形的坏死病斑，边缘有浅黄绿色晕圈，边缘明显（图25−9）。空气潮湿，表面产生稀疏绒状霉层。严重时病斑密布相连，致病叶枯黄坏死。

图25−9　蕹菜褐斑病为害叶片症状

病　　原　*Cercospora ipomoeae* 称甘薯尾孢霉，属半知菌亚门真菌。分生孢子梗3～8根束生，直或稍弯曲，淡褐色，具明显孢痕。分生孢子针形，无色，基部平切，直或稍弯曲，具6～18个隔膜。

发生规律　以菌丝体在病残体内越冬，翌年产生出分生孢子，借气流传播，由气孔侵入，进行再侵染。一般秋季发病较重，多雨年份或地区发病重。

防治方法　重病地块实行与非菊科蔬菜轮作。结合采摘叶片收集病残体携出田外烧毁。在栽培田周围挖排水沟，避免田间积水。避免偏施氮肥，适时喷施植宝素等，使植株健壮生长，增强抵抗力。

发病初期（图25−10），选用50%敌菌灵可湿性粉剂400～500倍液、70%甲基硫菌灵可湿性粉剂800倍液、50%乙烯菌核利可湿性粉剂1 000倍液、6%氯苯嘧啶醇可湿性粉剂1 000倍液、40%多・硫悬浮剂500倍液+80%代森锰锌可湿性粉剂800倍液、50%异菌脲可湿性粉剂 1 500倍液+75%百菌清可湿性粉剂800倍液、65%代森锌可湿性粉剂500倍液、50%多霉威（多菌灵＋乙霉威）可湿性粉剂1 000倍液、60%多・福可湿性粉剂1 000倍液等药剂，间隔7～10天喷药1次，连续防治2～3次。采收前5～7天停止用药。

图25−10　蕹菜褐斑病为害初期症状

4. 蕹菜根结线虫病

症　　状　主要侵害根系，从侧根和细根侵入，形成乳白色、球形、葫芦形或链珠状根结，主根呈粗细不均匀肿胀（图25−11）。剖开根结或肿根可见乳白色梨形线虫雌虫。后期病根变褐，逐渐坏死腐烂。发病轻时地上部症状不明显，为害严重时地上部显著矮化畸形，逐渐萎蔫死亡（图25−12）。

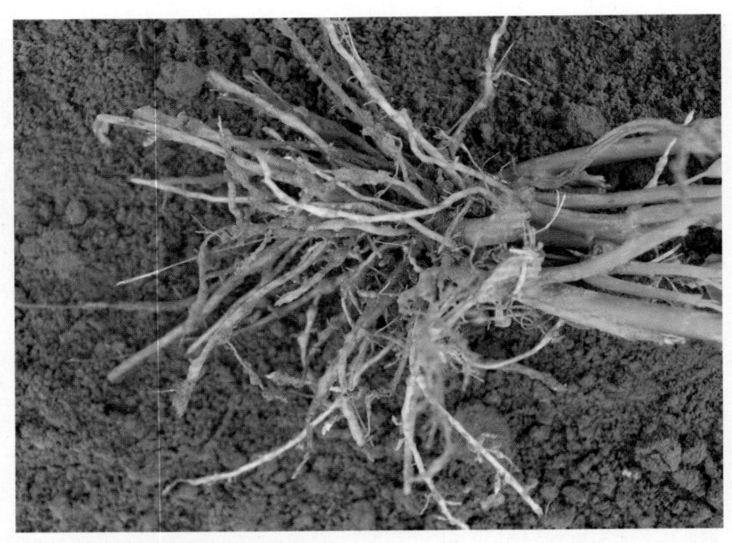

图25−11　蕹菜根结线虫病为害根部症状

图25−12　蕹菜根结线虫病为害田间症状

病　　原　*Meloidogyne incognita*　属南方根结线虫。虫体较小，雌成虫呈鸭梨形，乳白色，有环纹。雄成虫线状，尾端稍圆，无色透明。

发生规律　在土中残根生存，通过灌溉水和病土、病苗传播。25～30℃最适合其存活，土壤湿度适合蔬菜生长时也适合根结线虫活动，雨季更有利于孵化和传播侵染。砂土中发生较黏土中严重，晒田和淹田能抑制其发生量。

防治方法　收获后彻底清除病根，深翻土壤，长时间灌水。北方可进行表土层换土，经严冬可冻死大量虫卵。实行与葱、蒜、辣椒等抗耐病蔬菜轮作，降低土壤中线虫数量。

土壤处理：播种前15～20天选用98%棉隆微粒剂5～7kg／亩沟施于20cm土层内，施药后浇水封闭或覆盖塑料薄膜，过5～7天后松土散气，然后再播种。还可选用3%氯唑磷颗粒剂1～1.5kg／亩均匀施于苗床土内和拌少量细土均匀施于定植沟穴内。苗床和定植穴也可用1.8%阿维菌素乳油1 500倍液浇灌防治。或液氨薰蒸能杀死土中线虫，每亩用氨水2～4kg，施入土中，盖上地膜熏6～7天，然后深翻土放气2～3天，再播种或移苗。

5. 蕹菜炭疽病

症　　状　主要为害叶片，茎部也可受害。叶片发病多从叶尖或叶缘开始，半圆形或不定形，褐色（图25-13），发病与健康部位界限明晰，斑面微具轮纹，并可见小黑点病症（分生孢子盘），病斑相互连合，病部易破裂或部分脱落，终致叶片枯黄，不能食用。茎部病斑近椭圆形至梭形，褐色，稍下陷。

图25-13　蕹菜炭疽病为害叶片症状

病　　原　*Colletotrichum* sp.为刺盘孢，属半知菌亚门真菌。

发病规律　病菌以菌丝体和分生孢子盘随病残体遗落在土中存活越冬，分生孢子盘产生的分生孢子作为初侵染与再侵染源，借助雨水溅射而传播，从伤口或表皮侵入致病。高温多雨的季节及天气有利于发病。偏施氮肥，植株生长过旺，株间郁闭的田块和植株易发病。

防治方法　炭疽病严重地区宜选用早熟抗病良种。加强肥水管理。避免过施偏施氮肥，适时喷施叶面肥，促植株早生快发；适时采摘以改善株间通透性。水栽的宜管好水层，适时排水落田换水；旱栽的适度浇水，做到干湿适宜，增强植株根系活力。

发病初期喷施30%氧氯化铜悬浮剂+70%代森锰锌可湿性粉剂(1∶1，即混即喷)1 000倍液、40%三唑酮·硫磺悬浮剂800～1 000倍液、20%丙硫多菌灵悬浮剂1 000～1 500倍液、25%腈苯唑悬浮剂1 000～1 500倍液、25%溴菌腈可湿性粉剂600倍液，间隔7～10天喷1次，连续喷2～3次，前密后疏。

第二十六章　莴苣病虫害原色图解

一、莴苣病害

1. 莴苣霜霉病

症　状　全国所有种植区几乎都有发生，严重时大量叶片枯黄、坏死，削弱植株的长势，引起减产。该病主要为害叶片，从幼苗至成株期都可发生，以生长中后期发生较重。植株的下部叶片先发病，开始叶面出现水浸状小点，逐渐发展为淡黄色近圆形病斑（图26-1），逐渐扩大成不定形。或因受叶脉限制而呈多角形，后来病斑颜色转为黄褐色，潮湿时病斑背面可长出稀疏的霜状霉层。许多病斑相连可使叶片干枯、死亡（图26-2）。

图26-1　莴苣霜霉病为害叶片初期症状

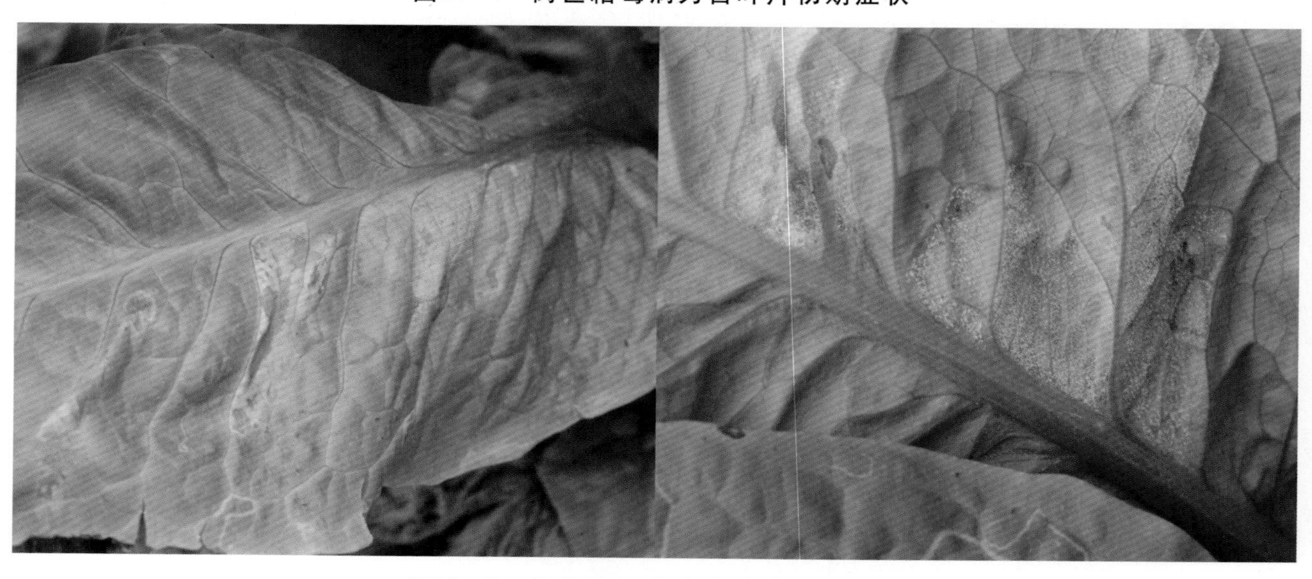

图26-2　莴苣霜霉病为害叶片后期症状

病　原 *Bremia lactucae* 称莴苣盘梗霉，属鞭毛菌亚门真菌（图26-3）。孢囊梗自气孔伸出，单生或2～6根束生，无色，无分隔，主干基部稍膨大，叉状对称分枝4～6次，主干和分枝呈锐角，孢囊梗顶端分枝扩展成小碟状，边缘长出3～5条小短梗，每一小柄长一个孢子囊。孢子囊单胞，无色，卵形或椭圆形，无乳状突起，孢子囊萌发产生游动孢子。

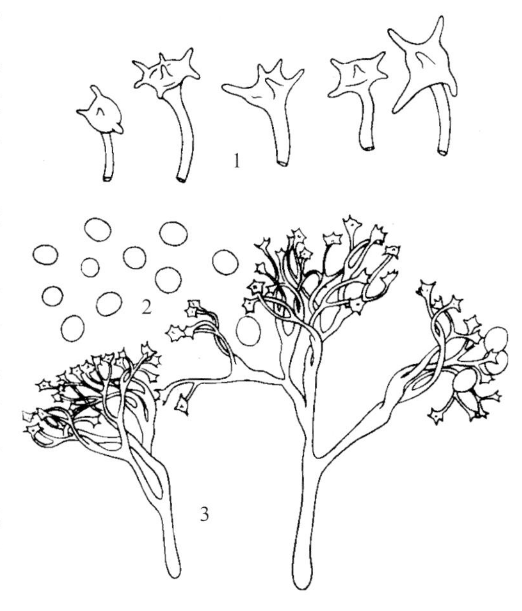

图26-3　莴苣霜霉病病菌
1.盘状小梗　2.孢子囊　3.孢子囊梗

发生规律 翌年条件适宜时，越冬病菌产生孢子囊。借助风雨或昆虫传播，由孢子囊及其释放的游动孢子萌发芽管，经植株的气孔或表皮直接侵入。孢子萌发适温6～10℃，侵染适温15～17℃。低温高湿是发病的必要条件。一般在春秋季阴雨连绵，栽植过密，定植后过早灌水等，均可诱发病害引起流行。

防治方法 选种抗病品种，实行轮作或套作，加强栽培管理，收获后种植下茬前搞好清园，深耕晒田，提高和整平畦面以利排水降湿，防止漫灌。适度密植，勤除畦面杂草。发病初期及时清除下部病残叶，适当增施磷钾肥。

发病初期（图26-4），可用58%甲霜灵·锰锌可湿性粉剂600倍液、64%恶霜·锰锌可湿性粉剂500倍液、30%氧氯化铜悬浮剂500倍液、72.2%霜霉威水剂600倍液、69%烯酰吗啉·锰锌可湿性粉剂600倍液、50%甲霜铜可湿性粉剂600倍液、70%乙·锰可湿性粉剂400倍液、72%霜脲·锰锌可湿性粉剂700倍液、50%烯酰吗啉可湿性粉剂1 500倍液+75%百菌清可湿性粉剂600倍液、25%甲霜灵可湿性粉剂1 000倍液、40%三乙膦酸铝可湿性粉剂200～250倍液、65%代森锌可湿性粉剂500～600倍液、50%代森铵水剂1 000倍液等药剂喷雾，每7天喷1次，连续喷2～3次。药剂最好交替使用。莴苣霜霉病发病后期田间症状（图26-5）。

图26-4　莴苣霜霉病为害初期田间症状

图26-5　莴苣霜霉病为害后期症状

2. 莴苣菌核病

分布为害 菌核病为莴苣的重要病害，零星分布，通常病株率5%以下，轻度影响茎用莴苣生产。严重地块或棚室，发病率可达20%以上，显著影响莴苣的产量和质量。

症　　状　主要为害寄主根茎部，多在莴苣生长中后期发病，植株染病后外叶逐渐褪绿变黄，最后萎蔫枯死（图26-6）。病部多呈水渍状软腐（图26-7），在病组织表面产生浓密白色霉层（图26-8），最后形成黑色鼠粪状菌核（图26-9）。条件适宜常造成植株成片坏死瘫倒（图26-10）。

图26-6　莴苣菌核病病叶

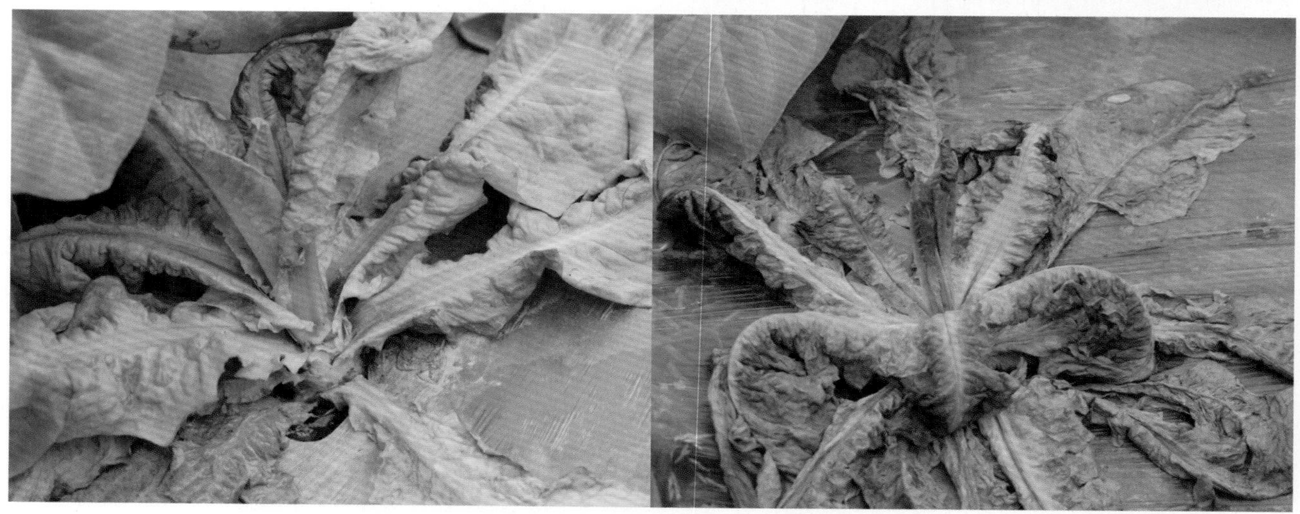

图26-7　莴苣菌核病为害植株萎蔫症状

图26-8　莴苣菌核病白色菌丝

图26-9　莴苣菌核病黑色菌核

图26-10　莴苣菌核病为害后期症状

病　原　*Sclerotinia sclerotiorum* 称核盘菌，属子囊菌亚门真菌。菌核内部白色，表面黑色。子囊盘初呈乳白色小芽状，后展开成盘状，褐色或暗褐色。子囊棍棒状；子囊孢子椭圆形，单胞，无色。

发生规律　病菌以菌核在土壤中或残余组织内越冬或越夏，菌核在潮湿土壤中存活1年左右，在干燥土壤中可达3年以上。在适宜条件下，病菌通过气流、雨水或农具传播。病菌喜温暖潮湿的环境，适宜发病的温度范围5～24℃；最适发病环境，温度为20℃左右，空气相对湿度85%以上；最适感病生育期在根茎膨大期到采收期。当温度超过25℃发病受抑制，一般发病时期在10～11月和3～4月。

防治方法　选用抗病品种：如红叶莴笋、挂丝红、红皮圆叶等。覆膜栽培，带土定植，地膜贴地或采用黑色地膜，抑制病害发展和喷射。收获后及时进行深耕，合理使用氮肥，增施磷钾肥，中耕保墒防湿，清除病株残体，打掉失去光合作用的底叶或病叶，携带出田外销毁，从而促使菜苗健壮，减少病源，减轻为害。

种子消毒：从无病株留种，若种子混有菌核，可用过筛法或10%食盐水浸种汰除，清水洗净后播种。

苗床土壤处理：播前3周按每平方米用25～30ml福尔马林溶液加水2～4kg掺拌土壤，盖塑料膜闷4～5天，揪开放气两周，做床播种。

发病初期（图26-11），可选用40%菌核净可湿性粉剂1 000倍液、50%异菌脲可湿性粉剂1 000倍液、50%腐霉利可湿性粉剂1 500倍液、20%甲基立枯磷乳油1 000倍液、50%乙烯菌核利可湿性粉剂1 500倍液、43%戊唑醇悬浮剂5 000倍液等，间隔7～10天喷1次，连喷3～4次。

图26-11　莴苣菌核病为害初期症状

3. 莴苣褐斑病

分布为害 褐斑病为莴苣的普通病害，在局部地区分布。一般病株率为10%～20%，对生产无明显影响，重病地块发病率可达30%左右，可轻度影响莴苣生产。

症　状 主要为害叶片。初在叶片上出现浅褐色小点，逐渐转变成褐色近圆形至不规则形坏死斑（图26－12），边缘水渍状，中心有灰白色小斑，病斑易穿孔（图26－13）。潮湿时病斑表面产生稀疏灰褐色霉层，即病菌分生孢子梗和分生孢子。严重时叶片上病斑密布，多个病斑扩大汇合形成大型坏死斑（图26－14），致叶片枯死或腐烂（图26－15）。

图26－12 莴苣褐斑病病叶

图26－13 莴苣褐斑病病叶穿孔状

图26－14 莴苣褐斑病病斑连成大斑状

图26－15 莴苣褐斑病为害后期症状

病　　原　*Cercospora longissima* 称莴苣褐斑尾孢霉，属半知菌亚门真菌（图26－16）。病菌子实体叶两面生，分生孢子梗散生，多根束生，榄褐色，顶端色较浅，渐狭，不分枝，近截形，具0～4个膝状节，具明显孢痕，1～6个隔膜。分生孢子针状或鞭状，无色，直或弯，基部平切，顶端渐细，具多个隔膜。

发生规律　病菌以菌丝体和分生孢子随病残体越冬。条件适宜时以分生孢子进行初次侵染，发病后产生分生孢子借气流和雨水溅射传播蔓延。温暖潮湿适宜发病，多阴雨、多露或多雾有利于发病。植株生长衰弱、缺肥或偏施氮肥、生长过旺等，病害较重。

防治方法　注意田间卫生，结合采摘叶片收集病残体携出田外烧毁。清沟排渍，避免偏施氮肥，适时喷施植宝素等，使植株健壮生长，增强抵抗力。

发病初期（图26－17）进行药剂防治，可选用50%腐霉利可湿性粉剂1 000倍液、6%氯苯嘧啶醇可湿性粉剂1 000倍液、50%敌菌灵可湿性粉剂400倍液+80%代森锰锌可湿性粉剂800倍液、40%多·硫悬浮剂500倍液、70%甲基硫菌灵可湿性粉剂1 000倍液、50%异菌脲可湿性粉剂1 500倍液、75%百菌清可湿性粉剂600倍液、60%琥·乙膦铝可湿性粉剂500倍液，隔10～15天防治1次，连续防治2～3次。

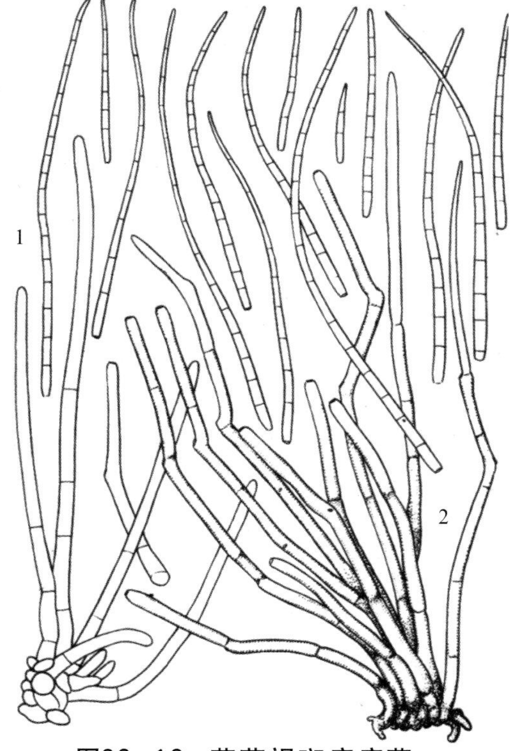

图26－16　莴苣褐斑病病菌
1.分生孢子　2.分生孢子梗

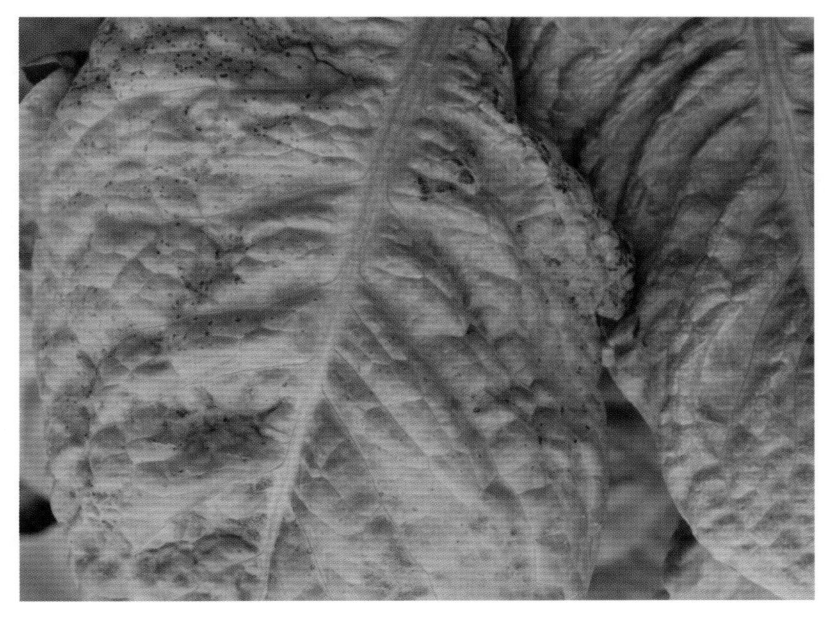

保护地选用5%百菌清粉尘剂或5%加瑞农粉尘剂或6.5%甲基硫菌灵·乙霉威粉尘剂1kg/亩喷粉防治。有条件的最好采用常温烟雾施药防治。

图26－17　莴苣褐斑病为害初期症状

4．莴苣黑斑病

分布为害　黑斑病是莴苣的普通病害，又名轮纹病、叶枯病，分布较广，种植地区都可发生，通常病情很轻，对生产无明显影响，严重时发病率可达60%以上，在一定程度上影响产品质量。

症　　状　此病主要为害叶片，在叶片上形成圆形至近圆形黄褐色至褐色病斑（图26－18），在不同条件下病斑大小差异较大，具有同心轮纹。空气潮湿时病斑易穿孔（图26－19），通常在田间病斑表面看不到霉状物，后期病斑布满全叶（图26－20）。

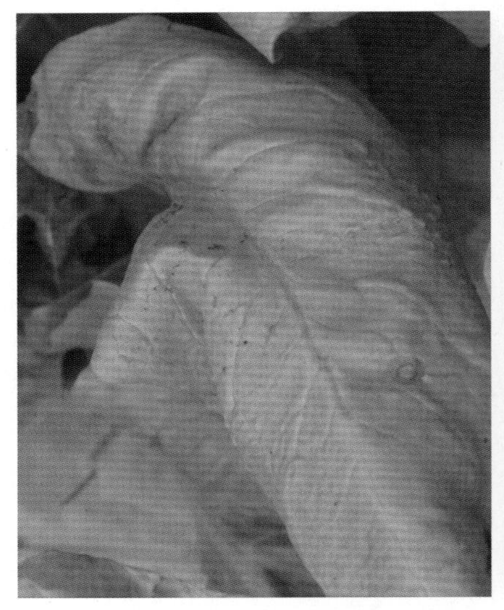

图26－18　莴苣黑斑病为害叶片初期症状

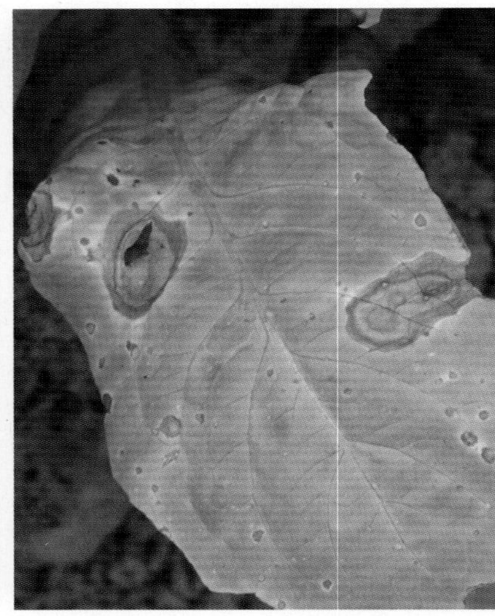

图26－19　莴苣黑斑病为害叶片中期症状

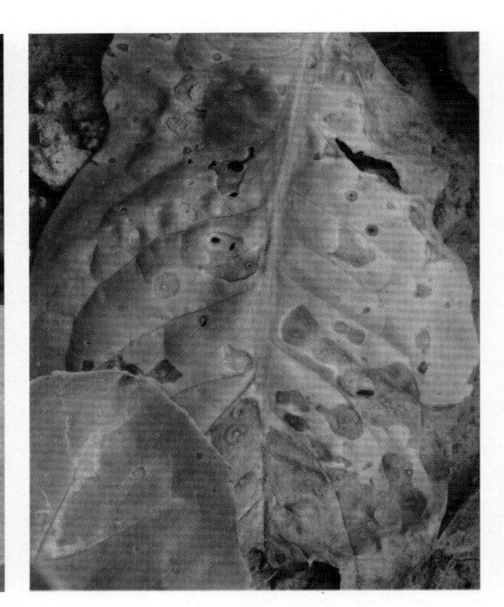

图26－20　莴苣黑斑病为害叶片后期症状

病　　原　*Stemphylium chisha* 称微疣匍柄霉，属半知菌亚门真菌。病菌分生孢子梗单生或2～5根，束生，浅褐色，顶端色稍淡，基部细胞稍大，顶端常较宽或膨大，呈截形，具1～6个横隔膜。分生孢子椭圆形至卵形，单生，淡褐色至褐色，无喙胞，具纵横隔膜，分隔处缢缩，成熟后表面具微疣。

发生规律　病菌可在土壤中随病残体或种子越冬。温湿度适宜时产生分生孢子进行初侵染，发病后孢子通过风雨传播，进行再侵染。温暖潮湿，阴雨天多及结露持续时间长，病害发生较重。土壤肥力不足，植株生长衰弱发病重。

防治方法　重病地与其他科蔬菜进行2年以上轮作。增施基肥，注意氮、磷、钾肥的配合，避免缺肥，增强菜株抗病力。

发病初期，选用50%敌菌灵可湿性粉剂400～500倍液、50%腐霉利可湿性粉剂1 000倍液、6%氯苯嘧啶醇可湿性粉剂1 000倍液、40%多·硫悬浮剂500倍液、80%代森锰锌可湿性粉剂800倍液+50%异菌脲可湿性粉剂1 500倍液、60%琥·乙膦铝可湿性粉剂500倍液+75%百菌清可湿性粉剂800倍液、65%代森锌可湿性粉剂500倍液、40%克菌丹可湿性粉剂400倍液等药剂，每7天喷药防治1次，连续防治2～3次。

5．莴苣灰霉病

分布为害　灰霉病是莴苣的常见病害，分布较广，种植地区都有发生。保护地、露地都可发病，在长江流域的冬、春季和北方温室发病较重，明显影响莴苣生产。

症　　状　此病在各生育期都可发生，苗期发病，叶和幼茎呈水渍状腐烂，在病部产生灰色霉层。定植后发病多始于近地面的叶片和茎基部，受害部位初呈水渍状不规则形，扩大后呈褐色，病叶基部呈红褐色，形状各异，大小不等。茎基部被害状与叶柄基本相似，病斑绕茎一周即腐烂（图26－21），随后地上部茎叶凋萎。空气潮湿，叶和茎腐烂部均密生灰色霉层（图26－22），即病菌分生孢子梗和分生孢子。病害多由下向上发展，可引致整株腐烂（图26－23）。

图26－21　莴苣灰霉病病叶

图26-22　莴苣灰霉病病茎

图26-23　莴苣灰霉病为害后期症状

病　　原　*Botrytis cinerea* 称灰葡萄孢，属半知菌亚门真菌。

发生规律　病菌以菌核或分生孢子在病残体或土壤内越冬。主要通过气流传播，也可通过不腐熟的沤肥或浇水扩散。植株叶面有水滴，植株有伤口、衰弱易染病，特别是春末夏初，受较高温度影响或早春受低温侵袭后，植株生长衰弱，相对湿度达94%以上，发病较普遍。

防治方法　采用小高垄、地膜覆盖和滴灌技术。发病期要加强管理，增加通风，尽量降低空气湿度。一旦发现病株、病叶，小心地清除，并带出棚外销毁处理。

发病初期可用50%乙烯菌核利可湿性粉剂1 000倍液、50%异菌脲可湿性粉剂500倍液、50%腐霉利可湿性粉剂2 000倍液+65%代森锌可湿性粉剂400倍液等药剂，每7天喷药防治1次，连续防治2～3次。

6. 莴苣病毒病

症　　状　在莴苣的全生育期都可发生，以苗期发病对生产影响大。幼苗发病，真叶呈现淡绿至黄白色不规则斑驳，以后表现明脉并逐渐出现花叶或黄绿相间斑驳，或白色斑块，或不规则褐色坏死病斑（图26-24）。成株期染病多表现皱缩花叶（图26-25），有时细脉变褐坏死或产生褐色坏死病斑，有的病株明显矮化皱缩。

图26-24　莴苣病毒病花叶症状

图26-25　莴苣病毒病皱缩花叶症状

病　　原　Lettuce mosaic virus（LMV）莴苣花叶病毒、Dandelion yellow mosaic virus（DYMV）蒲公英黄花叶病毒、黄瓜花叶病毒（CMV）。

发生规律　此病毒源主要来自于邻近田间带毒的莴苣、菠菜等，种子也可直接带毒。种子带毒，苗期即可发病，田间主要通过蚜虫传播，汁液接触摩擦也可传染。桃蚜传毒率最高，萝卜蚜、瓜蚜也可传毒。病毒发生与发展和天气直接相关，高温干旱病害较重，一般平均气温18℃以上和长时间缺水，病害发展迅速，病情也较重。病毒传播喜高温干旱条件，因此，在干旱的夏季发病较重。

防治方法　选用抗病耐热品种，加强管理，因地制宜调节播期，做到适期播种。苗期注意小水勤浇，避免过分蹲苗。注意适期喷施叶面营养剂，促进植株早生快发。认真铲除田间杂草。有条件情况下可采用银色膜避蚜或黄板诱蚜。

防治蚜虫：蚜虫是主要的传毒媒介，消灭蚜虫可减轻病情。

发病初期可用1.5%植病灵乳剂1 000倍液、0.5%菇类蛋白多糖水剂300倍液、20%盐酸吗啉胍·乙酸铜可湿性粉剂500倍液、5%菌毒清水剂200～300液、3%三氮唑核苷水剂500倍夜、2%宁南霉素水剂200～300倍液、10%混合脂肪酸水乳剂100倍液等药剂喷雾。每隔5～7天喷1次，连续2～3次。

二、莴苣虫害

莴苣指管蚜

为害特点　莴苣指管蚜（*Uroleucon formosanum*）分布在华东、华南、华北等地。成蚜、若蚜群集在心叶、嫩梢、花序及叶背刺吸取食，使叶片畸形扭曲（图26－26）。

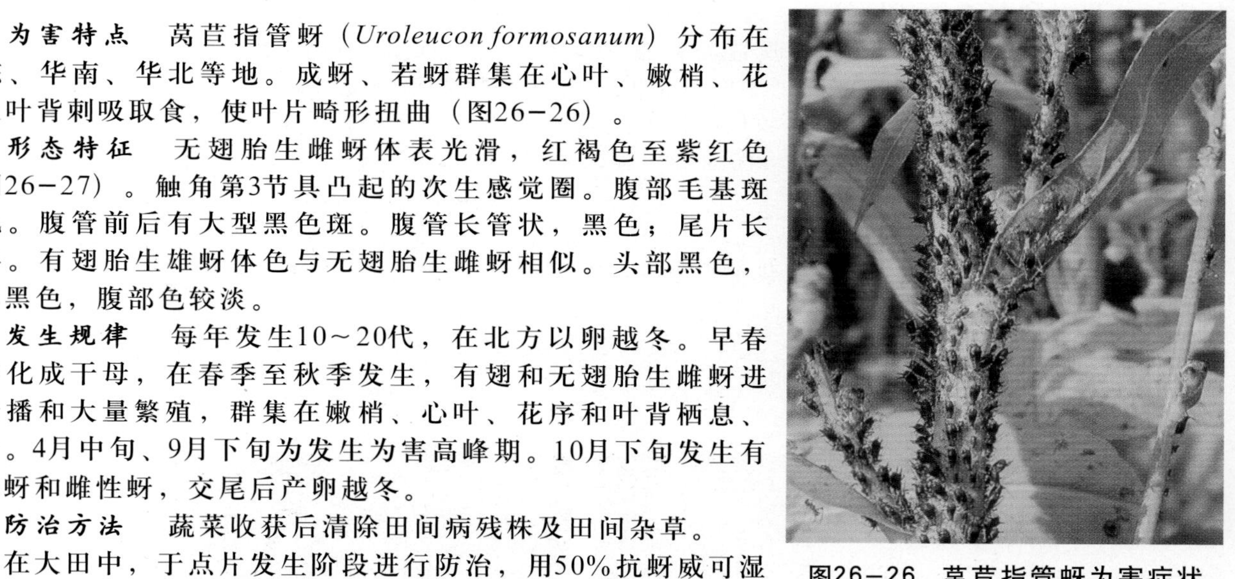

图26－26　莴苣指管蚜为害症状

形态特征　无翅胎生雌蚜体表光滑，红褐色至紫红色（图26－27）。触角第3节具凸起的次生感觉圈。腹部毛基斑黑色。腹管前后有大型黑色斑。腹管长管状，黑色；尾片长锥形。有翅胎生雄蚜体色与无翅胎生雌蚜相似。头部黑色，胸部黑色，腹部色较淡。

发生规律　每年发生10～20代，在北方以卵越冬。早春卵孵化成干母，在春季至秋季发生，有翅和无翅胎生雌蚜进行传播和大量繁殖，群集在嫩梢、心叶、花序和叶背栖息、取食。4月中旬、9月下旬为发生为害高峰期。10月下旬发生有翅雄蚜和雌性蚜，交尾后产卵越冬。

防治方法　蔬菜收获后清除田间病残株及田间杂草。

在大田中，于点片发生阶段进行防治，用50%抗蚜威可湿性粉剂2 000倍液、20%氰戊菊酯乳油2 000倍液、2.5%联苯菊酯乳油3 500倍液、2.5%溴氰菊酯乳油3 500倍液、10%吡虫啉可湿性粉剂2 500倍液、20%苦参碱可湿性粉剂2 000倍液等药剂喷雾防治。

图26－27　莴苣指管蚜无翅胎生雌蚜